인간의 놀라운 능력

웨이파인딩

인간의 놀라운 능력
웨이파인딩

—

2022년 11월 30일 초판 1쇄 발행

—

지은이 M. R. 오코너
옮긴이 제효영
펴낸이 김정수, 강준규
책임편집 유형일
마케팅 추영대
마케팅지원 배진경, 임혜솔, 송지유, 이원선

—

펴낸곳 (주)로크미디어
출판등록 2003년 3월 24일
주소 서울특별시 마포구 마포대로 45 일진빌딩 6층
전화 번호 02-3273-5135
팩스 번호 02-3273-5134
편집 070-7863-0333
홈페이지 http://rokmedia.com
이메일 rokmedia@empas.com

—

ISBN 979-11-408-0344-6 (03470)
책값은 표지 뒷면에 적혀 있습니다.

—

• 브론스테인은 로크미디어의 과학, 건강 도서 브랜드입니다.
• 잘못 만들어진 책은 구입하신 서점에서 교환해 드립니다.

우리의 뇌, 인생, 세계를 더 좋게 만드는 길 찾기의 과학

인간의
놀라운
능력

웨이파인딩

M. R. 오코너 지음

제효영 옮김

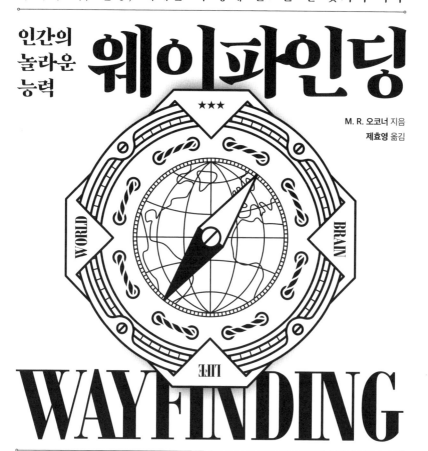

WAYFINDING

BRONSTEIN

저자 · M. R. 오코너 M. R. O'Connor

M. R. 오코너는 과학과 기술 그리고 정치와 윤리를 전문적으로 다루는 저
널리스트다. 컬럼비아대학 신문방송대학원 Graduate School of Journalism을 졸업
했으며 2008년 스리랑카 콜롬보에 위치한 〈선데이 타임스〉에서 저널리스
트 생활을 시작했다. 오코너는 외교 정책, 국제 개발, 과학 및 윤리까지 다양
한 분야에서 중요하지만, 잘 알려지지 않은 일을 취재해왔다. 스리랑카 내
전 중 벌어진 민간인 실종, 아이티의 글로벌 농산물 무역, 아프가니스탄 내
의 미국 개발 기업 등의 취재는 퓰리처 위기보도센터, 필립스 재단, 국가 연
구소 조사기금의 관심과 지원을 불러일으켰다. 그녀는 〈월스트리트 저널〉,
〈뉴욕 포스트〉〈알타비스타〉, 〈슬레이트〉, 〈포린 폴리시〉, 〈뉴요커〉〈노틸
러스〉, 〈하퍼스〉 등 다양한 매체에서 활발하게 글을 기고하고 있다. 과학에
관한 지대한 관심을 보이는 그녀는 우리가 생각하지 않은 영역에서의 과학
을 연구하여 소개하고 있다. 2016년 매사추세츠 공과대학에서 나이트 Knight

과학저널 연구자로 일 년 동안 연구 및 집필 활동을 했으며, 2015년 〈라이브러리 저널〉 선정 올해의 책, 2016년 시구르드 F. 올슨 자연저술상Sigurd F. Olson Nature Writing Awards 후보로 거론된 《부활의 과학Resurrection Science》과 과학, 기술, 경제에 대한 대중의 이해도를 높이고자 하는 알프레드 P. 솔론 재단에서 지원한 《인간의 놀라운 능력 웨이파인딩》을 집필했다. 《인간의 놀라운 능력 웨이파인딩》은 길 찾기를 통해 우리가 어떻게 인간다움을 발전시키고 성장해왔는지 소개하는 매력적인 책이다. 뇌과학, 인지과학, 언어학, 인공지능, 인류학, 고고학, 생태학, 운동학에 이르기까지 다양한 분야의 연구와 통찰 속에서 길 찾기 능력의 기원과 그것이 우리의 진화와 성장에 어떻게 영향을 주었는지에 관한 흥미로운 이야기를 제시한다. 이 책은 일상적 활동인 길 찾기 안에 숨어 있는 놀라운 과학을 끄집어내어 대중에게 길 찾기의 매력을 알려줌과 동시에 우리 자신과 이 세계에 대한 이해를 높이는 수준 높은 교양 과학서라 할 수 있다.

역자 · 제효영

성균관대학교 유전공학과를 졸업하였으며, 성균관대학교 번역대학원을 졸업하였다. 현재 번역 에이전시 엔터스코리아에서 출판기획 및 전문 번역가로 활동하고 있다. 옮긴 책으로는 《과학은 어떻게 세상을 구했는가》, 《유전자 임팩트》, 《대유행병의 시대》, 《피부는 인생이다》, 《신종 플루의 진실》, 《메스를 잡다》, 《몸은 기억한다》 등이 있다.

차례

PART

호주

PART

오세아니아

머리말

덴버 동쪽 고원지대에서 차를 한 대 빌린 우리는 25번 주간 고속도로를 따라 콜로라도스프링스와 푸에블로를 향해 정남향으로 이동했다. 나는 시속 110킬로미터로 쏜살같이 스쳐 가는 풍경과 탁 트인 시골 풍경에 그림자를 드리운 뭉게구름을 바라보았다. 뉴멕시코 국경을 지나자마자 남서쪽으로 방향을 틀어서 샌타페이 국유림을 품고 있는 시머론을 관통한 다음부터는 이글 네스트와 엔젤 네스트가 있는 정서쪽으로 달렸다. 그날 밤은 타오스의 어느 모텔에서 보냈다. 아침에 일어나니 리오그란데 강변에 자리한 지역 온천에 가면 좋겠다는 생각이 들었다. 휴대전화를 꺼내 내비게이션 애플리케이션을 열고 찾아갈 온천 이름을 입력한 다음, 나는 일행과 함께 차에 올라 시내를 벗어났다. 알려주는 방향대로 가다 보니 흙길이 나오고 키 작은 산쑥 베가vega가 눈에 들어왔다. 아무런 표지판도 없는 흙길에서 우리는 연거푸 모퉁이를 돌며 계속 나아갔다. 나는 가야 할 방향을 알려주는 휴대전화 화면에만 집중하고 있었는데, 문득 정신을 차려보니 길은 끊겨 있고 더 이상 앞으로 갈 수가 없었다. 다 같이 차에서 내려 자욱한 먼지와 차바퀴에 눌린 세이지 사이로 45미터 정도 앞으로 걸어가니, 절벽 끝이 보였다. 몸을 앞으로 내밀어 내려다보니 30미터쯤 아래 리오그란데 강이 보였다.

강변 어딘가에 분명히 온천이 있을 텐데, 절벽 위에서 밧줄과 등반 장비에 몸을 맡기고 직접 내려가거나 낙하산을 타고 내려가도 우리가 차로 곧장 내달렸다면 처했을 상황보다는 훨씬 안전했으리라. 이렇게 곤경에 빠진 처지를 깨닫고 웃음이 터졌지만 문득 궁금해졌다. 업데이트 안 된 알 수 없는 지도를 바탕으로 대체 어떤 수학적인 계산이 이루어졌기에 우리를 이런 죽음의 길로 안내했을까? 그리고 우리는 왜 이 정체불명의 알고리즘과 위성이 알려준 방향을 덜컥 순진하게 믿고 따라왔을까? 인간은 하늘을 날 수 없다는 사실이나 리오그란데 강의 유속이 계절에 따라 어떻게 바뀌는지 내 휴대전화가 절대 알 리 없다는 점, 짐작컨대 뉴멕시코 주에는 한 번도 와 본 적 없는 누군가가 만든 프로그램일 뿐 기계가 실제로 이런 길을 경험해 봤을 리 만무하다는 사실을 내가 간과한 것이다.

소설가 오드리 니페네거Audrey Niffenegger는 사람마다 길을 잃었을 때 보이는 반응이 각양각색이라는 글을 쓴 적이 있다. 허둥대는 사람도 있고, 상황에 굴복하고 "스스로 길을 잘못 들었다는 사실을 받아들임으로써 세상을 경험하는 방식을 바꾸는"[1] 사람도 있다. 우리는 차를 세워 둔 곳으로 돌아가서 따뜻하게 달궈진 보닛 위에 걸터앉았다. 탯줄처럼 붙어 있던 GPS와 분리된 채로 주변을 새로운 눈으로 둘러보았다. 눈앞에는 산쑥에 덮인 미로 같은 들판이 수 킬로미터 이어지다 저 멀리에서 산자락과 맞닿아 있었다. 그새 하늘은 천둥 번개라도 칠 것처럼 보랏빛으로 변해 가고 있었다. 여긴 어디일까? 지명도 알 수 없고 지도도 없었다. 올라앉은 차 위에서 보니 북쪽과 남쪽에서 폭풍우가 한꺼번에 몰려오고 있었다. 엄청난 에너지와 번개가 뒤엉킨 거대한 덩어리가 점점 빠른 속도로, 평원을 굴러다니는 마른 풀 뭉치처럼 우리 쪽을 향해 다가왔다. 흙바닥에 막 떨어진 빗방울을 보자마자 우리는 쏜살같이 차에 올라 고지대 사막을 뒤로하고 포장된 길로, 지도가 좀 더 정확히 길을 알려주는 안전한 곳으로 서둘러 이동했다.

◀•▶

뉴멕시코 주에서 길을 잃었을 때의 기분은 이후 오랫동안 다시 떠오르곤 했다. 내가 세상을 돌아다닐 때 기계장치 하나가 얼마나 큰 영향력을 발휘할 수 있는지, 그 기기가 그토록 나를 집중하게 만들고 인식에 관여할 뿐만 아니라 수동적으로 따라오게끔 구슬릴 수 있다는 사실에 나는 크게 매료됐다. 손에 쥔 기술을 보는 시각도 달라졌다. 의심이 고개를 든 것이다. 내비게이션 기술이 포함된 최초의 스마트폰이 세상에 나온 건 내가 스물여섯 살 때였으니 그전까지 나는 청소년기부터 어른이 되고도 한동안 경험과 습관, 탐구력,

종이로 된 지도, 표지판, 사람들 사이에 전해지는 정보들을 활용하거나 시도하고 실패하면서 내가 가야 할 길을 찾으면서 살았다. 스마트폰은 대학원생 시절, 한 신문사 기자로 일하면서 기삿거리를 찾거나 속보를 취재하기 위해 뉴욕 외곽 자치구의 거리 곳곳을 돌아다닐 일이 많아졌을 때 장만했다. 불과 몇 십 년 전까지만 해도 미국 정부는 지리적 위치 정보를 군사기밀로 관리했다. 이제는 현재 내가 있는 곳의 위도와 경도를 30미터 간격으로 확인할 수 있고 이동속도와 방향은 초속 1센티미터 단위로, 시간은 100만 분의 1초 단위로 알 수 있으니 주변 정보를 빠삭하게 꿰뚫고 있다는 확신을 갖게 되었다. 돌이켜보면 내 휴대전화는 아주 빠른 속도로, 두려울 만큼 빠른 속도로 내가 길을 찾는 방식 그 자체가 되었다. 이 새로운 의존성이 내게서만 자리 잡은 건 아니었다. 내가 스마트폰을 처음 구입한 2008년만 해도 미국의 이동전화 사용자 중 내비게이션 애플리케이션으로 경로를 찾는 사람은 8퍼센트에 불과했다. 하지만 2014년에는 81퍼센트로 늘었다. 2010년부터 2014년까지 GPS 장치 숫자도 5억 대에서 11억 대로 두 배가량 증가했다. 일부 시장에서는 2022년까지 70억 대로 늘어날 것이며 증가폭의 대부분은 유럽과 북미 대륙 외 다른 지역까지 확대될 GPS 이용자가 차지할 것이라는 전망도 나왔다. 곧 이 지구상에 사는 거의 모든 인구가 GPS 장치를 보유할지도 모른다.

개인용 위성 내비게이션 장치는 인류의 여행이 눈부시게 발전한 시대, 이동성이 과잉 수준에 이른 시대가 열리면서 절정을 맞이했다. 이제는 대다수가 원할 때 원하는 곳으로 갈 수 있다. 그것도 불과 100여 년 전만 하더라도 시간 여행처럼 느껴질 만큼 우리 선조들은 아예 상상조차 할 수 없던 거리를 엄청난 속도로 이동할 수 있다. 한때는 탐험이던 일이 휴가가 되었고 과거에는 큰 여행이던 일이 잠깐 바람 쐬러 다녀오는 소풍이 되었다. 베네치아 출신인 마르코 폴로Marco Polo는 1271년에 동방으로 떠난 지 4년 만에 상도上都를 비롯해 현재 중국에 해당하는 당시 원나라 황제 쿠빌라이 칸의 제국에 도착했다. 그리고 20년 가까이 고향 땅을 보지 못했다. 중세 시대의 위대한 탐험가 중 한 사람으로 꼽히는 이븐 바투타Ibn Battuta는 1325년에 성지순례를 떠났다가 서쪽으로는 말리, 동쪽으로는 중국까지 도달했는데, 이 여행에 총 29년이 걸렸다. 영어에서 여행이라는 뜻을 가진 단어 journey는 '하루 동안'이라는 의미가 담긴 라틴어 'diurnal'에서 비롯됐다. 기술은 이 여행의 개념을 바꿔 놓았다. 로마 시대에 하루 동안 여행할 수 있는 최장 거리는 말을 타면 45~65킬로미터에 불과했다. 1950년대에 제트기 시대가 열리자, 과거에는 일생일대의 여행으로 여겨지던 일도 비행기표를 장만할 형편이 되고 여권을 가진 사람이라면 누구나 할 수 있는 일이 되었다. 즉 재앙과 굶주림, 심지어 목숨까지 걸던 일로 여겨지던 여행을 하루 만에 완료할 수 있게 된 것이다. 게다가 이 자유에는 즐거움이 동반된다. 우리가 도달할 수 있는 곳, 접근할 수 있는 곳들에 간다는 건 과거에는 기적 같은 일, 전례를 찾아볼 수 없는 일이었다. 하지만 시공간이 줄어든 이 변화에서 우리가 잃은 것이 있다면 그것이

무엇인지 생각해 볼 필요가 있다. 탐험가 거트루드 에머슨 센_{Gertrude}
Emerson Sen은 1925년에 '여성 지리학자 협회'를 창립하고 50년이 지
난 후 "북극이나 남극, 그 밖에 다른 외딴곳까지 단 몇 시간 만에 비
행기로 갈 수 있다면 과연 동료들이 지금도 그런 곳을 찾을지" 의
문이라고 했다. 더불어 "현재 우리가 하는 여행이 화물선이나 낙타,
말을 타고 혹은 두 발로 걸어서 천천히 여행하던 오래전처럼 매혹
적이라고 할 수 있을지" 모르겠다고 말했다.[2]

우리가 시간 그리고 공간과 관계를 맺는 방식이 맹렬한 속도로
변화하고 있는 건 분명하다. 인류의 손에 일반 도로는 다차선 고속
도로로 바뀌었고 이제 대규모 항공 여행도 가능해졌다. 앞으로 기
관차는 초고속 열차로 바뀌고 얼마 지나지 않아 자동차는 자율주행
이 가능해질 것이다. 마셜 매클루언_{Marshall McLuhan}은 다음과 같은 생
각을 밝혔다. "3000년간 외적인 폭발이 이어졌던 서구 사회는 단편
적이고 기계적인 기술에 의해 이제 내부가 붕괴되고 있다. 기계 시
대에 우리의 몸이 닿는 공간이 확장되었다면 전자 기술이 한 세기
넘게 사용된 현재는 우리의 중추신경계가 포괄적이고 광범위하게
확장되어 적어도 이 지구상에서는 시간과 공간이 사라졌다."[3]

이전에도 인류가 이 땅에서 여행하는 방식에 대대적인 변화가
일어났던 때가 여러 번 있었다. 사는 곳을 옮겨 다니면서 무리 지어
사냥과 채집 활동을 벌이며 살다가 지금으로부터 약 1만 년 전에
'신석기 혁명'으로 알려진 변화 이후 공동체를 이루고 최종적으로는
국가를 이뤄 정착 생활을 시작한 과정을 두고 예일대학 정치학자

제임스 스콧James Scott은 '탈숙련화'의 과정이라고 묘사했다. 그는 저서《농경의 배신Against the Grain》에서 각 단계마다 생존을 위해서는 "집중할 대상을 크게 좁히고 해결 과제를 단순화하는"[4] 기술이 필요하다고[필요했다고] 설명했다. 스콧은 이러한 해석이 인류 문명의 발달을 지나치게 절망적으로 보는 시각이라고 생각한다면, 정착 생활로의 전환만 살펴봐도 그 변화가 기술을 얼마나 축소시켰는지 확인할 수 있다고 주장했다. 자연계, 식생활, 의식을 치르며 사는 삶, 그리고 공간 자체에 관한 현실적 지식에 쏠리던 인류의 관심이 대폭 줄어들었다는 의미다. (스콧은 고대 중국어에서는 유목민이 국가의 정식 국민 신분이 되는 것을 "지도에 들어왔다"고 표현한다는 사실을 언급했다.) 즉 이러한 변화가 진행되는 동안 사냥하고 필요한 자원을 찾기 위해 모험에 나서야 하는 필요성이 감소했다. 오솔길과 작은 길 들은 하나둘 영구적으로 형성된 정착지끼리 잇는 도로로 바뀌고, 그만큼 이동할 때 기억과 주변 환경의 지형지물에 의지할 일도 많이 줄었다. 학자 알프레도 아딜라Alfredo Ardila의 설명처럼 "지난 수천 년 동안 인류의 생존은 공간적 신호를 올바르게 해석하는 능력과 장소에 관한 기억, 거리 계산에 좌우되었고 인간의 뇌는 그 같은 공간 정보를 정밀하게 처리하는 데 적응해야 했다."[5] 실제로 최근까지도 지구상 대다수 인구가 실질적인 지도 없이도 여행을 다녔다.

저렴하면서도 정확한 GPS 장치가 휴대전화에 일제히 장착된 지 단 10년 만에 종이로 된 지도를 펼치던 시대와 특정 장소에서 스스로 방향을 찾는 일이 큰 숙제였던 때가 아주 오랜 옛날처럼 느껴진다. 이제 GPS는 없어서는 안 될 필수품이자 길을 잃거나 시간을 낭비하지 않게끔 우리를 돌봐주는 신통한 연고軟膏처럼 여겨진다. 많은 사람이 정말 짧은 거리를 이동할 때도 가장 빠르고 가장 효율적인 경로를 찾기 위해 GPS를 활용한다. 최근 〈보스턴 글로브〉에는 한 기자가 GPS 없이 가족들과 도로 여행을 했던 경험이 실렸다. 전신주 그림자를 보고 서쪽과 동쪽을 구분하고 북극성을 찾는 등 휴가 기간을 "옛날 방식"으로 탐험하면서 보낸 이야기들이 담겼다.[6] GPS가 존재하지도 않던 시절을 기억하는 사람들은 일상이 되어 버린 이 갑작스러운 변화에 당혹감을 느낄 뿐만 아니라 영 탐탁지 않다. 옛날 방식이라고들 하지만, 대체 언제부터 그렇게 됐느냔 말이다.

기술 변화의 속도가 워낙 빨라서 꼭 짚고 넘어가야 할 사실도 깨닫지 못한 채 넘어갈 때가 있다. 하지만 뉴멕시코 주에서 겪은 일을 계기로 내 머릿속에 의문이 하나 떠올랐다. 길을 찾는 일을 기계 장치에 모두 맡기면 어떤 일이 벌어질까? 과거에도 나침반, 정밀 시계, 육분의, 무선통신, 레이더 등 길 찾기에 도구가 사용되었으나 이런 도구들이 있다 해도 계속 주변 환경을 유심히 살펴야 했다.

이 의문은 나를 예상치 못했던 곳으로 이끌었다. 인류가 길을 찾아 가는 것은 구체적으로 어떤 행위일까? 새, 벌, 고래와는 어떤 차이가 있고, 왜 그런 차이가 생겼을까? 기술로 달라진 속도와 편의성은 우리가 세상을 향해 나아가는 방식과 세상 속에서 우리가 머무는 장소를 보는 방식에 어떤 변화를 일으켰을까? 이동생태학, 심리학, 원시고고학부터 언어학, 인공지능, 인류학까지 다양한 학문 분야에서 진행된 연구와 도출된 결과들을 통해 나는 인류의 길 찾기 능력과 그것이 생물종의 하나인 인류의 진화에 발휘한 영향에 관한 놀라운 이야기를 찾아낼 수 있었다. 북극, 호주, 남태평양까지 총 세 곳에서 지도나 장비, 기계장치를 일절 사용하지 않고 환경 속에서 찾은 신호만으로 아주 먼 거리를 이동하며 살아가는 사람들도 만났다. 전통적 방식 또는 자연적 방식대로 길을 찾는 이들이 살아가는 방식은 언제든 지도를 펼쳐 확인할 수 있는 환경에서 자란 나 같은 사람에게는 새롭고 대단히 신기한 일인 동시에 세상을 보고 공간, 시간, 기억, 여행을 생각하는 또 다른 방식처럼 느껴진다.

◄•►

동물은 지금 있는 곳이 어디고 어디로 가야 하는지 알려주는 생물학적인 하드웨어와 유전적인 프로그램을 보유하고 있지만 우리 인간은 그와 같은 의존성에서 벗어난 영장류에 속한다. 대신 인류는 지각 능력과 주의 집중력이 토대가 되는 인지능력이 발달해서 어디든 자유롭게 갈 수 있다. 길 찾기는 순수하게 직관적으로 이루어지는 일이 아닌 하나의 과정이다. 어떤 공간으로 나아가는 동안 환경을 인식하고 어떤 특성이 나타나는지 주의를 기울이면서 정보를 수집한다. 이를 우리의 기억 속에 '자리하는' 내적인 묘사 혹은 공간 지도를 구축하는 과정이라고 설명하는 사람들도 있다. 이동하면서 줄줄이 수집되는 정보들로 원점, 순서, 길, 경로, 목적지를 만들어내는 이 과정은 시작점, 중간 경유지, 도착 지점으로 구성된다. 자신의 여정을 체계적으로 정리하고 기억하는 바로 이 능력 덕분에 우리는 출발점에 돌아오는 길도 찾을 수 있다. 더 나아가 이 여정에서 발견한 것들로 빚어진 통찰력과 지식은 다음에 다시 탐험에 나설 때 우리를 인도하고 방향을 알려준다.

인류가 발전시킨 성공적인 길 찾기 능력의 중심에는 과거를 기록하고, 현재에 집중하고, 미래를 상상할 줄 아는 능력, 즉 도달하고 픈 목표나 장소를 떠올리는 능력이 있다. 이러한 능력은 길을 찾아가는 과정을 그저 공간 속에서 나아가는 행위에 그치지 않고 시간 속으로 나아가는 정신적 여정, 즉 자각적 의식autonoetic consciousness으로도 불리는 과정으로 만든다. 영어에서 'noetic(지성의, 지력의)'이라는 단어는 '나는 인식한다', '나는 이해한다'는 뜻이 담긴 고대 그리스어 'noéō'에서 비롯됐다. 'autonoetic'은 스스로를 시간 속에서 자율적으로 행동하는 주체로 떠올릴 수 있는 능력을 나타내는 말이다. 이러한 능력 덕분에 자기 성찰이 가능해지고 자기 자신을 아는 능력도 생긴다.

그렇다면 해부학적으로는 뇌의 어느 부위가 마법과도 같은 이 자각적 의식을 발휘할까?

공간 기억에는 두정엽, 전두엽 등 뇌의 여러 부위가 관여한다. 그러나 신경과학계의 연구 결과 인간의 뇌에서 길과 방향을 찾고 지도를 그리는 능력이 발휘되는 주된 기관은 해마로 밝혀졌다. 측두엽의 회백질에서 양의 뿔처럼 구부러진 형태로 나타나는 이 부위는 제각기 다른 세포들로 구성되는데, 이 세포들이 폭죽이 터지듯 활성화되지 않으면 길을 찾거나 지금 있는 장소를 알아보는 능력도 사라진다. 외상을 입거나 해마가 제거된 사람은 잠에서 깨어 있어도 꿈을 꾸는 기분이라고 이야기한다. 특정한 장소에 대한 기억, 그 장소들에서 일어난 사건들이 사라지고 가는 장소마다, 겪는 일마다 전부 새롭게 느껴지기 때문이다. 이들은 일화 기억, 즉 과거에 일어난 일을 다시 떠올리는 능력이 없다. 그뿐만 아니라 자기 감각이 구축되려면 반드시 필요한 새로운 기억의 형성 능력도 소실된다.

해마는 포유동물의 장기 기억에서 무엇이, 어디에서, 언제 일어난 일인지 기록되는 과정에 중요한 역할을 맡는다. 사람만 일화 기억을 갖는지, 아니면 다른 생물도 이러한 기억을 보유하고 있는지에 관해서는 아직 논란이 있으나 현재까지 밝혀진 사실을 토대로 할 때, 살아가면서 일어난 일들을 상기하고 순서대로 정리해서 정체성으로 발전시키는 동물은 인간이 유일하다. 인류에게만 해마는 자서전이 기록되는 장소이자 현 시점까지 살아온 삶의 이야기가 간직된 곳이다. 동시에 상상력의 엔진이기도 하다. 해마가 없으면 자신의 미래를 내다보거나 예측을 하고 목표를 그리기가 힘들다.

해마는 가끔 인간의 GPS로 묘사되기도 하지만, 실제로 이 놀랍고도 유연한 뇌의 한 부위에서 이루어지는 일들에 비하면 굉장히 축소된 비유라고 할 수 있다. GPS는 고정된 대상의 위치나 절대로 바뀌지 않는 공간 내 좌표를 인식하는 반면, 신경과학계에서는 해마의 기능이 개개인의 특성을 부여한다고 본다. 즉 각자의 관점, 경험, 기억, 목표, 욕구를 기반으로 특정 장소를 나타내는 것이다. 자아를 이루는 기반시설을 제공하는 곳이 바로 해마라고 할 수 있다.

또한 해마는 활성이 매우 강한 곳이기도 하다. MIT에서 신경과학자로 활동 중인 맷 윌슨Matt Wilson은 자신의 실험실에서 래트rat가 미로 사이를 열심히 누비고 다닌 후 잠이 들어도 래트의 내적인 공간 지도를 구축하는 뉴런은 계속 활성 상태가 유지된다는 사실을 확인했다. 윌슨은 이 뉴런의 활성 패턴을 보면 래트가 꿈속에서 미로의 어느 부분을 지나고 있는지도 알 수 있다고 밝혔다. 래트가 자는 동안 해마가 특정 공간에서 이동한 경험을 재현하기 때문이다. 이에 윌슨은 해마가 수면 시간 동안 기억을 통합하고 경험한 일에서 규칙과 패턴을 찾을 가능성이 높다고 설명했다. "잠을 자는 동안, 이미 알게 된 것들을 이해하려고 노력하는 겁니다. 경험으로 구성된 방대한 데이터베이스에 접근해서 새로 생긴 연결고리가 있는지 찾아보고, 새로운 경험을 설명할 수 있는 일종의 모형을 구축합니다. 이렇게 경험을 바탕으로 형성된 지혜는 미래에 전혀 새로운 상황에 놓여도 현명한 선택을 할 수 있게 하는 규칙이 됩니다."[7] 윌슨의 설명이다.

인간의 공간 탐색 능력과 기억력, 인간의 선천적인 특성이 이토록 철저히 얽혀서 발달한 이유는 무엇일까? 어느 쪽이 먼저일까? 수수께끼 같은 해마의 진화 과정을 살펴보면, 인류가 다른 영장류와는 다른 존재로 어떻게 분화되었는지, 그리고 우리의 지능이 어떻게 형성되었는지 힌트를 얻을 수 있다. 신경과학자 엘리너 매과이어Eleanor Maguire에 따르면 "해마는 계통발생학적으로 뇌에 오래전부터 존재한 내재적 회로이며 방향 탐색이 가능하도록 진화했을 가능성"이 있으므로 방향 탐색은 여러 생물종이 보유한 기본적인 행동으로 보인다.[8] 그러나 고인이 된 또 다른 신경과학자 하워드 에이헨바움Howard Eichenbaum은 해마의 주된 기능이 방향 탐색일 가능성은 거의 없다고 생각했다. 그는 수십 년에 걸쳐 래트를 이용한 미로 연구를 실시한 결과 해마는 항상 '기억'이 주된 기능이었던 것으로 보인다고 밝혔다. "방향 탐색이 해마의 주된 기능이라면, 닭도 길 건너는 '방법'을 알아야 한다. 하지만 닭은 거길 왜 가야 하는지 모르는 것으로 나타났다. 그래서 나는 기억이 적응에 따라 더 일찍 자리 잡은 특성이라고 생각한다. 닭의 경우, 길 건너에 뭔가 좋은 것이 있으니 저기로 가야겠다고 생각한다는 것이다."[9] 에이헨바움은 해마의 신경 회로가 인간의 뇌에서 일종의 위대한 주최자 역할을 하며 공간 정보와 더불어 시간, 사회적인 관계, 음악 등 우리가 하는 경험의 다양한 면을 발견해서 체계적으로 정리한다고 설명했다.

해마의 크기는 사람마다 경험에 따라 크기가 달라질 뿐만 아니라 시간이 흐르면서 인류의 전체적인 해마 크기 또한 달라진다는 사실도 여러 연구를 통해 밝혀졌다. 현시점까지 확인된 사실로는 경험에 따라 해마에 발생한 변화가 자손 세대로 전달되지는 않지만, 해마의 크기와 관련된 유전자는 후손에게 전해진다. 실제로 해마의 부피 중 60퍼센트는 부모로부터 물려받는다는 연구 결과도 있다. 미국 캘리포니아대학 샌디에이고 캠퍼스의 니콜 바저Nicole Barger는 유인원의 뇌가 인간 뇌와 동일한 크기가 되었다고 가정할 때 인간의 해마가 50퍼센트 더 크다고 밝혔다. 인간과 밀접하게 관련이 있는 동물인 유인원보다 해마가 그만큼 훨씬 더 큰 이유는 무엇일까? 인류의 조상인 호미닌의 해마는 어떤 선택압에 의해 이렇게 진화했을까?

고대부터 이루어진 인류의 탐험과 관련 있을지도 모른다. 지리적으로 가능한 모든 틈새마다 주거지로 삼은 생물종은 인간이 유일하다. 다른 어떤 생물과 비교해도 인류의 지리적 분포는 가히 놀라운 수준이다. 하지만 어느 쪽이 먼저 발달했는지는 알려지지 않았다. 해마가 유독 큰 덕분에 멀리까지 여행한 것일까, 아니면 먼 곳까지 이동해야만 하는 상황이라 해마가 커졌을까? 분명한 사실은 5만여 년 전에 인류가 아프리카 대륙에서 벗어나 다른 곳으로 확산되기 시작했다는 것이다. 약 2만 년 전에는 아시아와 유럽 대륙까지 도달했고 1만 2000년쯤 전부터는 지구 전체가 인류의 주거지가 되었다.

나는 인류가 이동했던 그 시대를 즐겨 상상해 보곤 한다. 우리의 조상들은 끊임없이 길을 잃고 어디가 어디인지 알 수 없는 낯선 곳을 향해, 두려워하면서도 마지못해 조금씩 나아갔을까? 아니면 우주비행사들처럼 세대가 바뀔 때마다 지리적인 경계와 마음의 경계를 모두 뛰어넘어 새로운 곳을 향해 더 멀리 나아갔을까? 즉 인류의 탐험은 의도적인 일이었을까, 이리저리 떠돌다가 우연히 이루어진 일이었을까? 인간의 인지능력이 그러한 여정을 가능하게 한 도구가 되었을 수도 있고, 그토록 길고 긴 이동 덕분에 방향을 탐색하는 새로운 전략이 구축되어 결과적으로 문화와 전통의 지적인 발전이 이루어지고, 우리가 집이라 부르는 장소와의 진하고 깊은, 정서적인 관계가 형성되었는지도 모른다. 도로, 표지판, 지도, 나침반, GPS 등 오늘날 우리가 길을 찾을 때 도움을 얻는 도구들은 모두 인류 역사의 초창기에 등장한 발명품이라는 의미다. 인류는 지구상에 존재한 역사의 대부분을 자연 풍경을 가이드로 삼아 지구 곳곳으로 이동했다. 그것도 '아주 많이' 이동한 것으로 보인다.

여러 세대에 걸쳐 이동이 완료되었는지, 한 사람의 생애에 해당하는 기간 동안 완료되었는지는 계속 의견이 엇갈리고 있다. 고고학, 원시고고학적 자료가 불완전해서 상당히 긴 시간 동안 이루어진 인류의 이동 패턴을 파악하고 모형화하기란 쉬운 일이 아니다. 그러나 정말로 인간이 무언가를 찾아내고 호기심을 갖게끔 만들어졌는지 생각해 보는 것은 흥미로운 일이다. 영어로 찾아낸다는 뜻을 가진 단어 seek의 어원인 산스크리트어 'sag'은 '캐낸다, 추적한다'는 의미가 있다. 라틴어 어원인 'sagire'는 '재빨리 또는 예리하게 인지하다', 'sagus'는 '예측하다, 예언자가 되다'라는 뜻이 있다. 이 모든 기술이 인류가 채집, 사냥, 사회 활동을 원만하게 해내고 성공적으로 방향을 탐색할 수 있도록 한 본질적인 힘이 되었을 것이다.

DNA 수준에서는 인간의 특정 단백질에서 나타나는 유전학적 특성이 탐험 충동을 유발했을 가능성이 있다는 증거가 몇 가지 발견됐다. 1990년대 말, 미국 캘리포니아대학 어바인 캠퍼스의 첸촨성 연구진은 도파민 수용체 유전자 중 DRD4의 대립유전자(부모로부

터 하나씩 물려받은 한 쌍의 유전자로 염색체에서 동일한 유전자좌에 위치한다)
를 조사했다. 도파민이 수용체와 결합하면 동물의 탐색 행동에 영
향을 주고 이동 속도와 활성도에도 변화가 생기는 것으로 알려졌
다. 연구진은 이동에 따른 자연선택으로 DRD4 대립유전자의 길이
가 더 긴 사람도 있는지 확인해 보았다. 실제로 그렇다면 여러 곳으
로 이동하면서 살아 온 사람들 중에 더 긴 대립유전자를 보유한 사
람의 비율이 한곳에 정착해서 공동체를 이루고 살아온 사람들보다
높을 것이라는 가설이 세워졌다.

　연구진이 2320명의 데이터를 분석한 결과, 도파민 수용체 유전
자의 길이는 호모사피엔스의 근원지인 아프리카에서 이주한 거리
와 상관관계가 있는 것으로 나타났다. 도파민은 탐색 행동 외에 다
른 특성과도 관련되어 있으므로 이 결과는 논란의 여지가 있으나,
유전자와 인류 역사가 서로 얽혀 있다는 흥미로운 사실을 어느 정
도 확인할 수 있다. 연구 결과를 보면 로마와 독일이 있는 동쪽을
향해 먼 거리를 이동한 유대인들은 남쪽의 에티오피아, 예멘으로
이주한 사람들보다 대립유전자의 길이가 더 긴 사람들의 비율이 높
았다. 카메룬에서 남아프리카로 이주한 반투족 역시 마찬가지였다.
사르데냐어가 탄생한 섬과 지리적으로 가장 가까운 곳에 머물러 살
아온 사르데냐 사람 중에는 도파민 수용체 유전자의 대립형질이 긴
사람이 한 명도 없었다. 조상 중 일부가 인류 역사상 가장 먼 거리
를 이주한 것으로 알려진 태평양 제도의 사람들은 다른 아시아인들
보다 이 대립유전자의 길이가 긴 사람의 비율이 더 높았다. 시간이

흘러 2011년에 루크 매튜스Luke Matthews와 폴 버틀러Paul Butler가 위 연구와 같이 DRD4 대립유전자를 조사한 또 다른 연구에서는 연구진이 '새로운 것을 찾아다니는 인간의 특성'이라고 통칭한 훨씬 더 다양한 유전학적 특징이 발견됐다. 어쩌면 인류의 조상들에게서 나타난 탐색 행동, 즉 새로운 것을 찾고 위험을 감수하는 행동의 바탕이 되었을지도 모르는 유전자의 별난 특징도 이들이 밝힌 결과에 포함되어 있다. (생물학계의 연구에서는 침팬지의 경우 인간과 정반대로 새로운 것을 대할 때 느끼는 스트레스를 견디는 수준이 매우 낮은 것으로 나타났다. 이로 인해 새로운 환경이나 보호 구역으로 옮겨지면 스트레스를 이기지 못해 죽음에 이르는 경우도 많다.) 매튜스와 버틀러는 빠른 속도로 진행된 인류의 이주 과정에서 낯선 스트레스에 덜 취약하고 위험을 감수하는 능력이 뛰어나 계속 탐험을 밀고 나가는 사람들이 선택되었을 가능성이 있다고 본다.

인간 외 다른 생물종에도 이와 비슷한 선택의 영향력이 작용한 것으로 보인다. 실제로 자연이 가장 열성적이고 의욕이 넘치는 개체를 선택함으로써 충동과 갈망에 휘둘리는 동물들이 나타나고 생물학적 하드웨어 자체가 장대한 모험을 하도록 갖추어진 경우를 때때로 볼 수 있다. 제왕나비는 스테인드글라스를 연상케 하는 날개로 남쪽을 향해, 멕시코 중앙 지역까지 날아가 겨울을 나고, 다시 북쪽으로 4000킬로미터가 넘는 거리를 날아가서 유액을 분비하는 식물을 찾아 배를 채우고 알을 낳는다. 2010년에 생물학자들은 제왕나비 암컷 중에서 가장 먼 거리를 비행하며 누구보다 부지런히 알맞은 식물을 찾아다니는 암컷일수록 알을 더 많이 낳는다는 사실을 발견했다. 제왕나비의 생애가 셀 수 없이 반복되는 동안, 더 멀리 날아가고 싶은 충동을 느끼는 성향이 DNA에도 반영된 것으로 보인다. 제왕나비는 이동 거리가 워낙 길어서 여행을 마치기 전에 생을 다한다. 그래서 탐험을 시작한 나비가 도중에 숨을 거두면, 대를 이어 증손자가 나머지 여정을 마친다. 생물학자들은 이렇게 모든 개체가 한 방향으로 이동하고 개체군 전체가 함께 나누어 여행을 완료하는 방식을 '한 방향 이주'라고 부른다. 그런데 태어나 아직 한 번도 여행을 해 본 적 없는 개체가 어떻게 증조부가 시작한 여행을 뒤이어 계속하고 어디로 가야 하는지 알고 있을까?

이러한 수수께끼는 나비들만의 이야기가 아니다. 50여 종의 다양한 잠자리도 아주 먼 거리를 날아가고, 여정이 다 끝나기 전에 숨을 거두면 자손이 나머지 여행을 마친다. 똑같이 이주하면서 살면서도 세상에서 가장 인정을 못 받는 생물일 진딧물은 봄과 여름에 숙주 식물에 머무르다가 자손을 낳고, 태어난 자손은 다른 식물로 날아가서 짝짓기를 하고 알을 낳는다. 그런데 옮겨간 식물에서 새로 태어난 자손은 부모 세대가 태어난 식물, 즉 할아버지 할머니의 집으로 돌아온다. 한 번도 가 본 적이 없음에도 불구하고 찾아오는 것이다. 과학자들은 어떻게 이런 확신 있는 방향 탐색이 가능한지 알기 위해 노력 중이다. 항상 자신이 속한 곳이 어디이고 그곳에 어떻게 가면 되는지 잘 아는 이 곤충들이 참 부럽다는 생각도 든다. 존재론적 불안정을 느낄 틈이 없을 테니 말이다.

인간이 자신의 생물학적 특성만으로 길을 잃지 않는 일이 불가능한 경우에는 문화가 그 기능을 대신해 왔다. 인류는 잘 정리된 환경 정보로 구성된 지식 체계를 만들고 이 지식이 다음 세대로 전달될 수 있는 문화적 장치도 개발했다. 사막, 바다, 빙하처럼 별다른 특징을 찾기가 어렵지만 계속 유동적으로 변하는 풍경은 알아보기가 힘들고, 그 결과 극도로 정교한 지식 체계가 탄생하는 경우가 많다. 오랜 세월에 걸쳐 터득하고 경험해야 통달할 수 있는 지식이 구축되는 것이다. 그와 같은 만만치 않은 환경에서는 지각, 관찰, 기억을 어떻게 활용하느냐에 따라 생사가 결정된다. 태양, 하늘, 별, 바람, 나무, 조수, 바다의 너울, 산, 골짜기, 눈, 빙하, 개미집, 모래, 동물들까지 모두 현재 상황을 파악할 때 방향을 알려주는 지표가 된다. 비행사 해럴드 개티Harold Gatty는 "자연을 가이드로 삼으면 길을 잃을 수가 없다"[10]고 말했다.

아직 연구에 본격적으로 돌입하기 전에, 나는 지금까지 세계 곳곳을 여행해 왔지만 길을 제대로 찾아다녀 본 경험은 인간이 해낼 수 있는 수준에 형편없이 못 미친다는 사실을 분명히 깨달았다. 우리는 문화권마다 각기 다른 정신 모형과 전통, 풍습을 흡수하면서 성장한다. 그리고 심리학자 제임스 깁슨James Gibson의 설명처럼 집중하도록 교육받는다. 나는 방향 탐색 능력에 이와 같은 문화적 우연성이 개입된다는 사실이 너무나 매력적이라는 생각이 들었다. 어린 시절에 접한 언어와 풍경, 기술, 사회경제적인 과정은 우리가 생각하고 보는 방식에 영향을 준다. 모든 문화가 구전되는 환경에서 나고 자라는 사람도 있고 유아기부터 글자를 배우기 시작하는 사람도 있다. 또 땅과 물을 이해하고 북쪽과 남쪽을 찾는 법을 배우면서 크는 사람도 있고 왼쪽, 오른쪽으로 방향을 틀어 가며 미로 같은 도시 거리에서 길 찾는 법을 배우며 크는 사람도 있다.

인류학자들과 심리언어학자들은 최근 수십 년에 걸쳐 인류가 보유한 방향 탐색 체계가 깜짝 놀랄 만큼 다양하다는 사실에 주목하고 시간 순서에 따라 조사하기 시작했다. 도시에 사는 유럽인들, 북극의 사냥꾼들, 항해가 직업인 뱃사람들, 사막의 유목민들 모두 제각기 독특한 방식과 기술로 가야 할 방향을 찾고 현재 위치가 어디인지 확인한다. 심지어 이웃한 지역이나 섬, 공동체 등 소지역 단위에서도 다양성이 나타난다. 러시아의 인류학자 안드레이 골로프네프Andrei Golovnev는 시베리아 북서부에서 순록을 키우며 살아가는 원시 부족인 네네츠족이 이웃인 한티족과는 크게 다른 방식으로 방향을 탐색한다는 사실을 알아냈다. 골로프네프에 따르면 "네네츠족은 하늘 위로 올라가서 내려다보고 이동할 경로를 점으로 그리며 따라가는 방식으로 길을 찾는다면, 한티족은 어떤 나무를 알아보고 그쪽으로 이동한 다음 특정 언덕이 보이면 다시 그쪽으로 가는 방식을 활용하므로, 사냥터의 세세한 특성을 전부 기억한다."[11] 이러한 전략적 차이는 다른 관습에서도 나타난다. 네네츠족은 엔진이 망가지면 그 앞에 앉아서 일단 어떤 순서로 고칠지 머릿속으로 그려 본다음에 수리를 시작하고, 한티족은 손이 엔진 곳곳을 다 기억하고 있으므로 우선 너트부터 풀기 시작한다. 길을 찾아 가는 방식이 다른 만큼 세상과 상호작용하는 방식도 다를 것이다.

그런데 길을 잃는 경험에도 문화적인 우연성이 개입한다면? GPS라는 장치가 특정한 문화적 조건에 영향을 준다면? 가령 그것이 개개인이 장소를 직접 경험하고 지식을 만들어 내는 과정과 분리되도록 만든다면? GPS가 굉장히 다양한 용도로 활용될 수 있고 실제로도 그렇게 쓰인다는 사실은 분명하다. 창의적으로 이용되는 경우도 많고 생명을 구하기도 한다. 예를 들어 위도와 경도가 교차하는 전 세계 모든 지점을 사진으로 촬영하는 '국제 합류 프로젝트The international Confluence Project'에서는 촬영해야 할 위치를 GPS로 찾는다. 전쟁을 피해 지중해를 건너 유럽으로 향하는 시리아 난민들도 GPS에 의존한다. 많은 사람이 GPS가 아니었다면 아마도 절대 갈 수 없었을 곳까지 자신의 발자국을 남길 수 있는 범위를 확장하고 더 많은 장소를 탐험하기 위해 GPS를 활용한다. 현재까지 알려진 방대한 지식의 보고가 된 내비게이션 장치에서 필요한 정보를 순식간에 알아낼 수 있는 것도 사실이다. 그러나 중요한 것은 오늘날까지도 길을 잘 찾는 사람들이라면 정보를 자신의 기억에 담아 두어야 하는데, 이러한 장치를 이용하면 그럴 필요가 없다는 사실이다.

뉴멕시코 주에서 길을 잃었던 그날로부터 몇 년 후, 나는 길을 잃는 일 자체가 어떤 이들에게는 생경한 일이며 그런 사람들에게 GPS 같은 도구가 얼마나 쓸모없는지 깨달았다. 호주 북부에서 자오인Jawoyn 부족민인 마거릿 캐서린Margaret Katherine이라는 분을 만났을 때의 일이다. 80대 노인인 캐서린은 만Mann 강 근처에 자리한 전통적인 시골 마을에서 주변을 걸어서 이동하며 어린 시절을 보냈다. 대화를 나누던 중 내가 풀숲에서 길을 잃으면 어떻게 하느냐고 묻자 캐서린은 웃음을 터뜨렸다. 그러고는 내가 들고 있던 노트를 집더니 흰개미집은 항상 남북 방향으로 솟아 있고 밤에는 별이 길을 알려준다는 사실을 그림으로 그려 가며 설명해 주었다. 호주의 일부 원주민들이 인류 창조의 시기로 믿는 '꿈의 시대'부터 세상을 여행한 선조들이 바위와 나무, 협곡, 경사면을 전부 어떻게 만들어 냈는지도 알려주었다. 이 조상들의 여정과 이들이 남긴 표식은 노래에 기록되어 있고, 캐서린은 그런 노래를 배워 평생 외우고 있었다. 내 눈에는 아무런 표식도 없고 어디가 어디인지 당황스러운 야생 환경이지만 이들에게는 모든 곳이 집이고, 따라서 길을 잃는 건 거의 불가능한 일에 가깝다.

이누이트족의 개들에 관한 역사를 연구한 학자이자 개썰매 모는 실력도 출중한 켄 맥러리Ken MacRury도 그곳 부족민이 자신들이 사는 지역을 얼마나 속속들이 깊이 파악하고 있는지 설명했다. 그는 캐나다 북극 지역에서 수십 년간 지역 사냥꾼들과 함께 여행한 후 이렇게 이야기했다. "그 사람들은 길을 잃을 수가 없으며 개들도 마찬가지다. 15~20년 전에 길 잃은 사람이 생기기 시작했을 때 이누이트 노인들은 그런 상황을 믿지 못했다. 그런 일이 생길 수 있다는 것 자체가 그들에게는 믿기지 않는 일이었다."[12]

인류학자 토머스 위드록Thomas Widlok은 내게 사람들이 길 찾는 방식을 서구의 관점에서 일반화하려는 경향이 있다고 설명했다. 즉 대다수가 낯선 땅을 발견하면 기록하고 지도를 그리려 한다고 생각한다는 것이다. 그는 칼라하리 사막에 사는 산San족 사람들과 수년간 함께 여행해 보니 현재 위치를 모르는 경우를 본 적이 없다고 말했다. "주말에 옐로스톤 공원으로 차를 몰고 간다고 해 봅시다. 우리에게는 황야처럼 보이는 그 낯선 곳에서 길을 찾아야만 하죠. 우리 서양인들은 이런 상황에서 아주 자연스럽게 관점이 '자, 세상을 정복해 볼까'라는 식으로 바뀌거나 투영됩니다. 그리고 모든 인류가 보편적으로 그렇게 생각한다고 여기죠."[13] 위드록의 설명이다. "하지만 아직 잘 모르는 장소를 지도로 그려 보려는 시도는 역사적으로 굉장히 특이한 일입니다. 식민지를 건설하려는 제국주의자들에게나 유용한 기술이죠. GPS 역시 미지의 공간으로 나아가는 데 아주 유용한 도구가 되고요." 위드록은 낯선 장소에 매혹되어 탐험하는 "호주인들, 산족, 북극 사람들의 마음가짐은 그와 다르다"고 설명했다. "세상을 식민지로 만들고 싶다는 생각도 하지 않고, 한 번도 안 가 본 장소를 점유하겠다는 생각도 하지 않습니다. 이동하면서 살아가지만 그 범위는 한정되어 있어요. 어느 정도 정해진 우주 내에 머무르는 것이죠. 불확실한 미지의 땅으로 향하지 않습니다. 그런 점에서 상당한 차이가 있어요."

나는 이처럼 "상당한 차이가 있는" 방식대로 살아온 사람들과 만나 이야기를 나누었다. 그러한 사람들이 활용해 온 독특한 방식은 시간이 흐르면서 사라지거나 문화적 동화, 억압, 언어의 멸종에 의

해 훼손되었다. 현대화가 진행되면 세상에 존재하는 각 지역의 특색 있는 방식이 집어삼켜지고 경계가 새롭게 정의되거나 새로운 경계가 생길 수 있다. 또 이동에 제한이 생기거나 전혀 다른 이동 경로가 열리기도 한다. 석유로 돌아가는 엔진, 고정된 경로를 따라 빠르게 내달리는 기계들, 지도의 탄생, GPS, 정착 생활은 미국 중서부 지역에서나 남태평양 지역에서나 사람들이 방향을 탐색하는 방식에 변화를 몰고 왔다. 어떤 지역에서는 개개인과 지역 단체가 결단력과 문화의 생존력만 갖춘다면 전통적인 방향 탐색 방식을 되살리고 활용할 수 있다고 믿는다. 현재와 같은 과잉 이동의 시대에 그와 같은 방식이 어떤 가치가 있고 의미가 있는지 좀 더 자세히 이해하고자 하는 마음으로, 나는 그런 생각을 하는 사람 중 일부와 만나 대화를 나누었다. 작가 로빈 데이비드슨Robyn Davidson이 이야기한 진짜 여행, "아주 잠깐이라도 다른 사람의 눈으로 세상을 보는"[14] 경험을 하고 싶었는지도 모른다.

◀•▶

저마다 다른 인간의 방향 탐색 과정과 체계를 전부 포괄하는 용어는 없다. 인류학, 신경과학, 심리학에서는 그와 같은 행위나 방식과 관련된 절차를 두고 열띤 논쟁과 의견 불일치가 이어지고 있다. 이 책 전반에 걸쳐 나는 그러한 논쟁도 다룰 예정이다. 이런 상황이지만 나는 그 모든 의미를 가장 가깝게 담아낼 수 있는 표현이 한 가지 있다고 생각한다. 바로 '길 찾기wayfinding'다. 환경으로부터 얻은 감각 정보를 활용하고 체계적으로 정리하여 가이드로 삼는 것이 길 찾기의 가장 단순한 의미다. 지리학자 레지널드 골레지Reginald Golledge 는 길 찾기란 "경로를 정하고 배우는 것, 그리고 환경에서 획득한 지식을 통해 기억해 둔 경로를 되살리거나 되짚을 수 있는 능력"[15] 이라고 정의했다. 더 깊은 차원에서 길 찾기라는 개념은 우리와 세상의 연결성을 보는 새로운 방식을 제시한다.

400년 전, 인간의 지각을 설명할 수 있는 방법을 찾던 프랑스의 철학자 르네 데카르트는 우리의 영혼이 유일하게 뇌와 직접 접촉할 수 있을 뿐 머리 바깥의 세상과는 접촉할 수 없다는 이론을 정립하기 시작했다. 데카르트가 제시한 모델에 따르면 지각은 기계적인 절차이고, 외부 세계는 생리학적인 절차를 거쳐 만들어진 이미지이므로 우리가 마음속에서 상상한 결과다. 이를 바탕으로 의식은 신체에 포함되지 않고 몸과 마음은 근본적으로 분리되어 있다는 데카르트의 이원론이 탄생했다. 지각이 정신 작용의 결과라는 의견은 과학계의 정설로 자리를 잡았다가 수 세기가 지나서야 의문이 제기되었다.

1904년에 태어난 미국의 심리학자 제임스 깁슨은 시지각에 큰 매력을 느꼈지만 신체 환경과 정신 환경 사이에는 이원론적 차이가 존재한다고 추정된다는 사실에 낙담했다. 그러나 깁슨은 자동차 운전사와 항공기 조종사를 직접 조사한 결과, 지각과 행동이 생물학적으로 단일한 현상이며 사람과 동물 모두 알아내는 행위나 접촉을 통해 자신의 환경을 '직접' 인지한다는 결론을 내렸다. 인간은 신체에 붙들린 마음이 아니라 환경의 일원인 생물이다. 깁슨이 '생태심리학ecological psychology'이라고 칭한 이 이론은 방향 탐색에 관한 새로운 이해로 이어졌다.

깁슨은 방향 탐색의 과정은 관찰 지점에서 환경의 배치를 탐지하는 것이며 관찰 지점은 변화한다고 설명했다. 한 사람이 어떤 장소에서 다른 곳으로 이동할 때 시각적인 흐름이 발생한다. 즉 길이 바뀌는 모퉁이나 언덕 꼭대기 등 끊어지지 않고 연속적으로 눈에 들어오는 모습이 바뀌는데 깁슨은 이를 '전환transition'이라고 명명했다. 그리고 이러한 전환은 시야에 들어오는 경치와 연결된다. 우리가 어딘가로 이동하고 방향을 탐색하는 과정을 통제하는 데 필요한 정보를 바로 이 전환과 경치에서 얻을 수 있다. "우리는 시각을 좌우하는 것이 눈이고 눈은 뇌와 연결되어 있다고 배운다."[16] 깁슨의 저서《시지각에 관한 생태적 접근The Ecological Approach to Visual Perception》에는 이와 같은 설명이 나온다. "나는 자연적 시각을 좌우하는 것은 인체의 머리에 있는 눈이고 인체는 땅을 딛고 있으며 온전한 시각계에 해당하는 중심 기관은 뇌가 유일하다고 생각한다. 시각계에 아무런 제약이 없다고 할 때, 우리는 주변을 둘러보고 뭔가 흥미로운 것이 있는 쪽으로 걸어가서 그 대상의 주위에서 모든 면을 보려고 한다. 그런 다음 다른 경치가 있는 곳으로 이동한다. 이것이 자연적인 시각이다." 생의 후반기에 이른 깁슨은 뇌에 인지 지도가 있다는 견해에 반대한다고 밝혔다. 그리고 공간에서 방향을 탐색하는 행위를 '길 찾기'로 표현했다. 그는 마음과 환경, 지각하는 것과 아는 것은 분리되어 있지 않으며 길 찾기는 우리가 곧바로 인지하고 실시간으로 지각과 이동을 하나로 엮는 방식이라고 보았다. 《지각 체계로 여겨지는 감각들*The Senses Considered as Perceptual Systems*》이라는 저서에는 "스스로를 찾고자 하는 모든 사람에게"[17]라는 헌사를 남겼다.

오늘날 깁슨의 생태심리학적 방향 탐색 모형을 수용한 몇 안 되는 인류학자, 심리학자 들은 길 찾기란 공간 속에 구현되어 존재하는 인간의 일상적 측면이지만 거의 파악되지 않은 영역이라고 이야기한다. 세상에 접근하는 방식이자 현실에 관한 합의된 의견이 구축되는 방식이라는 점에서, 길 찾기는 우리가 집중하는 대상이 각자가 보유한 기계장치로 계속 축소되고 시선은 자꾸 각자의 개인성이 자리한 안쪽으로 향하는 오늘날 특히 중요한 의미를 가진다. 그래서 나는 장소와 관계를 맺고 주의를 기울일 수 있는 활동이자 그 장소와 더욱 돈독하고 끈끈한 유대가 형성되도록 하는 활동이 길 찾기라고 생각한다.

사회가 변하고 생태계가 파괴되는 시기에 우리의 주변 환경과 이처럼 다시 관계를 형성할 수 있다는 가능성은 굉장히 중요하다. 실용적 차원에서 다른 문제가 발견될 수도 있다. 신경과학계 연구를 통해 해마가 인간의 삶에 발휘하는 복잡하고도 멋진 영향이 발견되고 있는 것과 마찬가지로, 이번에 나오는 모퉁이를 돌면 다음엔 저 모퉁이로 꺾는 식으로 따라가기만 하면 되는, 그래서 해마의 활성을 약화시키는 기술을 우리가 무차별적으로 받아들일 때 어떤 일이 벌어질 수 있는지도 밝혀지고 있다. 해마의 유연성이 사라지면 공간 인식과 기억, 노화가 시작되는 시점에 신경학적으로 큰 영향이 발생할 수 있고, 그 결과 해마의 크기가 시간이 갈수록 감소하여 공간적 문제 해결 능력에 악영향을 줄 수 있다는 통찰이 담긴 연구 결과들이 쌓이고 있다. 한 예로 캐나다 몬트리올 맥길대학 연구진이 2010년에 연속으로 실시한 연구에서는 일상생활에서 공간 기억과 방향 탐색을 연습할 경우 해마에 해당하는 회백질이 증가하고, 해마의 기능을 별로 활용하지 않는 노인들은 인지기능에 손상이 발생할 수 있는 것으로 나타났다. 해마의 위축은 알츠하이머병과 외상후스트레스장애, 우울증, 치매를 비롯한 무수한 문제와 깊이 관련되어 있다. (연구진 중 한 사람인 베로니크 보보Véronique Bohbot는 〈보스턴 글로브〉와의 인터뷰에서 자신은 이제 위성 신호를 이용하여 어디로 가야 하는지 알려주는 내비게이션 장치를 사용하지 않는다고 밝혔다.) 가야 할 방향을 요리조리 알려주는 GPS 장치가 장기적으로 우리의 삶에 미세하게 악영향을 줄 수도 있을까? 그러한 직접적인 영향 관계를 조사한 연구는 진행된 적이 없으나, 현재까지 발표된 과학계 문헌을 보면 GPS 기술에 전적으로 의존할 경우 시간이 갈수록 신경퇴행성 질환이 발생할 위험성이 높아진다는 사실을 알 수 있다.

아동 발달을 연구하는 학자들 사이에서는 주변을 탐색하고, 혼자 놀이를 하고, 스스로 여기저기 돌아다닐 줄 아는 능력이 인지기능의 성숙에 반드시 필요한 요소이며 기억력과 마음 이론에서 이야기하는 선천적 능력을 촉진할 가능성이 있다는 사실이 점차 더 많이 밝혀지고 있다. 일본, 호주, 유럽, 미국의 경우 위험한 상황을 피해야 한다는 생각과 제한적인 야외 활동으로 인해 어린아이들의 자유로운 활동이 계속 줄어드는 실정이다. 스마트폰 세대의 일상에서는 GPS 없이 어딘가로 가는 것이 손으로 글씨를 쓰거나 사실 정보를 찾기 위해 백과사전을 뒤지는 일처럼 영 어색한 일이 되었다.

제임스 깁슨과 함께 연구한 환경심리학자environmental psychologist 해리 헤프트Harry Heft는 내게 요즘 학생들을 접하면서 느낀 의아한 일들을 이야기했다. 요즘 세대가 "GPS가 없으면 아무 데도 못 간다고 해도 그리 큰 과장이 아닐 겁니다. 그리고 제가 위험하다고 느낀 문제이자 그런 상황과도 관련 있는 문제는 이들 세대가 역사를 그리 잘 알지 못한다는 것입니다. 저는 역사가 내가 어디에 있는지 알게 하고, 그래서 중요하다고 생각해요. 역사적 배경을 충분히 알지 못한다면 이 세상에서 자신이 어디에 있는지 어떻게 알 수 있을까요? GPS는 이런 상황을 축소해 보여 주는 것 같습니다. 나는 내가 가르치는 학생들이 방향 감각을 잃을까 봐 염려돼요. 이건 지극히 존재론적인 문제라고 생각합니다. 우리는 우리가 어디에 있는지 느낄 수 있어야 하니까요."[18] 영국의 작가이자 자칭 "자연 탐색가"인 트리스탄 굴리Tristan Gooley는 내게 전통적인 길 찾기 기술이 사라지고 현대의 기술이 그 자리를 대체할수록 문화와 철학은 궁핍해진다는 의견을 전했다. "세상에 존재하는 단서보다 GPS를 이용해서 길을 찾는다면 어디를 여행하든 여행의 경험이 주는 가치가 축소됩니다."[19]

인류학자인 팀 잉골드Tim Ingold는 온갖 기술로 찌든 오늘날의 여행 방식과 더 효율적으로, 더 편리한 방법을 찾아내려는 끈질긴 시도는 우리 삶의 더 많은 부분을 상업화한다고 본다. "우리는 더 빨리, 좀 더 빨리 목적지에 가려고 해요. 그곳까지 가는 동안에는 아무 일도 일어나지 않을 거라 생각하면서요. 이런 상황을 정치적으로 표현한다면, 오늘날 여행은 선진 자본주의의 한 부분이라고도 할 수 있습니다. 비행기에서 보내는 시간은 돈을 버는 일을 비롯해 여러 가지 다른 일을 할 수도 있었을 시간인 만큼 기회를 놓치는 것으로 여깁니다."[20] 잉골드는 스코틀랜드 애버딘대학에서 가르치면서 이동이 인간의 삶에 어떤 기능을 하는지에 대해 활발한 저술 활동을 이어 왔다. 그가 내게 이런 의견도 전했다. "삶은 '실제 존재하는' 시간 동안 이루어지는, 귀중한 움직임입니다."

우리의 삶에서 때로는 몇 분간, 때로는 수 시간 혹은 수년에 걸쳐 이어지는 일상적인 출퇴근길, 산책, 탐사, 탐험, 이주, 여행, 방대한 모험은 상상 속에나 존재하는 옛 시절들, 이제는 지나가 버린 유랑 생활과 도보 여행, 순례길이 일상이던 시절에 대한 진한 향수를 떠올리게 하는 로맨틱하면서도 중요한 기능을 하는지도 모른다.

또는 이 세상에 존재한다는 멋진 사실을 일깨우고, 고개를 들어 주목하고, 자연 속에 있든 도시에 있든 주변 환경과 인지적으로 정서적으로 상호작용을 이어 가고, 더 나아가 자유, 탐험, 장소를 너무나도 사랑했던 인류의 역사를 새롭게 일으켜야 한다고 알려주는 것이 바로 길 찾기라는 활동의 역할일 수도 있다.

이 세상 전체가 하나라면,
군이 미로를 지을 필요가 없다.

- 호르헤 루이스 보르헤스Jorge Luis Borges

북극

ARCTIC

도로가 없는
유일한 곳

마틴 프로비셔Martin Frobisher는 5년간 계획하고 56일간 항해한 끝에 1576년, 영국의 사나포선私拿捕船을 이끌고 북극의 배핀Baffin 섬을 "발견"했다. 그로부터 440년 후, 나는 12시간 만에 제트 연료로 움직이는 보잉 737기를 타고 위도 23도를 건너 그곳에 도착했다. 비행기 창문에서 이칼루이트Iqaluit의 풍경을 내려다보려고 했지만 낮은 높이로 자욱하게 깔린 흰 구름에 가려 아무것도 보이지 않았다. 공항이 겨우 눈에 들어올 때쯤에는 이미 비행기 바퀴가 포장된 활주로에 닿기 직전이었다. 샛노란 레고 블록으로 지은 요새처럼 생긴 이칼루이트 공항은 캐나다 북극 동부에 자리한 이누이트 자치 지역인 누나부트Nunavut에서 이용객이 가장 많은 공항으로, 매년 10만여 명이 찾는 곳이다. JFK 공항의 1일 이용객의 절반 정도에 해당하는 규모다. 나를 포함한 탑승객들은 금속으로 된 계단을 따라 비행기에서 내렸고 축축한 눈과 함께 얼굴을 때리는 얼어붙을 듯 차가운 바람을 맞았다. 공항 내부에 딱 하나 있는 수화물 찾는 곳에서는 어마어마한 크기의 아이스박스를 기다리는 여러 가족을 볼 수 있었다. 오타와에서 구입한 냉동식품과 각종 식량이 담긴 상자가 비행기에서 얼른 나오기만을 기다리는 사람들이었다. 이칼루이트의 식품 가격에 관한 경고는 출발 전부터 숱하게 들었다. 오렌지주스 한 통이 20달러고 토마토소스는 금값에 버금가는 수준이라고들 했다. 나는 말린 과일과 육포, 상자에 포장된 수프들로 꽉 찬 내 더플백을 어깨에 둘러메고 공항 로비에 마중 나온 릭 암스트롱Rick Armstrong을 향해 손을 흔들었다. 서른다섯 살의 북극 주민이자 누나부트 연구소 소장을 맡고 있는 암스트롱은 고맙게도 남는 방 하나를 기꺼이 내주었다. 그의 픽업트럭에 가방을 싣고 우리는 마을로 향했다.

강어귀 가까이에 자리한 거대한 만의 중심에 형성된 이칼루이트는 과거 오랜 세월 동안 내륙 카리부(순록) 사냥이 시작되는 출발점이었다. 사람들은 이곳에서부터 80~100킬로미터까지 이어지는 바위투성이 툰드라를 따라 고기와 생필품이 가득 실린 개썰매를 몰고 철 따라 이동하는 카리부 떼가 있는 곳으로 향한다. 이제는 카리부의 개체수가 크게 줄고 이칼루이트는 트럭과 자동차 들로 가득하다. 마을 끝에서 반대쪽 끝까지 최장거리라고 해 봐야 차로 20분 거리에 불과한데도 말이다. 1942년에 이 지역 역사상 최초로 영구 정착지가 형성된 후 지어진 순서대로 집마다 번호가 붙여져서 이칼루이트 사람들은 자신이 사는 곳을 그 번호로 이야기한다.

프로비셔는 전설적인 북서항로를 조사하기 위해 북극으로 향했지만 스스로 그 방면으로는 '실력이 형편없는 문하생'[1]이었다고 할 만큼 항해술에 그리 통달하지는 못한 것 같다. 탐험을 떠나기 전, 프로비셔는 연금술사이자 수학자 존 디John Dee로부터 6주간 집중 훈련을 받았다. 당시 여왕의 점성술사이기도 했던 디는 영국 신교가 가져올 새로운 세계질서를 종말론적인 시각으로 예견하고 엘리자베스 1세를 아서 왕이 부활한 존재로, 자신은 마력을 보유한 여왕의 고문으로서 대영제국을 관리하는 마법사 멀린으로 여겼다.

프로비셔는 디의 도움으로 16세기에 막 출시된 신기한 항법 기술이 담긴 물건들을 구입할 수 있었다. 나침반 20개를 비롯해 '반구hemispheres', '홀로메트럼 지오메트릭Holometrum Geometric', '천문 고리Annulus Astronomicus' 같은 알 수 없는 이름이 붙여진 도구들이었다. 디는 프로비셔에게 포물선 컴퍼스로 진북 방향의 자기 변화를 측정하는 방법과 '바리스텔라Balistella'라는 목재 도구로 태양과 북극성의 고도를 측정하여 현재 배가 위치한 위도와 북쪽 또는 남쪽으로 얼마나 이동했는지 알아내는 방법을 가르쳐 주었다. 경도, 즉 동서 방향의 배 위치는 추측항법에 의존해야 했다. 추측항법은 현재까지 이동한 방향과 거리를 추정하여 현재 위치를 계산하는 방식이다. 그로부터 200여 년이 더 지나서야 영국의 시계 만드는 사람이 마침내 바다에서 경도를 확인하는 방법을 찾아냈다. 프로비셔의 배에 실린 화물에는 시간을 측정할 수 있는 18개의 모래시계도 포함되어 있었다. 선원들은 줄 끝에 통나무 하나를 매달고 배 바깥으로 던진 후 배가 그 통나무를 지나치는 데 소요되는 시간을 모래시계로 측정해서 배의 속도를 추정했고 이를 토대로 동서 방향으로 배가 얼마나 이동했는지 추정했다. 프로비셔는 디의 조언을 받아들여 1569년에 제작된 헤르하르뒤스 메르카토르Gerardus Mercator의 세계지도도 구입했다. 사상 최초로 공간을 항정선으로 나눈 이 지도에는 항로가 일정한 방위로 표시되어 있었다.

내가 북극에 간 이유는 그곳 풍경이 지난 400년 동안, 그보다 앞서 수천 년간 존재했던 모습 그대로 큰 변화 없이 남아 있기 때문이다. 북극은 지구상에서 길이 생기지 않은 최후의 장소들 중 한 곳이기도 하다. 마을에서 몇 백 미터만 벗어나면 집도 불빛도 보이지 않고 자동차, 도로, 표지판, 이동전화 기지국도 전혀 보이지 않는다. 그저 빙하와 눈, 바위가 다양한 조합을 이루며 여기저기 불쑥 튀어나오기도 하면서 풍경에 연이은 변화가 나타날 뿐이다. 어느 곳을 가든 일상적으로 활용할 수 있는 방향 탐색 기술도 이러한 환경에서는 거의 무용지물이다. GPS는 배터리가 허락하는 범위 내에서만 활용할 수 있지만 그마저도 무턱대고 따라가다가는 온전치 않은 해빙이나 기상 상태가 좋지 않은 장소를 지나야 하는 위험천만한 경로로 안내한다. 자기장은 나침반 바늘을 자꾸 아래쪽으로 끌어당기고 자연이 제공하는 표지도 수시로 바뀐다. 여름이면 별도 사라지고 겨울에는 해가 남쪽에서 떠서 북쪽으로 진다. 북극성도 여행자에게 썩 믿음직한 동반자가 되어 주지 못한다. 북극권에서는 그곳에 있는 사람이 서 있는 곳이 북쪽이 된다. 계절이 바뀌어도 외형적인 풍경 변화라곤 눈이 더 쌓이거나 얼음이 녹는 정도가 전부다.

그런데도 이누이트족과 용맹한 여행자, 사냥꾼들은 북극에서 수천 년 동안 잘 살아왔다. 대체 어떤 신기한 방향 탐색 기술을 활용했기에 그런 일이 가능했을까? "에스키모들은 모험이 찾아오지 않으면 직접 모험을 찾아 나선다."[2] 20세기에 활동한 인류학자이자 작가 장 말로리Jean Malaurie의 저서 《툴레의 마지막 왕들The Last Kings of Thule》에는 이런 구절이 나온다. 말로리는 프로비셔 같은 유럽인과 이누이트족의 첫 만남을 "소위 발전된 문명인이라 불리는 사람들"과 "무정부 공산주의자들" 간의 만남으로 묘사했다.[3] 공간을 경험하는 방식이 너무나 다른 사람들의 만남이기도 했다. 국가를 위해 공간에 대한 소유권을 주장하는 일에 주력한 사람들과 공간을 더 많이 알고 싶어 하는 사람들이 만난 것이다. 이누이트족은 주변 지리를 충분히 익힌 덕분에 혹독한 환경에서도 살아남았다. 걸어 다니거나 개썰매, 카약으로 이동하고, 베링 해협을 거쳐 북극에 처음 이주한 조상들과 동일한 방법으로 계절에 알맞은 사냥터와 야영지를 찾아갔다. 이들의 이동과 그 과정에서 얻은 지식은 생존에 반드시 필요한 요소였으며 이토록 복합적이고 극단적이고 변화가 심한 환경 속에서 엄청난 노력을 기울인 끝에 얻은 결과였다.

북극 고고학자 맥스 프리센Max Friesen은 기원전 3200년경 북극에 도착한 것으로 추정되는 초기 정착민들은 "이동량이 엄청나게 많고 이전까지 알려지지 않은 곳을 능동적으로 탐색"[4]했다는 점에서 생활이 다른 어떤 민족과도 같지 않았을 것이라고 밝혔다. 이 '고대 에스키모인'들은 기원전 2800년경 북극 중앙지대에 도달했고 다시 수백 년 내에 그린란드 북쪽까지 이동했다. 두 다리로 걸어서 또는 카약을 타고 이 방대한 거리를 이동하면서 작살과 활, 화살로 바다에 사는 포유류며 사향소, 카리부를 사냥했다. 기원전 1000년 즈음에는 툴레Thule인으로도 불리는 '신新 에스키모'와 만났다. 북극고래와 금속을 찾아다니고 가죽으로 큰 배를 제작하고 여러 마리의 개를 팀으로 묶어 썰매를 끌게 했던 툴레인들은 방대한 거리를 이동할 수 있는 고대 에스키모의 특성을 그대로 보유한 수준에 그치지 않고 훌쩍 뛰어넘는 특징을 보였다. 프리센은 고대 에스키모인들은 수 세기에 걸쳐 북극 전역으로 이동한 반면 이누이트족의 선대 조상인 툴레인들 중에는 같은 거리를 한 세대 만에 이동한 경우도 있을 것으로 추정한다.

지금도 툴레인들이 야영했던 자리(툰드라에 서식한 동물 가죽으로 만든 텐트를 단단히 고정한 바위들의 흔적이 남은 곳)를 볼 수 있고 강에는 물고기 잡는 데 사용되던 오랜 둑이나 고기와 생선이 있는 장소를 표시하거나 몰래 숨겨 두기 위해 쌓은 돌무더기도 남아 있다고 전해진다. 수백 년 동안 야영지로 쓰인 곳들은 특유의 냄새가 깊이 배어 사냥꾼들은 그 냄새만으로 야영지를 찾을 수 있을 정도였다고 한다. 그 머나먼 옛날부터 지금까지 수 세대를 연결시켜 주는 것은 풍경이다. "선대가 남긴 물건들, 심지어 매장지마저도 기억을 일깨웁니다."[5] 누나부트의 쿠들룰릭Kudlulik 반도에 사는 레오 우사크Leo Ussak

는 설명했다. "칼루나트Qallunaat(백인들)도 그들의 조상이 쓰던 오래된 통나무집을 보면 아마 같은 마음일 겁니다. 그러니 저 아래 남쪽에서는 칼루나트들도 박물관을 만드는 것이겠죠. 이곳의 이누이트족은 사냥을 하면서 조상들이 남긴 흔적을 볼 때 그와 같은 심정이 됩니다."

흥미로운 사실은 툴레인의 바로 윗세대 조상들이 실시한 장대한 이주가 현대까지 이어졌다는 점이다. 컴벌랜드 만에서 배핀 섬을 거쳐 그린란드 에타에 다다른 경로가 이들의 마지막 이주로 알려져 있는데, 이 여정은 1863년에 이루어졌다. 이누이트족이자 덴마크인 탐험가였던 크누드 라스무센Knud Rasmussen의 기록에 따르면 섬과 피오르드, 바다가 모두 포함된 당시의 이동은 퀴트들라수아크Qitdlarssuaq라는 주술사가 이끌었다. 실제로는 바다를 건너 찾아온 고래잡이들을 통해 다른 이누이트족의 이야기를 접했을 가능성이 크지만, 퀴트들라수아크는 자신의 영혼을 저 멀리 보내 실제로 다른 이누이트가 있는지 찾아보도록 했고, 존재를 확신한 후 총 서른여덟 명의 남자와 여자를 모아 자신과 함께 길을 떠나자고 말했다. 퀴트들라수아크 일행은 열 대의 썰매에 사냥 도구와 카약, 텐트, 동물 가죽으로 지은 옷을 싣고 마침내 길을 떠났다. 여행 중 길이 막힐 때마다 퀴트들라수아크는 하늘 위로 영혼을 보내 마치 공중에서 새가 내려다보듯 주변을 살피고 최적의 경로를 찾아냈다. 쉼 없이 이어진 이들의 여정은 에타에 도착할 때까지 6년간 이어졌다. 그곳에서 그린란드 북부에 정착한 이누이트족과 만난 일행은 서로가 가진 도구를 공유하고 상호 결혼이 이루어졌다. 라스무센이 50여 년에 걸친 기나긴 여정 끝에 그린란드에서 만난 이누이트족은 바로 그 모험에 직접 참여했던 사람들과 그 자손들이었다.

이칼루이트에서 보낸 첫째 날 저녁에 나는 옷을 두툼하게 챙겨 입고 마을 남쪽 끝까지 슬슬 걸어갔다. 가는 길 내내 아이들이 눈을 뭉쳐서 던지거나 자전거를 타면서 노는 모습이 보였다. 집집마다 거의 대부분 설상차 두세 대가 '카무틱qamutiik'으로 불리는 개방형 썰 매와 함께 집 앞에 세워져 있었다. 전통적으로 개썰매로 활용됐지 만 요즘에는 합판과 경질 플라스틱으로 된 날이 달린 형태로 만들 어진다. 만 가장자리를 따라 이어지는 길로 접어들어 계속 따라가 다 모퉁이를 돌자 유니크카아비크 방문자 센터Unikkaarvik Visitor Centre에 서 영화 축제가 한창 진행되고 있었다. 주스 상자와 팝콘이 담긴 플 라스틱 컵을 옮기는 사람들을 지나, 박제된 바다코끼리가 놓인 바 닥에 앉아 나도 여러 편의 영화를 함께 감상했다. 그중에는 허드슨 만 서부 해안의 체스터필드 인렛에 자리한, 300여 명으로 구성된 공 동체 출신인 나일라 이누크수크Nyla Innuksuk라는 젊은 여성이 각본과 감독을 맡은 영화도 포함되어 있었다. 이누이트족의 옛 유령 이야 기를 현대적 호러 장르로 재구성한 이 영화에는 사냥에 나섰다가 버려진 이글루 근처에서 야영하는 한 젊은 남자가 등장한다. 그러 자 금기시되는 일인 것을 알면서도 야영을 감행한 그를 벌하기 위 해 섬뜩한 영혼이 나타나 그의 개를 죽이고 남자의 목을 조르기 시 작한다. 서스펜스와 선혈이 낭자한 클라이맥스는 공포와 짜릿한 즐거움을 선사했다.

저녁 9시 반쯤 방문자 센터를 나왔을 때, 이칼루이트의 하늘에는 선명한 푸른빛이 여전히 환했다. 나는 마을 가장자리를 따라 이어진 오래된 포도밭을 따라 걸었다. 꽁꽁 언 땅 위로 수십 개의 나무 십자가가 세워진 곳에 이르러 잠시 걸음을 멈추고 보니 서쪽 언덕에서 눈이 단단히 굳은 경사면을 따라 십대 아이들이 탄 설상차 헤드라이트가 줄줄이 내려오고 있었다. 그 뒤로는 아마도 프로비셔가 최초로 두 발을 디뎠을 만과 맞닿은 거대한 해빙이 펼쳐져 있었다. 그리고 내 앞에는 거대한 메타 인코그니타Meta Incognita 반도가 놓여 있었다. '미지의 한계'라는 뜻을 가진 이 라틴어는 엘리자베스 여왕이 붙인 지명으로, 지도책과 구글 지도에 지금도 또렷이 남아 있다. 이 모든 광경 앞에서 나는 이누크수크 감독의 영화 마지막 장면과 내레이션이 떠올랐다. "땅은 변하지 않는다. 지금 멋진 땅을 가졌다고 해도 의존하면 안 된다. 당장 내일 잃어버리면 그 땅에 살 수 있는가? 사냥을 할 수 있을까?"[6]

◄•►

솔로몬 아와Solomon Awa는 거인이라고들 했다.

맨손으로 바위를 부수고 그 속에서 다이아몬드를 얻는 자, 껄껄 웃으면 위성이 궤도를 이탈하고 그의 피는 독감 백신의 원료가 된다는 이야기도 들었다. 짐승처럼 강한 힘을 가진 이 인물에게 '북극의 척 노리스'라는 별명이 붙은 것으로도 모자랐는지 누나부트 사람들은 이 전설적 인물이 대단한 일을 해낼 때마다 #아와의숨씨 awafeats라는 고유한 해시태그를 붙인다. 전통적인 돌 조형물 '이눅슈크inuksuk'를 떠나 달로 가서 닐 암스트롱과 만나 인사를 나누었다거나 북극에 살던 퉁퉁한 백인 노인을 찾아가서 전 세계 아이들에게 선물을 배달해 달라고 의뢰한 일도 아와의 업적으로 알려진다. 솔로몬 아와가 실제로 해낸 일도 이런 이야기들 못지않게 황당하다. 40분 만에 한 손으로 이글루 한 채를 뚝딱 지었다는 이야기도 그렇고, 남동생과 함께 한겨울 바다에 둥둥 떠 있는 빙원에 사냥하러 갔다가 얼음에 3미터가 넘는 균열이 생겨 둘 다 설상차를 잃어버렸을 때의 일화도 그렇다. 무려 시속 80킬로미터에 이른 강풍에 꼼짝없이 갇힌 상태에서 두 형제는 썰매와 텐트, 노로 배를 만들어서 얼음을 가로질러 마침내 구출됐다고 한다.

그러니 불그스레한 뺨에 희끗한 염소수염을 달고 환한 미소를 짓고 있는 다소 자그마한 남자와 마주했을 때 나는 놀랄 수밖에 없었다. 거칠거칠해도 상처가 없는 아와의 손을 맞잡고 악수를 나눈 후, 그의 베이비블루색 픽업트럭에 올라탄 나는 1년 중 여행과 사냥으로 가장 바쁜 시기에 그를 찾고 이렇게 만난 것이 얼마나 행운인지 모르겠다고 이야기했다. 누나부트에 언제 방문해야 하는지 정하는 건 영 쉬운 일이 아니었다. 만에 해빙이 남아 있을 때 가야 사냥을 해 볼 수 있기 때문이다. 전년도에 남풍이 유난히 길게 이어져서 평년보다 빙상이 몇 주나 더 오래 유지됐다는 사실을 확인했지만 혹시라도 내가 찾아간 해에는 정반대의 일이 벌어지면 어쩌나 하고 염려했다. 즉 초봄에 빙하가 녹기 시작한다면, 내가 도착할 무렵에는 너무 늦어 아예 여행 자체가 불가능해질 가능성도 있었다. 급속한 기후변화로 북극의 날씨는 예측이 거의 불가능해졌다. 그래도 나는 딱 적절한 시기에 도착했다. 기온이 영하권에 머물러서 해빙은 설상차와 개썰매로 오랫동안, 빨리 달려도 될 만큼 두꺼운 상태였다.

하지만 이런 완벽한 조건에서는 사냥꾼을 만나기가 하늘의 별 따기라는 사실을 미처 알지 못했다. 이칼루이트 전체에 분주하고 바쁜 공기가 맴돌았다. 태양은 요요처럼 갑자기 훌렁 넘어가기 전까지 거의 지지 않고 하늘에 걸려 있어 강렬한 햇빛이 계속 쏟아졌다. 아무도 잠을 안 자고 사는 것 같았다. 거위가 언제든 나타날 수 있고, 얼른 사냥해야 할 들꿩과 낚아야 할 물고기들이 기다리고 있었다. 물개도 많았다. 눈이 녹고 나면 육지 저 멀리까지 나갈 수 있는 기회가 앞으로 수개월은 다시 찾아오지 않는다. 나는 이런 상황을 충분히 알고 있었기에, 지역의 전통 지식을 수호하는 사람이자 존경받는 공동체 리더인 아와에게 혹시 30분만 시간을 내서 길 찾기에 관한 이야기를 들려줄 수 있느냐고 조심스럽게 물었다. 그러자 아와는 껄껄 웃음을 터뜨리면서 되물었다. "그 얘길 하려면 30년 정도 걸릴 것 같은데, 그쪽은 괜찮나요?"

우리는 아와가 즐겨 찾는다는 식당으로 향했다. '길 찾는 이들의 여관Navigator Inn'이라는 우리 대화에 꼭 맞는 이름을 가진 그곳의 포마이카 테이블에 자리를 잡자 아와는 뜨거운 홍차를 주문했다. 다른 음식은 시키지 않았다. 집에 물개, 생선, 고래, 바다코끼리 등 전통적인 식재료이자 그가 사랑하는 신선한 고기가 갖추어져 있으니 나중에 저녁을 먹으면 된다고 했다. 그러고는 길 찾기에 관한 이야기를 시작했는데, 아와는 내게 이누이트족이 길을 어떻게 찾는지 알고 싶다면 우선 대부분 사람은 어떤 장소를 '가고 싶어서' 찾아가지만 이누이트족은 특정 장소를 '찾아 가야만 한다'는 사실부터 이해해야 한다고 설명했다. 이와 같은 필요성은 성장 환경에서부터 반영된다. 어릴 때부터 땅 위에서 어떻게 이동하고 살아남아야 하는지 직접적인 경험을 통해 방대한 교육을 받는다. "전 풀로 만든 뗏장집에서 태어났습니다. 아버지는 제게 만약에 어딘가에 갇히면 어떻게 할 거냐고 물어보셨죠. 그런 일이 생긴다면 '아버지가' 알아서 해결해 주겠지, 싶었지만 아버지의 질문은 '너라면' 어떻게 하겠느냐는 것이었어요. 아버지는 그런 일이 생기면 해결할 수 있는 사람이고 어떤 역할을 해야 하는지 당연히 다 알고 계셨지만 제가 그런 생각을 해 보고 배울 수 있기를 바라신 겁니다."[7]

아와는 미티마탈리크Mittimatalik(정식 명칭은 폰드 인렛Pond Inlet)에서 11명의 남매 중 한 명으로 태어났다. 북극에서 위도 18도가량 떨어진 배핀 섬의 가장 먼 끄트머리에서 폭풍우를 만나 숨진 사냥꾼의 이름을 따서 지어진 그 작은 마을에서 아버지는 길 찾는 법을 습득하려면 반드시 익혀야 하는 직접 관찰과 경험의 중요성을 가르쳐 주셨다. 아와는 내게 이야기 하나를 들려주었다. 아홉 살 때 다른 남자아이들 여럿과 함께 물개를 잡으러 해빙을 따라 16킬로미터 정도를 이동했던 날의 일이다. 자욱한 안개가 스멀스멀 퍼지는 바람에 앞이 전혀 보이지 않는 지경에 이르기 전에 얼른 집으로 돌아가야 했는데 그때 아와의 아버지가 설상차를 몰고 와서 모두 그 뒤에 올라탔다. 얼마간 달린 후, 아와의 아버지는 설상차를 멈추고 아이들에게 물었다.[8] "여기까지 어떻게 왔는지 다들 알고 있니?" 아이들은 그런 건 전혀 신경 쓰지 않고 있었다는 사실을 깨달았다. "우리는 그 지점까지 어떻게 왔는지 알 수가 없었어요." 아와는 그날을 회상하며 말했다. 아버지는 그런 식으로 계속 질문을 던졌다. 사냥터로 이동할 때는 태양이 어디에 있는지, 땅에 드리워진 그림자를 어느 방향에서 보았는지, 그림자의 어느 한쪽이 더 진하지는 않았는지 물었다. "그게 아버지가 우리를 가르치는 방식이었어요. 질문을 하셨죠. 그리고 제가 초등학교에 들어가는 걸 전혀 바라지 않았어요. 결단코 원치 않으셨어요."

◄•►

이누이트족만큼 삶의 방식이 유목 생활에서 현대식 생활로 급속히, 갑작스럽게 바뀐 경우는 거의 찾아볼 수 없다. 땅에서 나고 자라던 이누이트족 거의 전체가 1950년대부터 1970년대까지 20여 년 기간 동안 캐나다 정부의 관리를 받으며 정착 생활을 하는 공동체가 되었다. 현금 경제, 가솔린 엔진, 전화, 텔레비전, 비행기, 병원, 학교, 식료품점이 북쪽 땅에 하나둘 들어왔다. 역사적 관점에서는 눈 깜짝할 사이에 새로운 언어와 식생활, 교통수단을 받아들였다. 너무나 빠른 속도로 진행된 문화적 전환 과정에서 과거 수천 년 동안 살아남아 함께 여행했던 이누이트족의 개는 거의 멸종 위기에 이르렀다.

'칼루나트(백인들)'와의 첫 만남은 10세기경 노르웨이에서 온 뱃사람들로부터 시작됐을 가능성이 크다. 이후 유럽 탐험가들에 이어 17세기 고래잡이들과 접촉했을 것으로 추정된다. 고래나 물고기를 잡는 어부들은 금속으로 된 칼과 바늘, 라이플, 옷감 같은 새로운 물건을 들여왔다. 기독교 선교사들도 속속 도착하여 개종을 통한 이누이트족의 '문명화'를 시도했고 영국 성공회와 가톨릭은 신도를 더 많이 확보하려고 경쟁을 벌였다. 선교사들은 성경 읽는 법을 가르치기 위해 알파벳을 들여왔다. 사냥꾼을 포함한 모든 사람이 주일에 돌아다니면 안 된다는 가르침을 받았다. 무속신앙, 얼굴 문신처럼 여성들이 전통적으로 해 온 관습도 금지되었다. '칼루나트'와의 접촉으로 일어난 이 같은 문화 붕괴는 알코올과 유럽 대륙에 돌던 질병의 유입과 함께 그야말로 파괴적인 결과를 낳았다. 그럼에도 불구하고 이누이트족의 고유한 특성 중 몇 가지는 변함없이 유지되었다. 기독교인이건 아니건, 살아남기 위해서는 이동하고 사냥을 해야만 했다.

그러나 19세기에 접어들어 북극 동부 전역에 영국의 무역업체 허드슨 베이 컴퍼니Hudson Bay Company, HBC가 교역소를 세우기 시작하면서 그마저도 변화하기 시작했다. HBC는 북극에서 나온 동물의 털을 유럽 시장에 판매했고 이에 수많은 이누이트족이 털가죽을 팔아서 담배, 탄약, 식량을 얻으려고 동물을 덫으로 잡기 시작했다.

HBC 교역소는 경제활동이 이루어지는 중심지가 되었고 이누이트족은 이들이 만든 궤도를 따라 움직였다. 반쯤은 유목민이던 삶은 정착 생활로 바뀌었다. 털 무역은 이누이트족의 이동 방식에도 치명적인 영향을 주었다. 인류학자 세라 본스틸Sarah Bonesteel이 글로 밝힌 것처럼 덫으로 동물을 잡는 일은 시간이 소모되는 활동이자 사람들이 일반적인 사냥 같은 전통적 활동에서 멀어지도록 만들었다. 이로 인해 사람들은 HBC가 잔뜩 쌓아 놓은 식품에 점점 더 의존하게 되고, 그 식품을 구입하는 데 필요한 돈을 마련하기 위해서는 덫을 더 많이 놓아야 하는 상황이 되었다.

1930년대에 털 가격은 폭락하고 카리부 개체수도 감소했다. 굶주림에 시달리는 이누이트족이 늘자 캐나다 정부는 이들의 생존을 법적으로 책임진다는 내용의 법률을 마련했다. 제2차 세계대전이 끝나고 캐나다 보건복지부는 이누이트족을 백인 사회로 동화시키려는 목적으로 설계된, 온정주의를 토대로 한 사회공학사업을 시행했다. 표면적으로는 인도적인 사업이었다. 법에 따라 아이들은 가족들과 떨어져 기숙학교에서 지내야 했다. 학교에서는 이누이트 말을 쓰면 벌을 받았다. 정부에서는 영구 정착지를 만들어서 이누이트족에게 주택을 제공하고 광업 등 육체노동에 종사하며 월급을 받아 생활하는 시민이 될 것을 독려했다. 의료보건 서비스를 제공할 기반시설도 마련되어 여성들은 병원에 가서 출산하라는 권고를 받았다. 결핵에 걸린 이누이트족은 남쪽에 있는 요양시설로 옮겨졌다. 한곳에 모여 있어야 보다 효율적으로 치료할 수 있다는 캐나다 정부의 의견에 따른 조치였다.

솔로몬 아와의 부모님은 이러한 역사적 사건을 오롯이 겪었다. 어머니 아갈라크티Agalakti는 이누이트족의 땅에서 태어나 열세 살에 솔로몬의 아버지 아와와 정략결혼했다. 아갈라크티가 열다섯 나이에 첫째 딸 우우파Ooopah를 낳은 이야기는 낸시 와코비치Nancy Wachowich의 저서 《사퀴유크Saquyuq》에 담겨 있다. 부부는 이후 30년 동안 변경 지역에서 여러 곳을 이동하며 사냥하고 물물교환을 하면서 살았다. 아버지 아와가 개썰매나 배를 이용하거나 직접 걸어 다니면서 사냥을 하는 동안 아갈라크티는 카리부 가죽으로 남편과 아이들이 입을 옷을 지었다. 그러다 영국 성공회 선교사들이 야영지를 찾아왔을 때 아갈라크티와 아와는 세례를 받은 후 아티아, 마티아스가 되었다. 그리고 아와는 부부의 성이 되었다. 1961년, 캐나다 정부는 아와 부부에게 아이들이 영어를 배우고 월급 받는 직업을 구할 수 있도록 기숙학교에 보내도록 압박을 가했다. "학교에 가야만 했어요. 그게 법적으로 교사들이 해야 할 일이었고, 그래서 모든 학생은 학교에 다녀야 했습니다. 우리 아이들은 너무 어릴 때부터 학교에 다녔어요. 날이 갈수록 애들이 점점 더 어려지는 것 같았죠." 아티아는 1990년대 인터뷰에서 이야기했다. "우리는 아이들을 그곳 학교에 두고 왔어요. 보낸 뒤에는 정말 너무너무 보고 싶었어요. 정말이지 아이들이 너무나 보고 싶었답니다!"

솔로몬은 아와 부부의 여덟 번째 아이다. 일곱 살이 되었을 때, 부부는 정부에 솔로몬을 그냥 데리고 키우겠다고 요청했다. 이에 정부는 대신 다른 아이 둘을 학교에 보내라고 했고, 그렇게 한 후에야 아버지를 따라 사냥을 다니고 야영을 할 수 있는 아들을 남겨둘 수 있었다. 부부는 솔로몬이 이누이트족의 생활 방식을 배우기를 바랐다.

학교에 가야 하는 아이들을 데리러 정부가 보낸 배가 야영지 외곽의 폰드 인렛에 도착했다. 공무원들이 찾아와 솔로몬의 손에서 물개 수프를 먹다가 데인 상처를 보더니 치료해 주겠다며 배에 태우고 데려갔다. 나중에 솔로몬을 데리러 간 아버지 아와는 아이가 교실에 앉아 수업을 받고 있다는 사실을 알게 됐다. 그날 찾아온 공무원들이 학교에 보낸 것이다. "남편은 수업 중이던 선생님에게 아들을 데려가도 되겠냐고 물었어요. 안 된다는 대답이 돌아오자, 두 사람은 언쟁을 벌였어요. 싸움이 커지자 남편은 솔로몬을 붙들고 교실문 밖으로 데리고 나왔습니다. 굉장히 화가 많이 났죠. 아이의 파카도 그냥 놓고 나와 버렸어요. 그리고 야영지로 돌아오는 길에 자기 파카를 입혀 줬답니다."[9] 열한 명의 자식들 가운데 솔로몬만 이누이트족의 땅에서 자랐다.

◄•►

북극에서 태양은 방향 찾기에 썩 믿음직한 기준이라고 할 수 없다. 북극권에서는 겨울이 되면 태양이 지평선 너머로 사라지고 여름에는 지는 법이 없다. 3월에 동쪽에서 뜨고 서쪽으로 지는 기간이 짧게 찾아오는 것이 전부다. 따라서 태양을 기준으로 방향 정보를 얻으려면 매년 특정 시점마다 바뀌는 하늘에서의 복잡한 변화를 잘 알고 있어야 한다. 많은 사냥꾼이 실제로 그 까다로운 정보를 알고 있지만 절대로 태양을 길 찾기에 일차적 기준으로 삼고 의존하지는 않는다. 아와가 내게 알려준 대로, 대신 사냥꾼들은 여러 가지 지표를 활용한다. 보통 한 가지 이상을 결합해서 어떤 상황에서든 그리고 북극의 어떤 장소에서든 방향을 찾는다. 그러한 기준 중에 사스트루기sastrugi라는 것이 있다. 눈이 바람에 날리면서 파도 형태로 형성된 융기부를 의미한다. 아와는 내게 (홀 해변Hall Beach으로도 불리는) '사니라자크Sanirajaq'에 서 있는 상상을 해 보라고 말했다. 산도 없고 표식이 될 만한 지형 하나 없이 완전히 평평한 땅이 펼쳐져 있다. 겨울이 시작될 즈음 새롭게 내린 눈이 나지막한 둔덕을 이룬다. '뺨의 모양'이라는 뜻의 이 '울루앙나크uluangnaq'가 형성된 후 북서쪽과 서쪽에서 '우앙나크Uangnaq'로 불리는 우세풍이 불어온다. 쌓여 있던 눈은 이 바람에 쓸리고 깎여 새로운 형태가 된다. "이런 형태로 튀어나옵니다." 아와는 혀끝이 아래로 가도록 길게 빼 보이면서 설명했다. "이렇게 혀 모양으로 생긴 눈을 '우콸루라크uqaluraq'라고 합니다. 끝이 북쪽을 가리키니, 땅을 잘 살펴보고 서쪽이나 동쪽으로 가고 싶다면 이 방향과 직각으로 꺾이는 방향으로 가면 됩니다."

아와는 테이블에 놓여 있던 포도맛 젤리와 오렌지맛 젤리를 하나씩 들고 방향을 어떻게 찾는지 보여 주었다. 먼저 포도맛 젤리를 테이블 한쪽 끝에 놓고 바다가 있는 남쪽으로, 테이블 중앙에 놓은 오렌지맛 젤리를 땅이 있는 북쪽이라고 하자. "공동체가 모여 지내는 곳을 벗어나면 혀 모양 눈이 어디로 향하는지 살펴봅니다. 그리고 나는 어느 방향으로 가야 하는지 판단하는 것이죠. 끝이 향하는 쪽을 향해 일직선으로? 아니면 정반대 방향으로? 10시 방향으로 꺾어서? 1시 방향으로? 집에 돌아올 때는 왔던 길을 되돌아가면 됩니다. 혀끝을 따라 일직선으로 이동했다면 그 길로 곧장 돌아오는 겁니다."

문화권마다 바람을 다채로운 방식으로 분류한다. 고대 아일랜드 사람들은 바람에 색을 부여했다. 예를 들어 남서풍은 '물에 비친 하늘 색깔'이라는 의미가 담긴 청록색, 즉 '글라스glas'로 불렸다.[10] 이누이트족은 바람의 특성과 분위기에 따라 분류한다. 우앙나크는 보통 여자의 바람으로 여겨진다. 세차게 한바탕 몰아친 후 사그라지는 바람, 거세게 불었다 사라지는 바람을 가리킨다. 이 불안정하고 변덕스러운 바람에 쌓인 눈은 '우콸루라이트uqalurait'가 된다. 가장 차가운 바람인 우앙나크에 부딪혀 단단하게 굳은 눈이 우콸루라이트가 된다. 다른 바람이 한동안 불어도 우콸루라이트의 형태는 그대로 유지되므로 갓 내린 눈이 표면을 덮어도 아래에 온전히 남아 있는 우콸루라이트를 볼 수 있다.

《북극의 하늘The Arctic Sky》에는 남자의 바람으로 여겨지는 '니지크 Nigiq'에 관한 탐험가 조지 카피아나크George Kappianaq의 이야기가 담겨 있다. 일정하게 불고 땅을 평평하게 고르는 바람인 니지크와 우앙나크는 서로 관련되어 있다. 우앙나크가 유난히 세게 불면 니지크가 불어와 진정시킨다. 우콸루라이트는 해빙처럼 아무런 지형지물도 없는 평평한 곳에서 방향을 찾을 수 있는 극히 중요한 기준이 된다. 달, 별, 태양, 다른 지표가 하나도 보이지 않을 때는 폭풍이 불어도 우콸루라이트의 각기 다른 형태를 구분해서 길을 찾을 수 있다. 아와가 자란 미티마탈리크Mittimatalik는 산악 지역이라 우콸루라이트에 반드시 의존할 필요는 없다. 아와는 밤에 이동할 때는 이누이트어로 '투크투르주이트Tukturjuit'라 불리는 북두칠성을 하늘의 가이드로 삼아 밤에 이동할 때 시간과 방향을 찾는 법을 배웠다고 이야기했다.

아와는 바람과 별, 눈과 더불어 지형에서도 논리를 찾을 수 있을 때가 많다고 설명했다. 예를 들어 이칼루이트 주변의 산등성이와 골짜기는 모두 바다가 있는 남쪽을 향한다. 이 특징을 나침반처럼 활용하고 각 지형의 개별적 특성을 함께 참고하면 기준점이 된다. 남쪽에 사는 사람들은 이런 일이 가능하다는 사실을 잘 믿지 않는다. 그들에게 북극 환경은 산이 많은 지역이라 하더라도 당혹감이 들 만큼 단조롭고 똑같아 보인다. 가장 높이 자란 나무도 덤불 크기 정도에 그치고 다른 초목도 거의 다 비슷비슷하다. 바위마다 푸릇하거나 희끄무레한 이끼가 덮여 있는 모습도 마찬가지다. 여러 개의 바위가 뭉텅이로 모여 있는 형태가 다른 곳에서도 똑같이 눈에 들어온다. 눈 덮인 골짜기도 여기나 저기나 다 같아서 구분하기란 불가능해 보인다.

"가는 곳마다 보이는 곳곳이 전부 같아 보이겠죠. 하지만 같지 않아요! 좀 더 자세히 살펴보면 이쪽에는 커다란 바위가 있고, 이곳과 비슷해 보이는 다른 곳에는 '똑같은' 큰 바위가 없어요. 세밀한 부분을 잘 살펴야 합니다." 아와는 바로 이 기술이 방향을 능수능란하게 찾는 열쇠라고 전했다. 이누이트족은 세부 특징에서 나타나는 아주 미묘한 차이도 구분할 수 있는 능력을 보유하고 있으며 어마어마하게 방대한 시각 정보를 기억할 수 있다. "저도 그렇지만, 같은 장소에 계속 찾아가면 누구나 그곳의 모습을 정확히 알게 됩니다. 한 장소에 살면 거기에 매일 머무르니 영어에서 쓰는 표현처럼 손바닥 들여다보듯 환히 알게 되는 겁니다."

하지만 이누이트족 사냥꾼 중에는 굳이 특정한 장소의 세세한 특징을 기억에서 끌어낼 필요도 없이 '귀를 기울이면' 되는 사람들이 많다고 아와는 전했다. 한 친구가 이글루릭Igloolik에서 직선거리로 400킬로미터가 넘는 폰드 인렛까지 식품을 배달하러 갔을 때의 이야기도 들려주었다. 폰드 인렛에 한 번도 가 본 적이 없던 그 친구는 길을 제대로 찾으면 어떤 풍경이 보이는지 누군가 설명해 준 것을 듣고 출발했다고 한다. "'이쪽으로 가면 이러저러한 것이 보일 것이고, 거기서 옆으로 가서 골짜기로 들어간 다음 골짜기가 끝나면 둥근 언덕 두 개가 보여. 그럼 언덕을 넘어가.' 이런 식의 이야기를 듣고 그대로 해빙을 거쳐 폰드 인렛까지 갔어요."

나는 젤리가 놓인 테이블을 잠시 내려다보다가 아와에게 물었다. "그럼 이누이트족과 '칼루나트'는 기억하는 방식이 다르다고 생각하시나요?"

"우리의 기억은 하나가 아닌 100만 화소로 되어 있어요. 그건 구전된 역사를 배웠기 때문에 가능한 일입니다. 그래서 우리의 기억이 훨씬 방대한 겁니다. 과학적으로 설명할 수는 없어요. 아마도 기억이 저장되는 방식과 관련이 있겠지요. 배우고 익힌 단어들, 이야기도 기억으로 저장되고 땅에서 본 것, 눈으로 본 것들도 다 기억으로 저장됩니다. 세세한 부분까지 봐야 한다고 배우는 이유도 그런 것 때문입니다. 다른 곳으로 이동하면 중요한 지점이 보일 때마다 기억으로 저장하죠."

이제 아와가 저녁 식사를 해야 할 시간이 되었다. 우리는 자리에서 일어나 얼어붙은 공기에 햇살이 쏟아지는 밖으로 걸어 나갔다. "아이들은 이곳 땅에서 살아가는 걸 좋아하나요?" 내가 묻자 아와가 대답했다. "오, 그럼요. 아주 좋아합니다. 땅에서 살면 영적으로나 정신적으로 건강하고 몸도 한껏 고양됩니다. 그게 약이 되고, 명상의 기회도 되고요. 여러분들이 어떤 식으로 칭하든 저는 이런 삶을 절대 그만두지 않을 겁니다."

기억의 풍경

1818년, 스코틀랜드 해군 대령 존 로스John Ross는 북서항로를 찾아 북극으로 또 다른 탐험에 나섰다. 로스 대령도 프로비셔처럼 서양에서 개발된 길 찾기 도구를 가득 싣고 떠났다. 더 먼 과거에 태음력을 만들고 시간을 시, 분, 초로 나눈 것과 더불어 시계, 망원경, 육분의, 지도 제작에 필요한 도구와 지도를 개발한 수메르인의 시간과 공간 개념을 토대로 발전시킨 결과물이었다.

항해 도중에 이누이트족 사냥꾼 두 명과 만난 로스 대령은 그 지역을 나타낸 간단한 지도를 보여 주었다. 지도를 한 번도 본 적 없던 두 사냥꾼은 이글루릭과 리펄스 베이Repulse Bay 사이 수백 킬로미터에 이르는 면적의 모든 장소를 다 알아봤을 뿐만 아니라 자신들이 활용해 온 총 9일이 소요되는 뱃길을 알려주었다. 이 두 사람은 로스 대령이 가지고 있던 지도를 '확장'시켜 서쪽과 북쪽에 해안선이 어디에 있는지 그려 넣고 곶, 만, 강, 호수, 야영지를 채워 넣은 뒤 자신들이 잘 다니는 경로까지 설명했다. 로스 대령은 크게 놀랐지만, 두 사냥꾼은 그런 지식을 보유하고도 별일 아닌 일로 여기는 것 같았다. 게다가 로스 대령에게 길을 찾는 데 '제대로 된' 도움이 필요하면 훨씬 더 잘 아는 사람들이 있다고도 이야기했다. 당시에 로스 대령이 쓴 일기에는 이와 같은 대화가 요약되어 있는데, 그가 만난 이누이트족은 땅에 관한 정보를 무궁무진하게 보유하고 있었다는 내용이 담겨 있다.

북서항로를 찾아 나섰던 윌리엄 페리William Parry도 마찬가지로 1820년대에 이누이트족이 만든 지도가 "깜짝 놀랄 만큼 정확"[1]했으며 북극의 구불구불한 지형이며 해안 전체를 속속들이 꿰고 있었다고 찬탄했다. 현지 가이드가 자신을 위해 만들어 준 지도가 없었다면 '퓨리 앤드 헤클라 해협Fury and Hecla Strait'을 지나는 핵심 경로를 찾지 못했을 것이라고도 밝혔다. 미국인 탐험가 찰스 프랜시스 홀Charles Francis Hall은 1860년대 초, 쿠제스Koojesse라는 이누이트인에게 배의 키를 맡아 달라고 요청했고 배가 나아가는 경로를 보면서 해안선을 그리는 방식으로 프로비셔 만의 해안선을 지도로 그릴 수 있었다. 이후 1880년대에는 덴마크인 탐험가 구스타프 홀름Gustav Holm이 2년간 그린란드 동쪽을 여행하면서 쿠미티Kumiti라는 이누이트인이 그린 해안선 지도를 여러 개 수집했다. 나무를 깎아 구불구불하고 복잡하게 이어지는 해안선을 나타낸, 이례적인 지도였다.

"그 나무 지도에는 폐허가 된 오래된 집들이 있는 위치가 전부 표시되어 있다(배를 붙여서 대기에 안성맞춤인 곳)." 홀름은 이렇게 설명했다. "피오르 사이로 카약이 지나갈 수 있는 곳, 여러 피오르가 해빙에 막혔을 때 미로처럼 어느 길로 어떻게 빠져나가야 하는지도 나와 있다."[2] 그 지역의 전체 윤곽을 돋을새김으로 나타내어 손가락으로 훑으면 방향을 찾을 수 있도록 만든, 촉각적인 가이드이자 시각적인 가이드가 될 수 있는 지도다.

크누드 라스무센도 내륙 지역에서 만난 이누이트족이 이전까지 종이나 연필을 한 번도 써 본 적이 없음에도 불구하고 곧바로 집어 들고 곳곳의 대표적인 장소를 정확하게 그려 보이고, 어디를 언급하든 그곳까지 가는 최상의 경로를 알려주는 것을 보고 놀라워했다. 그는 이렇게 얻은 지도들 가운데 푸케르룩Pukerluk이라는 이누이트인이 그린 지도를 활용하여, 캐나다 중심부에 수백 킬로미터로 이어지는 카잔 강Kazan River의 위치를 찾을 수 있었다. 지리학자 로버트 런드스트롬Robert Rundstrom의 글에는 다음과 같은 설명이 나온다. "역사 기록과 현대에 실시된 지도 제작 연구 결과를 모두 종합해 보면 외부 탐험가와 현장 연구에 나선 과학자들이 100여 년간 광범위하게 직접 사용해 본 이누이트족의 지도가 대부분 엄청나게 정확하다는 사실을 알 수 있다. 이들의 지도에는 주변 풍경이 감각적으로 인식되는 그대로 나타나 있다."[3]

지구 다른 쪽에서도 이와 유사한 길 찾기 지식의 공유가 이루어졌다. 영국의 제임스 쿡James Cook 선장은 1769년에 HMS 인데버HMS

Endeavor 호로 폴리네시아 타이티 섬으로 향하던 길에 라디에이트 섬 출신의 목사와 만났다. 튜파이아Tupaia라는 이름의 이 목사는 쿡 선장에게 자신이 사는 지역에서 멀리 떨어진 섬들로 장거리 항해를 어떻게 다니는지 들려주었다. 그에게 길을 어떻게 찾는지 물어본 쿡 선장은 다음과 같이 기록했다. "그곳 사람들은 한 섬에서 다른 섬으로 수백 마일에 달하는 거리를 배로 이동한다. 낮에는 태양이, 밤에는 달과 별이 나침반이 되어 준다."⁴ 쿡 선장은 튜파이아에게 지도를 하나 그려 달라고 요청했다. "튜파이아는 지도를 읽고 활용하는 법을 일단 숙지하자 말로 설명하는 방식으로 방향을 알려주었다. 항상 하늘과 그 위치가 어떤 관계가 있는지, 각 섬은 어디에 위치하고 있는지 이야기하는 동시에 그 섬이 타히티 섬보다 큰지 작은지도 언급했다. 또한 높이가 높은지 낮은지, 사람이 사는 곳인지 아닌지 여부와 더불어 몇몇 장소에 관해서는 흥미로운 이야기도 덧붙여서 들려주었다."

튜파이아는 1770년에 병으로 세상을 떠났고 그가 남긴 지도는 방향 탐색의 역사에서 가장 악명 높은 자료 중 하나가 되었다. 주된 이유는 지도에 담긴 논리를 아무도 이해하지 못했기 때문이다. 튜파이아의 지도에는 남태평양 면적의 3분의 1, 미국 전체 대륙보다 큰 면적에 흩어진 74개의 섬이 나와 있는데, 서구인들의 눈에는 공간적인 관계가 도무지 말이 안 되는 것처럼 보였다. 지도를 아무리 이리저리 뒤집고 돌려서 봐도 튜파이아가 어떤 기준으로 섬을 각 위치에 배치했는지 좌표 체계 같은 것을 찾을 수 없었다. 역사가들은 이후 수백 년 동안 튜파이아의 지도에 담긴 지리학적 관계를 분석해 보려고 애를 썼다. 1965년 말에 이르자 일부 역사가들은 튜파이아가 이 지도를 그린 것이 아닐지도 모른다고 주장했다. "기본적으로 문맹인 사람이 종이 위에 지리학적 지식을 나타낼 수가 없다"[5]는 이유에서였다.

처음 접한 경험이 유럽의 탐험가들에게 당혹감을 안겨 준 경우가 참 많았던 것 같다. 이들이 마주한 문화권에는 나침반도 없고 고대 천문 관측의인 아스트롤라베astrolabe나 볼리스텔라ballistella, 모래시계도 없었지만 지리학적으로 상당히 까다롭고 고된 환경에서도 길을 찾아냈다.

◄•►

원주민들이 무의식적인 직관력으로 길을 찾아낼 수 있는 이유는 동물들과 가까이 지내기 때문이라는 이론이 꽤 오랫동안 인기를 끌었다. 이 이론에 따르면 유럽인들은 발전을 거듭하면서 그러한 능력을 잃었다.

이러한 생각이 시작된 시기는 1859년, 러시아의 동식물 연구가 알렉산더 폰 미덴도르프Alexander von Middendorff가 새들이 철 따라 이동할 때 자성을 이용할 수도 있다고 밝힌 때로 거슬러 올라간다. 일부 과학자들은 어린이와 "산업에 종사하지 않는 사람들"의 경우 이러한 능력을 보유할 가능성이 있으며, 이들에게는 방향 감각이 내재되어 있어서 무의식적 본능에 따라 길을 찾는다고 추정했다.[6] 인도 대륙의 한 영국 식민지에 살았던 사람은 1857년에 다음과 같은 글을 남겼다. "신드처럼 평지인 곳. (……) 자연적인 지형지물이나 길을 전혀 찾을 수 없는 곳에서는 일종의 본능에 전적으로 의지하는 것이 최선인 것 같다. (……) 그리고 그러한 본능은 개와 말, 다른 동물들이 지닌 본능과 비슷한 것으로 보인다."[7] 영국인 탐험가 찰스 히피Charles Heaphy는 1874년 뉴질랜드에서 만난 마오리족 에 쿠후E Kuhu에 관해 다음과 같은 글을 남겼다. "우리가 이해할 수 있는 범위를 넘어선 본능적인 감각으로 태양도 없고 물체가 뚜렷하게 보이지 않을 때도 숲에서 길을 찾아낸다. 작은 개울과 덤불 사이사이로, 혼란스러울 만큼 무질서한 길로 계속 나아가는데, 한 방향으로 쭉 가지만 장애물을 반드시 피해야 할 때는 방향을 확 바꾸기도 한다. 그렇게 한참을 가다가 나무에 새겨 놓은 표시나 이끼 위에 찍힌 발자국 같은 것을 가리켜 보이면, 그가 그 길을 얼마나 잘 알고 있는지 깨닫게 된다."[8]

히피가 탐험에 나서기 1년 전에 과학 학술지 〈네이처〉에 이 신비한 능력에 관한 연구논문 한 편이 실렸다. 논문을 쓴 사람은 바로 찰스 다윈이다. 그가 이 저명한 학술지에 기고한 자료에는 독일 탐험가 페르디난트 폰 브랑겔Ferdinand von Wrangel의 사례가 인용되어 있다. 브랑겔은 광활한 지역에서도 방향을 잃지 않는 코사크족의 능력을 글로 남긴 인물로, "늘 정확한 본능이 인도하는 대로"[9] 나아간다고 밝혔다. 다윈은 이에 관해 "폰 브랑겔은 숙련된 연구자이고 나침반을 사용했음에도 그 미개인들이 쉽게 해낸 일을 해내지 못했다"고 설명했다. 그리고 "뇌의 특정 부위가 방향 탐색에 특화되어 있다"는 추론을 제시하고, 모든 인간은 추측해서 방향을 찾아낼 수 있으나 시베리아 지역의 원주민들은 "그러한 능력이 상당한 수준이며 무의식적으로 이루어질 가능성이 있다"고 설명했다.

다윈은 이 무의식적인 추측은 생물이 "기존에 가지고 있던 다양한 유형의 유익한 본능이 잘 보존된"[10] 증거이며 (나그네비둘기를 비롯한) 동물이 보유한, 먼 거리를 이동하여 집을 찾는 능력이 인간의 뇌에 보존된 것으로 보았다. 이 같은 본능을 유용하게 활용하는 사람에게는 더욱 강화되고 습관이 되면서 계속 발전한다. 그러나 다윈은 모든 인간이 추측 능력을 갖고 있다고 인정하면서도 "미개인들"이 보유한 그러한 기술을, 오직 유럽의 백인 문화권만 최고조에 이를 수 있는 진화적 계층화로 설명할 수 있는 방법을 찾으려고 했다. 그러려면 방향 탐색 능력은 진화 과정을 나무 형태로 나타낸 계통수에서 동물과 근접한 사람들에게서 나타나는 특성이라고 설명할 수밖에 없고, 동물들과 마찬가지로 그 기술과 주위 환경에 정통한 능력은 생물학적인 자질이며 무의식적이고 본능적이라고 보았다. 1900년대 초에는 시각장애인들이 장애물을 피해 가는 능력을 설명하기 위해 '육감'이라는 용어가 등장하여 방향 탐색 기술이 탁월한 사람들을 일컫는 표현으로도 사용되었다.

그런데 다윈은 폰 브랑겔이 이야기한 핵심을 얼버무린 것 같다. 독일의 그 탐험가는 자신이 만난 코사크족 사람이 본능대로 길을 찾아가는 것 같았다는 점과 여행을 함께한 소트니크 타라리노-Sotnik

Tatarinow가 수년간 연습을 거듭한 끝에야 기억력을 토대로 "정교한 미로 같은 얼음"[11] 사이에서 방향을 찾는 이동 방식을 꾸준히 활용할 수 있었다는 점에 주목했다. 기억력과 관찰력이 상호 보완되어 "쉴 새 없이 바뀌는 방향"에 익숙해져야 가야 할 길의 큰 줄기를 절대 잃지 않는다는 내용이었다. "내가 손에 나침반을 들고 길이 꺾일 때마다 바늘을 주시하면서 어느 길이 맞는지 찾으려고 할 때 내 동료는 경험에서 우러난 완벽한 지식에 따라 움직였다." 폰 브랑겔은 이렇게 전했다. 그는 얼음이 더 평평하게 펼쳐진 곳에 이르자 타라리노가 멀리서 기준점이 되는 얼음을 찾았고, 가야 할 방향을 유지하면서 앞서 아와가 설명했던 '사스트루기', 즉 눈이 우세풍에 날려서 형성된 무늬를 활용하여 올바른 방향을 찾아 간 과정을 묘사했다. "목적지에 이르려면 눈 위에 파도가 더 굽이치게 형성된 쪽 혹은 덜 깊게 형성된 곳 중 어디로 꺾어야 하는지, 얼마만큼 꺾어야 하는지를 경험으로 알고 있다. 절대 실패하는 법이 없다." 사스트루기가 없는 곳에서는 태양이나 별이 타라리노의 기준점이 되었다. 겉보기에 "텅 비어 있는" 곳 같은 환경에서도 방향을 찾는 타라리노의 능력은 그곳 툰드라에 관해 기억해 둔 정보와 방향을 알려주는 환경적 표지가 결합되어 나온 결과였다. 정착지에서 다른 정착지로 수백 킬로미터를 지도나 아무런 도구도 없이 이동하는 건 일상적인 일이었을 뿐만 아니라 수 세대에 걸쳐 그곳에서 살아가는 유일한 방법이었다. 직접적인 경험과 전통, 합리적인 계산에서 나온 깊은 지식에서 탄생한 능력이다. 육감은 필요치 않았다.

영국의 동물학자 로빈 베이커Robin Baker는 저서 《인간의 방향 탐색과 육감Human Navigation and the Sixth Sense》에서, 육감에 관한 과학적 해석이 그토록 오랫동안 인정받은 이유 중 하나는 19세기에 이르자 서유럽에 지도나 나침반, 지명, 도로, 도로 표지판 등 방향을 찾을 수 있도록 도와주는 수단이 너무 많아서 사람들이 다른 전략으로도 길을 찾을 수 있다는 사실을 '잊었기' 때문이라고 지적했다. 그는 그와 같은 현대식 발명품이 활용된 역사는 '기껏해야' 서너 세대 정도에 불과하다는 점에서 이 같은 망각은 중요한 의미가 있다고 밝혔다. "인류 진화의 역사 대부분은 도구를 이용하지 않고 방향을 탐색하는 것이 법칙이었다."[12] 불과 1, 2세기 만에 사람들은 환경적 지표도 지도와 기계장치 못지않게 정확할 수 있다는 사실을 잊었다. 이 역사적인 기억상실로 인해 유럽 외에 다른 지역에서 방향을 찾는 방식은 한층 더 초자연적이고 신비스러운 일로 여겨졌다. 호주의 저명한 탐험가 해럴드 개티의 글에도 그러한 사실이 담겨 있다. "서구 문명사회에서는 길 찾기나 자연스럽게 이동하는 기능이 거의 발달되지 않았다. (……) 타고난 능력은 전부 다르지만, 자연이 제공한 가장 간단한 신호를 해독하는 능력은 초보 관찰자에게도 얼마든지, 지적 수준과 무관하게 발휘된다. 뛰어나게 발휘될 수 있을 뿐만 아니라 관찰자 스스로도 깜짝 놀라는 경우가 많다. 평균적인 지능을 보유한 서구인이라면 조금만 연습해도 자연의 신호를 거리 표지판을 읽는 것처럼 명확히 읽어낼 수 있다."[13]

북극을 탐험한 수백 명의 외부인들, 그리고 이누이트족에 관한 수천 건의 인류학 연구에서 이들이 어떤 방법으로 방향을 찾는지 주목한 사례는 별로 없다. 심지어 20여 년에 걸쳐 수만 킬로미터에 달하는 거리를 여행하며 이누이트족의 삶을 백과사전에 비견될 정도로 꼼꼼하게 기록한 라스무센조차도 길 찾기에 관해서는 명쾌하게 밝히지 않거나 상세히 쓰지 않았다는 사실에 나는 적잖이 당황했다. 분명 그도 그곳을 여행하면서 이누이트족의 길 찾기 기술 중 일부를 활용했을 텐데 말이다.

나는 1969년에 발행된 글에서 이누이트족의 방향 탐색을 제대로 다룬 최초의 기록을 찾을 수 있었다. 알래스카의 에스키모 마을 '웨인라이트Wainwright'에 살았던 젊은 지리학자 리처드 넬슨Richard Nelson이 쓴 글이었다. 넬슨은 미 공군과 계약을 체결하고, 군인들이 그 지역의 전통적인 지식을 토대로 북극에서 생존할 수 있는 방법을 소개한 실무 지침서를 작성했다. 이렇게 탄생한 세부 정보가 담긴 책 《북쪽 빙원의 사냥꾼들Hunters of the Northern Ice》에는 에스키모(이누이트족)들이 천문학적 현상을 참고하여 바다에 떠다니는 부빙 끄트머리에서 사냥하는 방법 등 넬슨이 직접 목격한 경이로운 길 찾기 기술에 관한 설명이 나와 있다. 부록에는 해빙을 묘사한 95가지의 다양한 표현도 나와 있다. 이 책은 길 찾기에만 총 20여 쪽을 할애했다.

넬슨이 웨인라이트에서 처음 경험한 일들 중에는 여행에 동행한 안내자가 칼로 얼음을 리드미컬하게 긁어서 물개가 수면 위로 나오도록 유인하는 과정을 지켜본 것도 포함되어 있다. 물개의 호기심을 활용한 방식으로, 넬슨의 동행인은 물 밖으로 나온 물개를 라이플로 쏜 다음 얼음 위로 끌어올리고 그에게 말했다. "보셨죠. 에스키모는 과학자들입니다."[14] 이후 1년을 그곳에서 지내는 동안, 넬슨은 그 말의 의미를 깨달았다. 북극의 사냥꾼들은 자연의 모든 부분을 탐구했다. 동물은 어떻게 행동하고 생태계는 어떻게 굴러가는지, 관찰한 현상들이 어떤 인과관계로 엮여 있는지 모두 연구했다. 넬슨은 사냥꾼들이 해빙을 이해하기 위해 색깔을 활용한다는 사실과 눈에 찍힌 발자국을 만져 보고 북극곰을 사냥하는 것, 큰곰자리로 시간과 방향을 파악한다는 것도 알게 됐다. 그리고 이와 같은 기술이 지적 능력으로 설명할 수 있다는 점을 분명히 했다. "에스키모들이 동물의 기분을 감지하고, 해빙의 변덕스러운 움직임을 예측하고, 날씨 변화를 느끼는 것은 대대로 물려받아서 옮은 신비한 '병균' 때문이 아니다."[15] 그는 이렇게 밝혔다. "우리가 처음 접했을 때 도통 이해할 수 없다고 여겨지는 일은 우리의 부족한 지식과 경험에서 비롯된 판단인 경우가 많다."

그 밖에도 넬슨은 사냥꾼들이 지형지물을 보고 기억해 두는 능력과 공간적인 관계를 분석하는 능력을 보유하고 있다는 점도 목격하고 확인했다. '길 찾는 이들의 여관'에서 아와가 내게 들려준 이야기와 거의 일치하는 내용이다. 넬슨은 개썰매로 약 60킬로미터를 이동할 때 자신의 눈에는 아무런 특징도 없는 환경 속에서 동행인이 가야 할 길을 찾아낸 일을 기록했다. 그의 친구가 "어떠한 표시도 없는 곳에서 실개울이 흐르는 골짜기를 틀림없이 찾아냈다"는 설명과 함께 "'어디가 어디인지도 모를 장소'에서, 눈으로 보이지도 않는 100미터 전방에서 난데없이 여우 굴을 찾아냈다"고 전했다.[16]

나는 넬슨의 여행기를 읽으면서 그가 다녀가고 30년 후에 북극의 반대편 끄트머리를 찾았던 한 인류학자도 비슷한 경험을 했다는 사실이 떠올라 깜짝 놀랐다. 아르헨티나 출신으로 지도와 지리학, 북극에 매료된 학자 클라우디오 아포타Claudio Aporta가 쓴 박사학위 논문에는 이누이트족이 폭스 내만Foxe Basin에 위치한 섬 이글루릭에서 이동하는 방식이 나와 있다. 이글루릭 주변 지역은 극지 사막에 해당하는 곳으로, 강수량이 사하라 사막과 비슷한 동시에 연중 대부분 기간 동안 눈과 얼음이 덮여 있어서 굉장히 춥다. 게다가 이례적으로 평평해서 언덕이 있어도 높이가 채 60미터도 안 될 정도다.

아포타는 그곳에 머무는 동안 남부에서 북극을 찾아온 사람들이 하나같이 그곳을 아무런 특징이 없는 곳, 생기가 없는 풍경, 텅 비어 있는 공간으로 묘사한다는 사실에 흥미를 갖게 되었다. "어느 정도는 특색이 없는 것이 맞지만, 재미있는 사실은 그곳에 사는 사람들의 경우 길 찾는 방법을 개발해야만 한다는 점이다. 환경 속에서 단서를 찾고 그러한 환경 속에서도 구체적인 장소를 찾아야 한다." 그는 2000년 봄부터 2001년까지 수십 회에 걸쳐 사냥꾼들과 함께 이동하면서 어떻게 그런 일이 가능한지 연구했다. 그중 한 여행에서 어떤 사냥꾼은 삼촌과 함께 총 30제곱킬로미터쯤 되는 면적에 미리 놓아둔 여우 덫을 회수하러 갔다. 아포타가 보기에는 그저 불모지

일 뿐인 땅이었는데, 그는 눈 밑에 숨겨둔 여우 덫을 '전부 다' 회수해 왔다. 아포타가 기겁할 만큼 놀라자, 사냥꾼은 삼촌과 함께 '25년 전에' 놓은 덫이며 처음 덫을 놓은 후로는 한 번도 다시 살펴본 적이 없다고 말했다. 아포타는 더더욱 놀랄 수밖에 없었다. "대체 어떻게 지도도 없이 그 정확한 위치를 구별하고, 기억하고, 서로 소통할 수 있단 말인가?"[17]

아포타는 이누이트족이 무작위로 다니는 것이 아니라, 이미 알고 있는 경로를 따라 이동한다는 결론을 내렸다. 전 세계 대부분 장소는 그곳까지 가는 경로가 도로와 인간이 만든 지형지물로 표시되어 있고 그러한 길과 위치를 지도에 부호로 나타낸다. 지리학자 레지널드 골레지는 공간적으로 일관성이 있거나 방향 탐색을 더 수월하게 해 주는 지형지물이 있어서 다른 곳보다 알아보기 쉬운 환경이 있다고 주장했다. 북극은 빙하가 있어도 녹아내리고, 눈은 계속 바뀌는 바람에 날리고, 강은 흐르다가도 겨울이 되면 꽁꽁 얼어붙어 땅이 되는 북극 환경은 지속성이 매우 짧다. 지형지물도 거의 없거나 서로 너무 멀리 떨어져 있고 구분하기가 힘들고 접근하기도 어렵다. 따라서 먼 옛날부터 그 땅을 횡단해 온 사람들이 자연에 부여한 사회문화적 요소와 상징적 중대성, 의미에 의존하여 구분해야 한다. 아포타는 수 세대째 그곳 사람들이 선호하는 특정 이동 경로가 존재하며, 아무런 표지도 없는 그런 길에 관한 지식은 지도가 아닌 구두 묘사의 형식으로 개인과 가족, 공동체 내에서 전해지고 기억된다는 사실을 알아냈다.

"북극의 이누이트족과 그 밖에 다른 지역에 해당하는 대부분의 문화권에서 경로를 활용하는 방식의 주된 차이 중 하나는, 북극의 경우 경로가 사람들의 사회적 기억과 개인적 기억 속에 남아 발전한다는 점, 그리고 내린 눈 위에 생긴 길처럼 특정 기간에만 유효하며 계절이 바뀌고 풍경이 바뀌면 사라진다는 점이다."[18] 아포타는 이렇게 밝혔다. 그는 설상차로 이글루릭 주변을 3200킬로미터가량 이동하면서 총 37개의 알려진 경로를 지도로 기록했다. 그중 15개는 그 지역 여행자들이 여러 세대에 걸쳐 활용해 온 길이었다. 이와 함께 아포타는 각 장소를 나타내는 400종 이상의 지명을 이누이트족 언어로 기록했다. 자신과 함께 여행을 다닌 그곳 사람들이 현재 위치를 모를 수가 없다는 사실도 깨달았다. 이누이트족은 황무지 사이를 아무렇게나 오가지 않는다. 그들의 경로는 "이름이 붙여진 특징과 눈의 특정한 패턴, 친숙한 지평선으로 구성되며 훌륭한 여행자라면 어디에서든 이 모든 요소를 토대로 현재 자신의 위치를 알 수 있다."[19] 아포타는 나중에 이렇게 설명했다.

이누이트족의 이동이 업무상 목적 때문에, 혹은 생존을 위해 이루어지는 경우는 드물고 심지어 A 지점에서 B 지점으로 가야 하는 필요성이 이동의 동기가 되는 일도 별로 없다는 것이 아포타의 생각이다. 이들에게 이동은 존재하는 방식이다. 아기는 길 위에서 잉태되고 태어나며 사람들은 함께 모여 자원과 소식을 나눈다. 이에 아포타는 북극의 풍경은 개개인이 기억하고 서로서로 공유하는 환경과 장소에 관한 심상이고, 따라서 "기억의 풍경memoryscape"이라고 보았다. 기억의 풍경은 사회인류학자 마크 누탈Mark Nuttall이 1990년 대 초, 그린란드의 이누이트족에 관해 설명하면서 처음 고안한 표현이다. "사냥꾼이나 어부 그리고 환경의 관계에는 그곳 풍경에 관한 개인이나 가족, 지역적 의미가 반영된 개별 기억과 총체적 기억도 일부 영향을 주지만, 동시에 그곳에 자신의 근원이 있으며 단단한 지지 기반이라는 생각 또한 영향을 준다."[20] 누탈은 이렇게 밝혔다. 그러한 경로를 따라 이동하는 것은 이누이트족이 환경과 관계를 맺는 방식이자 기억의 풍경을 유지하고, 살찌우고, 확장하는 방법이다.

◄•►

공간적 방향감각을 연구하는 학자들은 보통 인간의 방향 탐색 전략을 두 종류로 나눈다. 첫 번째 경로 지식은 한 장소에서 다른 장소로 이어지는 길에 포함된 특정 지점과 지형지물, 관점을 연속적으로 엮어 내는 능력을 의미한다. 여행자는 일련의 지형지물이나 관점에 관한 기억을 활용하여 한 곳에서 다른 곳으로 가는 올바른 순서를 찾아낸다. 이누이트족이 기억의 풍경을 활용하는 방식을 살펴보면 명확히 이러한 경로 지식을 활용하는 사례로 보인다. 두 번째 탐색 전략은 조사 지식으로 불린다. 지도처럼 안정적인 틀 내에서 공간을 체계화하는 것으로, 각 지점과 지형지물은 모두 다른 지점과 2차원적인 관계가 있다. 친구에게 우체국 가는 길을 말로 설명하는 것이 경로 지식이라면 종이 한 장을 펴 놓고 '하늘에서 새가 내려다보는' 시야로, 즉 가는 길을 조감도로 그려 보이는 것은 조사 지식에 해당한다.

경로 지식은 여행자의 관점과 주변 물체와의 관계 등 '자기중심적' 관점에 좌우된다. 우리가 보는 모든 것은 우리 자신과 앞, 뒤, 위, 아래, 왼쪽, 오른쪽 등 몸이 향한 축과 관계가 있다. 반면 조사 지식은 '타자중심적' 관점에 좌우된다. 지도를 보는 것처럼 객관적이고 아무런 색인 없이 물체와 지형지물의 공간적 위치를 보는 관점을 의미한다.

심리학계에서는 20세기 전반에 걸쳐 자기중심적 관점이 공간을 추론하는 가장 직관적이고 단순하면서 원시적인 방식이라고 보았다. 스위스의 심리학자 장 피아제Jean Piaget를 비롯한 학자들은 어린 아이들이 가장 먼저 자기중심적인 관점을 갖게 되며, 열두 살쯤에 이르러서야 물체를 타자중심적 관점, 또는 유클리드 기하학의 좌표 공간으로 볼 수 있는 능력이 발달한다고 주장했다. 피아제는 이 단계를 형식적 조작기로 칭했다. 그러나 동료들로부터 "마음의 지도를 그리는 사람"으로 여겨지기도 했던 피아제는 주로 유럽의 아이들을 소규모로 연구했으므로 그가 밝힌 결과에 대표성이 없다는 비난이 제기되어 왔다. '서구적이고 교육 수준이 높으며 산업화된, 부유하고 민주적인' 집단, 영어에서는 'WEIRDWestern, Educated, Industrialized, Rich and Democratic'라는 축약어로도 알려진 소규모 표본에서 얻은 결과를 인간의 보편적인 심리적 특징이라고 주장하는 이런 일은 심리학계에서 발표된 연구문헌의 고질적이고 전형적인 사례로 보인다. 피아제의 시대가 가고, 러트거스대학의 찰스 갤리스텔Charles Gallistel을 포함한 여러 심리학자들은 개인의 자기중심적 지식이 타자중심적 지식으로 단순하게 발전한다는 견해가 잘못됐다고 밝혔다. 갤리스텔은 개개인은, 심지어 어린아이들도 두 가지 전략을 '모두' 활용할 줄 아는 경우가 많다고 밝혔다. 즉 이동하면서 시각적으로 흘러가는 환경의 상황을 파악하거나 높은 곳에 올라가서 풍경을 내려다보고 살펴볼 때 얻을 수 있는 공간적 신호를 모두 활용할 수 있다는 의미다.

심리언어학자 스티븐 레빈슨Stephen Levinson이 글로 밝힌 것처럼 언어학계에도 이와 비슷하게, 공간을 묘사하는 언어에 보편화된 자기중심적 공간 개념이 반영되어 있다고 추론하는 잘못된 관행이 존재한다. 이마누엘 칸트도 공간에 대한 우리의 직관력은 몸이 위치한 면, 즉 '위', '아래', '왼쪽', '오른쪽', '뒤', '앞'에서 비롯된다고 믿고 주장했다. 이에 따라 일부 문화권에서는 이것이 생물학적으로 부여되는 고유한 능력이라고 보고 지도, 나침반, 시계 등 공간을 타인 중심으로 체계화하는 데 필요한 도구를 사회문화적인 발명품으로 만들어냈다고 추정한다.

그러나 이와 같은 문화적 분류 역시 잘못된 것으로 입증됐다. 실질적인 방향 탐색 기술을 전혀 보유하지 않은 사람들을 포함하여 엄청나게 다양한 사람들과 언어권에 타자중심적인 관점과 전략이 존재한다. 이누이트족이 기억의 풍경을 활용하는 것은 분명한 사실이나 이를 단순히 땅에 관한 조사 지식을 축적해서 전달하는 것으로 볼 수는 없다. 개개인이 다채로운 전략을 복합적으로 활용하여 방향을 탐색한다는 점을 감안할 때, 문화적인 공간 탐색 전략이나 그와 관련된 언어에 보편성을 부여하기란 사실상 불가능한 일이다. 문화를 단순하게 계층화하여 동양과 서양으로 나눈다거나 원시적인 문화와 현대적인 문화, 과학적인 문화와 산업화 이전의 문화, 자기중심적이거나 타자중심적인 것으로 칭하는 것은 더욱 말할 것도 없다. "무엇보다도 피아제가 이야기한 형식적 조작기는 수많은 사람이 주장한 것처럼 인간의 현대적이고, 교양 있고, 과학적인 사고 능력을 보여 주는 전형이라기보다는 충분히 필요한 일, 충분히 까다로운 일, 결과가 충분히 명확하게 나타나는 과제와 직면했을 때 나타나는 인간의 사고 능력을 보여 주는 전형이라 할 수 있다."[21] 인류학자 찰스 프레이크Charles Frake의 글에는 이러한 설명이 담겨 있다. 소위 천부적인 차이로 여겨지는 요소가 실제로 거주하는 곳의 지형과 깊은 연관을 맺기도 한다. 콜롬비아의 학자 알프레도 아르딜라Alfredo Ardila가 가정한 것처럼 현대 도시 생활에서는 수학적인 좌표를 논리적으로 적용해야 하지만 인류는 지난 역사의 대부분을 공간적인 신호를 해독하고 환경의 신호에 관한 기억, 거리 계산을 통해 자연 속에서 자신이 가야 할 방향을 파악하며 살았다. 태어난 곳과 사용하는 언어, 살고 있는 곳의 지형에 따라 제각기 다른 인지적 전략을 활용할 수 있고, 이에 따라 방향 탐색이라는 과제를 해결하는 유연성과 전문성에도 차이가 생기는 것으로 볼 수 있다.

이칼루이트의 음식점에서 나와 마주한 아와는 이누이트족이 '칼루나트'보다 더 많은 기억을 보유하고 있으므로 북극에서도 길을 찾을 수 있으며, 다만 그런 사실을 과학적으로 증명할 수는 없다고 이야기했다. 아와의 통찰은 인간의 방향 탐색 능력과 기억력의 인상적인 관계에서 나타나는 핵심과 일치한다. 최근에 이르러서야 이러한 관계의 생리학적 바탕이 신경과학적 연구로 밝혀지기 시작했으나, 이미 고대 그리스인들은 방대한 정보를 기억하는 사람들을 크게 존경하면서 이 관계에 매료된 것으로 보인다. 예를 들어 대 플리니우스도 《자연사 _Natural History_》에서 폰토스 출신인 미드리아테스가 22개 언어를 구사하고 키로스 2세는 휘하의 군인들 이름을 전부 알고 있었다고 밝혔다. 기원전 80년경에 알 수 없는 저술가가 남긴(키케로가 썼다는 의견이 나온 적도 있다) 라틴어 책 《아드 헤레니움 _Ad Herennium_》에는 세네카가 200명의 학생들이 한 사람씩 암송한 시 구절을 듣고, 마지막에 들은 구절부터 거꾸로 하나씩 전부 완벽하게 그대로 다시 외워서 암송했다는 이야기가 실려 있다. 그뿐만 아니라 2000여 명의 이름을 딱 한 번 듣고 순서 하나 틀리지 않고 그대로 외웠다고도 전해진다. 또 다른 수사학 교사였던 심플리치오 _Simplicius_는 베르길리우스의 장편 서사시 《아이네이스》를 거꾸로 외웠다고 한다.

그리스인들은 암기 능력을 키우고자 기억력 향상을 위한 기술을 개발했다. '장소법'으로 알려진 이 시스템은 공간에 관한 기억을 토대로 독창적인 연상 기호를 만들어 내는 우리 뇌의 특별한 성향을 활용한 것으로 보인다. 영국의 역사학자 프랜시스 예이츠Frances Yates 는 1966년에 발표한 저서 《기억의 기술The Art of Memory》에서 케오스 출신인 시모니데스가 약 2500년 전에 이러한 암기법을 개발하여 "감미로운"[22] 서정시를 읊는 시인이 될 수 있었던 이야기를 소개했다. 시모니데스의 암기법에 관한 내용은 대부분 《아드 헤레니움》 과 퀸틸리아누스Quintilian의 책 《수사학 교육Institutio Oratoria》, 키케로의 저서 《변론가론De Oratore》단 세 권에 나온 것으로, 키케로는 그가 테살리아에서 열린 대규모 연회에 참석했을 때 연회를 개최한 사람을 위해 지은 서정시를 암송했던 일화를 소개했다. 암송이 끝난 후, 카스토르와 폴룩스 신이 보낸 사자가 시모니데스를 찾아와 두 신이 만나고 싶어 하니 잠깐 밖으로 나오라고 전했는데, 그가 연회장을 나서자 건물 천장이 무너져 참석자 전원이 목숨을 잃었다는 것이다. 시모니데스를 제외한 모든 사람이 형체도 알아보지 못할 만큼 크게 다쳤지만, 그는 테이블 어느 자리에 누가 앉아 있었는지 다 기억했다.

이 일로 시모니데스는 장소가 머릿속에 각인되거나 깊이 남고 그 장소에 관한 기억을 남겨 두면 나중에 그곳에서 벌어진 일을 쉽게 떠올릴 수 있다는 사실을 깨달았다. 이에 시모니데스는 방과 복도의 건축학적인 구조를 아주 세세한 부분까지 머릿속에 떠올린 후 곳곳에 특정 정보와 이름, 단어를 집어넣는 방식을 권장했다. 연설가 또는 일반인이 어떤 정보를 다시 떠올려야 할 때는 기억을 저장해 둔 건물과 장소를 머릿속으로 다시 찾아가는 것이다. 《아드 헤레니움》의 저자는 긴 서정시나 발라드를 암기하고자 하는 학생들은 먼저 시 구절을 반복해서 외며 암기한 후 각 단어를 이미지로 바꿔서 특정 '장소' 내에서 그 이미지에 연관성을 부여하도록 했다.

◀•▶

르네상스 시대까지, 인쇄기가 발명되고 문자 언어가 보편화된 이후까지도 서구 역사에서 손꼽히는 위대한 인물들 중 일부가 위와 같은 장소법을 활용했다. 예이츠는 이러한 고대의 암기 체계가 "유럽 전통의 중요한 신경 중추"[23]이며, 암기법은 17세기에 이르러 과학자들, 동식물 연구가들로 하여금 "큰 덩어리로 존재하던 자연사에서 상세한 정보를 도출해서 체계적으로 정리하도록"[24] 이끌어 유럽에 과학적 탐구의 시대가 열리도록 한 일종의 산파 역할을 했다고 설명했다. 더불어 "암기법은 자연과학의 탐구에 활용되고, 그 속에 담긴 질서와 구조는 분류법 같은 것으로 전환되었다"고 밝혔다.

고대 그리스인 중에는 구전 문화가 문자로 된 문화로 전환되면 기억력에 영향을 줄 수 있다고 우려한 사람들도 있었던 것으로 보인다. 이로 인해 문자를 우려 섞인 눈으로 보았다. 소크라테스는 《파이드로스Phaedrus》에서, 이집트 신 테우스Theuth가 잔뜩 신이 나서 타무스 왕에게 글자가 발명되었다는 사실을 알리면서 기억력이 향상될 것이라 전망했다고 전했다. 하지만 그 소식을 들은 타무스 왕은 그 발명이 실수라고 보았다.

이 발명으로 인해 생각을 활용하도록 익힌 자들은 기억력을 활용하지 않고, 망각을 경험하게 될 것이다. 자신의 것이 아닌 외부 문자로 이루어지는 글쓰기를 신뢰하면 자신의 것인 기억력은 사용하지 않게 된다. 그러니 자네는 기억의 묘약이 아닌 기억을 상기하는 묘약을 만든 것이고 학생들에게 진정한 지혜가 아닌 지혜의 겉모습을 가르치게 된 셈이다. 학생들은 가르침 없이도 많은 것들을 읽게 될 것이니, 아주 많은 것을 아는 것처럼 보이겠지만 실제로는 대체로 무지한 사람이 될 것이며, 현명한 것 같지만 그저 현명해 보일 뿐이니 함께 어울리기도 어려운 사람이 될 것이다.[25]

오늘날에는 학교 커리큘럼에서 기계식 암기를 훈련하는 수업은 대부분 사라졌고 우리는 휴대전화나 컴퓨터를 외부 기억장치로 기꺼이 활용한다. 그러나 여전히 장소법을 활용하는 사람들도 있다. 기억력 선수들의 경우 대부분이 그렇다. 세계 기억력 대회에 출전하는 이 선수들은 5분 동안 제시된 두 자리 숫자를 정확한 순서로 암기하거나(숫자 하나하나로 치면 1000자가 넘는다) 15분간 무작위로 제시되는 (300개의) 단어를 암기한다. 아일랜드의 신경과학자 엘리너 매과이어는 2002년에 왜 어떤 사람들은 다른 사람들보다 유독 기억력이 좋은지 조사해 보기로 했다. 뇌 영상 센서를 활용하여 기억력 선수들이 정보를 암기하는 동안 신경의 어느 구조가 기능하는지 조사한 이 연구에는 대조군에 비해 "최상급의 기억력을 보유한"[26] 10명이 참가했다. 이들 가운데 지능이 특별히 뛰어난 사람은 없었다. 매과이어가 찾아낸 유일한 차이점은 정보를 떠올릴 때 활용하는 뇌의 '부위'였다. 뇌 영상 촬영 결과, 참가자 전원에서 기본적으로 우측 소뇌가 활성화되는 것으로 나타났으나 암기력이 뛰어난 참가자들은 내측 상전두이랑과 양측 팽대후피질retrosplenial cortex, 해마 우측 후방 부위도 활성화되는 것으로 나타났다. 공간 기억, 방향 탐색에 영향을 주는 뇌 부위다.

최상급 기억력을 보유한 10명 중 9명은 숫자, 얼굴, 세밀한 눈 결정이 담긴 사진이 차례로 제시되자 경로 지식을 활용하는 전략으로 활용하여 암기하고 정보를 다시 상기하는 것으로 나타났다. 외워야 할 새로운 정보가 나타나면 친숙한 기억의 장소에 배치한 후 나중에 그곳을 다시 찾아가서 기억해 냈다. "장소법이 특별히 오랜 세월 살아남아 성공적으로 활용되어 왔다는 것은 공간적 배경을 활용하려는 인간 본연의 성향을 보여 주는 것인지도 모른다. 또한 장소법이 해마 우측을 활용한다는 점에서 정보를 학습하고 회상하는 가장 효과적인 방법이라는 것도 알 수 있다." 매과이어 연구진은 이와 같이 밝혔다. 그보다 앞서 1970년대 초에 스탠퍼드대학의 심리학자 고든 보어Gordon Bower는 장소법을 "여행"[27]이자 "정신의 산책" 기법이라고 묘사했다. 장소법에서는 머릿속에 생생한 장소를 떠올리는데, 이 장소는 실제로 존재하는 장소를 뇌에 공간적으로 나타낸 것이라 할 수 있다. 특정한 기억을 찾고 싶을 때는 이곳으로 찾아온다. 즉 장소법은 추상적이고 실체가 없는 정보에 공간적 체계를 부여하여 해마의 기능을 활용할 수 있는 기억으로 전환한다.

매과이어의 연구에서 장소법을 활용하는 기억력 선수들과 대조군 사이에 뇌의 구조적인 차이는 발견되지 않았다. 그러나 매과이어는 이 연구보다 먼저 실시한 다른 연구에서, 해마가 놀랍도록 유연하다는 사실을 확인했다. 방향 탐색에 활용되는 공간적인 대표 이미지를 만드는 뇌 회로임을 밝힌 것이다. 매과이어가 2000년에 유니버시티 칼리지 런던의 여러 과학자들과 함께 진행한 이 연구에서는 런던 택시기사들의 뇌를 집중적으로 조사했다. 런던 어디에서나 볼 수 있는 까만 택시의 기사 자격증을 취득하기 위해서는 '지식The Knowledge'으로 명명된 시험에 통과해야 한다. 2만 5000곳에 달하는 거리, 수천 곳의 지형지물을 암기해야 하는 시험이다. 매과이어는 이 같은 지식을 보유한 런던의 택시기사들은 뇌 해마에 시냅스와 신경세포체(뉴런 중에서 핵이 포함된 중심 부분)가 밀도 높게 자리한 회백질의 비율이 더 높은지 확인해 보기로 했다. 자기공명영상MRI으로 확인해 본 결과, 놀랍게도 그 예상은 맞아떨어진 것으로 나타났다. 런던의 택시기사들은 해마 후방 부위의 부피가 대조군보다 현저히 더 큰 것으로 확인됐다. 방향을 탐색해야 하는 횟수와 복잡성이 회백질의 양에 영향을 줄 수 있음을 보여 준 결과였다.

연구진이 이러한 연구 방식으로 해마가 크면 택시기사나 방향 탐색 기술을 갖춰야 하는 직업을 갖게 될 소질을 타고났다고 할 수 있는지 알아내려고 했는지도 모른다. 실제 연구 결과에서 그와 같은 직업에 종사한 기간과 해마의 더 큰 부피 사이에 상관관계가 있는 것으로 나타났고, 이는 해마의 크기 증가가 누적된다는 사실을 보여 준다. 환경 자극과 오랜 기간 방향 탐색을 연습하는 것이 뇌에서 해마의 가소성, 즉 적응하고 변화하는 능력을 키우는 요소로 작용하는 것이다. 매과이어는 6년 뒤 휴고 스피어스Hugo Spiers, 캐서린 울렛Katherine Woollett과 함께 런던 버스기사와 택시기사를 비교한 또 다른 연구 결과를 발표했다. 두 직업 모두 같은 도시에서 일하고 스트레스 수준도 비슷할 것으로 추정할 수 있으며 운전 경험도 비슷한 수준으로 볼 수 있다. 차이점은 택시기사의 경우 어떤 손님을 태우느냐에 따라 매일 다니는 경로가 달라지지만 버스기사들은 고정된 경로를 따라 이동한다는 것이다. 연구진은 이 두 직업에 종사하는 사람들의 해마를 비교해 보면 택시기사들의 해마가 더 큰 것이 직업이 운전이기 때문인지, 아니면 공간적 지식 때문인지 파악하기 위해 연구를 진행했다. 그리고 이 연구에서도 택시기사의 회백질 부피가 더 큰 것으로 나타났다.

해마의 유연성은 이 기관의 가장 중요한 특징으로 꼽힌다. 연습, 환경, 기술이 개개인의 인지적 잠재력에 영향을 줄 수 있을까? 그런 것으로 보인다. 음악가, 두 개 언어를 구사하는 사람, 심지어 저글링 전문가에 이르는 다양한 사람들의 뇌 여러 부위를 조사한 과학적 연구에서 학습과 연습에 많은 시간을 들일수록 회백질은 더 커지는 것으로 확인됐다. 위의 연구진은 다음과 같이 설명했다. "매우 복잡하고 넓은 환경에서 공간적 이미지를 학습하고, 나타내고, 활용하는 것이 사람의 뇌에서 해마가 담당하는 일차적 기능이라는 관점이 유효하다는 사실을 보여 준다. 그리고 뇌의 이 부위에서는 보다 정교한 기능이 가능하도록 구조적인 적응이 일어나는 것으로 보인다."[28]

◄•►

신경과학자들이 해마의 기능과 고도로 숙련된 방향 탐색이 가능하도록 강화할 수 있는 유연성을 발견하기 전에, 미국의 탐험가 해럴드 개티는 육감에 관한 생각은 모두 헛소문이며 인간의 학습 능력에는 한계가 없다고 주장했다. 그는 저서 《자연은 당신의 가이드 *Nature Is Your Guide*》에서 도구 없이도 방향 찾는 법을 배울 수 있는 신기하고 흥미진진한 방법을 다양하게 제시했다. 개티가 이 책을 쓴 시기는 1950년대 후반으로, 육지와 하늘에서 방향 찾는 법을 가르치던 잘나가던 직업에서 은퇴하고 피지에서 살 때였다. (그러나 이 책의 출판을 넉 달 남겨 두고 뇌졸중으로 갑작스레 세상을 떠났다.) 개티의 책에는 모험을 즐기는 사람, 그리고 논리와 자신의 감각을 활용하여 방향을 찾고 이동 경로를 찾아 간 사람들이 평생 축적한 지식이 담겨 있다. 개티는 "인간의 문명이 진화하는"[29] 과정에서 한때 인류의 생존 필수 요소였던 자연을 관찰하는 능력이 소실되었다고 보았다.

호주 태즈메이니아 섬에서 태어난 개티는 열네 살에 해군사관학교에 입학했다. 그리고 중기선에서 복무하던 시절, 별을 보고 시간을 알아내는 방법을 스스로 터득했다. 나중에는 로스앤젤레스에 방향 찾는 방법을 가르치는 학교를 열고 학생들에게 태양과 별을 읽는 법을 알려주었다. 비행기에서 사용할 수 있는 육분의를 발명한

데 이어 1931년에는 단 8일이라는 최단기간에 세계 일주를 마치는 기록을 세웠다. 팬 아메리칸 항공사가 최초로 마련한 태평양 횡단 여객기 이동 경로를 정한 사람도 개티였다. 하워드 휴스Howard Hughes 는 그를 "개척자"[30]라고 불렀다.

개티의 저서에는 사막, 산, 극지방, 바다까지 지구 전 지역이 등장한다. 그는 아메리칸 원주민, 호주 원주민, 폴리네시아 사람, 이누이트족, 유럽인, 사하라 사막의 유목민들이 보유한 역사와 지식을 종합하여 이와 같은 장소에서 방향을 찾는 전략을 제시했다. 그는 태어나면서부터 이러한 기술을 학습한 사람들, 그리고 연습을 통해 기억력, 시간과 거리에 관한 감각, 관찰 기술을 발달시킬 수 있었던 사람들은 "우리 대부분과 비교할 때 인지력이 더 예리하고 관찰 능력도 더욱 발달되어 있다"는 사실과 이를 통해 "타고난 방향 탐색 전문가"[31]가 된다는 점도 여러 차례 강조했다. 도구 없이도 길을 찾을 줄 아는 사람들에게 생물학적으로 남달리 보유한 능력이 있는 것은 아니다. 이들의 탁월한 기술은 전통과 평생에 걸친 탐험, 자연 풍경에 관한 무한한 지식에서 비롯된다. 개티는 이러한 사실을 도무지 이해할 수 없는 독자가 있다면, 이는 백인 탐험가들이 지구상에 발견되지 않은 땅을 찾아 원주민들을 "발견"했다는, 서구 사회가 만든 일반적인 역사를 배웠기 때문이라고 설명했다. 동시에 개티는 그 역사를 뒤집고, 그 "원주민"들이 집으로 삼고 살아온 땅을 훨씬 더 일찍 발견했으며 아무런 보조 수단 없이 방향을 찾아냈다는 점을 강조했다.

그는 인종마다 생물학적으로 차이가 있다는 잘못된 생각을 영구히 고착시킨 것은 기술이라고 보았다. "[과학자들은] 과거에 이루어진 자연적인 방향 탐색 기술이 신비스럽고, 동화에나 나올 법한 이야기인 것처럼 미신으로 가득한 벽을 세웠다. 이로 인해 나침반, 크로노미터, 육분의, 무선신호, 레이더, 음향 측심기 같은 도구로 방향을 찾는 사람들 중 일부는 과거에 사람들이 그저 평범한 감각과 전통적인 지혜가 이끄는 대로 한 번도 가 본 적 없는 곳까지 먼 거리를 이동할 수 있었다는 사실이나 낯선 자연 속에서도 길을 찾을 수 있었다는 사실, 지도에 나와 있지 않은 바다를 건너갈 수 있었다는 사실을 아예 믿지 못한다."[32]

개티는 과거의 이 기술들을 언급하며, 테세우스에게 미노타우로스를 죽인 후 미로에서 빠져나올 수 있도록 실을 건넨 아리아드네의 이야기에 관한 그리스 신화를 떠올렸다. 개티는 대부분의 장소에서 이 실은 상상 속 개념이라고 이야기했다. 아와의 설명대로라면, 그것은 기억의 실일 것이다.

왜 어린 시절은
기억나지 않을까

여러 가닥으로 엮인 기억을 활용하여 길을 잃지 않고 탐험할 수 있는 능력은 인류가 가진 가장 매혹적인 인지기능이다. 그러나 우리 모두가 기억력이 제대로 발휘되지 않는 시기를 거친다. 유아기와 초기 아동기에 세상을 경험하면서 형성된 일화 기억, 즉 일어난 일들에 관한 기억과 자전적 기억은 성인이 되면 사라지고 닿을 수 없는 영역이 되어 버린다. 이런 사실을 알기 전까지, 나는 여섯 살 이전의 어린 시절 기억들이 너무나 흐릿하다는 것이 이상하게 느껴졌다. 그 기간의 기억은 명확하지 않아서 정말로 있었던 일인지 내가 상상한 일인지도 거의 구분할 수 없다. 딱 그 시기가 지나면 마치 기억에 불이 들어온 것처럼 확실해진다. 주민 수가 몇 백 명 정도였던 뉴잉글랜드 주의 어느 시골 마을로 이사했던 일도 기억한다. 우리 가족은 흙길 끄트머리에 세워진

트레일러를 한 대 빌려서 살았는데 양쪽에 소들을 놓아 기르는 평원과 나무로 만든 기다란 닭장이 있어서 내가 닭장 안으로 기어 들어가서 달걀을 꺼내오곤 했다. 어머니는 닭장 옆에 텃밭을 만들어서 허브와 꽃, 채소를 키우셨다. 나는 부러진 전신주를 밭 한가운데에 세우고 새들이 와서 목을 축일 수 있도록 꼭대기에 초록색 낡은 파이 접시 하나를 올려 두었다. 어머니는 과일로 통조림을 만들고 묵직한 철 냄비로 요리를 하셨다. 차 뒤꽁무니에서 연기가 풀풀 흘러나오던 치누크 캠퍼 트럭에 나를 태우고 학교에 데려다주고 나면 인근 양 농장에서 자폐증을 앓는 어른들에게 거대한 베틀로 천을 짜는 법을 가르치고 웨이트리스로도 일하셨다. 페인트공이었던 아버지는 우리가 살던 지역의 큰 집들로 일을 하러 가거나 커다란 빅토리아풍 저택에서 일을 하러 찾아가셨다. 겉으로 보면 우리 식구가 사는 트레일러는 딱 시골 사람들이 사는 평범한 집이었지만 부모님은 뜻밖의 면모를 지닌 엉뚱한 분들이셨다. 블루칼라로 살면서도 정신적인 열망은 진지하고 뜨거워서, 인도와 캘리포니아로 순례를 떠날 돈을 열심히 모으셨다.

내가 그 행복했던 시절 그곳의 모습을 완벽하게 다시 그려낼 수 있다는 사실이 참 흥미롭다. 화강암이 깔린 도랑에 포도덩굴이 슬금슬금 자라던 위치가 정확히 어디인지, 울퉁불퉁하고 비틀린 배나무가 집에서 얼마나 떨어진 곳에 있었는지도 기억난다. 벌통과 소가 있던 초원에서 함께 크던 어린 소나무 하나하나도 다 마찬가지다. 굽이쳐 흐르던 개울의 곡선과 유독 흙탕물이 잔뜩 불어나 초여름에 수천 마리의 올챙이들과 함께 수영할 수 있었던 곳, 개울을 따라 풀숲과 더 멀리 비버가 살던 연못까지 이어지던 구불구불한 길도 떠오른다. 사과나무와 복숭아나무, 블랙베리와 라즈베리가 자라던 자리, 높다랗게 자란 자작나무, 미역취가 가득한 드넓은 들판과 이어진 나무 사이 흙길도 하나하나 전부 다 그릴 수 있다. 오래도록 그 땅에서 자란 라일락 덤불 한가운데 있던 돌과 나만 그 속에 쏙 들어갈 수 있었던 일도 기억한다. 태어나 처음으로 생긴 내 방 같았던 그곳에서 나는 조용히 혼자만의 세계 속에 푹 빠져 있곤 했다.

내가 이런 기억들로 지도를 만들어서 그 시절로 여러분을 데리고 가면, 축척과 아주 세세한 부분까지 아주 정확해서 아마 누구나 정확히 내가 말한 곳들을 찾아갈 수 있을 것이다. 게다가 놀랍게도 내 기억력은 우리 집 근처를 넘어 마을 전체로 확장된다. 그보다 어린 시절의 기억은 절망적일 정도로 텅 비어 있다가 여섯 살 이후부터 공간적 기억이 갑자기 이렇게 환하고 명료해진 이유는 무엇일까? 한동안은 일종의 트라우마 때문이라고 생각했다. 그 트레일러에서 살았던 4년이 나의 어린 시절을 통틀어 가장 안정적인 나날이었고, 청소년기까지도 별걱정 없이 지낸 마지막 시간이었기 때문이다. 그곳을 떠난 후에는 계속 이사를 다녔고 부모님은 이혼했다. 열 살부터 스물여덟 살이 될 때까지 나는 한곳에 1, 2년 이상 살아 본 적이 없다. 허름했지만 우리에게는 천국 같았던 그때를 내가 선명하게 떠올릴 수 있는 이유를 내가 느낀 안정감 때문이라고 결론 지을 수 있을까? 내가 행복했기 때문에 이렇게까지 생생하게 기억이 떠오르는 것이라고? 그렇다면 왜 그때의 기억에서는 내가 열심히 돌아다니고 신이 나서 뛰놀던 미로 같은 수많은 길들과 장소가 지도의 형태로 떠오르는 경우가 유독 많을까?

어린이가 겪는 기억상실이 보편적인 현상이라고 내게 처음 말해 준 사람은 어느 신경과학자였다. 유니버시티 칼리지 런던에서 래트를 대상으로 해마 세포의 동태를 연구해 온 영국 신경과학자 케이트 제퍼리Kate Jeffery는 인간의 뇌에서 공간을 탐색하고 일화 기억이 형성되는 신경회로가 왜 동일한지, 그 수수께끼를 푸는 데 주력하고 있다. 제퍼리는 이것이 뇌와 관련하여 가장 두드러지는 의문이라고 이야기했다. "공간과 기억은 아주 많은 차이가 있는데, 왜 자연은 이 두 가지에 동일한 구조를 활용할까?"[1] 학술지 〈커런트 바이올로지Current Biology〉에 실린 논문에서 제퍼리는 이런 의문을 던졌다. "한 가지 아주 흥미로운 가능성은, 우리가 기억하는 인생의 사건들이 드라마처럼 펼쳐지는 무대를 인지 지도가 제공할 수도 있다는 점이다. 이때 인지 지도는 공간을 기억하는 것에 그치지 않고 그 장소에서 일어난 일들은 물론, 최근 인간의 뇌 영상 연구로 밝혀진 결과를 보면 그 당시에 상상했던 일들까지도 기억하는 '마음의 눈'으로 기능한다."

런던에서 열린 콘퍼런스에서 제퍼리와 만났을 때 나는 내 어린 시절의 기억에 관해 궁금했던 점들을 질문했다. 공간 기억이 지도처럼 기록되는 인지능력에는 "전원이 들어오는" 시기가 존재할까? 제퍼리는 유아기에 공간 체계가 어떻게 발달하는가는 아직도 해결해야 할 부분이 많은 영역이라고 이야기했다. 우리 뇌에 어떤 고정된 시스템이 마련되어 있는지, 또 뇌 기능이 발달하려면 공간적인 경험을 얼마나 해야 하는지 아직도 밝혀지지 않은 것들이 많다. 동물을 대상으로 실시된 일부 연구에서 아무런 특징이 없거나 좁고 한정된 공간에서 자란 동물들은 간단한 공간적 해결 과제가 주어져도 힘겨워하는 것으로 밝혀졌으나 이 결과를 사람에게 얼마나 적용할 수 있는지는 불분명하다. "제가 보기에 신경과학계는 아직 이 문제를 해결하려고 애쓰는 중입니다. 확신할 수 있는 건 없어요. 그러나 하나의 현상처럼, 유아기의 일정 기간은 오래 지속되는 일화 기억으로 남지 않아요. 그런 기억들이 축적되지 않는 것처럼 보이는 시기가 있습니다."[2] 제퍼리는 이렇게 설명하고, 어린아이들의 머릿속에서는 성인들처럼 인지 지도가 형성되지 않는다고 지적했다. "그 시기의 공간 정보는 구성이 그리 풍성하지 않습니다. 유아기에 형성된 기억은, 아직 해마가 발달 중인 시기인 만큼 새로운 신경회로가 생기면서 그 위에 다른 정보가 겹쳐 써지거나 정보에 혼란이 생길 가능성도 있어요. 그래서 그 어린 시절의 기억은 어른이 되면 이후에 저장된 기억처럼 떠올릴 수가 없는 것이죠."

래트의 해마는 해부학적 면에서 인간의 해마와 유사하다. 제퍼리는 래트의 뇌를 들여다보고 래트의 움직임에 따라 뉴런이 어떻게 활성화되는지 지켜보면 공간 정보에 관한 지도와 기억이 형성되는 생리학적 특성을 감질나도 어느 정도 파악할 수 있다고 말했다. 함께 자리를 잡고 앉아서 이런 의문들에 관해 대화를 나누다가 나는 제퍼리에게 해마가 공간을 인지하고 대표적인 이미지를 형성하는 과정을 신경과학자들은 어떻게 보는지 설명해 줄 수 있냐고 물었다. 고맙게도 제퍼리는 종이 한 장과 연필을 가져오더니 상자와 화살표를 여러 개 그리기 시작했다. 해마의 신경이 어떻게 구성되어 있는지 보여 주는 기본 회로였다. 'EC'라고 써넣은 내후각피질 Entorhinal cortex 상자는 각기 다른 세포의 종류를 나타내는 다섯 개 층으로 나누어졌다. 제퍼리는 고등 지능과 연계된 뇌 부위인 신피질 (새겉질)과 해마 사이에서 핵심 접점이 되는 곳이 내후각피질이라고 설명했다. 시각, 후각, 청각, 촉각까지 모든 일차감각은 제퍼리의 표현을 빌리면 "이것 조금, 그리고 저것 약간" 같은 방식으로 내후각피질로 전달된다. 제퍼리는 이어 "DG", "CA3", "CA2", "CA1", "SUB"라고 각기 써넣은 상자를 그리고 화살표로 연결했다. 해마의 신경회로를 이루는 주된 구성 요소들로, 내후각피질의 여러 층으로부터 제각기 정보를 제공받는다. "해마에 이르면 상당히 많은 일이 일어납니다. 이러한 감각들이 고도로 가공됩니다." 제퍼리의 설명이다. "CA3는 내후각피질의 두 번째 층과 이어지고 CA1과 해마이행부는 세 번째 층과 이어지는데 CA1에서 생성된 결과물이 다시 내후각피질의 다섯 번째 층으로 돌아가는 것으로 밝혀졌어요." 제퍼리는 여기서 잠시 말을 멈추고 심각하게 찌푸린 내 표정을 보더니 웃음을 터뜨렸다. "그런 식으로, 앞뒤로 오가는 정보가 많다는 이야깁니다."

최근 몇 년 동안 하버드대학 뇌과학 센터에서는 해마의 모습이 담긴 깜짝 놀랄 만한 이미지를 제시했다. 그곳 센터에서 연구 중인 신경과학자 제프 라히만Jeff Lichtman은 현미경을 이용하여 마우스 뇌의 신경 연결을 지도화하는 방법을 선도해 왔다. 그는 유전자를 조작하여 마우스에서 서로 다른 색이 나는 형광단백질이 각각의 뉴런에서 발현되도록 했다. 그 결과 현미경으로 들여다보면 분홍색, 파란색, 초록색으로 아름답게 빛을 발하는 뉴런을 볼 수 있다. 이 "뇌 무지개" 사진에서 해마를 이루는 세포들이 빽빽하게 모여 질서정연하게 하나의 층을 이룬 모습을 볼 수 있다. 피질에 자리한 뉴런은 특별한 규칙 없이 흩어진 별들로 구성된 은하수를 떠올리게 하는 반면 해마의 세포들은 우아한 곡선 형태로 정렬되어 있다.

제퍼리를 비롯한 수많은 신경과학자를 매료시킨 것이 피라미드 뉴런으로 불리는 그 세포들이다. 생애 초반에 왜 기억상실 현상이 나타나는지 그 비밀을 밝혀 줄 열쇠이기도 하다.

◂•▸

지그문트 프로이트는 '유아기 기억상실'이라는 용어를 만들고 억압의 개념으로 이 현상을 설명했다. 그는 뇌가 성인기에 이르면 정신이 유아기에 느낀 욕구와 감정을 감추려고 하며 심리치료를 통해 접근할 수 있다고 보았다. "지금까지는 이 기억상실이 충분히 그럴 만한 현상임에도 불구하고 그리 크게 놀라운 일로 여겨지지 않았다."[3] 그는 1910년에 쓴 글에서 이렇게 밝혔다. "다른 사람들로부터 알게 된 사실은, 그 기간에 있었던 일들이 나중에는 이해할 수 없는 몇 가지 단편적인 기억 외에는 아무것도 남지 않는다는 것이다. 그 시기에도 우리는 인간다운 방식으로 고통과 즐거움을 표현할 수 있고, 사랑, 질투심, 그 밖에 당시 강렬했던 다른 열정적 감정을 느꼈다고 확신할 수 있을 뿐만 아니라 어른들이 인정할 만큼 충분한 통찰력이 있고 판단 능력도 생기기 시작했다는 것 또한 꽤 분명한 사실이다. 그런데도 크고 나면 자기 자신이 그때 어땠는지 모르는 것이다! 어째서 우리의 기억은 마음속에서 일어나는 다른 활동들보다 그렇게나 뒤처질까?" 프로이트는 기억이 영구적인 저장 체계이며 의식적인 마음이 접근하지 못하더라도 어른이 된 후의 행동에 지속적으로 영향을 준다고 보았다. 그러나 프로이트는 2세까지 해당하는 이 유아기 기억상실과 뒤이어 6세 전후까지 나타나는 아동기 기억상실이 사람과 더불어 일부 포유동물에서도 보편적으로 나타나는 현상이라는 사실은 알지 못했다. 실제로 래트, 원숭이 등 새끼를 낳고 돌보는 만성성 동물은 모두 나중에 기억을 잃는 기간이 존재한다. 발달기에 이러한 특징이 나타나는 것이 진화적 필요에 따른 결과일 수도 있음을 암시한다고도 해석할 수 있다.

1970년대부터 1990년대까지는 아이들이 말을 하지 못하는 것이 유아기 기억상실과 관련 있다는 또 다른 해석이 등장했다. 아기가 비언어적 소통을 하다가 언어로 소통을 하게 되면 이전 기억에 접근할 수 없게 된다고 본 견해였다. 유아기에 언어가 폭발적으로 늘어나는 시기가 실제로 생후 18개월경이고 그 직후에 유아기 기억상실이 사라진다. 템플대학의 공간지능 학습 센터 창립자 노라 뉴컴

Nora Newcombe은 내게 다음과 같이 설명했다. "[당시 사람들은] 기억이 생기는 것이 언어 획득과 연결되어 있고 특별한 사건을 기억하는 것을 중시하는 문화적 규범과도 관련 있다고 생각했습니다. 물론 두 가지 모두 중요한 일은 맞습니다. 우리는 말을 하고, 사회적인 집단 속에서 살아가니까요. 하지만 이 견해만으로는 충분치 않았습니다. 그렇게만 설명할 수는 없었던 것이죠."4 언어가 전혀 발달하지 않은 수많은 동물 종도 생애 동안 일어난 사건들을 기억할 수 있다는 사실은 언어와의 연계성에 관한 이 가설을 더욱 혼란스러운 해석으로 만들었다.

최근 들어서야 과학자들은 아동기의 공간적인 이미지 발달과 기억상실, 기억의 관계를 밝혀 내기 시작했다. 이 연결고리가 풀리면 애초에 인간이 어떻게 인지능력을 갖도록 진화했는지도 밝혀질지 모른다. 머릿속으로 과거에 일어난 일을 회상하고 미래를 상상하는 정신적인 시간여행이 가능한 인간의 능력과 문법적인 언어 능력은 약 260만 년 전에 시작된 홍적세에 발달한 것으로 보인다. 홍적세는 인간이라는 생물종에서, 고대 영어로 '최근에 태어난'이라는 뜻을 가진 '어린이children'가 장기간에 걸쳐 생물학적으로, 더불어 사회학적으로 발달하는 기간이 처음 등장했다고 여겨지는 시기이기도 하다. 신경과학자 모세 바Moshe Bar가 엮은 책《뇌의 예측Predictions in the Brain》에서 여러 연구자가 다음과 같이 설명했다. "분류상 '사람'속의 등장과 함께 유아기부터 성인기에 이르는 발달 기간이 늘어났다. 이때 여분으로 생긴, 아동기로 알려진 단계가 연속적인 발달 단계에 포함되었다. 아동기는 2세 반부터 약 7세에 해당하며 이 시기에 정신적인 시간 여행과 문법적인 언어가 발달한다."[5]

그렇다면 아동기는 인간이라는 생물 종의 발달 과정에 새롭게 생긴 진화 단계이자 인간의 뇌에 공간 체계와 일화 기억 체계가 완전하게 발달하려면 꼭 필요했던 단계였을까? "태어나 첫 2년이 너무나 중요하다고 모두가 입을 모아 이야기하지만, 그 시절을 기억하지 못하는데 어떻게 중요할 수 있을까요?" 뉴컴의 말이다. "그 이유를 몇 가지로 설명할 수 있지만, 명확하게 답하지 못한다는 건 아직 우리가 뇌에 관해 제대로 아는 것이 없다는 뜻이기도 합니다."

◄•►

26주 만에 조산아로 태어났을 때 존의 체중은 대략 0.9킬로그램이었다. 혼자 힘으로는 숨을 잘 쉬지 못해서 두 달간 인큐베이터에서 호흡기를 달고 지냈다. 그래도 건강한 아기가 되어 네 살까지는 튼튼하게 잘 지내다가 간질 발작을 두 차례 일으켰다. 그로부터 거의 1년이 지나서야 존의 부모는 아이가 하루하루 일어난 일들을 기억하지 못한다는 사실을 알아챘다. 존은 텔레비전을 본 일이나 학교에서 있었던 일, 간밤에 읽은 책을 기억하지 못했다. 신경과학자들로 구성된 의료진이 존을 검사한 결과 또 다른 문제도 발견됐다. 장소와 상관없이 어디서든 길을 찾지 못했고 친숙한 환경도 기억하지 못했으며 물건이나 자기 소지품이 어디에 있는지도 기억하지 못했다. 더 놀라운 사실은 존의 지능지수IQ가 정상이고 읽기와 쓰기, 철자법 모두 문제가 없을 뿐만 아니라 학교 성적이 꽤 좋다는 것이었다. 개인적인 경험과 엮이지 않은 사실 기억, 즉 의미 기억은 온전했다.

한 세기가 넘는 기간 동안 과학계는 존과 같이 기억력을 잃은 사람들을 통해 기억을 연구했다. 학계 문헌에서 아마도 가장 널리 알려진 기억상실 사례는 H.M.으로 알려진 어느 간질 환자의 사례일 것이다. 이 환자는 스물일곱 살이던 1950년대에 측두엽 일부가 제거된 후 기억이 새로 형성되거나 기억을 다시 떠올리는 능력을 잃었다. 헨리 몰래슨Henry Molaison이라는 이름의 그는 자신의 의식이 "꿈속에서 걸어 다니는 것 같은"⁶ 상태라고 묘사했다. 어디를 가나 주변이 낯설게 느껴져서 그에게는 전부 "처음 와 본" 장소였다. 자신이 살고 있는 집 안의 구조를 외우는 데만 수년이 걸릴 정도였다. 같은 이유로 몰래슨은 수십 년에 걸쳐 기억력 연구를 하느라 함께 시간을 보낸 사람들은 물론 오랫동안 직접 찾아갔던 장소에 가는 길 또한 기억하지 못했다. 매사추세츠 공과대학MIT도 그러한 곳들 중 하나로, 몰래슨은 1962년부터 2008년에 사망할 때까지 MIT 행동 신경과학 연구소를 수시로 방문했다.

H.M.의 사례를 계기로 과학자들은 해마가 일화 기억의 원천이라는 사실을 처음으로 밝혀냈다. 즉 자전적 과거를 구성하는 장소와 사건을 정리하고 다시 떠올리는 능력이 해마에서 생긴다는 사실을 알게 된 것이다. 존의 경우 신경과학자들이 자기공명영상으로 뇌를 살펴본 결과 그가 과거를 기억하지 못하고 길을 찾지 못하는 이유

가 무엇인지 알아낼 수 있었다. 아기일 때 뇌에 공급된 산소가 부족했고, 저산소증에 이어 발작을 경험하면서 해마를 구성하는 세포에 희귀하고 심각한 손상이 발생한 것이다. 그 결과 해마의 성장이 저해되면서 건강한 해마와 비교할 때 절반 정도밖에 되지 않는, 비정상적으로 작은 해마가 되었다. 존을 포함한 몇몇 아이들이 해마성 기억상실의 특성을 밝히기 위한 연구 대상자가 되었다. "이 아이들에게서 정말 놀라운 사실들이 발견됐습니다." 뉴컴이 설명해 주었다. "네다섯 명이 전부였는데 뇌에 발생한 손상은 저마다 달랐어요. 그런데도 지극히 정상적인 아이들이었습니다. 학교에 다니고, 말을 하고, 사실이 무엇인지 알아요. 하지만 자신의 삶은 전혀 기억하지 못합니다. 자전적 기억이 없어요. 몇 년간 다닌 학교가 겨우 두 블록 거리에 있는데도 학교 가는 길도 모르고요."

기억상실증이 나타나는 존과 다른 아이들이 생애 초기에 겪은 일들이 상당히 비슷하다는 흥미로운 사실이 나중에 드러났다. 어린 시절의 기억은 성인이 되면 사라지거나 단편적으로만 남아 어리둥절함만 안겨주지만, 실제로 어린이가 공간에서 느끼는 감각과 장소, 사건에 관한 기억은 특이하게도 감정이 생생하고 예민한 특징이 있다. 어린이도 기억을 형성할 수 있지만 쉽사리 잊어버린다. 그 시기의 기억은 가느다란 실과 같아서 금세 홀랑 타버린다. H.M.과 존의 사례가 학계 논문으로 처음 발표되고 수십 년이 흐른 현재, 아동기 발달과 기억에 해마가 담당하는 중요한 기능에 관한 과학적 사실들이 빠른 속도로 밝혀지는 추세다. 해마의 신경회로를 이루는 다양한 종류의 세포도 발견됐다. '머리 방향 세포'는 머리가 수평면을 향할 때 활성화되고 '격자 세포'는 주변을 돌아다닐 때 활성화되어 방향 탐색에 필요한 협응 시스템을 구축한다. 또한 '장소 세포'는 공간 중에서도 장소 필드place field로 불리는 특정 장소에서 활성화된다. 인간의 뇌에 이러한 세포가 존재한다는 사실은 뇌 영상으로도 추측할 수 있으나 학계에서는 뇌에 전극을 직접 이식하는 간질 치료 시 나타나는 활성을 기록하면서 이 세포들의 존재를 검증했다. 특정 분류군에 속한 생물에만 나타나는 공간 세포도 있다. 예를 들어 원숭이는 시선이 향하는 방향에 따라 활성화되는 세포가 있어서 특정 장소를 바라보면 기능이 발휘된다(설치류에는 이런 세포가 없다).

이 모든 결과를 종합할 때, 많은 사람이 우리 뇌에서 별자리처럼 빛을 발하기도 하고 꺼지기도 하는 이 모든 세포가 우리가 위치를 찾고 방향을 탐색할 수 있도록 돕는다고 생각한다. 영아기와 유아기는 해마 세포가 공간 정보를 암호화하기 시작하는 시기, 일부 사람들은 지도화한다고 표현하는 그 기능이 시작되고 성숙하는 중요한 시기라는 사실도 밝혀졌다. 아기가 주변 환경을 탐색하면서 공간에 관한 대표적인 이미지를 만드는 경험은 일화 기억이 형성되는 신경의 기반을 형성하고 덕분에 우리는 일상생활에서 일어난 일들을 기억할 수 있다.

신경과학자 린 네이들Lynn Nadel은 1970년대에 당시 기억 연구 분야에서 큰 명성을 쌓은 존 오키프John O'Keefe와 《해마의 인지 지도 기능The Hippocampus as Cognitive Map》의 집필에 필요한 연구를 진행하면서 해마의 발달 과정에 관심을 가졌다. 이 저서에도 나와 있듯이 뇌의 일부 부위는 태어날 때 이미 상대적으로 성숙한 상태인 반면 해마는 동물마다 제각기 다른 시기에 성숙한다. 예를 들어 래트와 마우스의 경우 해마에서 감각 정보가 유입되는 영역인 치아이랑dentate gyrus의 세포 중 약 85퍼센트가 생후 며칠에 걸쳐 생성된다. 사람으로 치면 생후 첫 2년에 해당하는 기간이다. "시냅스가 가장 활발하게 증가하는 시기는 생후 4일에서 11일 사이로, 이 기간 동안 절개 후 확인한 시냅스 수가 매일 두 배로 늘고 시냅스 밀도는 20배 증가했다."[7]

두 사람은 뇌에서 공간에 관한 대표적인 이미지가 형성되도록 유도하여 공간이 지도화되는 시스템이 구축되도록 자극하는 흥미로운 요소가 바로 탐험이라고 제안했다. 동물들은 둥지 찾기와 먹이 찾기, 걷기, 수영, 날기, 잠자기 등 다양한 활동을 한다. 그리고 낯선 곳이나 새로운 장소와 맞닥뜨리면 탐험 행동을 보인다. 즉 물리적인 탐색을 통해 정보를 수집하기 시작한다. 네이들과 오키프는 인지 지도 이론의 관점에서 볼 때 탐험은 지도가 구축되기 위해 반드시 필요한 요소이며, 이를 통해 세포가 공간을 암호화하고 몰랐던 것을 친숙한 것으로 만들 수 있다고 설명했다. 특정 대상이나 장소를 처음 접하면 그에 대한 "대표적인 이미지가 뇌의 특정 영역에 저장되어 있지 않아서 여러 세포가 부조화를 이루며 활성화"된다.[8] 네이들과 오키프는 해마가 사라지면 동물의 탐험 행동도 사라질 것으로 예측했는데, 실제로 해마의 손상에 관한 연구에서 사실로 밝혀졌다. 하지만 공간을 지도화하는 이 시스템이 다른 곳들보다 늦게 성숙하는 이유는 무엇일까? 아직 부모에게 의존해야 하는 어린 동물이 탐험을 하느라 둥지를 벗어나는 바람에 위험에 처하는 일이 생기지 않도록 방지하는 것이 그 이유일 수도 있다.

네이들은 저서가 출간된 후에도 해마의 성숙이 뒤늦게 이루어지는 이유를 계속 숙고했다. "해마의 기능에 관한 이론은 존재하지만, 해마가 기능하지 '않는다면' 그게 다 무슨 의미가 있을까?" 네이들은 이런 의문을 던졌다. "해마가 없다면 무슨 일이 생길까? 해마가 상대적으로 늦게 발달하는 이유는 무엇일까? 환경에 더 유연하게 적응할 수 있게 되는 걸까?" 그는 이러한 의문의 답이 기억상실이라는 사실을 깨달았다. 오키프와 함께 수립한 인지 지도 이론과 기억을 뒷받침하는 기능을 고려할 때 해마가 제 기능을 하지 못하면 아무것도 기억할 수가 없다. 이렇게 해서 네이들은 의도치 않게 유아기 기억상실증에 관한 신경생물학적인 설명을 제시했다. 존의 사례에서 나타난 것처럼, 어린 시절에는 해마가 완전하게 기능하지 못하므로 그 시기의 기억은 유지되지 않는 것이다.

네이들은 1984년에 아동기의 기억상실이 나타나는 기간이 래트에서 해마가 출생 후 성숙해지는 기간과 일치한다는 사실을 근거로 한 이론을 발표했다. 그는 논문의 공동 저자인 스튜어트 졸라모건Stuart ZolaMorgan과 함께 일화 기억은 뇌의 장소 학습 기능이 발휘되는 경우에만 형성될 수 있으며 유아기 기억상실은 공간에 대한 해마의 기억 체계가 상대적으로 덜 발달한 시기에 나타난다고 제안했다. 더불어 두 사람은 동물들이 아무렇게나 되는 대로 탐험하는 것이 아니라 체계적으로 탐험한다고 밝혔다. 즉 한 장소에 가 본 후에는 다른 곳을 방문하며, 표본이 될 만한 장소를 두루 가 보기 전에는 이미 한 번 가 본 곳을 다시 찾는 경우는 드물다. "이와 같은 패턴이 나타나는 것은 환경의 공간적 구조가 포착된 내적인 대표 이미지가 존재한다는 것을 의미한다."[9] 네이들과 졸라모건의 논문에 나온 내용이다. 래트, 기니피그, 고양이에서 탐험 행동은 해마가 기능하는 시스템이 성숙한 이후에만 나타난다. "장치가 존재하지 않으면 시스템도 기능할 수 없다." 어린 동물과 어린이 모두 공간 탐사 후 환경에 관한 정보를 저장할 수 있는 기능과 장소 학습 기능이 발휘되어야 특정 사건과 그 사건이 일어난 장소가 암호화될 수 있고 기억 용량도 증가한다.

이러한 견해를 발표하고 30년이 흐른 뒤, 네이들은 내게 과거에 밝힌 생각이 지나치게 단순한 것 같다고 말했다. 유아기 기억상실의 정의와 해마의 발달은 생물 종마다 다양하다는 의미였다. "해마는 하루아침에 갑자기 생겨나는 구조가 아닙니다. 해마의 기능은 점진적으로 나타나죠."[10] 그가 설명했다. "이제는 그러한 과정이 어떻게 일어나는지 세세한 특징들이 밝혀졌습니다. 해마가 생겨나고 발달하는 과정을 짜깁기된 그림처럼 알 수 있게 되었어요. 덕분에 밝혀진 가장 중요한 사실은 일화 기억이 훌륭하게 형성되려면 해마 외에도 '더 많은 것'이 필요하다는 것입니다. 태어나서 4년이나 5년 간 우리는 일화 기억이 없어요. 일화 기억이 구축되려면 전반적인 네트워크와 전전두엽 피질과의 연결이 필요합니다. fMRI로 확인해 보면 뇌의 모든 부분이 관여한다는 것을 알 수 있습니다(기능성 자기 공명영상fMRI은 뇌의 혈류 변화를 탐지하여 뇌 활성을 추정하는 뇌 영상 중 하나다.) 하지만 생후 첫 9개월부터 18개월까지 일화 기억이 전혀 남지 않는 주된 이유는 여전히 유효합니다. 장기 기억이 형성되는 뇌 부위 간 네트워크와 연결고리가 성숙되는 기간이라는 의미예요."

네이들과 졸라모건은 공간 인지능력과 관련하여 해결해야 할 핵심 수수께끼가 무엇인지 명확히 정리했다. 우리는 공간 기억이 발달하도록 만들어진 뇌를 갖고 태어날까, 아니면 공간 기억의 기반 요소가 구축되려면 경험이 중요할까? 이 의문이 제기된 후 해마의 발달과 기억과의 관계는 신경과학계에서 가장 흥미로운 쟁점이 되었다. 제퍼리는 이런 상황을 다음과 같이 설명했다. "사람들은 발달에 주목하기 시작했어요. 머리 방향 세포가 먼저 활성화된 후에 장소 세포가 활성화되고 그다음에 격자 세포가 활성화된다는 상당히 재미있는 연구 결과도 나왔고요." 인지 지도의 특정 영역은 우리에게 태생적으로 존재하는 부분임을 나타내는 증거들도 확인되었으나, 생애 초기에 획득하는 공간적 지식은 나중에 이러한 기능이 얼마나 잘 발휘되느냐에 영향을 준다.

◀•▶

2010년에는 두 연구진이 놀라운 일을 해냈다. 래트는 태어나 젖떼기 전까지 몸 크기가 메추라기 알 하나 정도에 불과한데, 마음대로 돌아다니는 새끼들에게 전극을 이식한 후 해마를 이룬 뉴런 하나하나를 기록한 것이다. 노르웨이 과학기술 대학교와 유니버시티 칼리지 런던에 꾸려진 각 연구진은 이러한 방식으로 래트가 생후 16일째 되는 날부터 2주에 걸쳐 수백 개의 머리 방향 세포, 장소 세포, 격자 세포를 기록할 수 있었다. 두 연구진은 이 세 가지 종류의 세포 모두 래트가 세상에 태어나 처음 눈을 뜨는 생후 2일차에도 이미 존재하며 둥지를 떠나 주변 환경을 탐험하기 시작하는 시기가 오기 '전'에도 이미 형성되어 있다는 사실을 확인했다. 그러나 완전히 성숙한 세포는 머리 방향 세포가 유일했고, 장소 세포와 격자 세포는 수 주간 환경을 탐색한 후에 성체와 비슷한 수준으로 발달했다. 두 연구진은 이 같은 결과를 토대로, 공간 학습 능력은 인지 지도의 구성 요소가 마련되고 오랜 시간이 흐른 후에도 계속 향상된다는 결론을 내렸다. 나아가 해마 뉴런의 수와 성숙도를 좌우하는 중요한 요소 중 하나는 새로운 장소에 얼마나 자주 노출되었는지가 아니라 어린 래트가 새로운 장소에 노출되는 시점인 것으로 밝혀졌다. 즉 더 어린 나이에 새로운 장소를 접할수록 공간 세포가 활성화되고 학습이 이루어지는 과정이 더욱 신속하고 수월하게 진행될 수 있는 것으로 나타났다.

영장류와 아동을 대상으로 한 행동 연구 결과는 신경과학자들에게 이와 동일한 과정이 사람의 생애 초기에 어떻게 일어날 수 있는지 단서를 제공해 왔다. 스위스의 신경과학자 피에르 라브네Pierre Lavenex와 파멜라 밴타 라브네Pamela Banta Lavenex는 생후 2년 즈음에 장기 기억에서 사물을 구별하는 데 반드시 필요한 해마의 CA1 영역이 성숙한다는 추정을 내놓았다. 이어 유아기 동안 성인기까지 신경발생, 즉 새로운 뉴런이 만들어지는 과정이 일어나는 곳이자 매우 유연한 뇌 영역인 치아이랑이 성숙하여 새로운 기억이 형성되도록 돕는다. 여섯 살이 되면 해마의 부피와 일화 기억 사이에 강력한 양의 상관관계가 나타난다. 즉 해마의 부피가 클수록 사건의 세세한 부분까지 회상하는 능력도 발달한다. 아동기 기억상실이 사라지는 평균 연령도 여섯 살이다.

이 시기에 이르는 동안 해마가 뉴런을 만들고 발전시키려면 반드시 학습이 필요한 것으로 보인다. 실제로 일부 연구진은 탐사적인 길 찾기라고 칭할 수 있는 기회를 꾸준히 얻지 못해 이를 경험하지 못한 아이들의 경우 인지능력과 기억력에 그 타격이 나타날 수 있다고 밝혔다. 뉴욕대학 신경과학센터 연구진은 2016년에 발표한 연구 결과에서 해마의 발달이 경험을 통한 학습에 얼마나 민감하게 영향을 받는지 밝혔다. 해당 연구진은 발달 연령이 서로 다른 두 종류의 새끼 래트를 준비했다. 하나는 생후 17일이 된 래트로 사람으로 치면 두 살 정도이고 다른 한 종류는 사람의 6~10세에 해당하는 생후 24일 된 래트였다. 연구진은 해마의 분자 지표를 측정하여 각 시기에 해마의 성숙에 경험이 얼마나 영향을 줄 수 있는지 확인할 수 있었다. 그리고 분자 지표의 양을 늘리거나 줄여서 래트의 해마에 기억이 유지되는 기간이 빨리 찾아오거나 반대로 유아기 기억상실 기간이 늘어나도록 조작했다. 연구진은 그 결과 유아기 기억상실은 일종의 임계기臨界期, critical period라는 결론을 내렸다. 환경 자극이 뇌의 발달에 적극적으로 영향을 주는, 유연성이 큰 시기라는 의미다.

"임계기는 자극에 대한 감도가 크게 높아지는 시기로, 올바른 자극을 받지 못하면 발달이 저해된다."[11] 해당 연구에 참여한 박사후 연구원이자 논문 저자인 알레시오 트라바글리아Alessio Travaglia는 이렇게 밝혔다. "뇌는 경험을 통해 성숙한다. 우리 연구진은 올바른 자극 없이는 해마가 발달하지 않는다고 생각한다. 유아기 기억상실에 그치지 않고, 해마가 성숙하는 임계기는 교육과 아이가 필요로 하는 것에 큰 영향을 준다는 것이 우리의 견해다." 그는 눈을 예로 들어서 설명했다. "1960년대에 실시된 초기 연구에서도 나타난다. 눈에 안대를 하고 일주일간 눈을 감은 채로 지내더라도 눈에는 아무런 이상이 생기지 않는다. 하지만 해당 연구에서 어린 동물이 임계기에 눈을 뜨지 못하고 지내면 앞을 보지 못하고 시력을 잃게 되는 것으로 나타났다. 언어에서도 임계기의 영향을 확인할 수 있다. 가령 어린아이들이 아주 어릴 때 모국어 외에 다른 언어를 배우면 그 언어를 유창하게 할 수 있게 된다."

트라바글리아와 동료 연구진은 해마가 성숙하려면 경험과 기회가 주어져야 한다고 본다. "사람의 뇌에도 이 임계기에 올바른 자극이 주어져야 한다고 가정할 수 있습니다. 올바른 자극이란 아이들이 적절한 소음, 게임, 환경, 놀이를 경험해야 한다는 뜻이에요. 이러한 자극이 결여되면 그 영향이 나중에 나타납니다." 그는 내게 설명했다.

발달상 중요한 기점이 될 가능성이 있는 시기는 아이가 수동적으로 옮겨지다가 스스로 돌아다닐 수 있게 되는 시점이다. 이 같은 이동 방식의 변화는 공간 정보가 기억으로 암호화되는 과정에 영향을 줄까? 한 예로 2007년에 영국의 한 연구진은 생후 9개월이 되어 아기가 기어 다니기 시작하는 것이 기억을 더욱 유연하고 정교하게 되살릴 수 있게 되는 인지기능의 큰 발전과 연관성이 있다고 밝혔다. 애리조나 주립대학의 심리학 교수 아서 글렌버그Arthur Glenberg도 자립 보행이 해마의 성숙을 촉진한다는 가설을 세웠다. 아기가 한 장소에서 다른 장소로 스스로 이동하기 시작하면 장소 세포와 격자 세포가 환경에 맞게 정렬되기 시작하고 궁극적으로 장기 기억의 기반 요소가 원활하게 형성된다는 것이다. 그는 광학적 흐름과 머리의 방향, 자발적인 이동에서 비롯되는 공간 방향의 무의식적 인지 사이에 얼마나 일관된 상관관계가 구축되느냐에 따라 이러한 세포들의 기능이 좌우된다고 보았다. 아기가 스스로 여러 공간을 돌아다니기 전까지는 시스템 전체가 미성숙 단계에 머무르고, 따라서 기억의 신뢰도에도 기여하지 못한다. 그러다 아기가 다른 장소로 직접 기어 다니며 공간을 탐색하기 시작하면 공간적 위치를 암호화하는 기능이 발달하고, 이동이 장기적인 일화 기억의 뼈대가 되면서 망각은 줄어든다. 글렌버그의 이 같은 가설은 노년기의 기억력 감퇴에 관해서도 흥미로운 설명을 제시한다. 노년기에는 신체 노화로 자립 보행과 탐사가 줄어든다. 그는 이로 인해 해마의 장소 세포, 격자 세포의 활성과 환경의 영향이 분리되고 결과적으로 기억을 회상하는 능력도 감소할 수 있다고 설명했다.

그러나 글렌버그의 가설로는 사람이 태어난 첫해에 자립 보행을 '시작'하지만 기억이 신뢰할 만한 수준으로 유지되는 시기인 여섯 살 안팎까지 긴 시간적 간격이 존재하는 이유를 완전하게 설명할 수 없다. 글렌버그는 기어 다니기 시작할 때 해마가 환경에 적응한 과정이 나중에 걷기 시작하면 다시 재학습되어야 한다고 제안했다. 그러나 이 시간 간격이 경험을 위해 존재하고, 필요한 경험의 수준이 이때 달라진다고도 설명할 수 있다. 공간을 충분히 탐색하고 복잡한 인지 지도가 형성되기 시작하려면, 그리고 해마의 기억 체계가 성인과 비슷한 수준으로 정교하게 기능하려면 시간이 필요하다. 실제로도 자립 보행이 이루어지는 시점은 아이가 참여한 탐험의 수준보다는 덜 중요한 것으로 보인다. 네덜란드 연구진은 2014년에 생후 4세까지 탐험하면서 보낸 시간이 많은 아이들은 공간 기억력이 우수하고 유동 지능, 즉 문제를 해결하고 패턴과 논리를 찾아낼 줄 아는 능력도 뛰어나다고 밝혔다. "생후 10개월 된 아기는 자신이 사는 아파트는 잘 알지만 아파트에서 나가 공원으로 가는 길은 잘 모릅니다." 글렌버그의 설명이다. "기억이 탄탄하게 유지될 만큼 세포가 충분히 복합적으로 발달하기 위해서는 공원을 오간 경험이 상당히 많이 쌓여야 해요."

1999년, 캘리포니아 소크 생물학연구소의 러스티 게이지Rusty Gage 연구진은 운동을 하면 성인의 해마에서 신경발생을 유도할 수 있다

는 사실을 발견했다. 특히 해마와 뇌의 다른 영역들과의 연결 지점
이 대부분 몰려 있고 일화 기억의 형성에 영향을 주는 치아이랑에
서 그와 같은 신경발생을 촉진할 수 있는 것으로 나타났다. 보다 최
근에는 미국 국립보건원에서 노화 관련 프로그램을 진행하던 연구
자 세 명이 성체 마우스를 대상으로 수레바퀴가 설치된 케이지에
한 달간 머무른 그룹과 일주일간 머무른 그룹 그리고 수레바퀴와
접촉하지 않은 그룹의 뇌세포를 살펴보았다. 수레바퀴에서 달린 경
험이 있는 마우스는 두 그룹 모두 새로운 뉴런이 발달하고 수레바
퀴에 노출되지 않은 마우스에 비해 신경세포의 수상돌기 길이도 더
긴 것으로 확인됐다. 이에 연구진은 달리기가 뉴런의 생성을 촉진
하는 동시에 뉴런 회로를 재편성하여 공간 정보가 더 원활하게 암
호화되도록 할 가능성이 높다는 결론을 내렸다.

　해마의 발달이 이와 같은 활동과 경험에 영향을 받는다는 사실
은 발달 과정이 놀라울 만큼 유연하며, 양육과 교육, 인지기능의 손
상 시 실시되는 치료가 얼마나 큰 영향을 주는지 보여 준다. "뇌는
시간이 흐르면 유전적인 프로그램대로 발달한다고 생각하는 경우
가 많다는 점을 생각하면 아주 흥미로운 일이다. 우리가 연구 중인
내용을 보면 뇌의 발달은 고정된 프로그램이 아니라 '경험'에 따라
달라진다는 것을 알 수 있다." 트라바글리아의 설명이다.

◂•▸

1940년대에 심리학자 장 피아제와 바르벨 인헬더Bärbel Inhelder는 어

린이들을 대상으로 '세 개의 산 실험'을 실시했다. 두 사람은 작게 축소한 세 개의 산 모형을 준비하고 각기 다른 위치에 인형을 하나씩 올려놓고 아이들에게 여러 장의 사진을 보여 주면서 인형이 놓인 위치에서 보일 것 같은 풍경이 담긴 사진을 골라 보도록 했다. 네 살 아이들은 대부분 자신의 시각과 인형의 시각을 구분하지 못했다. 이에 두 심리학자는 어린아이들은 자기중심적인 기초적 관점이 논리적인 사고보다 앞선다고 보았다. 아홉 살에서 열 살 정도가 되면 이러한 시각이 타인중심의 시각으로 바뀌면서 유클리드 기하학, 즉 지형지물 간의 객관적 관계를 이해할 수 있게 되고 다양한 사물의 각기 다른 관점도 추정할 수 있다.

이후 다른 연구들을 통해 아이들의 자기중심적 관점이 타인중심의 관점으로 순차대로 바뀐다는 이 고전적 발달 이론에 문제가 있다는 사실이 밝혀졌다. 뉴컴은 생후 21개월밖에 안 된 아기도 타인중심적인 관점에서 정확하게 위치를 알 수 있다는 것을 발견했다. 2010년 학술지 〈실험 아동 심리학 저널*Journal of Experimental Child Psychology*〉에 발표된 연구에서는 노르웨이와 프랑스의 심리학자들이 초등학생 77명을 대상으로 가상 미로를 이용한 실험을 실시했다. 그 결과 5세, 7세, 10세 아이들은 순차적인 자기중심적 전략으로 주어진 과제를 해결하지만 타인중심적인 전략도 채택할 수 있는 것으로 나타났다. 그보다 어린아이들도 마찬가지였다. 다만 나이가 더 많은 아이들은 보다 자연스럽게 타인중심적 관점으로 전환이 이루어지고 그러한 관점을 더 정확하게 활용했다. 10세 아이들은 미로가 시작되는 지점에 자신이 서 있다고 가정하고 성인과 동일하게 하늘에서 미로를 내려다본 모습을 떠올려서 빠져나갈 수 있는 경로를 찾는 능력을 발휘했다.

이 같은 결과는 어린아이들이 자기중심적인 전략을 활용할 수 있으나 5세부터 10세 사이에 이 같은 특성이 점차 변화한다는 것을 보여 준다. 열 살이 되면 같은 나이라도 해마의 부피에 깜짝 놀랄 만큼 큰 차이가 나타난다. 연구진은 신체가 건강한 아이일수록 활동성이 낮은 아이보다 해마가 더 크다는 사실을 발견했다. 이는 유산소 운동과 청소년기 이전의 뇌 구조가 연관되어 있음을 나타낸다. 나아가 이러한 구조적 차이는 해마의 기능에도 영향을 주는 것으로 보인다. 실제로 같은 열 살이라도 신체 활동이 활발하고 건강할수록 기억력 과제에서 더 좋은 성적을 거두었다.

해마의 기능이 유연하고 인지기능과 연관되어 있는 동물이 인간으로 국한되는 것은 아니다. 사람을 제외한 영장류에서 해마의 부피는 공간적 과제와 비공간적 과제의 성적과 가장 일관된 상관관계를 나타내는 지표이며, 심지어 해마의 부피로 미리 성적을 예측할 수도 있다. 옥스퍼드대학의 수잔 슐츠Susanne Shultz와 로빈 던바Robin Dunbar는 고릴라, 여우원숭이, 짧은꼬리원숭이 등 총 46종 영장류를 대상으로 학습, 기억, 공간지각능력을 시험하기 위해 고안된 8가지 과제를 제시했다. 그 결과 해마가 큰 영장류일수록 성적도 더 우수했다. 영장류에서 뇌가 차지하는 비율은 사회적 학습과 도구 사용, 동맹 형성, 남을 속이는 능력, 사회적 그룹의 규모와 상관관계가 있는 것으로 밝혀졌다. 모두 고차원적 인지기능에 해당하고 '실행 기능'으로도 불리는 이러한 능력이 발달해야 생각과 행동을 체계적으로 정리하고 정해진 목표를 이룰 수 있는 방향으로 직접 나아갈 수 있다. 영장류에서 점점 더 정교한 실행 기능의 필요성이 생겨난 것은 뇌가 비대해지는(그리고 궁극적으로 우리 인간이 탄생한) 선택압으로 작용했을 가능성이 있다.

슐츠와 던바는 여러 장소에 먹이를 저장해 두었다가 며칠, 심지어 몇 개월이 흐른 뒤에 다시 찾으러 오는 새들은 해마의 상동기관 크기가 더 크다는 사실도 발견했다. 1980년대 말에 두 사람이 실시한 초기 연구 중에는 연작류 조류에 속하는 총 35개 종과 아종을 대상으로 한 실험도 포함되어 있다. 이때 선별된 조류 종에는 어딘가에 앉아서 쉴 때 발가락을 활용할 줄 아는 전체 종 가운데 절반 이상이 포함되었다. 두 사람은 야생에서 이에 해당하는 52마리의 새 표본을 수집하여 뇌를 해부했다. 그중에는 먹이를 저장해 둔다고 알려진 종도 있고 매번 먹이를 찾아다니는 종도 있다. 두 연구자가 알아내고자 한 의문점은 '먹이를 저장하는 기술을 활용하려면 기억력도 더 좋아야 하는가?' 그리고 '실제로 그러한 전략을 활용하는 새는 기억력이 특별히 발달하고, 그것이 뇌의 부피에도 영향을 주는가?'였다. 연구 결과 쇠박새처럼 먹이를 숲에 저장해 두는 새들 중 31퍼센트는 박새 등 생물학적으로 매우 가까운 종이지만 매번 먹이를 찾아다니는 종보다 해마의 부피가 더 큰 것으로 나타났다.

그로부터 7년 후, 슐츠와 던바는 딱 한 종류의 새만 조사해 보기로 결정했다. 대상은 주변에서 흔히 볼 수 있는 카키색 정원솔새였다. 이주 경험이 많은 정원솔새는 그렇지 않은 정원솔새보다 해마가 더 클까? 정말로 그렇다면, 런던 거리 곳곳을 다 외우고 있는 택시기사들의 해마 회백질 부피가 더 큰 것과 마찬가지라고 할 수 있다. 두 연구자는 유럽 대륙에서 아프리카로 이동하는 연례 이동을 한 번도 경험하지 않은 어린 새들의 뇌를 이주 경험이 있는 새들과 비교한 결과, 이주 경험이 많은 새일수록 해마의 크기가 현저히 더 크다는 사실을 확인했다. 나이가 들고 그만큼 경험이 더 쌓이면서 나타난 차이였다. 비둘기를 대상으로 한 다른 연구들을 통해서도 지형지물을 학습하는 데 해마가 얼마나 중요한 기능을 하는지 밝혀졌다. 연구진이 뇌 해마 부위를 손상시키자 비둘기가 집을 찾아오는 능력이 사라졌다.

검은머리박새는 먹이를 숨겨 둔 장소에 돌아오는 데 그치지 않고, 좋아하는 먹이가 있는 곳에 먼저 찾아가고 가장 덜 좋아하는 먹이를 보관해 둔 곳은 마지막에 찾아간다. 그러나 이 놀라운 기억력도 덤불어치에 비하면 아무것도 아니다. 덤불어치는 사건이 일어난 장소와 함께 그 일이 언제 일어났는지도 기억한다. 덤불어치가 좋아하는 먹이는 벌집나방이지만 신선한 상태일 때만 잘 먹고 나방이 마르면 그다지 좋아하지 않는다. 니콜라 클레이튼Nicola Clayton과 앤서니 디킨슨Anthony Dickinson은 덤불어치에게 벌집나방을 제공해서 어딘가에 숨기도록 한 후 4시간 뒤 숨겨 둔 나방과 땅콩 중 한 가지를 회수할 기회를 주었다. 이때 몇몇 덤불어치에게는 처음 벌집나방을 숨긴 날로부터 5일이 지난 후에 동일한 선택의 기회를 주었다. 그러자 4시간 뒤에 선택권을 갖게 된 덤불어치는 나방을 골랐지만 5일 뒤에 선택할 수 있게 된 덤불어치는 땅콩을 택했다. 자신이 어떤 먹이를 숨겼나 그리고 '언제' 숨겼는지도 기억한 것이다. 그렇다면 덤불어치는 일화 기억을 가졌다고 볼 수 있을까?

인간과 다른 동물에서 나타나는 차이, 그리고 인간이 보유한 인지능력은 뇌의 크기보다는 뇌에 발달한 뉴런의 순수한 수와 더 관련성이 있는 것으로 보인다. 특히 뇌 '어느 영역'에 뉴런이 위치했는지도 중요하다. 아프리카코끼리의 뇌는 인간의 것보다 세 배는 크고 뉴런 수도 세 배 많다. 그러나 해마의 뉴런은 3600만 개에 미치지 못하고, 이는 해마의 뉴런이 2억 5000만 개에 이르는 우리와 큰 대조를 이룬다. 하지만 아프리카코끼리 중에는 1만 2000평방마일 반경을 집으로 인식하고 살아가는 경우도 있는 것으로 알려졌다. 공간 기억과 여러 감각 사이에 어떤 특별한 협응이 일어나기에 이 정도 면적에서도 방향을 찾을 수 있을까? 일부 학자들은 이런 코끼리들이 인간과 비슷한 해마 의존적 공간 전략을 활용하는 것이 분명하다고 추정한다. 한편 수천 마일을 이동하는 고래의 경우 해마가 이례적일 정도로 작고 성체가 되면 신경 발생도 탐지 가능한 수준으로 일어나지 않는다.

동물들이 세상을 경험하는 방식은 우리가 상상할 수 있는 범위를 크게 벗어난다. 과학자 야콥 폰 윅스퀼Jakob von Uexküll은 특정 동물의 행동은 그 동물이 살아가는 내적 감각 세계를 고려해야 비로소 설명할 수 있다고 보았다. 그는 유기체가 자체적인 '움벨트Umwelt'에서 살아간다고 밝혔다. '환경'을 의미하는 이 독일어를 하나의 개념으로 삼아, 그는 동물의 주관적 경험이 필요한 것을 충족하도록 어떻게 발전해 나가는지 설명했다. 이 개념에 따르면 벌들이 자외선 세상에서 살아가는 이유는 그래야 편광을 통해 방향을 찾을 수 있기 때문이고, 늑대가 냄새로 이루어진 환경에서 살아가는 이유는 그래야 중요한 장소를 표시하고 지도화할 수 있기 때문이다. 북미 멋쟁이새가 작은 별들을 보지 못하는 것도 그래야 나침반이 되는 북극성만 볼 수 있기 때문인지도 모른다.

윅스퀼은 유기체와 주변 환경의 얽히고설킨 관계를 개념화하는 과정은 음악과 같다고 설명했다. 모든 유기체는 주변 생물들에게 울려 퍼지고 그 생물들과 조화를 이루는 멜로디와 같고, 따라서 "모든 생물은 이중주로 탄생한다"[12]고 밝혔다. 어린아이들의 머릿속에서 활성화되는 뉴런과 각자가 성장하는 장소 간의 상호작용이 바로 이 이중주일 것이다.

새,
꿀벌,
썰매 끄는 개,
고래

북극에서 지내던 어느 날 아침, 나는 일찍 일어나 방수가 되는 두꺼운 바지를 입고 후드 가장자리에 늑대 털이 달린 파카를 걸쳤다. 그리고 방 한 칸짜리 통나무집 전체에 여기저기 흩어져 잠든 어른들과 아이들 사이사이를 지나 현관까지 간 다음 합판으로 된 문을 살짝 열고 차가운 공기가 안으로 들어오지 않게끔 얼른 빠져나갔다. 안쪽에 펠트 천이 덧대진 묵직한 신발에 발을 밀어 넣고 눈앞에 펼쳐진 풍경을 바라보았다. 통나무집은 연한 청록색 해빙으로 뒤덮인 커다란 만이 시작되는 입구에 우뚝 선 언덕 높은 곳에 자리하고 있어서 힘찬 파도가 부딪치며 해안에 생긴 어마어마한 주름장식 같은 무늬가 훤히 내려다보였다. 외딴곳에 자리한 이 통나무집까지 오느라, 우리는 이칼루이트에서 남쪽으로 몇 시간을 썰매로 이동한 뒤 거의 만 끄트머리에 이르렀다.

이누이트어로 '바다오리 둥지가 있는 섬'이라는 뜻이 담긴 핏수라크시트Pitsiulaaqsit와, '오래전 카리부 가죽으로 만든 매트리스가 있던 곳'이라는 뜻을 가진 카악탈릭Qaaqtalik이라는 곳을 지나 자그마한 엉덩이처럼 생긴 섬 눌루알주크Nuluarjuk에서 다시 내륙으로 들어섰다. 얼음에 긴 쇠사슬을 단단히 고정하고 개들을 묶은 다음 근처에 있던 언덕 위쪽에서 찾은 연못에서 꽁꽁 언 민물을 몇 덩어리 잘라 냈다. 묵직한 쇠 삽으로 자른 얼음덩어리를 녹이면 마실 수 있는 물이 된다. 저녁 식사로는 카리부 갈비와 얇게 뜬 북극 곤들매기 회, 피가 남아 있는 채로 불에 구운 들꿩 고기와 삶은 사향소 고기를 먹었다. 개들은 언덕 아래에서 잠들어 있었다. 내가 있다는 걸 안다는 듯이 코를 아주 살짝 움직이는 이 개들 뒤로 단단히 얼어 새하얗게 펼쳐진 만이 보였다. 남쪽으로 수백 킬로미터 떨어진 곳에 빙원의 끝, 얼음이 탁 트인 바다와 만나는 지점이 있었다.

나는 배핀 섬에 오면 사냥꾼들이 대부분 개썰매를 타고 다닐 것이라 생각했다. 도착하고 나서야 그런 기대는 뉴욕에 오면 아무 데서나 관광용 마차를 찾을 수 있다고 예상하는 것과 같다는 사실을 금세 깨달았다. 그린란드에서 활동하는 사냥꾼은 개썰매로 사냥을 하도록 법으로 규정되어 있고 누나부트 지역의 일부 오지 마을에서는 여전히 팀 단위로 개썰매 경주도 열리고 있지만, 이칼루이트에서는 전 지역을 통틀어 남아 있는 개썰매 경주 팀이 대여섯 팀에 불과했다. 사람들은 대부분 설상차를 타고 다녔다. 나는 최초로 여성들로만 구성된 탐험대를 이끌고 북극에 도착한 후 이칼루이트에서 수십 년간 살아온 탐험가 매티 맥네어Matty McNair의 개썰매를 타고 목적지인 그 통나무집에 겨우 도착할 수 있었다. 배핀 섬에서 안 가 본 곳이 없다는 건강한 개들은 일부러 지형지물과 별, 눈에 주로 의지해서 방향을 찾아가는 맥네어의 여행에도 수시로 동참해 왔다. 맥네어는 내게 개들이 자신보다 훨씬 더 길을 잘 찾는다고 말했다. "방향을 어떻게 찾는지 저는 모르겠어요. 바로 앞도 제대로 보이지 않는 날씨에서 개들이 저를 마을까지 정확히 데리고 온 적도 있답니다. 냄새로 찾은 것도 아니었어요. 눈으로는 정말 아무것도 볼 수가 없었고요. 개들이 잘 다니던 길도 아니었어요. 그런 상황에서 방향을 찾은 건 정말 신기하다고밖에 할 수 없어요. 한번은 새해 초에 개들을 데리고 여행을 갔다가 설상차들이 다니는 길로 이동했는데, 개들이 방향을 다른 쪽으로 꺾더니 또 바위를 찾아서 꺾는 거예요. 한 해 전까지만 해도 다니던 길이 그쪽이었기 때문이죠. 설상차가 다니는 길이건 뭐건 그런 건 개들에게 상관이 없고, 지난해에 갔던 길을 찾아낸 겁니다."

이누이트족의 썰매 끄는 개는 수백 년 동안 이들이 북극에서 생존할 수 있도록 해 준 특별한 종이다. 이 개들이 없었다면 이누이트족은 눈과 얼음을 뚫고 아무 데도 가지 못했을 것이다. 여름과 가을에 험한 툰드라 전체를 가로질러 식량과 필요한 물건들을 옮긴 것도 개들이다. 그래서 배를 채울 때도 개들부터 먹인 다음에 닭을 먹이고 사람은 그 뒤에 먹을 만큼 중요한 존재였다. 개들을 먹이려면 거의 1년 내내 사냥을 해야 하니, 오늘날 두루 이용되는 설상차가 훨씬 유용한 건 부인할 수 없는 사실이다. 개썰매 경주 팀을 보유한 사람은 내게 아홉 마리로 구성된 팀 하나를 유지하려면 매년 바다코끼리와 물개 고기를 4.5톤씩 개들에게 공급해야 한다고 설명했다. 사냥꾼들 대다수가 개 먹이를 장만하는 데 드는 시간을 엄청난 부담으로 느끼는 것도 무리가 아니었다. "이누이트족은 실용주의자지 낭만주의자가 아닙니다. 개썰매 팀이 더 이상 쓸모가 없으면 없애죠. 설상차를 이용하면 전일제로 일을 하면서도 사냥을 계속할 수 있거든요. 게다가 설상차는 여름에도 줄곧 먹이를 구해 줘야 할 필요가 없으니까요."[1] 개썰매 경주자 켄 맥루리Ken MacRury의 이야기다.

설상차를 타는 것과 개썰매를 타는 것은 명확한 차이가 있다. 전자가 훨씬 훨씬 빠르다. 그러나 썰매의 이동 속도는 지리와 환경 지식을 가르치거나 익히고 지형지물과 이동 경로의 세부적인 특징들, 장소의 이름, 풍경을 기억하기에 이상적이다. "땅을 빠른 속도로 횡단할수록 관찰할 수 있는 것들은 줄어듭니다."[2] 이글루릭에 25년간 살면서 지역 구전역사 보존사업에 적극적으로 동참해 온 주민이자 《북극의 하늘》의 작가이기도 한 존 맥도널드John MacDonald는 이렇게 설명했다. 그는 이글루릭에 사는 한 노인과 함께 여행을 한 적이 있는데, 어떤 바위를 보더니 가던 길을 멈추고 바위 표면에 자란 이끼의 무늬를 알아보더라고 말했다. "저도 오가면서 분명히 그 바위를 봤을 텐데 한 번 넘게 눈길을 준 적이 없었어요. 설상차를 타면 바로 그렇게 되는 겁니다." 또한 설상차는 바람 속으로 돌진해서 달리지만 개썰매에 오른 사냥꾼은 천천히 달리면서 바람의 방향을 감지해서 가야 할 곳을 찾는 나침반으로 활용한다. 실제로 북극 동부 전역에서는 사냥꾼들이 '울루앙나크', '니지크'와 함께 바람을 나침반으로 활용하는 경우가 많았고 이렇게 찾은 방향을 최대 16개에 달하는 단어로 표현했다. 맥네어가 내게 들려준 이야기처럼, 이때 이누이트족의 개들은 사람들이 방향을 찾을 수 있도록 중요한 역할을 수행했다. 개썰매를 모는 사람(북극 동부 지역에서는 영어에서 개썰매 모는 사람을 일컫는 'musher'라는 표현을 절대 사용하지 않는다)은 채찍을 아예 사용하지 않거나 아주 드물게 쓴다. 썰매 운전자와 팀 간의 가장 이상적인 관계는 '이수마isuma'에서 비롯된다고 믿기 때문이다. '마음', '생각'과 가까운 의미를 가진 이 표현은 특정 맥락에서는 '생명력'이라는 뜻으로도 사용된다. 썰매 운전자는 자신의 의지가 팀에게 전달되도록 하는 데 초점을 맞춰 마음으로 길을 이끌고 방향을 알린다. 개들 중에서도 리더는 '생각하는 개'라는 뜻을 가진 '이수마타크isumataq'로 불리고, 이름답게 운전자의 의지에 가장 적극적으로 반응한다. "개들에게 이수마를 전해야 합니다. 생각을 개들에게 투영시켜 거기에 반응하도록 하는 것이죠. (……) 마음 그리고 목소리로 개들과 소통해야 합니다." 맥루리의 설명이다.

맥루리는 사냥꾼들 사이에서 썰매 모는 법을 배우며 일종의 수습 기간을 거치고 자신의 개로 썰매를 끌기 시작한 후에야 비로소 이누이트족의 개들이 방향 찾기에 얼마나 중요한지 깨달았다고 전했다. 개들 중 몇몇이 어떠한 상황에서도 길을 찾는 비상한 능력을 발휘한다고 느낀 경우가 한두 번이 아니었다. "눈보라가 쏟아지는 날에도 개들 덕분에 집에 돌아온 일이 몇 번 있었어요. 개들은 이제 우리가 집에 가야 하고 그러면 이쪽 길로 가야 한다는 사실을 전부 다 알고 있는 것 같았죠. 저는 정말 아무것도 볼 수가 없었지만, 개들은 경로에서 단 1미터도 벗어난 적이 없다고 확신합니다." 그는 자신의 개들이 전부 그런 능력을 가진 건 아니며, 다른 개들보다 뛰어난 개들이 있다고 이야기했다. "개들이 쿠키 커터로 찍어 낸 것처럼 다 똑같지 않아요. 제각기 아주 다른 능력을 가졌죠." 하지만 이 누이트족은 수백 세대에 이르는 개들을 키우면서 맥루리가 "그야말로 놀라운 동물"이라 표현한 개들만 무자비하게 솎아 냈다. 맥루리는 눈보라가 휘몰아치면 개들에게 가야 할 방향을 알려주는 대신 그냥 개들에게 다 맡길 만큼 개들의 기억력을 신뢰한다고 밝혔다. 왔던 길로 되돌아갈 수 있는 길을 찾지 못하더라도 개들이 자신을 집으로 데려다 줄 거라 확신하기 때문이다. 실제로 다른 개들을 이끄는 몇몇 개들이 어둠 속에서 낯선 시골길을 수 킬로미터 가로질러 이칼루이트로 이어지는 큰길까지 난 지름길을 찾아낸 적도 많았다. 맥루리가 설명한 이 같은 재능은 놀랍도록 특이적이고 세밀한 인지 지도를 만들고 유지하는 능력에 좌우되는 것으로 보인다. 개들이 정말 그런 능력을 가졌을까? 존 맥도널드는 이글루릭 지역에는 이처럼 외부 환경이 어떤 상황이든 한 치의 예외 없이 가야 할 방향을 아는 능력을 일컫는 단어가 따로 있다고 말했다. "번역하면 '초월적인 관찰력' 정도가 될 겁니다."[3] 그는 이 표현이 "마을에서 벗어나자마자 목적지가 어디에 있는지 잊고 되는 대로 여행하는 사람"[4]을 가리키는 '앙가저크aangajuq'와 정반대의 의미를 가졌다고 설명했다.

1970년대에 미시건대학의 한 행동심리학자는 늑대가 인지 지도를 보유한 동물이라고 주장했다. 로저 피터스Roger Peters라는 이 학자는 수년간 야생에서 늑대들을 관찰한 결과 일반적으로 인간을 제외한 다른 동물에서는 볼 수 없는 수준까지 인지 지도를 만들 수 있다는 사실을 알게 됐다고 밝혔다. 더 나아가 인간과 늑대가 인지 지도를 서로 공유할 수 있는 것도 우연한 일이 아니다. 공통적으로 덩치가 큰 사냥감을 쫓는 사회적 사냥꾼으로 진화한 만큼, 인간과 늑대는 한 그룹이 되어 먹이를 쫓아 방대한 거리를 이동하고 다시 어린 새끼들과 무리, 캠프가 있는 곳으로 돌아온다. 피터스는 늑대와 인간이 움직이는 범위가 거의 동일하다고 추정했다. 24시간 동안 160킬로미터 정도를 이동할 수 있다는 것이다. "인간과 늑대는 길을 잃어버리는 문제를 해결할 수 있는 방법을 수백만 년 동안 찾으면서 진화해 왔다. 여기서 '길을 잃는다'는 것은 다른 사냥꾼들과 떨어지는 것, 새끼들이 있는 곳으로 신속히 돌아갈 수 있는 길을 모르는 것, 사냥감이 어디로 향하는지 모르는 것을 의미한다."[5] 공중에서 내려다본 형태의 지도가 아니라, 불필요한 정보는 뇌가 모두 삭제하고 은신처, 먹이를 찾을 수 있는 곳, 물, 먹이를 저장한 곳의 위치와 지름길, 약탈자의 위치, 이러한 요소들 간의 공간적 관계와 같은 정보는 체계적으로 정리해서 저장함으로써 주변 환경을 간소화한 형태의 지도가 만들어진다는 것이 피터스의 생각이다. 그는 늑대의 경우 특히 후각 신호에 의존하여 이 같은 지도가 형성되며, 이런 후각 신호는 인간이 상상할 수 있는 것보다 훨씬 중요하고 생생하다고 강조했다. "늑대들에게 대상의 실제는 시각적 특징보다 냄새가 더 많은 부분을 차지한다."[6] 피터스는 이렇게 밝혔다. 더불어 피터스는 현장 연구를 통해 늑대들이 경로를 평균 300미터 간격으로 표시하고 교차로, 즉 다른 무리와 마주칠 가능성이 높은 지점에서 각별히 주의를 기울인다고 전했다. 그의 연구에서 늑대들은 그저 텅비어 있는 것처럼 보이는 땅에 지형지물들로 네트워크가 형성되는 교점을 만들어 냈다.

◂•▸

이른 아침이었지만 태양은 이미 8시간째 환한 빛을 쏟아내고 있었다. 너무 추워서 파카 소매에서 양팔을 빼서 몸통을 힘껏 끌어안은 채로 나는 통나무집 뒤쪽에 자리한 바위투성이 언덕을 오르기 시작했다. 두툼한 눈 속에 푹푹 파묻히는 발을 옮겨 겨우 30센티미터 높이로 자란 버드나무를 거인이 된 것처럼 밟고 지나갔다. 크기는 작지만 100년도 더 넘은 이 나무들은 대부분 북극에서 1년에 고작 0.1밀리미터 정도 자란다. 나는 제각기 먹이를 구하고, 새끼를 키우며 둥지를 틀고, 살던 곳을 떠나 우리 눈에 보이지 않지만 500여 종의 새들이 이용하는 고속도로망을 통해 4800킬로미터가 넘는 거리를 날아온 흰기러기가 그곳에 막 도착하는 모습을 보고 싶었다.

이누이트족은 생물을 세 가지로 분류한다. 호흡하는 것은 애너

니리트anirniliit, 성장하는 것은 누너레이트nunarait, 움직이는 것은 전부 우마주이트uumajuit다. 그리고 우마주이트 중에서도 날아다니는 것은 팅미아트tingmiat로 불리고 나머지는 걸어 다닌다는 뜻의 피수크티트 pisuktiit로 불린다. 인간은 카리부, 사향소와 함께 이 피수크티트로 분류된다. 팅미아트에 속한 흰기러기는 사냥꾼들이 귀중하게 여기는 새로, 매년 봄이 몇 주 앞으로 다가왔을 때 도착한다. 나는 이칼루이트에 머물다가 열두 살 아이들이 가슴팍에 엽총을 매고 흰기러기를 찾으러 설상차에 올라 언덕으로 향하는 모습을 보았다. 흰기러기를 사냥할 수 있을지도 모른다는 기대에 푹 빠져 있던 이 두 명의 어린 사냥꾼들은 내게 얼마 전에도 같은 희망을 품고 설상차로 190킬로미터가 넘는 거리를 이동한 적이 있다고 이야기했다. 흰기러기가 무리 지어 도착하기 시작하면 사냥꾼들은 하루에만 60마리 이상을 사냥해서 먹기도 하고 얼려 두거나 다른 사람들과 나누기도 한다. 하지만 내가 이 새들에게 관심을 가진 이유는 달이 떠 있는 고요한 풍경 속에서 따뜻한 곳을 찾아 날아가기 때문이다.

지구에서 살아가는 생명체 중에는 오디세우스처럼 먼 거리부터 짧은 거리까지 방대한 여행을 다니는 수백만 종의 생물들이 있다. 길을 잃어버리는 것은 인간들만 겪는 문제다. 수많은 동물이 비상한 방향 탐색 능력을 갖추고 있어서 인간의 능력으로 갈 수 있는 범위를 훌쩍 뛰어넘는 곳까지 여행한다. 특히 무게가 110그램 정도밖에 안 되는 북극제비갈매기는 매년 그린란드부터 남극 대륙을 왕복하며 7만 800킬로미터가 넘는 가장 먼 거리를 이동하는 모험가다.

바람을 타고 아프리카와 남아메리카를 두루 지나 그린란드로 돌아오는 북극제비갈매기의 여정은 세계여행가라면 누구나 꿈꿀 만한 수준이다. 6만 2700킬로미터를 이동하는 회색슴새는 우세풍을 활용하기 위해 태평양을 8자 모양으로 둘러서 건너간다. 조류학자 피터 버솔드Peter Berthold는 현재까지 알려진 모든 종의 새 중 절반에 해당하는 500억 마리가 해마다 다른 곳으로 이동한다고 추정했다. 깃털을 가진 생물만 이런 방대한 여행을 하는 것도 아니다. 때를 지어 큰 파도가 움직이듯 이동하는 얼룩말과 영양 떼도 비를 피해 세렝게티를 가로질러 여행한다. 장수거북은 캘리포니아 해안을 떠나 1만 6000여 킬로미터 떨어진 인도네시아까지 수영해서 이동했다가 같은 경로로 태어난 해변으로 되돌아온다.

많이 알려지지 않았다고 해서 덜 대단한 여행이라고 할 수는 없다. 플랑크톤plankton의 명칭은 독일의 한 생리학자가 '돌아다니다, 표류하다'라는 뜻을 가진 그리스어 plazesthai를 활용하여 지은 것이다. 이 작은 미생물이 쉼 없이 움직이는 바다에서 늘 떠다닌다는 사실을 잘 보여 주는 이름이다. 이렇게 무작위로 여기저기 떠다니는 움직임은 대부분 수평 방향으로만 이루어진다. 그러다 24시간 주기로, 생물량으로는 수십억 톤에 달하는 수조 마리의 플랑크톤이 의도적인 '수직 방향' 이동을 시작한다. 땅거미가 질 무렵에 바다 표면으로 올라왔다가 해가 떠오를 때 다시 바닷속으로 들어가는 것이다. 이러한 플랑크톤은 다른 장소로 이동한 최초의 생물체와 비슷할까? 공기나 물에 휩쓸려 흔들리고, 밀리고, 내동댕이쳐지거나 붙들린 첫 번째 생물은 아니지만 자유의지로 한 장소에서 다른 장소로 이동한 첫 번째 생물은 아닐까? 《기억체계의 진화*The Evolution of Memory Systems*》에는 최초로 등장한 척추동물에서 해마의 상동기관이 발달했고 이것이 예전부터 보유하고 있던 강화체계와 함께 기능하며 방향 탐색 체계가 되었다는 설명이 담겨 있다. 이 책의 저자들은 이러한 체계는 자극과 행동을 생물학적 비용, 이익과 연계시켜 행동의 방향을 주도했다고 보고 그 결과 먹이 찾기, 약탈자 피하기, 체온 조절, 번식 활동 등 생물의 고대 조상이라 할 수 있는 당시 생물들의 모든 행동이 방향 탐색과 관련 있다고 설명한다. 동물들은 살아남기 위해 그저 무작위로 이동하는 수준을 벗어나 특정 장소에서 다른 곳으로 가는 길을 찾아야만 했다. 이러한 필요성은 자연적인 방향 탐색 기능이 다양화되는 결과로 이어졌다.

과학계는 이렇게 생긴 다양성이 방향 탐색의 진화를 이끈 도구상자라는 개념을 정립했다. 2011년에 열 명의 저명한 과학자들이 제시한 개념으로, 그중 두 사람인 케이트 제퍼리와 노라 뉴컴은 방향 탐색 기능의 기반이 된 공통 원칙을 찾기 위해 동물과 인간의 인지기능과 행동을 연구해 왔다. 이들은 방향 탐색 기전을 단순한 유형부터 복잡한 유형까지 4단계로 세분화한다. 첫 번째 감각운동기 도구상자는 시각, 청각, 후각, 촉각, 자력, 고유 수용성 감각으로 구성된다. '공간적 원시생물'[7]이 보유한 두 번째 도구상자는 단순한 표시와 지형지물, 지형의 경사도, 나침판 바늘이 향하는 곳, 경계, 형세, 속도, 가속도를 활용하여 방향을 찾는 동물들의 기능과 관련 있다. 세 번째는 이러한 도구들이 더욱 복합적으로 통합되어 내적 인지 지도의 공간적 구조물 같은 도구가 형성된다. 네 번째 도구인 공간적 상징은 외부 지도와 표지판, 인간의 언어 등을 활용하여 공간 정보를 소통하는 능력과 관련 있다. 이 4단계 개념에서는 가장 단순한 도구가 기본이 된다. 진화 초기에 나타나 오랜 세월 유지되어 온 것이 그러한 도구이고, 복잡한 도구는 더 최근에 만들어진 것으로 볼 수 있다.

그러나 동물의 방향 탐색 능력을 도구상자로 개념화하면 혼란스러운 의문이 생긴다. 과학자들이 상대적으로 기초적인 도구를 사용한다고 여겼던 동물들이 훨씬 더 유연하고 정교한 도구를 자유자재로 활용할 수 있다는 사실이 드러났기 때문이다. 모든 도구를 다 보유한 동물들도 있고, 기능만 보면 가장 복잡한 도구가 필요할 것으로 보이는 동물들이 굉장히 단순한 도구로 그러한 기능을 발휘하는 경우도 있다. 그리고 가장 단순한 도구 중에는 우리가 전혀 이해하지 못하는 종류도 있다. 즉 증거를 통해 분명히 존재한다는 사실은 알고 있지만 우리가 볼 수는 없고 어떻게 활용되는지도 거의 알지 못한다. 이와 같은 이유로 동물의 방향 탐색에 관한 연구 분야는 오늘날까지도 과학계의 가장 매혹적인 생물학적 퍼즐 중 하나로 여겨진다. 지구 곳곳을 이동하는 동물들을 관찰한 수없이 많은 데이터가 있지만 대체 어떻게 그런 일이 가능한지 우리는 아직도 더듬더듬 겨우 조금 설명할 수 있는 수준이다.

◀•▶

동물들이 방향을 찾을 때 꼭 필요한 도구 중 하나는 '시계'다. 이는 시간을 측정하거나 따라갈 수 있는 내재된 기전을 의미한다. 해양에서 동물성 플랑크톤이 매일 대거 이동하려면 언제 해가 뜨고 언제 해가 질 무렵이 가까워졌는지 알아야 한다. 언뜻 빛 자극에 대한 단순 반응처럼 보이지만 빛이 침투할 수 있는 깊이를 넘어 더욱 깊은 곳에 사는 동물성 플랑크톤의 이동에는 위도별로 달라지는 낮의 길이도 영향을 준다. 이보다 약간 더 복잡한 이동에 더욱 다양한 시계가 필요한 경우도 있다. 제임스 굴드James Gould와 캐럴 그랜트 굴드Carol Grant Gould는 《자연의 나침반: 동물들의 방향 탐색 미스터리 Nature's Compass: The Mystery of Animal Navigation》에서 버뮤다 파이어웜Bermuda fireworms의 "소름 끼칠 만큼 일정한"[8] 이동을 소개했다. 생체발광 기능이 있는 이 해양 생물 종은 매년 여름철 음력에 따라 일정한 주기로 대거 나타난다. 구체적으로는 보름달이 뜬 날로부터 3일이 경과한 저녁, 일몰 후 57분이 지난 시점에 나타난다. 두 저자는 버뮤다 파이어웜이 27.3일 주기의 달 시계와 24시간 주기 일반 시계, 그리고 일몰 후 57분이 지났는지 측정할 수 있는 시간 간격 타이머를 보유했을 것으로 추정했다. 매년 또는 여러 해 주기로 이동하는 동물들은 한 해 주기로 가는 시계를 보유해야 할 뿐만 아니라 낮과 밤의 길이에 맞게 시계를 맞추고, 계절별로 그 길이가 변하면 또 그에 맞게 다시 시계를 정밀하게 조정해야 한다. 종합하면, 진화 과정에서 연 시계와 달 시계, 조수 시계, 24시간 주기 시계가 생겨났고, 깜깜할 때 어둠에 몸을 숨기고 이동하는 동물들에서는 별을 보고 시간을 파악해서 지구 곳곳을 이동하는 별 시계도 생겨난 것으로 보인다.

동물들이 방향 탐색을 위해 시계를 이용한다는 사실을 발견한 초기 학자들 중에 사막개미에 푹 빠져 살던 아마추어 곤충학자가 있다. 스위스에서 의사로 활동하던 펠릭스 산스치Felix Santschi라는 사람으로, 그는 1901년에 고향인 로잔을 떠나 튀니지의 어느 외딴 도시로 이사했다. 2000여 종에 이르는 개미에 이름을 붙이고 특징을 기술하며 평생 개미를 연구한 산스치는 살던 곳을 벗어난 개미가 사막 한가운데서 방향을 찾는 방법에 특히 큰 관심을 기울였다. 독일의 신경생태학자인 뤼디거 베너Rüdiger Wehner가 글로 밝힌 대로 당시에 일부 학자들은 개미가 냄새 길을 따라 방향을 찾는다고 추정했다. 먹이를 찾아 한쪽 방향으로 이동하고, 그 과정에서 자신이 남긴 냄새를 따라 되돌아온다고 본 것이다. 하지만 바람과 모래로 풍경이 끊임없이 변하는 사막이라는 환경에서는 개미가 방향 탐색에 사용한다고 여겨지는 냄새와 지형지물도 다 날아가기 십상이다.

산스치는 개미가 먹이를 찾으러 갔던 길을 그대로 따라서 되돌아올 뿐만 아니라 우회로나 출발지로 곧장 돌아오는 직선 경로도 활용한다는 사실을 최초로 발견했다. 지름길을 계산할 수 있다는 것은 개미가 삼각법을 안다는 것을 의미했다. 즉 방문했던 모든 장소의 공간적 관계를 토대로 집에 돌아오는 가장 빠른 길을 계산할 수 있다는 의미였다. 이러한 능력을 발휘하기 위해서는 특정 공간에서 직접 방향을 찾을 때 의지할 수 있는 일종의 방향 지표가 있어야 한다는 사실을 잘 알았던 산스치는 개미가 천체를 나침반으로 활용할 것이라고 추정했다. 그가 가장 유력한 후보로 제안한 방향 지표는 태양으로, 일출 시각의 위치와 낮 동안 해가 떠 있는 위치로 방향을 찾는다고 보았다. 그가 이 가설을 확인하기 위해 거울로 태양광을 굴절시키자 개미는 집으로 돌아오는 경로를 180도로 바꾸었다.

지구는 가만히 멈춰 있지 않고, 하늘에 떠 있는 태양의 위치도 변화한다. 그러므로 방향을 정확히 찾는 도구로서 태양을 활용할 경우 동물도 하루 동안 태양의 움직임에 따라 가려는 방향의 각을 바꾸어야 일정한 방향으로 계속 나아갈 수 있다. 그래서 산스치는 태양의 위치와 함께 개미가 시간을 파악할 수 있는 내적 기능이 있어야 정확한 방향을 찾을 수 있다고 보았다. 그리고 개미가 태양을 바라보는 시야를 완전히 차단하는 실험으로 개미가 하늘이 조금만 보여도 그 정보를 토대로 길을 찾을 수 있다는 것을 확인했다. 뒤이어 연구를 이어 간 생물학자들은 개미 머리의 홑눈이 빛에 반응하는 광수용체로 작용하여 태양과 지형지물이 명확하지 않은 푸른 하늘 아래서도 정보를 얻을 수 있다는 사실을 발견했다. 빛의 편광 패턴을 활용하여 집으로 가는 길을 찾는 것이다. 곤충학자 휴 딩글Hugh Dingle은 이러한 기능을 일종의 "미리 프로그램된 내장형 천체 지도"[9]라고 설명했다.

꿀벌도 편광을 활용하여 길을 찾을 수 있다. 자연에 존재하는 가장 우아한 방향 탐색자들로 불려 온 꿀벌은 매일 벌집을 떠나 꽃과 먹이를 찾아 최대 500회에 이르는 여행을 하며 8킬로미터가 넘는 거리를 이동한다. 사막에 사는 개미들과 마찬가지로 꿀벌 역시 꽃가루를 찾아 지름길과 구불구불 이어지는 길을 모두 활용하고 집에 돌아올 때는 항상 영어로 'beeline'이라 불리는, 최단 직선 경로를 택한다. 꿀벌이 어떻게 지름길을 계산할 수 있는가라는 주제는 책 한 권이 통째로 할애된 경우도 많고 셀 수 없이 많은 논문도 발표됐다. 아리스토텔레스도 해결해 보려고 골몰했던 주제였다. 꿀벌의 이 놀라운 능력이 더욱 인상적인 이유는 우리 눈에 상당히 불리한 요소로 작용할 만한 특징을 안고 그토록 먼 거리를 이동하기 때문이다. 꿀벌의 뇌는 채 1밀리그램도 되지 않고 뉴런의 수도 100만 개에 훨씬 못 미친다. 시력도 0.01수준이라, 사람 기준으로는 앞이 보이지 않는 것이나 다름없다.

프린스턴대학의 생물학자 제임스 굴드는 수십 년간 벌의 방향 찾기 능력을 연구해 왔다. 벌이 지름길을 찾으려면 표면적으로 경로 적분과 추측 항법, 관성항법으로 불리는 기술이 필요해 보인다. 즉 여정의 각 단계를 계속 따라가면서 자신의 위치를 계산하고 집이 있는 방향을 찾는다. 그러나 젊은 생물학자였던 굴드는 벌을 먹이를 찾아다니는 구역 내에서 어느 곳에 옮겨 놓아도 항상 새로운 지름길을 찾아낸다는 사실을 확인하고 공간에 관한 유연한 기억이

나 내적인 대표 이미지가 존재한다고 추정했다. 즉 흔히 인지 지도로 불리는, 훨씬 더 복잡한 진화 도구를 활용한다고 본 것이다. 벌들은 공간을 내적으로 표현한 자료를 보유하고 있을 뿐만 아니라 이 '지도'를 다른 벌들에게 전달할 줄 아는 것으로 보인다. 앞서 설명한 방향 탐색 도구상자 개념에서는 이러한 능력이 사람에게만 존재한다고 가정한다.

오스트리아의 과학자 카를 폰 프리슈Karl von Frisch는 1940년대에 벌들이 먹이를 찾아 나섰다가 풍족한 먹이를 발견하면 벌집으로 돌아와 몸을 흔들면서 8자 모양으로 날아다니기 시작한다는 사실을 발견했다. 그런데 이 춤에는 굉장히 구체적인 규칙이 담겨 있고, 특히 50미터 이상 먼 곳에서 돌아온 경우 그러한 규칙이 반영된다. 벌은 벌집의 수직 구조를 따라 몸을 움직이는데, 수직면을 기준으로 벌이 자리하는 '각도'가 같은 벌집에 사는 동료들에게 태양을 기준으로 날아가야 할 방향을 알려주는 지표로 밝혀졌다. 그뿐만 아니라 8자 모양을 그리며 춤을 추는 시간은 벌집에서 먹이까지의 거리와 비례한다. 이처럼 벌들은 몸으로 경로를 직접 나타내는 방식으로 같은 벌집의 동료들이 가야 할 방향을 일러 준다. 몇 시간 동안 계속 춤을 추는 벌들도 있고 다음 날 춤을 다시 추기 시작하는 경우도 있는가 하면 날씨가 추위로 꽁꽁 얼면 수 개월간 기다렸다가 다시 춤을 추는 경우도 있었다. 어떠한 경우에도 정보의 정확성은 변함없이 유지됐다.

폰 프리슈는 1950년에 쓴 《벌들Bees》에서 벌도 개미처럼 태양을 나침반으로 삼아 공간에서 방향을 찾는다고 밝혔다. 벌도 내재된 시계를 사용한다는 의미다. 벌이 사용하는 시계는 내장된 24시간 주기 시계와 시간의 흐름을 추적하는 계절 달력이다. 꿀벌이 태양의 움직임을 파악하고 이를 토대로 시간을 알아내는 방식을 밝히기 위한 연구도 여러 건 진행됐다. 꿀벌이 태어나 3주 차가 되면 벌집과 가까운 곳에서 시간을 보내다가 짧은 비행을 시작하는데, 이때 태양의 방위각과 움직임, 움직이는 방향을 배우고 그 이후에 먹이를 찾아 장거리 비행을 떠난다는 사실도 연구를 통해 밝혀졌다. 2005년에는 랜돌프 멘젤Randolf Menzel이 이끄는 독일과 영국의 여러 과학자들로 구성된 연구진이 바로 이 초창기 비행 과정에서 어린 벌들에게 탐사 기억이 형성된다고 설명했다. 굴드가 이야기한 인지 지도와 동일한 개념으로 볼 수 있으나, 멘젤 연구진은 이렇게 형성되는 지도는 과거에 추정된 것보다 훨씬 더 풍성하고 유연하다는 사실을 발견했다. 학술지 〈미국 국립과학원 회보PNAS〉에 게재된 논문에는 연구진이 벌들을 세 그룹으로 나누고 야간에 낯선 곳에 각각 데려다 놓은 실험 결과가 포함되어 있다. 벌마다 수신기로 감지되는 파장이 방출되는 하모닉 레이더 트랜스폰더 안테나를 부착해서 비행경로를 확인한 결과, 벌들은 친숙한 지형지물을 제각기 다른 각도에서도 알아보고 임의로 데려다 놓은 위치에서도 돌아가는 길을 새로 찾아낼 수 있는 것으로 나타났다.

수많은 철새들과 더불어 제왕나비, 도마뱀, 새우, 랍스터, 갑오징어, 귀뚜라미, 무지개송어도 편광을 '나침반'으로 활용할 수 있다는 사실이 입증되면서, 이러한 능력이 수렴 진화의 사례인지(개별 생물들 사이에서 동시에 진행된 자연선택) 아니면 고대의 기전이 공유된 것인지, 즉 최초로 등장한 생물 종이 보유했던 능력이 유구한 시간을 거치는 동안 계속 전해진 것인지 의문이 제기되어 왔다.

태양을 보고 방향을 찾는 동물들도 있지만 별을 보고 길을 찾는 동물들도 있다. 아프리카의 쇠똥구리들은 태양과 달을 기준으로 방향을 찾는다고 알려졌으나 2012년에 몇몇 과학자들은 달이 보이지 않는 밤에도 이들이 길을 찾아낼 수 있다는 사실을 발견했다. 연구진은 밤하늘을 시각적 지표로 자유롭게 활용할 수 없도록 벽으로 막힌 공간에 쇠똥구리와 이들이 공처럼 만들 똥을 함께 넣어 두고 움직임을 영상으로 기록했다. 그러자 달이 없어도 방향을 찾는 것으로 나타났다. 길 찾기에 별을 활용한다는 의미였다. 하지만 어떻게? 과학자들이 지적한 것처럼 별빛은 대부분 너무 약해서 쇠똥구리가 감지할 수 없다. 연구진은 천체투영관 속에 쇠똥구리를 집어넣어 본 후, 이들이 은하수의 밝은 빛에 의존하여 집으로 오는 길을 찾는다는 사실을 알아냈다. 귀뚜라미청개구리, 나미비아 사막거미, 커다란 노란뒷날개나방도 모두 별을 보고 방향을 찾는 것으로 밝혀졌다. 유리멧새, 알락딱새, 검은머리꾀꼬리 등 일부 조류도 북극성을 회전 중심으로 삼아 밤에 방향을 찾는 것으로 보인다.

동물들이 어떤 기전으로 방향을 찾는지 안다고 해도, 그 기능이 얼마나 정확한지는 현재 우리의 과학 수준으로는 제대로 알 수 없는 경우가 많다. 예를 들어 생물학적 시계가 사람보다 훨씬 더 정확한 동물도 많다. 인간은 어두운 곳에 연속으로 24시간만 있어도 24시간 주기로 돌아가는 생물학적 시계가 실제 시간보다 평균 60분씩 엇나간다. 꿀벌에게는 이런 부정확성이 재앙을 부르는 것으로 나타났다. 굴드에 따르면 생물학적 시계가 15분 벗어나면 방향에 10도 정도 오차가 발생하고 실제 목적지까지 가야 하는 거리보다 수십 미터 덜 가게 되는 결과가 초래될 수 있다. 큰뒷부리도요처럼 장거리를 이동하는 철새도 시계가 정확하지 않으면 치명적인 결과와 맞닥뜨린다. 이 새들은 가을마다 알래스카 해안의 둥지를 떠나 먹이가 있는 따뜻한 곳을 찾아 남쪽으로 이동한다. 아시아 대륙의 경계를 쭉 따라가서 호주 동부 해안으로 가는 경로를 이용하면 지형지물도 많고 도중에 쉴 곳도 많으니 가장 합리적이라는 생각이 들지만, 큰뒷부리도요는 탁 트인 방대한 태평양 한가운데로 이동한다. 8일 낮과 밤에 걸쳐 아무런 기준점도 없는 망망대해 위로 무려 9600킬로미터가 넘는 거리를 날아 뉴질랜드에 도착한다. 이동 방향이 단 몇 도만 틀려도 경로에서 수백 킬로미터를 벗어나 먹이를 찾고 쉴 수 있는 곳이 아닌 영 엉뚱한 곳에 기진맥진한 상태로 도착하고 말 것이다.

◄•►

흑등고래는 해마다 바다 건너 1만 6000킬로미터가 넘는 거리를 이동한다. 몸무게가 40톤쯤 나가는 이 포유동물은 단순히 남북 방향으로 왔다갔다 이동하지 않는다. 처음 태어나 새끼 시절에 엄마가 주던 먹이를 받아서 먹던 장소로 정확히 돌아오는데, 그러려면 비상한 방향 탐색 능력을 갖추어야 한다.

뉴질랜드 캔터베리대학의 트레비스 호튼Travis Horton 연구진은 최근 혹등고래 16마리에 인식 장치를 부착하고 7년간 위성 원격측정 방식으로 이동 경로를 추적하여 이 고래들이 얼마나 정확하게 목적지를 찾아가는지 밝혔다. 연구진은 혹등고래가 이동 시 대부분 일정한 경로를 유지하며 단 1도도 벗어나는 일이 없다는 사실을 확인했다. 그 의미를 이해하려면 어느 정도 분석이 필요하다. 사람도 일정한 경로를 유지하면서 이동할 수 있지만 진행 과정을 판단하고 가야 할 길을 바로잡을 수 있는 지형지물이 있을 때만 가능하다. 이렇게 경로를 수시로 바로잡지 않으면 우리는 의도치 않게 같은 곳을 뱅뱅 돌기 시작한다. 막스 플랑크 생물 인공두뇌연구소의 얀 조우먼Jan Souman과 마르크 에른스트Marc Ernst는 사람에게 눈가리개를 씌우면 이처럼 원을 그리며 이동하는 성향이 더욱 두드러지게 나타난다고 밝혔다. 이들이 실시한 실험에서 사람들은 눈이 가려지면 금세 약 20미터 지름으로 원을 그리면서 걷기 시작했다. 스스로는 일직선으로 걷는다고 '생각'할 때도 같은 결과가 나타난다. 반면 혹등고래는 단거리는 물론 수천 킬로미터에 이르는 거리도 "화살처럼 정확하게 일직선으로"[10] 이동한다. 방향 감각을 흐릴 수 있는 다양한 요소들과 마주치는 상황에서도 변함이 없다. 폭풍이 몰아치고 강력한 해류가 흐르고, 물의 깊이가 대폭 변하기도 하고, 거대한 해저 산맥과 마주치기도 하지만 혹등고래는 유유히 헤엄쳐 이동하며 심지어 낮이건 밤이건 그렇게 이동한다. 그러면서도 경로가 1도도 틀어지지 않는 경우가 많다.

혹등고래는 공간적인 참조 틀과 방향 지표를 활용하여 방해 요소를 만나도 끊임없이 방향을 바로잡는 것이 분명한데, 대체 이들이 활용하는 요소는 구체적으로 무엇일까? 다른 수많은 동물처럼 혹등고래 역시 태양을 나침반으로 삼을 수도 있다. 그러나 과학자들은 이 고래들이 제각기 다른 위치에서 여행을 시작해도, 즉 태양의 고도와 방위각이 전부 다른 위치가 출발점인 경우에도 이동 방향이 비슷하다는 사실을 알아냈다. 그리고 '같은' 장소에서 출발하여 태양이 같은 곳에 나타나는 경우에도 전혀 다른 방향으로 이동하는 고래들도 있다. 혹등고래가 자신의 위치를 파악할 때 활용하는 다른 참조 기준이 있다는 의미다. 태양에만 의존할 수 없다면 그 다른 기준은 무엇일까? 가야 할 방향을 찾아서 이동하는 수많은 동물이 이러한 궁금증을 불러일으킨다. 태양, 별, 달, 지형지물, 후각 신호, 기억, 유전적 특징 등 생물 종마다 활용하는 전략이 다양하지만, 이 가운데 어떤 것도 이토록 많은 동물이 놀라울 만큼 정확하게 방향을 찾는 강력한 능력을 보유하게 된 원리를 완전하게 설명하지 못한다. 그 결과, 과학계는 방향 탐색 도구상자에서 가장 단순한 도구로 여겨지는 요소에 점점 더 많은 관심을 기울이고 있다. 혹등고래나 큰뒷부리도요처럼 가장 복잡하고 까다로운 이동 방식을 설명해 줄 수 있을 것으로 기대를 모으는 이 요소는 바로 자력이다.

동물이 자력으로 방향을 찾을 수 있다는 생각은 과학계에서 수십 년간 사이비 과학으로 폄하됐다. 그러다 1958년에 독일의 젊은 대학원생이 정말로 이 생각이 틀렸는지 마지막으로 입증해 보기로 했다. 과학 역사가인 리사 폴락Lisa Pollack의 설명에 따르면 볼프강 빌취코wolfgang wiltschko라는 이 대학원생이 다른 학생이 진행했던 실험을 재구성해 달라는 요청을 받았다. 새들을 햇빛도 들지 않고 별도 보이지 않는 폐쇄된 공간에 두는 실험이었는데, 빌취코는 이런 환경에서도 새들이 방향을 찾아낸다는 사실을 확인하고 깜짝 놀랐다. 새들의 이 같은 행동은 두 가지로 설명할 수 있었다. 자력을 활용하거나 별에서 발산된 전파신호를 활용한다는 것이다. 빌취코는 이 가운데 별의 전파신호가 유력하다고 예상했다. 이에 따라 그는 지구의 지자기장을 약화시키는 철재 상자에 유럽 울새를 집어넣고 며칠간 그대로 두는 방식으로 새들의 생체 시계를 변화시키려고 했다. 하지만 방향 탐색 실험용 케이지로 옮기자 이 유럽 울새들은 완벽히 방향을 찾아냈다. 그가 자북 방향을 거꾸로 바꾸어도 새들은 그 변화를 감지하고 날아가는 방향을 바꾸었다. 아내이자 동료 과학자인 로즈비타Roswitha와 함께 연구를 이어간 결과, 빌취코는 새들이 복각, 즉 지구 자기장과 수평면 사이의 각을 활용하여 방향을 찾는다는 확신을 가졌다. 그리고 이 가정을 증명하기 위해 새들을 대상으로 수십 건의 실험을 실시했다. 이후 상어, 홍어, 동굴도롱뇽, 달팽이, 가오리류, 심지어 꿀벌도 자력을 보유한 것으로 보인다고 밝힌 새로운 연구 결과들이 속속 발표됐다. 2000년 초까지 과학자들은 철새 중 17종과 전서구가 복각을 활용한다는 사실을 밝혀냈다.

　이제는 동물들이 지구의 지자기장을 '읽을' 수 있는 생체 나침반을 보유하고 있다는 것이 동물들의 방향 탐색 능력에 관한 가장 유력한 설명으로 여겨진다. 장거리를 이동하는 생물 종들을 비롯해 현재까지 실험이 실시된 거의 모든 동물이 지자기장을 활용하여 방향을 찾을 수 있는 것으로 확인됐다. 프라하의 수산 시장 수조 속에서 지내는 잉어는 항상 몸을 남북 방향으로 두고, 도롱뇽과에 속하는 영원이라는 동물도 동일한 행동을 보인다. 개들이 긴장을 풀고 몸을 웅크려 쉴 때도 마찬가지다. 말, 소, 사슴은 풀을 뜯을 때 몸을 남북 방향으로 두지만 자기장을 흐트러뜨리는 전력선 아래에서는 이 같은 행동이 나타나지 않는다. 붉은여우는 쥐를 발견하고 와락 덮칠 때 대부분 북동쪽에서 공격을 가한다. 그러므로 이런 동물들에는 모두 소리를 듣는 귀나 공간을 보는 눈처럼 자력 수용체로 기능하는 세포 기관이 분명 존재할 것이다.

　20세기에 광범위한 생물 종에서 이러한 능력이 입증되자 동물이 자력을 토대로 방향을 탐색하는 것이 공통 이론일지 모른다는 생각도 점차 늘었다. 자력에 의존하는 생체 나침반으로 혹등고래 같은 동물들이 보유한 능력도 설명할 수 있을까?

　그럴지도 모른다. 한 가지 문제가 있다면, 누구도 그 사실을 밝혀낼 수 없다는 것이다.

생물학적 나침반에 관한 연구가 반세기 가까이 이어지는 동안 생물학자, 화학자, 심지어 물리학자까지 이 주제에 매료됐다. 그러나 동물들이 보유한 자력 수용체의 해부학적 구조나 작용 기전, 위치, 신경과의 연결 양상은 아직도 수수께끼로 남아 있다. 바다거북의 방향 탐색 능력을 전문적으로 연구해 온 케네스 로먼Kenneth Lohmann은 "미칠 정도로 까다로운"[11] 연구라고 이야기한다. 로먼은 〈네이처〉에 게재한 글을 통해 자기장은 생체조직을 자유롭게 통과할 수 있으므로 자력 수용체는 동물의 몸속 어디에든 존재할 수 있다고 설명했다. 현미경으로도 볼 수 없을 만큼 극히 작고 전신에 분산되어 있을 가능성도 있으며 자력 수용이 화학 반응으로 이루어져 그러한 기능을 담당하는 단일 기관이나 구조물 자체가 없을 수도 있다. "대체 '어떻게' 가능한가, 우리는 여전히 간절하게 찾고 있습니다." 지질학자 조 키르치빙크Joe Kirschvink는 내게 이렇게 말했다. "그 생체 시계를 찾는 건 건초더미 속에서 바늘을 찾는 것과 같아요."

나는 영국 왕립 방향 탐색 연구소Royal Institute of Navigation가 주최한 콘퍼런스에서 키르치빙크를 만났다. 하늘과 바다, 강, 우주의 현대적인 항법을 집중적으로 다루는 이 연구소에서는 3년마다 전 세계 저명한 과학자들이 한자리에 모여 동물의 방향 탐색 능력에 관한 연구 결과를 공유한다. 내가 참석한 해에는 런던에서 남서쪽으로 몇 킬로미터 떨어진 곳에 자리한 로열 홀러웨이 칼리지에서 콘퍼런스가 열렸다. 빅토리아 시대에 지은 화려한 건축물이 그대로 남아 있는 이 대학은 내부가 워낙 화려해서 드라마 〈다운튼 애비Downton Abbey〉 세트장으로도 활용됐다. 차와 샌드위치를 마시며 잠깐 쉬는 시간에 나는 이 행사가 수십 년간 한 분야에서 연구해 온 학자들이 모이는 자리임을 확실히 깨달았다. 그만큼 분위기는 화기애애했지만 학자들의 견해는 선명하게 나뉘었다.

한쪽에서는 동물세포에 철 결정인 자철석이 존재하며 이 세포들로 구성된 지자기장을 감지하는 기관이 발달했다는 추정으로 생물학적 나침반의 기능을 설명한다. 다른 한쪽에서는 자력 수용 기능은 지자기장의 영향을 받는 생화학적 반응으로 가장 명확히 설명할 수 있으며 양자물리학적 특징에 좌우되는 방향 탐색 모형이라고 본다. 이들 중에는 두 가지 기전이 결합되어 생체 나침반의 기능이 이루어진다고 보는 사람들도 있다. 그러나 내가 콘퍼런스에서 만난 많은 과학자들은 각자 확보한 실험실 예산 전체를 이 중 한 가지 가설을 입증하는 연구에 할애했다. 생체 나침반에 관한 연구가 과학적으로 경쟁이 일어나는 주제가 된 것이다. 과학계는 이 경쟁을 통해 지금까지 오랫동안 풀 수 없었던 문제를 해결함으로써 두각을 나타낼 수 있다. 그뿐만 아니라 기술, 의학 분야에서 광범위하게 응용될 수 있는, 아주 많은 것이 이 경쟁에 달려 있다. 예를 들어 생물학적 나침반의 기전이 밝혀지면 신생 분야인 양자생물학이 한 걸음 더 발전하는 추진력으로 작용할 것이다. 양자생물학에서는 양자역학을 "생물학이 존재하는 심층 기질"[12]을 넘어 수많은 생물학적 현상에 기반이 되는 기전이라고 본다. 혹은 생체 나침반에 관한 연구 결과가 자기장을 활용하여 세포 내 분자를 제어하는 자기유전학의 새로운 시대를 여는 시작점이 될 수도 있다.

키르치빙크는 프린스턴대학에서 박사 과정을 밟는 동안 꿀벌과 전서구에서 자철석으로 불리는, 자연적으로 생긴 철 산화물을 발견했다. 그는 이 광물을 발견한 즉시 동물이 보유한 생물학적 나침반의 기반으로 제시했다. 그가 쓴 논문에는 세포에 자철석 결정이 몇 개만 있어도 동물이 지자기장을 감지할 수 있다는 내용이 나와 있다. 이후 지금까지 그는 동물의 방향 탐색 능력은 자철석으로 설명할 수 있다는 확고한 믿음을 열정적으로, 거리낌 없이 주장한다. 키르치빙크는 이 이론이야말로 방대한 동물에서 나타나는 이동 행동을 가장 합리적으로 설명할 수 있는 진화 경로라고 이야기했다. 미미하게 작용하던 기능, 즉 자기장에 대한 자철석의 수용성이 자연선택의 한 부분이 되고 돌연변이와 유전자 복제를 거치면서 그 기능이 점점 향상되어 큰뒷부리도요 같은 방향 탐색의 귀재가 나타났다는 것이다. "이러한 일들은 단계적으로 이루어져야 합니다. 선별할 수 있는 무언가가 있어야 하고요. 자력이 있으면 그 과정이 수월해집니다." 키르치빙크의 설명이다.

실제로 수많은 동물에 자철석이 존재한다는 사실 자체가 이것이 생체 나침반의 원리임을 나타내는 확실한 근거가 아닐까 하는 생각이 든다. 2000년대 전반에 걸쳐 많은 학자가 무지개송어의 후각세포, 뒤쥐의 뇌, 전서구의 윗부리에 잠재적인 자력 수용체가 존재한다는 연구 결과를 발표했다. 그러나 오스트리아 빈의 분자 병리학 연구소 연구진은 비둘기 수백 마리의 부리를 잘라 염색법으로 철 함량이 높은 세포를 찾아본 결과 그러한 세포 수에 큰 차이가 있다고 밝혔다. 철 함량이 높은 세포가 100~200개에 그친 비둘기가 있는 반면 수만 개씩 존재하는 비둘기도 있었다. 백혈구의 면역반응에 따라 새들의 체내에서 이러한 세포가 생겨났다고 보는 것이 가장 신빙성 있는 설명이다. 그렇다고 자철석 가설이 무효라는 의미는 아니다. 오히려 그 반대다. "자성을 가진 세균 하나가 고래에서 나침반 한 개와 같은 역할을 할 수 있습니다. 세포 하나가 말이죠. 그걸 찾은 건 행운이었습니다." 키르치빙크는 이렇게 전했다.

그가 꿀벌에서 자철석을 발견한 무렵에 독일의 물리학자 클라우스 슐텐Klaus Schulten은 짝이 없는 전자를 하나씩 가진 두 분자, 즉 라디칼 쌍이 어떻게 자기장에 반응할 수 있는지 연구했다. 이 라디칼 쌍의 두 전자 사이에 얽힘성이나 결합성과 같은 상관관계가 생기면 입자나 파동이 서로에게 영향을 주고, 이러한 영향은 서로 멀리 떨어져 있거나 분리된 경우에도 나타난다. 자기장이 전자의 회전 운동을 조절할 수 있다는 의미다. 슐텐은 2년 후 발표한 두 번째 논문에서 이 같은 현상이 새들이 보유한 생물학적 자력 감지 기능의 바탕이 될 수 있다고 제안했다. 그는 이것이 일종의 "화학적 나침반"[13]이며 빛에 의해 전자전달 반응이 일어나 라디칼 쌍이 생성될 때 촉발된 후 외부 자기장의 영향을 받게 된다고 설명했다.

이후 20년 동안 이와 같은 라디칼 쌍의 반응이 동물의 체내 어디에서 이루어지는지 아무도 밝히지 못했다. "라디칼 쌍에 의한 기전이 사실인 건 분명하지만, 새의 몸 안에서 그러한 반응이 일어날 것으로 짐작만 할 수 있을 뿐입니다." 옥스퍼드대학에서 물리학과 이론화학을 가르치는 피터 호어Peter Hore 교수는 내게 이렇게 전했다. 슐텐은 2000년에 당시 새로이 발견된 크립토크롬이라는 단백질이 그 기능을 담당할 수 있다고 밝혔다. 식물에서 발견된 크립토크롬은 광합성이 진행되는 동안 식물의 성장을 조절하는 것으로 여겨진다. 크립토크롬은 플라보단백질의 하나로 파란색 빛에 반응한다. 이후 세균에서도 발견된 데 이어 제왕나비, 초파리, 개구리, 새, 심지어 사람의 망막에서도 크립토크롬이 발견됐다. 그리고 지금까지 소위 양자 나침반으로서 기능할 수 있는 유일한 후보로 남아 있다.

호어 교수는 라디칼 쌍의 동태를 중점적으로 연구하던 중 슐텐이 제시한 크립토크롬의 기능에 흥미를 느끼고 그 가설을 시험해보기로 했다. 콘퍼런스에서 만난 호어 교수는 새하얀 머리카락에 얇디얇은 테가 인상적인 안경을 쓴 고풍스러운 모습이었는데, 내게 "가망 없으면 지원이 중단되는 연구"를 설계하는 것이 얼마나 어려운 일인지 설명했다. 크립토크롬에서 생성된 라디칼 쌍이 자기장에 반응한다는 사실은 연구로 밝혀낼 수 있는 부분이지만, 크립토크롬에 영향을 줄 수 있는 가장 약한 자기장도 지구 자기장보다 20배 '더 강력한' 수준이라, 엄청나게 약한 지구 지자기장에 어떻게 이런 라디칼 쌍이 반응할 수 있는지는 아직 누구도 밝혀내지 못했다. 무엇보다 세포가 실제로 기능하는 환경을 실험적으로 똑같이 재현하는 것 자체가 거의 불가능한 실정이다. 호어 교수는 크립토크롬이 생물학적 나침반인지 여부를 검증하려면 앞으로 최소 5년, 길게는 20년까지 더 연구가 필요하다고 전망했다. 결과가 마침내 밝혀지면 양자가 살아 있는 생물에 끼치는 영향을 다루는 양자생물학의 새로운 시대가 열리는 중요한 기점이 될 것이다.

진화 과정에서 자연이 양자역학을 활용할 수 있다는 생각은 놀라운 만큼 논란이 되는 사안이다. 한 예로 광합성에서 광자가 흡수되어 세포의 반응 기관으로 옮겨질 때 전자의 들뜬상태가 유발되는 것으로 밝혀지면서 양자 동력학과 광합성의 연관성이 입증됐다. 이와 같은 증거가 더 많이 밝혀지면 새로운 양자 기술의 탄생으로 이어질 수 있다. "이러한 작용이 정말로 양자생물학에 해당한다면 자연이 가르쳐준 교훈을 바탕으로 우리의 자력 감지 능력을 향상시킬 수도 있고, 더 효율적인 태양전지를 만들 수도 있으리라 생각합니다." 호어의 설명이다.

◄•►

2011년에 발표된 한 혹등고래 연구 결과에는 자력만으로 고래의 이동을 다 설명할 수 없다는 결론이 담겨 있다. 혹등고래가 이동하는 방향과 복각 또는 편각 사이에 일정한 관계를 전혀 찾을 수 없었다는 근거에서 나온 결론이다. 런던의 그 콘퍼런스에서도 나는 소규모의 학자들이 자성 이론으로 동물의 방향 탐색 능력을 일괄적으로 설명할 수 없다는 회의적 견해를 갖고 있다는 사실을 알 수 있었다. 막스 플랑크 생물 인공두뇌연구소의 캐나다 출신 젊은 생물학자 키라 델모어Kira Delmore는 두 종류의 아종으로 나뉘는 스웨인슨 개똥지빠귀를 집중적으로 연구해 왔다. 각 아종이 서로 다른 경로로 이동하는데, 둘 다 중미로 향하지만 한 쪽은 북미 대륙의 서부 해안을 따라 날아가고 다른 한 종류는 북미 대륙의 중서부 지역을 지나간다. 델모어는 지리적 위치를 확인할 수 있는 장비와 유전자 염기서열분석을 함께 활용하여 두 아종의 각기 다른 이동 행동이 특정 유전적 성향과 관련되어 있는지 조사했다. 한마디로 이동 시 방향 탐색 능력을 유전학적으로 설명할 수 있는지 조사한 것이다. 여러 해에 걸친 연구 결과 델모어는 남쪽 또는 남서쪽으로 날아간다는 새의 결정에 유전학적 기반이 '존재한다'는 사실을 확인했다. "이동은 너무나 복잡한 행동입니다. 그래서 어떤 유전자 하나로 왼쪽으로 갈 것인지 오른쪽으로 갈 것인지 결정된다는 건, 너무 믿기 힘든 일이에요."

휴 딩글은 진화 과정에서 스스로 '이동 증후군'[14]이라 명명한 특징이 생겨났다는 의견을 밝혔다. 그는 생명 유지 활동을 억제하고 지방을 연료로 활용하는 것, 그리고 방향을 탐색하는 것과 같은 여러 가지 행동과 생리학적 반응들이 나타나는 이동 증후군은 다양한 생물 종에서 공통으로 나타나며 이러한 증후군을 보이는 생물을 이동성 생물로 정의할 수 있다고 설명했다. 여기서 증후군syndrome의 의미를 살펴보면 흥미로운 사실이 드러난다. '함께'를 뜻하는 그리스어 'sun'과 '달려가다'는 의미의 그리스어 'dramein'에서 유래한 이 표현은 16세기에 증상, 질병, 장애, 병을 가리키는 의학용어가 되었다. 어쩌면 봄마다 북극을 향해 북쪽으로 날아오는 흰기러기의 심정이 바로 그 어원에 그대로 담겨 있는지도 모른다. 선택의 여지가 없는, 강력한 충동에서 비롯되는 행동일지도 모른다는 의미다. 1702년에 조류학자 페르디난드 폰 페르누Ferdinand von Pernau는 조류의 이동은 "적당한 시기에 나타나는 숨겨진 욕구"[15]에 의해 시작된다고 설명했다. 18세기 후반에 동식물 연구가 요한 안드레아스 나우먼Johann Andreas Naumann은 유럽 꾀꼬리와 알락딱새를 실내에서 키우면서 방문에 작은 구멍을 뚫고 밖에서 지켜본 결과, 겨울이 되면 새들이 갇혀 있는 곳에서 탈출하려고 안절부절못하고 초조해하는 모습을 보였다고 밝혔다. 찰스 다윈은 존 제임스 오듀본John James Audubon이 "야생 거위의 날개 끝부분을 잘라 제한된 공간에서 가둬 기른" 적이 있으며 이 새들은 "이동 시기가 되자 비슷한 환경에 놓인 다른 모든 철새와 마찬가지로 극히 불안해하다가 결국 탈출했다"[16]는 글을 남겼다. 내면의 어떤 갈망이 거위들로 하여금 북쪽으로 멀리 날아가야 한다는 마음을 불러일으켰을까? 그러한 욕구를 북돋우는 힘은 무엇일까? 우리 인간에게도 그리 생경하지 않은 감정, 혹은 직감이다. 스위스계 미국인 심리학자 엘리자베스 퀴블러로스Elizabeth Kübler-Ross는 동물과 인간의 숨겨진 욕구가 비슷하다고 보았다. 젊은 시절, 유럽을 떠나 배로 생전 처음 가 보는 미대륙을 향해 가는 동안 로스는 일기에 다음과 같은 글을 남겼다. "거위는 태양을 향해 날아가야 하는 때를 어떻게 알까? 누가 거위들에게 계절을 알려줄까? 우리 인간은, 이제 떠나야 할 때라는 것을 어떻게 알까? 철새들처럼, 내면에서 들려오는 목소리가 분명 존재하며, 귀를 기울일 때만 언제 미지의 장소로 가야 하는지 확신을 갖게 되는 것 같다."[17]

우리는 길을 찾으며
인간이 되었다

이칼루이트 북부의 현대적인 아파트에서, 나는 곳곳에 이누이트 전통 언어로 지명이 적힌 커다란 등고선 지도를 펼쳐 놓고 그 앞에 섰다. 가운데 생고기가 그대로 남아 있는 카리부 육포를 우물거리는 내 옆에는 케이프 도싯Cape Dorset 출신 서른일곱 살의 사냥꾼 대니얼 타우키Daniel Taukie가 서 있었다. 배핀 섬 극서부 해안에 자리한 케이프 도싯은 예술로 새롭게 각광받는 곳이다. 타우키는 그날 함께 가 볼 호수를 가리켰다. 우리가 있던 곳에서 북쪽으로 130킬로미터쯤 떨어진 곳에 있는 그 호수는 영어로 '미친 호수Crazy Lake', 이누이트어로는 '특이한 모양의 호수인 척하는 얕은 호수'라는 의미로 '타실루크 호수Tasiluk Lake'라 불리는 곳이었다. 그는 호수 근처에서 들꿩을 사냥할 참이었다. 새하얀 털을 가진 들꿩의 진한 보라색 연한 살은 생으로 먹으면 그야말로 일품이다. 나는 다양한 크기와 형태의 돌을 쌓아서 만든 이눅슈크(복수형 명사는 inuksuit, 단수형 명사는 inuksuk)를 찾아볼 계획이었다. 이누이트어에서 이눅슈크는 '한 사람이 가진 능력으로 할 수 있는 일'[1]을 의미한다. 돌 수십 개로 이루어진 것도 있고 돌 두세 개로만 이루어진 것도 있으며, 만들어진 목적도 방향 찾기, 사냥, 고기 저장 등 다양하다. 나는 솔로몬 아와로부터 '미친 호수' 근처에 가면 아주 오래된 이눅슈크를 볼 수 있다는 이야기를 들었다. 타우키는 자진해서 나를 그곳에 데려다주겠다고 제안했다.

내가 타우키와 처음 만난 곳은 누나부트 북극 칼리지였다. 함께 호수로 향하기 얼마 전, 타우키는 야생동물 관리에 관한 2년 교육 과정을 마치고 졸업했다. 잘생긴 외모에 서글서글한 그는 열정적인 사냥꾼이라 육지 여행에 관해서는 모르는 것이 없는 지식 창고나 다름없다. "그게 타우키가 사랑하는 일이고, 그는 사랑하는 일을 하지. 플로리다로 휴가를 떠난다? 글쎄, 아마 타우키라면 빙원 가장자리로 가서 새끼 물개를 잡는 쪽을 택할걸." 그를 가르친 교사 중한 사람인 제이슨 카펜터Jason Carpenter가 한 말이다. 늑대 사냥을 특히 좋아하지만 카리부, 바다코끼리, 북극곰, 여우도 사냥한다. 2009년에는 케이프 도싯에서 100년 만에 처음으로 실시된 북극고래 사냥에 참여했다. 40킬로미터 해안에서 실시된 이 행사에서 사냥꾼들이 저마다 고래를 찾고 있을 때 선두로 작살 사냥에 나선 타우키는 가장 먼저 길이 15미터짜리 고래를 잡는 데 성공했다. 고래가 숨이 끊어진 후에 해안까지 끌고 오는 데만 8시간 가까이 걸렸다. 미리 모여 있던 500여 명은 사냥꾼들과 이들이 잡아 온 고래를 환영하며 맞이했다.

"GPS는 안 가지고 갈 겁니다." 타우키는 슬며시 웃으면서 말했다. 그는 장비의 도움을 받는 건 그리 좋은 여행법이 아니라고 생각하는 사람이었다. "지름길도 없어요. 가는 길이 하나밖에 없거든요. 절벽도 하나 없어서 의존할 만한 기준도 거의 없습니다. 있다고 해도 드넓은 평원이나 주변이 온통 새하얀 곳들이 전부예요." 어린 시절부터 아버지를 비롯해 마을 사람들과 함께 카리부 사냥을 했던 타우키에게 지도나 GPS 없이 야간에 4~5시간을 이동해서 동물들이 무리지어 있는 곳에 도착하는 건 일상이었다. 이제는 빠르게 이동할 수 있는 설상차에 GPS까지 활용되는 경우가 워낙 많고, 카리부 개체수도 최근 수년 동안 크게 줄었다. "설상차를 이용하면 우리가 평소에 가던 거리보다 더 멀리까지 갈 수 있어요. 그래서 이전까지 한 번도 사냥을 해 본 적 없는 곳에서 잡아 오는 동물들이 계속 늘었죠. 솔직히 저도 사냥감이 줄고 있다는 걸 느껴요. 2주 동안 사냥하는 카리부가 다섯 마리 정도거든요." 타우키는 내게 설명해 주었다.

그의 여행 이야기를 듣다 보니 배핀 섬 대부분을 뒷마당처럼 훤히 알고 있다는 인상을 받았다. 한번은 이칼루이트부터 케이프 도싯까지 19시간 반을 잠도 자지 않고 설상차로 홀로 이동한 적도 있다고 한다. 그때 타우키가 택한 경로 중 일부는 몇 번 들어보기만 했던 옛날 길이다. 호수로 떠나기 전, 벽에 걸린 지도를 살펴본 건

순전히 나를 위한 배려였다. 우리는 밖으로 나가서 타우키의 나무 썰매('카무틱')에 짐을 실었다. 해는 새벽 3시부터 이미 떠올라 있었고 푸른 하늘은 너무나 청명했다. 공기가 어찌나 차가운지 발을 디딜 때마다 땅이 와자작 부서질 것만 같았다. 우리는 파란색 방수포 아래에 배낭과 아이스박스, 삽, 뜨거운 물이 담긴 보온병과 빵을 챙겨 넣고 침대 시트를 꼼꼼히 정리하듯이 끄트머리를 신중하게 접어 넣었다. 그리고 썰매의 날과 날 사이를 밧줄로 감고 그 위에 짐 꾸러미를 실은 뒤 다시 전체적으로 밧줄을 두르고 단단히 묶었다. 타우키는 구릿빛 얼굴과 잘 어울리는 편광 선글라스를 쓰고 여분의 연료가 담긴 5갤런들이 연료통을 썰매에 고정시켰다. 그리고 라이플 두 자루를 가슴에 멨다. 그런 다음 우리 두 사람은 설상차에 올라타고 타우키의 아파트를 벗어나 언덕에 올라 이칼루이트 동쪽 국경과 면한 골짜기로 향했다. 그리고 강렬한 햇빛 아래 바위와 눈이 가득한 평원이 끝없이 펼쳐진 곳으로 사냥을 하러 떠났다.

그토록 많은 동물이 놀랍도록 정확하게 방향을 찾아낼 때 활용하는 생물학적인 하드웨어를 인간은 언제 잃어버렸을까? 해마가 그 기능을 대신하게 된 것일까? 신경과학자 하워드 에이헨바움이 내게 지적한 것처럼 화석으로 남은 기록 중에 뇌의 해마는 없다. 수십만 년 전에 해마가 어떤 기능을 했는지 우리는 알 수가 없다. 과학자들도 해마의 진화를 추측만 할 뿐이다. 그러나 굉장히 오래된 기관이라는 점, 최소 수억 년 전부터 존재한 기관이라는 사실에서 중요한 단서를 찾을 수 있다. 2억 5000만 년 전 이후로는 인간과 공통 조상이 없는 조류도 양서류, 폐어, 파충류와 마찬가지로 중막 외피로 불리는 구조를 가졌다. 척추동물 중 포유동물에서 형성되는 해마처럼 중막 외피는 이러한 생물 종에서 공간과 관련된 기능을 수행한다. 생물이 분화되고 나누어지는 과정에서 공간을 인지하는 특정 기능 중 일부는 보존되고 그 밖에 다른 특성은 제각기 다른 생태 환경이나 선택압에 따라 조절되었을 가능성을 떠올릴 수 있는 부분이다. 하지만 인간과 다른 척추동물의 진화에 공통점이 상당히 많고 해마가 기억과 방향 탐색과 같은 인지기능과 관련 있다는 사실이 밝혀진 후에도 의문은 남아 있다. 해마의 크기 그리고 인간의 삶에 해마가 하는 기능의 면에서 왜 다른 동물들과 그토록 큰 차이가 생겼을까? 심리학자 대니얼 카사산토Daniel Casasanto의 표현을 빌리자면 "먹이를 찾아 돌아다니던 사람들이 어떻게 진화적으로 눈 깜짝할 사이에 물리학자로 변모했을까?"[2] 어쩌면 그날 타우키와 내가 길을 떠난 목적인 사냥이 인간의 독특한 방향 탐색 전략과 지능에 영향을 주고, 궁극적으로는 우리가 가장 인간다운 특징으로 여기는 '이야기' 능력을 낳았을지도 모른다.

◄•►

셜록 홈스와 지그문트 프로이트는 그다지 공통점이 없어 보인다. 한 명은 범죄를 조사하는 소설 속 탐정이고 다른 한 사람은 정신분석학이라는 분야를 만든 정신의학 전문가다. 하지만 이탈리아의 역사가 카를로 긴츠부르그Carlo Ginzburg는 특정 유형의 정보를 숙달하는 데 있어서 이 두 사람이 해낸 일에 유사한 부분이 매우 많다고 했다. 바로 추측 지식, 혹은 근거 지식으로 불리는 정보다. 긴츠부르그는 "보기에는 별로 중요하지 않은 데이터로부터 직접 경험할 수 없는 복합적 현실을 구축하는 능력"이 그러한 지식에 해당한다고 설명했다. 이 같은 데이터는 발자국이나 예술품, 텍스트의 일부 등 대부분 과거의 흔적들로 구성된다. 프로이트에게 이 흔적은 그가 환자에게서 관찰한 증상이고 홈스에게는 범죄 현장에서 수집한 증거다.

긴츠부르그는 19세기 말 예술사부터 의학, 고고학까지 다양한 분야와 아서 코난 도일, 프로이트 등 여러 인물에 영향을 준 인식론에서 근거 지식이 생겨났다고 주장했다. 그리고 영향이 발휘된 것은 이 시기이나 뿌리는 훨씬 오래전으로 거슬러 올라간다고 보았다. 인류가 사냥하던 시절의 그 기술에서 시작됐다고 주장한 것이다. 그가 1989년에 발표한 《증거, 미신, 역사적 방법*Clues, Myths, and the Historical Method*》에는 다음과 같은 설명이 나온다.

인류는 수천 년 동안 사냥꾼으로 살았다. 수도 없이 추격을 이어 가는 동안 인류는 땅에 남은 이동 흔적이나 부러진 나뭇가지, 배설물, 빠진 털 뭉텅이, 엉킨 깃털 뭉치, 공기 중에 남아 있는 냄새로 눈에 보이지 않는 먹이의 형태와 움직임을 재구성하는 법을 배웠다. 침을 흘리며 지나간 길처럼 극히 미미한 흔적도 냄새로 포착하고, 기록하고, 해석해서 분류하는 법도 배웠다. 그리고 위험이 도사리는

울창한 숲에서나 대평원에서 복잡한 정신 작용이 빛처럼 빠른 속도로 이루어지도록 하는 방법도 배웠다.[3]

긴츠부르그는 사냥꾼이나 탐정, 역사가, 의사가 모두 표식을 읽어내는 패러다임의 한 부분을 구성한다고 보았다. 사냥꾼은 무언가가 이동하면서 남긴 자국을 읽고 해석해서 연속적인 이야기를 만든다. 이야기가 사냥 사회에서 시작됐을 가능성을 제기한 것이다. "최초로 '이야기를 한' 사람은 사냥꾼인 것으로 보인다. 오직 사냥꾼만이 먹이가 남기고 간, 처음에는 알아볼 수 없었던 흔적을 침묵 속에서, 일관된 순서로 된 하나의 사건으로 읽어 낼 수 있기 때문이다."[4]

일부 언어학자들은 최종적으로 기호언어가 된 인류 최초의 조어祖語가 먹을 것을 찾아다니던 인류와 사냥꾼들이 다른 사람들에게 동물이나 물을 구할 수 있는 장소를 알려주려고 상황이나 장면을 재구성하려 노력하던 과정을 거쳐 생겨났을 가능성이 있다고 주장한다. 언어학자 데렉 비커튼Derek Bickerton은 《자연이 필요로 하는 것 이상More Than Nature Needs》에서 언어가 어딘가로 이동할 때, 물리적으로 존재하지 않는 무언가를 설명하고 행동 계획을 조직적으로 수립하는 능력이 필요했고 바로 여기에서 언어가 발전한 것으로 보인다고 밝혔다. 비커튼은 이것이 상당수 사람이 한 무리가 되어 동물 사체가 있는 장소로 함께 이동하고 고기를 얻기 위해 경쟁하는 다른 동물들을 쫓아내면서 이루어진 과정이라는 의미에서 "대립적인 먹이 찾기" 시나리오로 명명했다. 실제로 대립적인 먹이 찾기가 진행되려면 공간을 묘사하고 방향을 알려줄 수 있는 용어가 특히 중요했으리라 예상할 수 있으므로, 당시의 원시적인 대화에 방향 탐색 정보가 상당수 포함되어 있었고 관련된 어휘가 계속 확장되어야 할 필요성도 생겼을 것으로 생각된다. 이 이론대로라면 언어의 탄생은 곧 인간 버전의 꿀벌 춤이 생긴 것으로 볼 수 있다. "동물들은 세상이 이름을 붙일 수 있는 대상들로 구성될 수 있다는 생각 자체를 할 수가 없다. 그러나 선행 인류는 대립적인 먹이 찾기를 위해 무리를 이루면서 그 개념을 받아들여야만 했다. 어떤 선행 인류가 죽어 있는 동물을 발견하고 동족들에게 이상한 소리와 동작을 해야만 했던 유일한 동기는 그 정보를 전달하는 것이다. '저기 언덕 너머에 죽은 매머드가 있어요. 여기로 가져와야 하니 도와주세요!'라고 말이다."[5] 비커튼의 설명이다.

먹이를 찾아다니던 활동은 동물을 직접 추격하는 활동으로 이어졌고 나중에는 덫을 놓고 동물을 잡았다. 덫을 활용하려면 상당한 수준의 추상적이고 복합적인 사고가 필요하다. 영국의 사회인류학자 알프레드 겔Alfred Gell은 사람이 동물을 추격하면 사냥꾼과 동물이 서로 동등한 입장에서 물리적으로 맞서서 겨루지만 덫은 사냥꾼이 희생되는 동물보다 서열상 우위에 있게 만든다고 보았다. 그는 덫은 동물의 행동을 이용할 수 있도록 설계되므로 "동물의 '움벨트'를 치명적인 방식으로 패러디한 것"[6]이라고 설명했다. 즉 덫은 만든 사람과 덫에 걸릴 먹이를 모형화한 결과물이며 "두 주인공을 극적으로 연계시켜 같은 시간과 장소에 존재하도록 연결하는 시나리오"가 내포되어 있다. 인지적인 차원에서 덫을 사용하려면 고난도의 증거 지식이 필요하다. 동물이 어떻게 움직일 것인지 예측하려면 동물의 움직임, 습성, 생활을 이해해야 한다. 덫은 "만든 자의 생각과 희생될 대상의 운명을 읽을 수 있는"[7] 선명한 표지판과도 같다.

과거에는 생존을 위해 누구나 어느 정도는 추적 기술을 갖추어야 했을 것이다. 그러나 오늘날에는 소수만 연습하는 사라진 기술이 되었다. 그렇다고 덫을 놓거나 늑대 사냥을 해 봐야만 일상생활에서 인간의 '추적' 기술이 얼마나 깊이 있고 보편적으로 활용되는지 깨달을 수 있는 것은 아니다. 우리는 무수한 추론과 추정에 의지하여 다른 사람, 다른 대상에 관한 결론을 도출하고 무슨 일이 벌어졌고 무슨 일이 벌어질 것인지 원인과 결과를 파악한다. 우리는 스스로에게 계속 이야기를 들려주고, 실제 현실에 비추어 그 이야기를 시험한다. 긴츠부르그가 이야기한 근거적 패러다임은 인류의 사고체계에서 근원이 된다고 볼 수 있다.

나는 진화 철학자인 킴 쇼윌리엄스Kim ShawWilliams와 이야기를 나눈 적이 있다. 그는 방향 탐색 능력의 최초 목적은 "이동 흔적 읽기"이며 사냥과 추적, 덫을 이용한 사냥에 이 기능이 활용되었다고 믿는다. 쇼윌리엄스는 캐나다 북서부의 산간 오지에서 태어나 어린 시절을 보낸 후 생태학 학위를 취득했다. 이후 뉴질랜드 자연을 누비며 주머니쥐 사냥꾼으로도 활약하고 영화 세트 만드는 일도 하는 등 다방면에서 커리어를 쌓았다. 그러다 뉴질랜드 웰링턴의 빅토리아대학에서 박사 과정을 밟던 시절, 어릴 때 덫으로 동물을 잡아 본 경험이 새로운 의미로 그의 삶에서 다시 떠올랐다. 쇼월리엄 스는 아침마다 스쿨버스를 타기 전, 집 근처에 설치해 둔 덫을 습관 처럼 살펴보다가 있었던 계시적 사건을 떠올렸다. "전날 밤에 눈이 조금 내렸어요. 겨울에 강 위로 눈이 내리면, 바람이 위로 아래로 불 면서 눈 표면이 딱딱해져요. 동물들은 그 위를 고속도로처럼 지나 다니죠." 그는 그날의 일을 내게 들려주었다. "강을 따라 걸어가다 가 그 흔적을 봤어요. 코요테, 여우, 각종 동물이 지나다닌 흔적이었 어요. 그때 문득 우리가 지금의 인간이 되기 전에는 우리도 이런 것 들을 '읽었겠지' 하는 생각이 번뜩 들더군요." 쇼월리엄스는 그 생각 이 떠오르자 먼 옛날 인류 조상들의 의식에 닿은 듯한 기분이 들었 다고 말했다. "정말 짜릿했어요."

현재 뉴질랜드에 머물고 있는 쇼월리엄스는 내게 동물의 이동 흔적을 읽는 능력이 350만~300만 년 전, 인류 최초의 조상으로 널 리 인정되는 호미닌의 인지능력 진화를 촉발한 선택적 자극 요소 가 되었을 가능성이 있다고 설명했다. 그와 같은 진화로 인류의 유 전학적 특성과 형태적 특성, 인지능력, 행동이 변화했다는 것이다. 그는 이어서 230만 년 전인 선신세 초기에 인류의 뇌에서 대뇌화가 시작되고 뇌의 상대적 크기가 증가한 이유는 보다 효율적인 먹이 찾기 활동을 위해 기억을 저장해야 했기 때문이라고 추정했다. "최 초의 대뇌화는 사회-생태학적 정보와 관련 있습니다. 길에 관한 기 억, 기술에 관한 기억, 그리고 한 장소에서 다른 장소로 길을 찾아가 는 능력이 그러한 정보에 해당합니다." 쇼월리엄스의 설명이다. 동물이나 사람의 발자국은 주로 한 장소에서 다른 장소로 이어지는 길 위에 남겨지고, 따라서 그러한 발자국을 따라가면 길을 잃은 사람을 찾거나 다시 무리가 있는 곳으로 돌아올 수 있으므로 방향 찾기에 도움이 된다. 이와 같은 활동이 인지기능에 극적이고 복합적인 변화를 가져온 것이다. "추적을 하려면 환경 속에서 다른 주체가 어떻게 이동해 갔는지 머릿속으로 그려 봐야 합니다. 먹이를 찾아 돌아다니는 여정이 좀 더 효율적으로 이루어져야 하는 상황이 되면서 방향 탐색의 중요성도 커진 것이죠. 방향을 구분하고, 자기중심 또는 타인중심 관점으로 보고, 삼각측량을 실시하고, 어느 길로 가야 하는지 계속 확인해야 했습니다."[8]

쇼월리엄스는 진화와 추적에 관한 자신의 생각을 "사회적 이동 흔적 이론"으로 명명했다. 이 이론에서는 원시 인류가 다른 원시 인류, 동물이 이동한 흔적을 "읽는" 법을 습득하고, 그러한 기호를 토대로 과거에 일어난 사건의 의미를 추론할 수 있게 되었다고 본다. 원시 인류는 그렇게 탄생한 이야기를 바탕으로 미래의 행동을 예측할 수 있었으며 이야기를 활용하여 다른 사람을 찾고, 약탈자를 피하고, 먹이를 성공적으로 사냥할 수 있었다. 또한 이동 경로를 읽을 줄 아는 능력 덕분에 인류의 조상은 길을 표시하는 인공적인 표지와 기호를 처음으로 만들어 냈고, 이는 기호 언어, 음성 언어에 이어 글자의 탄생으로 이어졌다. (책이라는 것도 결국 이리저리 떠도는 마음이 종이 위에 남겨진 글자의 흔적이라고 할 수 있지 않을까?) 더불어 사회적 이동 흔적 이론에서는 다른 사람이나 이동하는 동물이 남긴 자국에서 나타난 패턴을 시각적으로 분석하는 것은 오직 인간만 보유한 능력이며 이 능력에서 인지적으로 독특한 영역이 생겨났다고 본다. 바로 이야기에 필요한 사고다. 추적자는 길 위에 흔적을 남긴 대상의 '몸과 마음' 속으로 들어가 상상한 후 이야기를 만들어 낸다. 이를 위해서는 자기 자신이 중심이 되는 자기 지시성과 타인을 중심에 놓고 다른 사람의 시각에서 바라보는 관점이 모두 필요하다. "덫을 놓은 장소에 내가 노리는 동물이 어떻게 접근할 것인지 머릿속으로 그려 봐야 합니다. 그러려면 내가 그 표적 동물이 된 것처럼 동물의 몸과 마음을 상상해야 해요." 쇼월리엄스의 설명이다. "덫이나 올가미를 설치할 때는 덫을 놓으면서 그 동물의 정신적 상태가 어떠할 것인지 인지해야 모든 작업이 완료됩니다." 이와 같은 전략 속에서 자기 투영과 역할 수행, 정교한 도구 사용, 미래 계획, 상징을 이용한 의사소통 등 인간이 다른 동물과 구별되는 특징이 생겨났다.

이와 같은 인지기능의 순차적인 발달은 자각적 의식autonoetic consciousness, 즉 자기 자신의 존재를 시간 속의 주체로 인식하는 능력과도 맞닿아 있다. 영어에서 autonoetic이라는 단어는 '자각'을 의미하는 고대 그리스어에서 비롯됐다. 조현병 연구 분야에서 가끔 사용되는 용어로, 자신의 생각이 외부에서 비롯됐다고 믿는 질병을 '자각 실인증autonoetic agnosia'으로 칭하기도 한다. 1970년대에 저명한 실험 심리학자 엔델 툴빙Endel Tulving은 과거에 일어난 사건의 회상인 일화 기억을 전후 상황과 분리된 사실에 의식적으로 접근하는 의미 기억과 구분하면서 자각적 의식에 주목했다. 툴빙은 인간이 주관성과 자각적 의식, 경험을 결합시켜 정체성과 자아를 일관되게 유지할 수 있도록 하는 접착제 같은 요소가 일화 기억이라고 보았다. 이러한 일화 기억 체계를 통해 우리는 지금 어느 시간에 놓여 있는지 알고 과거로 떠나보거나 미래를 내다볼 수 있다(미래 관찰 또는 미래 탐사).

툴빙은 이러한 능력이 인간을 다른 동물들과 다른 존재로 만든다고 보았다. "일반적으로 과거의 경험을 기억할 수 있는 동물이 많다고 여겨지지만 인간과 같은 일화 기억, 즉 주관적인 시간과 자아, 자각적 인식의 차원에서 정의되는 기억을 다른 생물 종도 보유한다는 사실은 아직 입증된 적이 없다."[9] 동물들이 특정한 사건의 내용이나 발생 장소, 시점을 기억하지 못한다는 의미가 아니다. 앞서 다른 장에서 설명한 덤불어치 연구 내용을 상기해 보면 동물도 그러한 정보를 기억할 수 있다는 사실을 알 수 있다. 다만 동물들의 이 같은 기억은 일화적 기억과 유사하지만 더 단순화된 능력이며 인간이 보유한 인지능력의 특징인 심오한 자각적 의식과는 차이가 있다. 일부 과학자들은 최근 래트를 이용한 미로 실험 결과들을 살펴보면 이러한 주장에 의문을 제기할 만한 근거가 충분히 나왔다고 본다. 뉴질랜드의 심리학자 마이클 코벌리스Michael Corballis는 래트가 잠을 자는 동안에도 해마가 활성화되는 것으로 볼 때 잠들기 전의 일들이 다시 재생될 뿐만 아니라 나중에 할 일도 예측할 수 있으며, 이는 다른 동물들도 정신적인 시간여행이 가능하다는 사실을 입증하는 근거라고 설명했다. 인간이 다른 동물들과 차이가 있다면 그러한 시간여행의 복잡성이 더 큰 것뿐이라는 의미다. 그러나 툴빙은 아래와 같이 주장한다.

최근 대두된 정치적 정당성의 측면에서 우려하는 사람들이 생기지 않도록, 나는 그러한 주장을 펼친 사람들에게 인간을 제외한 다른 수많은 생물 종에서 나타나는 여러 행동과 인지능력이 똑같이 특별하다는 사실을 잊지 말 것을 다급히 요청한다. 박쥐의 반향정위, 전기를 감지하는 어류, 유전학적으로 방향 탐색 능력을 타고나는 철새들이 일단 떠오르는데 그 외에도 아주 아주 많다. 상식적으로는 도저히 이해하기 힘들지만 실제로 너무나 뚜렷하게 나타나는 이러한 능력이야말로 일화 기억을 새와 다른 동물들도 보유한다는 견해에 의구심을 갖게 한다. 진화의 솜씨는 놀랍도록 영리하게 발휘되므로 자각적 의식과 같은 정교한 능력을 굳이 보유하지 않아도 엄청나게 놀라운 성취를 해낼 수 있도록 진화한다.[10]

이동 흔적 읽기에 관한 가설에서는 추적이 방향 탐색과 먹이 찾기, 물 찾기, 경로 기억, 동물 사냥과 같은 활동에 대폭 활용되는 전략이 되자 인간은 자신이 과거에 했던 경험과 다른 사람들의 경험으로 빚어진 일화 기억을 바탕으로 영역과 경로가 담긴 풍성한 심상 지도를 만들 수 있게 되었다고 설명한다. 인간의 기억력은 이후에도 계속 성장했다. 계절의 변화, 동물들의 이동 패턴, 번식 주기, 서식지와 같은 자연사 정보도 점점 더 축적됐다. 이와 같은 정보를 모두 습득하려면 시간과 에너지가 필요했고 이로 인해 아동기와 청소년기, 즉 신경이 발달하는 기간도 확장되었을 가능성이 있다. 그리고 이 과정을 거쳐 시간과 공간 속에서 경험을 체계적으로 정리하고, 더 먼 곳까지 방향을 찾아가고, 머릿속에 복잡한 지도와 순서를 구성할 수 있는 존재가 탄생했다. 이들은 상징을 이용한 의사소통과 언어를 이용하여 이러한 지리적 정보와 자전적인 이야기를 다른 사람들에게도 전달했다.

◄•►

타우키와 사냥을 하러 떠난 지 얼마 되지 않아 나는 북극 여행에 익숙하지 않은 사람들이 흔히 겪는 문제와 직면했다. 시각적으로는 더 이상 규모를 인식할 수가 없어서 거리 감각이 사라진 것이다. 미국 동부에서 살아온 나 같은 사람은 나무, 빌딩, 가로등 같은 높은 물체가 시야에 가득 찬 풍경에 익숙하다. 나의 뇌는 무의식적으로 이러한 물체를 참조점으로 삼아 나와 풍경 속 어느 장소 사이의 거리를 해석해 왔다. 하지만 북극에서는 가장 큰 나무라고 해봐야 30센티미터쯤 되는 버드나무가 전부라 내 눈에 흔히 들어오던 참나무나 소나무에 비하면 분재 수준에 불과했다. 언덕과 산도 참조점이 될 수 있지만 일단 툰드라에 진입하자 가장 큰 물체는 바위였다. 그래서 수백 미터 떨어진 곳에 있는 줄 알았던 바위가 불과 몇 미터 앞에 있다는 사실을 깨닫는 순간이 이어졌다. 단조로운 풍경이 내 머릿속을 뒤죽박죽으로 만들어 놓았다. 타우키에게는 전혀 문제가 안 되는 일이었다. "전부 다 똑같아 보이겠지만 우리 머릿속에는 아주 세밀한 부분들이 들어와요. 머릿속으로 세세한 부분을 포착하면 더 작은 것들을 보려고 노력한답니다. 여행하면서 무언가를 지나칠 때도 스쳐 지나간 것까지 다 보려고 해요. 보는 각도에 따라 다르게 보이니까요. 그렇게 세세한 부분까지 전부 기억하려고 합니다."

타우키는 시속 80킬로미터로 달리는 동안에도 눈앞에 펼쳐진 풍경 속에 들꿩의 미세한 흔적이라도 나타나지 않는지 철저히 살펴보았다. 동시에 자칫 설상차가 전복될 수 있는 바위나 쩍 벌어진 틈이 있는지도 주의 깊게 살폈다. 나는 머릿속으로 우리가 이동하는 경로를 따라가려고 애썼지만 곧 방향을 잃었다. 점점 더 높은 곳으로 향할수록 기온이 뚝 떨어지고 그만큼 주의는 더 흐려졌다. 얼굴이 꽁꽁 얼어붙어서 코트를 코까지 끌어 올려야 했다. 장갑을 끼지 않으면 1분도 채 지나지 않아 손가락이 아파 오기 시작했다. 그렇게 얼마간 달리다가 타우키는 설상차 속도를 늦추더니 어떤 지점에서 멈추었다. "전 이걸 보고 방향을 확인해요." 나는 그가 가리킨 쪽을 자세히 살펴보았다. 바위 몇 개가 보였다. "바위 뒤쪽의 눈 보이시죠? 그 눈을 보면 우세풍이 어느 방향에서 불어오는지 알 수 있어요." 정말 바람이 불어 가는 방향에 따라 바위에 눈이 볼록하게 솟은 형태로 쌓여 있었다. 아랫부분은 넓고 위로 갈수록 좁아지는 그 형태로 불어온 바람이 바위에 부딪친 후 장애물인 바위를 휘감고 지나간 것을 알 수 있었다. 사스트루기 중에서도 해빙이 혀 모양으로 만들어진 '우콸루라크'가 아닌 '퀴무지우크$_{qimugiuk}$'라 불리는 것으로, 땅에서 돌출된 곳의 뒤쪽에서 발견되는 뾰족한 융기부를 의미한다. 우리가 서 있던 곳에서는 우세풍이 북서쪽에서 불어왔고 그곳의 융기부에 바람이 불어온 방향이 그대로 나타나 있었다. 다시 설상차에 올라 이동하는 동안 나는 퀴무지우크가 어디에나 있다는 사실을 깨달았다. 내 손바닥에 쏙 들어올 만큼 작은 바위에도 동남쪽으로 작은 융기부가 솟아 있었다. 우리는 커다란 언덕을 오른쪽으로 돌아서 지나갔는데, 그 언덕 뒤편에도 거대한 퀴무지우크가 형성되어 있었다. 산이 있었다면 무너진 고층빌딩만 한 퀴무지우크가 형성되었으리라. 나는 태양의 위치를 가늠해 보았다. 해가 남쪽에서 뜨고 밤늦게 북쪽으로 지는 시기였다. 그렇게 퀴무지우크와 태양의 위치를 가늠하다가, 갑자기 어느 쪽이 이칼루이트이고 우리가 어느 방향으로 가고 있는지 정확하게 이해할 수 있었다. 설상차로 몇 번을 꺾고 구불구불 모퉁이를 돌아서 이동했는지는 중요하지 않았다. 완벽에 가까운 이러한 조건에서는 길을 잃는 일이 불가능하다는 사실도 그제야 깨달았다. 생전 처음으로 풍경을 읽은 것이다.

마침내 우리는 가파른 경사면을 지나 정상에 이르렀다. 부드럽게 곡선을 그린 오목한 그릇의 가장자리에 올라온 기분이었다. 아래쪽에는 눈에 덮인 거대한 평원이 펼쳐져 있었다. 그곳이 바로 '미친 호수'가 꽁꽁 얼어붙은 곳이었다. 가장자리를 따라가던 우리는 멀찍이 떨어진 곳에 쌓인 독특한 돌무더기를 발견했다. 이눅슈크였다. 타우키는 설상차를 그 근처까지 몰고 갔다. 가까이 다가가서 자세히 살펴보았다. 60센티미터쯤 되는 직사각형 모양의 돌 하나가 바닥에 놓여 있고 그 위에 멜론 하나와 비슷한 크기의 둥근 바위 대여섯 개가 90센티미터 높이로 쌓여 있었다. 맨 꼭대기에는 분홍빛이 도는 두툼한 돌 하나가 아주 강한 힘을 가하지 않는 한 움직이지 않을 만큼 안정적으로 올려져 있었다. 타우키는 손을 뻗어 맨 아래 바위의 모양을 손바닥으로 가만히 따라갔다. 그러고는 바위 위에 자라난 이끼로 볼 때 북극 기후에서는 그만큼 자라려면 수십 년은 걸리니 아주 오래된 이눅슈크인 것 같다고 이야기했다. "중간에 있는 바위는 방향을 가리키고 있군요." 그러고 보니 그가 가리킨 바위의 한쪽 끝이 미세하게 튀어나와 있고 남서쪽을 가리키고 있었다. 다소 모호하지만 이칼루이트가 있는 방향이었다. 영구 정착지가 마을로 자리를 잡기 전에 만들어진 이눅슈크일 가능성이 높은 만큼 해안 쪽을 가리키는 것일 수도 있다. 우리로선 어느 쪽인지 확신할 수 없었다.

수십 년 동안 이눅슈크를 연구해 온 북극 연구가 노먼 홀렌디 Norman Hallendy는 이 돌무더기가 여행자들의 기억을 돕는 연상 기호의 역할을 한다고 밝혔다. 그는 배핀 섬 남쪽에서만 명칭과 용도가 각기 다른 18종의 이눅슈크를 찾아 문서로 정리했다. 알루콰리크 aluqarrik는 카리부를 잡는 장소, 아우라쿠트aulaqqut는 칼리부에게 겁을 주는 장소를 나타낸다. 눈의 깊이를 나타내는 이눅슈크도 있고 식량을 저장해 둔 장소, 위험한 얼음, 물고기가 알을 낳는 지점, 황철석이나 동석을 캘 수 있는 장소를 알려주는 이눅슈크도 있다. 사냥꾼 중에는 울타리 전체를 이눅슈크로 만들어서 카리부 떼를 원하는 사냥터 쪽으로 몰아넣는 사람도 있었다. 뼈를 매달아 놓는 이눅슈크도 있어서, 바람이 불면 여기에 매달린 뼈들이 부딪치는 소리가 넓은 땅을 지나 멀리서 오는 여행자들에게까지 전달됐다.

방향 탐색을 돕는 것이 이눅슈크의 중요한 용도 중 하나다. 이를 위해 바위는 집으로 돌아갈 수 있는 최적의 경로를 나타내거나 섬에서 본토가 있는 방향을 나타낼 때, 또는 수평선보다 아래에 있는 장소나 특정 계절에 나타나는 동물들이 있는 곳을 가리키는 방향으로 쌓여 있다. 각기 다른 목적에 따라 디자인도 굉장히 다양하다. 투라루트turaarut는 무언가가 있는 쪽을 가리키고 니웅발리룰루크niungvaliruluk에는 창이 나 있어서 안쪽을 들여다보고 먼 곳에 있는 목적지의 방향을 가늠할 수 있다. 날루나이쿠타크nalunaikkutaq로 불리는 또 다른 이눅슈크는 '혼란을 줄인다'[11]는 의미로 번역할 수 있다. 홀렌디는 이누이트족에게 있어서 "시각화 능력, 즉 풍경과 풍경을 이루는 구성 요소를 하나하나 세밀하게 마음속에 기록하는 능력은 생존에 필수적"[12]이라고 설명했다. 그리고 다음과 같이 덧붙였다. "이러한 기술의 일부는 한 장소를 다른 장소와 연관지어 기억할 줄 아는 능력에서 비롯되며, 별다른 특징 없이 펼쳐진 방대한 풍경 속에서 이눅슈크는 큰 도움이 된다. 숙련된 사냥꾼은 노인들이 잘 알고 있는 이눅슈크의 형태를 전부 기억할 뿐만 아니라 각각의 이눅슈크가 있는 위치, 그곳에 세워진 이유도 함께 기억한다. 이 세 가지 필수 정보가 없으면 이눅슈크에 담긴 메시지를 완전히 이해할 수 없다."

돌무더기의 관점에서 이눅슈크는 놀라울 정도로 지속성이 우수하다. 폰드 인렛과 인접한 배핀 섬 북쪽에 자리한 칼튼대학의 고고학자 실비 르블랑Sylvie LeBlanc은 호수 한 곳에서 만 입구까지 이어지는 경로를 표시하기 위해 연이어 세워진 100여 개의 이눅슈크를 연구해 왔다. 도싯 문화가 시작되기 이전 시기의 문화부터 극북 지역, 이누이트족까지 북극의 모든 문화를 대표하는 사람들이 활용한 것으로 보이는 구조물이다. 10킬로미터에 달하는 전체 길이는 최소 4500년 전에 만들어진 것으로 추정되며 기록된 가장 오래된 방향 탐색 시스템으로 여겨진다.

모든 이눅슈크의 의미를 해독할 수 있는 로제타석 같은 실마리는 존재하지 않는다. 하나하나가 특별하고, 자신이 구한 돌을 열심히 연구한 후 돌의 모양과 무게를 감안하여 메시지가 담길 수 있도록 쌓아 올린 것이 이눅슈크다. 그 속에 담긴 의미를 해독하기 위해서는 거기에 적용된 정보를 추론하고 만든 사람의 마음속으로 들어가야 한다. 어디로 가는 중이었을까? 무엇을 하고 싶었을까? 이 돌을 통해 무엇을 말하려고 했을까? 타우키는 이눅슈크를 만든 사람의 의도를 이해하는 데 어느 정도 시간이 걸리더라도 그것을 만든 이들의 지혜를 절대적으로 신뢰한다고 이야기했다. 이눅슈크를 연구해서 더 나은 경로를 알아낼 수 있었던 경우가 많았기 때문이다. 북극 곳곳을 이동하는 사람들 중에는 이눅슈크를 방향 찾는 도구로 활용하거나 사냥에 참고하지 않아도 그저 발견하는 것만으로 마음이 너무나 편안하고 안락해진다고 하는 경우도 있었다. 쌓여 있는 돌이 보이면, 수백 년 전이라 할지라도 누군가가 그곳에 다녀갔다는 것을 알 수 있다. 이칼루이트 주민 중 한 사람은 내게 이칼루이트에서 팡니루퉁Pangnirtung까지 개썰매로 16일에 걸쳐 이동하는 동안 이눅슈크 400여 개를 본 적이 있다는 이야기를 들려주었다. 또 어떤 이들은 사방천지가 새하얀 환경에서 분명 길을 잃었다는 생각에 불안감이 엄습할 때마다 희한하게도 이눅슈크가 불쑥 나타난다고 이야기했다.

◄•►

다시 설상차에 올라 이동하던 중 나는 돌무더기 한 곳을 가리키면서 타우키에게 물었다. "이눅슈크인가요?" "아니요, 저건 그냥 돌 같은데요." 그가 예의 바르게 대답했다. 사람이 이룩한 결과물과 바람, 눈, 물리학, 확률, 시간이라는 자연 요소들의 영향을 받아 독보적이고 별난 디자인으로 탄생한 결과물을 구분하기는 생각보다 어려웠다. 커다란 돌이 더 작은 돌 위에 위태위태하게 올라가 있는 경우처럼 말이다. 이눅슈크와 자연의 창조물을 구분하기 힘들었던 데는 풍경 속에 드러난 인간의 미묘하면서도 이성적이고 독특한 독창성을 더 많이 확인하고픈 내 마음도 영향을 주었을 것이다.

들꿩을 단 한 마리도 발견하지 못했던 타우키는 어떻게든 사냥을 해야겠다고 마음을 먹었고, 우리는 동쪽으로 좀 더 깊이 들어가 보기로 했다. 만의 남북축 방향으로 형성된 계곡을 따라 내륙으로 더 깊숙이 이동하면서 하얀 날개의 기미가 조금이라도 나타나는지 언덕 쪽을 계속 주시했다. 나는 "들꿩이에요!"라고 두 번 외쳤지만 매번 말이 떨어지자마자 우리처럼 사냥 중이던 흰올빼미가 커다란 날개를 움직이며 지상 가까이 낮게 날아가는 모습임을 깨달았다. "우리가 들꿩을 한 마리도 못 찾는 이유를 알겠군요." 타우키가 잔뜩 실망한 목소리로 말했다. 하지만 나는 흥미진진했다. 눈앞에 이어진 좁은 길 위로 날아가는 흰멧새를 보는 순간 해럴드 개티가 쓴 글이 떠올랐다. 한 탐험가가 그린란드를 여행하다가 안개에 갇혔는데 함께 가던 사람들이 수컷 흰멧새의 노랫소리를 알아듣고 집으로 가는 길을 찾아내는 경이로운 상황을 목격했다는 이야기였다.

느지막한 오후가 되어 우리는 골짜기 한쪽에 잠시 자리를 잡고 차를 마셨다. 우리가 있던 곳에는 눈이 녹기 시작해서 툰드라 사이로 개울이 흐르고 있었다. 시로미 덩굴이 자라는 부드러운 풀숲에 앉아 자그마한 보랏빛 열매를 몇 개 따 보니 꽁꽁 얼었다가 녹았는지 습기를 머금고 통통하게 부풀어 올라 있었다. 그리 멀지 않은 곳에 앞서 다녀간 이전 세대 이누이트 여행자들이 남기고 떠난 돌들과 텐트가 세워졌던 터가 있었다. 우리는 이칼루이트의 사냥꾼 집단에서 타우키가 차지하고 있는 핵심 역할과 사냥이 주말에 취미로 하는 활동이 아니라 생계 수단이자 이누이트 전통을 실천하고 매일 그 전통과 만나는 과정이라는 이야기를 나누었다. 오늘날 사냥을 해서 먹고사는 일은 상당히 어려운 일이 되었다. 전통적으로 사냥해서 잡은 동물은 사냥꾼의 기술과 완전성을 보여 주고 사냥꾼들에게 주어지는 선물로 여겨졌다. 고기가 생기면 개인의 소유가 아닌 공동체의 재산으로 여겨졌고, 사냥꾼은 노인들, 가족들로 이루어진 공동체에 신선한 물개와 생선을 대가 없이 제공함으로써 도움을 주는 경우가 많다. 그러나 사냥한 고기를 팔기보다 공유하는 일이 잦아지면서 사냥꾼들이 생활보호 대상자가 되는 경우가 늘고 다른 일을 하느라 사냥을 줄이는 결과가 나타났다. 누나부트에 전통 식품이 크게 줄어든 것이 이 지역에 지속되는 식량 부족 문제의 원인 중 하나로 지적되는 것도 마찬가지 이유다.

"사냥꾼들은 사냥 나가서 잡은 동물을 가지고 돌아오면 그냥 남들에게 줍니다. 경제적으로 지속될 수 있는 거래망이 없으니 이렇게 너무나 예외적인 일이 일어나는 것이죠."[13] 누나부트 경제개발·교통부 소속 컨설턴트인 윌 힌드먼Will Hyndman은 나중에 이렇게 설명했다. "과거에는 나눌 수 있었고 사냥해 온 동물로 개도 먹이고 남은 건 다음 사냥 재료로 사용하기도 했습니다. 지금은…… 물고기를 130킬로그램쯤 잡아 와도 설상차를 수리하는 데 아무런 도움이 되지 않죠……. 이곳에서 활동하는 가장 실력 있는 사냥꾼들이 가장 형편없는 장비를 보유한 것도 그런 이유 때문입니다. 사냥꾼으로 생계를 유지할 수가 없으니 얼마나 힘든 일입니까." 그러나 돈을 받고 고기를 판매하는 것에 대한 거부감이 다소 약화된 징후도 나타난다. 한 예로 회원 수 2만여 명인 '이칼루이트 교환/공유'라는 페이스북 그룹에는 가입자들이 직접 만든 아동복이나 중고 전자제품과 함께 갓 잡은 고기가 수시로 올라오곤 한다.

타우키와 나는 함께 담배를 피운 뒤 보온병을 다시 챙겼다. 해안 쪽으로 몇 시간 더 이동했지만 높은 언덕에 설상차들이 지나간 흔적이 이리저리 나 있는 것을 보고 사냥은 그만 포기하기로 했다. 설상차를 가파른 언덕을 따라 위로 몰던 타우키는 정상에 이르자 핸들을 확 꺾었다. 잠깐이지만 설상차가 지면과 떨어져 붕 날아오르고 갑자기 느껴진 중력에 속이 울렁거렸다. 정신이 혼미한 상태로 착지한 우리는 웃음을 터뜨리며 다시 언덕 아래로 향했다. 그리고 잠시 숨을 고른 후 또다시 경사를 향해 달렸다. 육지와 바다가 만나는 골짜기 끝에 이르자, 우리는 가파른 벼랑을 내려가는 길을 찾아 빙판 위를 달리다가 툰드라를 거쳐 되돌아왔다. 그 길에 나는 멀찍이 떨어진 어슴푸레한 바위 그림자 사이로 터벅터벅 걸어가는 북극여우를 발견했다. 여우도 잠시 발걸음을 멈추고 우리를 마주보았다. 우리는 몹시 시장한 상태로 타우키의 아파트에 다시 들어섰다. 타우키는 주방 바닥에 두꺼운 종이를 한 장 깔고 지난번 사냥에서 잡아 온 카리부의 생 지방을 정육면체 모양으로 자르고 붉은색 살코기도 길쭉하게 썰었다. 카리부의 지방은 미세한 사향의 풍미를 머금은 버터처럼 느껴졌다. 온종일 바람을 맞고 추위에 잔뜩 지쳐버린 그날, 나는 오랜 시간 천천히 저무는 북극의 봄철 황혼 속에서 깊이 잠들었다.

◄•►

다음 날 나는 800미터쯤 걸어서 이칼루이트 시내로 향했다. 누나부트가 하나의 준주로 독립한 후 고고학적 가치가 있는 장소를 보존하고 민속학적 연구를 이어 가며 이누이트의 정책성을 보호하는 미션을 안게 되면서 1994년에 설립된 '이누이트 유산재단' 사무국이 내 목적지였다. 이누이트 전통 언어로 된 장소 명칭을 기억하여 공식 명칭으로 만들기 위한 절차를 진행하고 향후 캐나다 정부가 제작하는 모든 지도에 그 명칭이 사용되도록 하는 일도 이 재단이 맡고 있다. 사무국에서 나는 장소 명칭 프로젝트 담당자인 린 페플린스키Lynn Peplinski와 대화를 나눌 수 있었다. 큰 키에 에너지가 가득 느껴지는 페플린스키는 개썰매 베테랑이기도 했다. 그곳 사무국에서 담당하는 업무로 누나부트 전체를 아울러 오지 마을까지 직접 찾아가서 노인들, 사냥꾼들과 함께 지도를 들여다보면서 수백 시간을 보냈다. 이누이트 유산재단이 현재까지 만들어 낸 전통 지명은 1만 가지가 넘지만 아직도 끝은 멀다.

지명은 이누이트족의 길 찾기에 본질적 요소로 작용한다. 지명으로 그 장소가 어디에 있는지 파악하고, 육지와 해안선을 따라 그곳에 다다르는 경로도 기억해 낸다. 예로부터 이누이트족은 지형의 미세한 특징을 중심으로 열심히 이름을 붙이곤 했다. 작은 만과 언덕, 강, 개울, 골짜기, 절벽, 야영지, 호수 모두 그 대상에 포함된다. 페플린스키는 프로비셔 같은 유럽인들은 지도 제작과 침략이 목적이라 광활한 땅덩어리에 통째로 명칭을 부여하는 편이고 사람의 이름을 붙이는 경우도 많다고 설명했다. "그 땅을 사용하고 싶은 이누이트족의 입장에서는 도통 이치에 맞지 않는 방식이죠."

이누이트족이 붙인 지명에는 굉장히 자세한 묘사가 포함된 경우도 있다. "동물의 심장을 닮은 섬"[14]으로 불리는 곳이 있는가 하면 "파카 모자 끝부분"으로 불리는 섬도 있다. 이렇게 생생한 묘사는 아직 한 번도 가 본 적 없는 사람들이 그 장소를 알아보는 데 도움이 된다. "이누이트의 언어를 아는 이누이트족이라면, 지명으로 그곳이 어떤 모습인지 머릿속으로 그려 볼 수가 있습니다." 페플린스키는 설명했다. 1970년에 작성되어 나중에 누나부트 소유권 주장에 근거 자료로 활용된 총 3권 분량의 보고서에는 지명이 어떤 기능을 하는지 설명한 한 여성의 증언이 담겨 있다. 도미니크 퉁길릭 Dominique Tungilik이라는 이 여성은 다음과 같이 설명했다. "그곳의 크기나 모양을 담아서 이름을 지을 때가 있어요. 장소, 야영지, 호수의 이름은 우리에게 정말 중요합니다. 그게 우리가 여행하는 방식이니까요. 이름을 통해서 말이죠. 우리는 어디에나 갈 수 있고, 이름만 알면 낯선 장소도 갈 수 있어요. (……) 여행을 하다가 마주치는 지명은 대부분 굉장히 오래전에 지어진 이름입니다. 우리 조상들이 그곳에 이름을 붙였다는 건 그곳을 여행했다는 의미예요."[15]

페플린스키와 같은 팀 동료들은 아직 '살아 있는' 지명만 기록한다. 즉 구전으로 전해져서 노인들이 직접 듣고 아는 명칭만 대상이 된다. 미래의 이누이트족은 정부의 공식 지도나 구글 지도를 통해 이러한 지명의 상당 부분을 고스란히 물려받게 될 것이다. 현시점에서는 구글 지도로 배핀 섬을 검색하면 유럽인들의 식민지였던 시절과 크게 다르지 않은, 텅 비어 있는 땅을 발견하게 된다. 정밀한 위성 영상 덕분에 해안선은 아주 작은 부분까지 세밀하게 볼 수 있지만 땅 자체는 이칼루이트를 비롯해 마을이 있는 극히 작은 면적을 제외하면 황량해 보인다. 지명 프로젝트는 이러한 현실에 변화를 가져올 것이다. 페플린스키의 팀이 최종적으로 종합한 지명을 제출하고 준주 정부가 이를 법적으로 승인하면, 구글 지도는 그 지명을 표시해야 할 법적 의무를 갖게 된다. 그러므로 배핀 섬과 캐나다 동부의 북극 나머지 지역도 현재의 상태 그대로, 수천 년 동안 사람들이 지나다닌 풍경 그대로 지도에 나타나게 될 것이다.

21세기에 이누이트 언어로 된 지명을 공식화하는 일은 상징적으로도, 현실적으로도 중요한 의미가 있다. 이누이트족의 지식과 전통에 대한 근본적인 타당성을 인정하는 것이자, 스마트폰과 각종 장비로 무장한 젊은이들도 조상들이 길 찾기에 활용한 지명을 배울 수 있다는 사실을 증명하는 일이기 때문이다. 물론 아와나 타우키처럼 땅을 직접 돌아다니면서 경험해 보고 그러한 지명을 익히는 것이 가장 이상적일 것이다. 아와는 내게 지도나 교실에 앉아 수업을 듣고 배운 지식이 유지되려면 직접 길을 찾아보는 실전이 이어져야 한다고 이야기했다. 밖으로 나가서 땅을 딛고 독자적인 관계를 쌓는 것, 지형에 관한 기억을 만드는 것, 전통은 그 방식을 거쳐야 살아 숨 쉴 것이다. 아와는 교육 방식의 변화가 젊은 세대의 길 찾기 기술에 (설상차나 GPS보다) 더 큰 악영향을 미쳤다는 생각을 밝혔다. "제대로 배운 적이 없는 사람들은 쉽게 길을 잃습니다. 길 찾는 법을 배우고 싶다면 밖으로 나가야 해요."

내가 이칼루이트에 머무는 동안 이누이트 전통의 유연성과 운명은 계속 주요한 쟁점이었다. 수많은 북미 원주민, 캐나다 원주민 공동체와 마찬가지로 이누이트족도 알코올중독, 당뇨, 우울증, 가정폭력 발생률이 다른 인구군보다 높은 편이다. 누나부트 영토 소유권이 인정되면서 이누이트족은 자체적인 법률을 갖게 되었지만 식민지배와 강제로 이루어진 이주 정책, 기숙학교가 당연시된 시절을 살았던 아이들은 전통문화와 단절됐고 그 여파를 여전히 느끼며 살아간다.

많은 사람이 내게 사냥꾼이나 이누이트족이 능수능란하게 활용하는 전통적인 길 찾기 기술이 곧 사라질 것이며 영구 정착과 기술발전으로 이제 기능적으로는 멸종된 것이나 다름없다고 이야기했다. 어느 날은 시내로 나가니 모두가 이칼루이트로부터 남쪽으로 160킬로미터 떨어진 곳에서 사냥꾼 세 명을 찾기 위해 벌어진 수색작전 이야기에 여념이 없었다. 세 사람이 원래 가려던 곳은 북쪽에 있는 팡니루퉁이었으니 굉장히 이상한 일이었다. 기상 상태가 워낙 좋지 않아서 방향을 잃었고 버려진 통나무집이 나오기에 벙커에서 지냈다는 것이 그들의 설명이다. 그러다 '이틀' 동안이나 스마트폰 GPS가 알려주는 방향을 따라갔는데, 제대로 작동하지 않아 완전히 잘못된 정보였다는 사실을 셋 다 너무 늦게 깨달았다. 자칫 목숨까지 잃을 수도 있었던 충격적인 오류였다. 이들을 구조하는 데 캐나다 달러로 34만 달러가 넘는 비용이 들었다.

그런데도 내가 누나부트에서 겪은 일들은 이누이트 문화의 생존

이 위태하다는 사람들의 전망에 의문이 들게 만들었다. 전통이 바뀌거나 변형되고 현시대에 맞게 맞추어진 부분은 있어도 지워질 것 같다는 생각은 전혀 들지 않았다. 어느 밤에 이칼루트에 있는 '스토어하우스 바'라는 술집에 갔던 날이 떠오른다. 평면 TV와 당구대가 설치되어 있는 이 유명한 술집은 수요일이면 깜짝 놀랄 만큼 많은 인파로 북적인다. 다양한 연령의 남성, 여성이 붉고 푸른 조명 아래에서 일렉트로닉뮤직에 맞춰 춤을 추고 음료를 한 잔 사려면 줄이 너무 길어 다들 한 번에 두 잔씩 사 오곤 했다. 그날 나는 몰슨 맥주와 위스키를 주문한 후 선 노블나우들룩Sean Noble-Nowdluk과 토니가 앉아 있는 테이블로 향했다. 꼬마 시절부터 친구였던 두 사람은 같은 학교를 졸업하고 이제는 함께 사냥을 다녔다. 북극 태양광을 고스란히 맞으며 수없이 많은 시간을 보냈다는 사실이 그대로 드러나는 것도 두 사람의 공통점이다. 선글라스 모양대로 눈 주변에 둥글게 탄 자국이 선명했다.

선과 토니는 봄철 사냥이 한창이라고 내게 설명해 주었다. 거위 사냥을 이미 성공한 후였다. 해빙 표면이 어찌나 미끌미끌한지 설상차로 만 주변을 시속 110킬로미터로 거의 날 듯이 달린다는 이야기도 들었다. 그날은 선의 스물한 번째 생일인 데다 하루 종일 일이 술술 잘 풀린 날이었다. 나는 두 사람에게서 사냥이 삶의 중심임을 분명히 느꼈다. 어린 시절에 친척들로부터 사냥을 배웠고 그 과정에서 느낀 자부심과 어른들에 대한 존경심, 사냥을 다니면서 본 장소들, 동물들에 관해 이야기하던 두 사람은 스마트폰을 꺼내 내게 사진을 보여 주었다. "제 남동생이 처음으로 잡은 북극곰과 찍은 사진이에요." 선은 눈이 휘둥그레질 만큼 새하얀 곰 사진을 보여 주었다. 전문가가 조준한 총알 한 방이 폐를 예리하게 관통한 것을 볼 수 있었다. 사진 속 곰을 잡았을 때 선의 남동생은 아홉 살이었다. 선과 토니는 빙하 끄트머리에 앉아서 물기 가득한 까맣고 큼직한 눈으로 카메라를 응시하는 새끼 물개 사진도 보여 주었다. 이 동물도 죽임을 당했으리란 생각이 들자 갑자기 안타까운 마음이 솟구쳐 솔직히 이야기했다. 그러자 선이 대답했다. "우리는 동물을 절대 함부로 대하면 안 된다고 배워요."

우리는 마시던 음료를 테이블에 둔 채로 잠깐 바람을 쐬러 나갔다. 청년, 나이 든 사람 여럿이 둘러서서 담배를 피우고 있었다. 영하의 날씨에도 티셔츠 한 장만 걸친 사람들이 많았다. "사냥 나가면 길은 어떻게 찾나요? GPS를 이용하겠죠?" 내 질문에 선이 깜짝 놀라 대답했다. "아뇨! 우리만의 방식이 있습니다." 그러고는 부친에게 지형지물과 사스트루기를 활용해서 길 찾는 법을 배웠다고 설명했다. 다시 안으로 들어간 후에는 같은 지역에 사는 친구들이 북극만과 그리스 피오르드Grise Fiord를 비롯해 북쪽으로 훨씬 더 멀리 떨어진 곳까지 가서 사냥에 성공했다는 이야기가 열띠게 오갔다. 두 사람의 친구 중에 트럭을 몰고 해빙까지 가서 사냥을 하는 사람이 있는데, 한 번은 맨손으로 흰고래 꼬리를 움켜잡은 적이 있다는 것이다. 젊은이들 특유의 뻐기고 싶은 마음과 자랑스러운 태도가 그대로 묻어나는 이야기들이었다. 자정이 다 되어 내가 집에 가려고 일어설 때까지 선과 토니는 계속 마시고 떠들며 즐겼다. 그래도 다음 날 아침에 두 사람은 다시 사냥을 하러 떠났다. 선은 다섯 살 때부터 사냥을 함께 다닌 라이플 대신 이번에 생일선물로 받은 22구경 루거 권총을 챙겼다. 나는 그곳에서 남쪽으로 멀리 떨어진 미국에 돌아온 후로도 페이스북을 통해 두 사람의 봄철 사냥 소식을 계속 접하고 있다. 어느 날 선은 이런 글을 남겼다. "지난 2개월 동안 사냥을 정말 많이 했다. 얼마나 오랫동안 나가서 살았는지 우리 동네보다 그곳이 더 집처럼 느껴질 정도였다."

이야기를 읽는
컴퓨터

우리의 뇌는 경험을 이야기로 만드는 마법을 부리게끔 만들어진 것 같다. 유구한 세월 동안 각기 다른 문화권마다 길 찾는 방법에 관한 지식을 전달하기 위해 서사와 이야기를 활용해 왔다. 인류학자 미셸 스칼리스 스기야마Michelle Scalise Sugiyama는 전통적인 수렵과 채집 사회에서 구전되는 이야기들을 1년간 연구한 결과 그러한 현상이 전 세계적으로 얼마나 폭넓게 확산되었는지 알 수 있었다고 전했다. 아프리카, 호주, 아시아, 북미, 남미 대륙에서 3000여 건의 이야기를 분석한 스기야마는 그중 86퍼센트에는 이동 경로나 지형지물, 그리고 물, 사냥감, 식물, 야영지 같은 자원이 있는 장소 같은 지형학적 정보가 담겨 있다고 밝혔다. 이에 스기야마는 처음에는 공간을 해독하도록 설계된 인간의 사고가 지형 정보를 이야기 형태의 사회적 정보로 변형시켜 구두로 전달하는 법을 찾아낸 것이라고 주장했다. "이야기는 생존과 번식에 꼭 필요한 정보를 보존하고 전달하는 매개체가 된다. 이동 과정에서 한 사람 또는 여러 사람이 그 장소를 나타낼 표식을 만드는 것은 수렵과 채집 생활을 하던 사람들의 구전 전통에서 공통으로 나타나는 주제다. (……) 독특한 지형지물을 연계시킨 이러한 이야기는 자신들이 머무는 지역을 도식화한 이야기 지도가 된다."[1]

이야기 지도를 만든 사례는 북미 원주민을 비롯해 모하비족, 기트크산족에서도 찾을 수 있다. (배핀 섬에서 처음으로 인류학적 현장 연구를 실시한) 프란츠 보아스Franz Boas는 살리시족의 이야기에 어떤 공통된 특징이 나타나는지 설명했다. '문화의 영웅', '변화의 귀재', '마술사' 등으로 지칭되는[2] 살리시족은 여행을 통해 세상에 형태를 부여한 사람들로 유명하며 이들의 모험은 수 세대에 걸쳐 전해져 왔다. 미국 서부 지역에서 34년을 살았던 리처드 어빙 닷지Richard Irving Dodge 대령은 그보다 몇 년 앞서 1883년에 출간된 《자연 속 우리의 인디언들Our Wild Indians》에서 지형 정보를 서로 말로 전달하며 살아온 코만치족 사람들의 기억력이 얼마나 놀라운지 전했다. 닷지 대령은 자신의 가이드가 어린 시절에 코만치족에 납치되어 그들 손에 자란 사람이라고 소개하면서, 그에게 들은 일화를 소개했다. 젊은이들이 급습을 준비하던 어느 날, 디데이를 며칠 앞두고 그 지역을 잘 아는 노인 한 사람이 젊은이들을 한자리에 모았다고 한다.

모두 둥글게 모여 앉아서 눈금이 그어진 기다란 막대기를 여러 개

만들었다. 막대기마다 날짜 간격을 나타내는 눈금이 그려져 있었다. 노인장은 눈금 하나가 그어진 막대기를 들고 땅바닥에 우리가 첫째 날 이동할 길을 대충 그렸다. 강, 개울, 언덕, 골짜기, 협곡, 드러나지 않는 물웅덩이까지 전부 그 근처에 눈에 잘 띄는 지형지물에 관한 상세한 묘사와 함께 그 지도 위에 표시됐다. 지도에 담긴 내용이 충분히 이해되고 나니 노인은 눈금 두 개가 그어진 막대기를 들고 같은 방식으로 2일 차에 가야 할 길도 그렸다. 그러면서 노인은 과거에 젊은 청년들과 소년들로 구성된 무리와 알고 지낸 적이 있다고 설명했다. 가장 나이 많은 사람이 열아홉 살이었는데, 멕시코에 실제로 가 본 사람은 한 명도 없었는데도 불구하고 이런 막대기로 머릿속에 단단히 각인시켜 둔 기억에만 의지하여 텍사스 브래디스 크릭Brady's Creek에서 멕시코까지 급습에 나섰을 뿐만 아니라 저 멀리 몬테레이 시까지 이동했다는 것이다.[3]

인류학자 진 웰트피시Gene Weltfish는 북미 인디언인 포니족이 중서부 평원을 가로질러 이동할 때 무리마다 선호하는 길이 따로 있고, 그중에는 식별 가능한 지형지물이 거의 없어서 자칫하면 길을 잃게 되는 경로도 있다고 설명했다. 웰트피시는 《잃어버린 우주The Lost Universe》에서 이런 경로로 가더라도 길을 잃지 않기 위해 "포니족은 땅의 모든 면을 세밀하게 알고 있었다"[4]고 밝혔다. "포니족의 마음속에 지형 정보는 일련의 영상처럼 생생하게 새겨지고, 과거에 서로 다른 사건이 일어난 장소마다 그런 이미지가 제각기 따로 만들어져 기억된다. 특히 정보를 가장 풍성하게 보유한 노인들에게서 이와 같은 특징이 제대로 나타난다." 문화·언어인류학자 키스 바소Keith Basso도 《장소에 담긴 지혜Wisdom Sits in Places》에서 이와 비슷하게 아파치족이 지명을 순서대로 떠올리는 경우가 많은데, 이는 경로를 재구성하는 방식이라고 설명했다. 그는 아파치족 카우보이 두 명과 철조망 두르는 작업을 하다가 그중 한 명이 거의 10분 가까이 지명을 순서대로 나지막이 읊는 소리를 들은 적이 있다고 전했다. 그는 바소에게 평소에도 "지명을 말해 본다"[5]고 이야기하고는, 그렇게 하면 "마음속으로 말을 타고 그 장소들을 다녀올 수 있다"고 설명했다. 수십 년에 걸쳐 서부 아파치족이 장소에 명칭을 부여하는 방식을 연구해 온 바소는 지명이란 "작지만 복잡한 창조물"이라고 보았다. 간단한 단어가 큰 기능을 하고, 그 기능 중 하나는 길 찾기를 돕는 것이라는 의미가 담겨 있다. 가령 아파치족 언어로 'Tséé Biká Tú Yaahilíné'라 불리는 지명은 "연달아 이어지는 납작한 바위를 따라 물줄기가 흐르는 곳"으로 번역할 수 있다. 장소에 대한 묘사가 그대로 명칭이 된 것이다.

　바소는 아파치족 정착지인 시베큐Cibecue 지역의 약 116제곱킬로미터 면적을 지도로 그리고 296곳의 지명을 기록했다. 그리고 다음과 같이 설명했다. "기록된 지명이 많아도 서부 아파치족의 담화에 빈번히 등장하는 지명이 다 반영된 것은 아니다. 이처럼 지명이 반복적으로 등장하는 이유 중 일부는 집을 떠나 다른 곳으로, 또는 다른 곳에서 집으로 오갈 일이 아주 많은 아파치족은 서로 자신의 여정에 관해 이야기를 나눈다는 사실에서 찾을 수 있다. 그러한 대화에는 거의 매번 사건의 특성 중에서도 '어디에서' 그 일이 벌어졌는지, 그리고 어떤 결과가 있었는지에 초점이 맞추어진다. 시베큐에 사는 백인들 사이에 오가는 대화 내용과는 확연히 다른 특징이다."

이처럼 특정 경험을 특정한 장소와 연계시키는 방식은 경험과 장소에 관한 정보를 모두 상호보완하면서 효과적으로 기억할 수 있는 방법으로, 서부 아파치족의 이야기에 바로 그와 같은 특징이 나타난다. 지명은 이야기에서 "장소를 나타내는 장치"가 되는 것이다. "그러므로 아파치족은 이러한 장소를 두서없이 묘사하는 대신 지명으로 간단하게 전달하고 그 이야기를 듣는 또 다른 아파치족은 그곳에 가 본 적이 있는지 여부와 상관없이 그곳이 어떤 모습인지 어느 정도는 상상할 수 있다."

바소는 이야기와 장소, 여행, 기억, 미래에 관한 상상이 서부 아파치족의 문화를 이룬다고 설명했다. 모두 길 찾기와 관련 있고, 지혜에 반드시 필요한 요소들이다. 어느 날 바소는 시베큐에서 마부로 일하던 더들리 패터슨Dudley Patterson과 대화하다가 지혜란 무엇이라고 생각하는지 물었다. 그러자 패터슨은 이렇게 대답했다고 한다. "인생은 오가는 길과 같습니다. 조심해서 가야만 하죠."[6]

어디를 가든 위험한 일들이 기다리고 있습니다. 그런 일이 벌어지기 전에 내다볼 수가 있어야 해요. (……) 생각이 유연하지 않으면 위험을 미처 못 볼 수 있습니다. (……) 생각이 유연해지면 삶은 길어집니다. 인생이라는 길도 더 길게 연장되고요. 어디를 가든 위험에 대비하게 됩니다. 그런 일이 일어나기 전에 다 볼 수 있죠. 어떻게 해야 그런 지혜의 길로 걸어갈 수 있을까요? 여러 곳에 가 봐야합니다. 가서 자세히 들여다봐야 합니다. 그리고 전부 다 기억해야합니다. 친지들이 그 장소에 관해 이야기를 해 주겠지요. 그분들이 알려준 것들을 전부 기억해야 합니다. 그리고 그 정보에 관해 생각해 봐야 합니다. 자신을 도울 수 있는 사람은 오로지 자신밖에 없기에, 이런 노력을 해야만 합니다. 그래서 생각이 유연해지면, 가는길이 순탄하고 유연해집니다. 문제는 멀어지죠. 기나긴 여정을 걸어가고, 오랫동안 살아가게 됩니다. 지혜는 장소에 있습니다. 마르지 않는 샘과 같아요. 우리는 살아 있으려면 물을 마셔야 합니다, 그렇죠? 장소에 관해서도 그렇게 흡수해야 합니다. 그리고 그곳에 관한 모든 것을 기억해야 합니다.

패터슨이 했다는 말을 읽는 동안, 선사시대 자연 곳곳을 누비며 길을 찾았던 인류 최초의 사고 과정과 이야기의 형태로 기억을 보존하고 이야기로 생각하는 인간의 독특한 능력에 관해 내가 그동안 깨달은 사실들이 그의 말 속에 정말 적절히 담겨 있다고 느꼈다. 삶은 시간 속을 나아가는 것이자 지금 이곳에 어떻게 왔는지, 그리고 어디로 갈 것인지 이야기를 만드는 것이라는 생각이 들었다. 한참 시간이 지난 후에야 나는 인공지능 연구의 선구자인 패트릭 헨리 윈스턴Patrick Henry Winston이 이야기는 인간이 보유한 지능의 '가장'

중심에 있고 이것이 미래에 인공지능 기계의 탄생을 좌우할 열쇠가 된다고 이야기했다는 사실을 알게 되었다.

◄•►

내가 윈스턴과 만난 곳은 MIT의 스타타 센터Stata Center였다. 프랭크 게리Frank Gehry가 설계한 6만 7000여 제곱미터 규모의 이 초현실적 건축물은 벽과 건물 모서리가 서로 만날 것처럼 날카로운 각을 이루며 구겨진 형태라 흡사 '이상한 나라의 앨리스'에 온 듯한 착각이 든다. 그곳 2층 사무실에서 만난 백발의 윈스턴은 캐주얼한 차림으로 책상 앞에 앉아 있었다. 뒤편으로는 그가 아마추어 학자로 연구 중인 미국 남북전쟁에 관한 다양한 책들이 꽂혀 있었는데 나의 눈길을 사로잡은 건 따로 있었다. 그의 머리 위쪽에 걸린 그림이었다. 액자에 담긴 미켈란젤로의 프레스코 벽화 〈아담의 창조〉 복제화로, 천지창조 직전의 순간이 담겨 있었다. 그림 속에서 신과 아담의 손가락은 공중에서 닿을 듯 가까이 있었다. 성경에 묘사된 이 땅에 인간이 살게 된 이야기가 시작되기 일보직전이었다.

　윈스턴은 일생의 대부분을 MIT에서 지냈다. 1965년에 전자공학 석사 과정을 그곳에서 마친 후 유명한 인공지능 연구자이자 철학가인 마빈 민스키Marvin Minsky의 가르침을 받으며 박사 과정을 마쳤다. 민스키가 나중에 대단한 영향력을 발휘한 연구소 '미디어 랩Media Lab'의 설립을 위해 떠나기로 결심한 후 MIT의 인공지능 연구소를 인계받은 사람이 윈스턴이다. "저는 AI에 완전히 미친 사람입니다." 이제 60대인 그는 내게 자신의 직업에 관해 설명했다. "제 연구는 응용 시스템을 만드는 것이 아니라 인간의 지능을 컴퓨터로 파악하는 방법을 개발하는 것입니다. 이 분야의 95퍼센트는 응용 AI가 차지하고 있죠." 그가 미쳐 있다는 이 AI의 틈새 분야에서 윈스턴은 인간의 지능에 관한 새로운 계산 이론을 정립했다. 그는 AI가 체스나 〈제퍼디Jeopardy〉 같은 퀴즈쇼에서 인간을 이기는 수준을 넘어 더욱 발전하려면, 어린이와 비슷한 지능 수준을 갖춘 시스템을 만들어야 하고 이를 위해서는 학계가 철학에서 오랜 세월 전해 내려온 한 가지 의문부터 해결해야 한다고 보았다. 인간이 이토록 영리한 '정확한' 이유가 무엇인지 알아내야 한다는 의미다. 이성? 상상력? 추론? 윈스턴은 앨런 튜링Alan Turing이 1950년에 발표해 큰 영향력을 발휘한 〈계산 기계와 지능〉이라는 제목의 논문 내용에 따르면, 인간의 지능은 복잡한 상징 추론의 결과물이라고 내게 설명했다. 민스키도 인간을 인간답게 만드는 것은 추론, 즉 계층화된 여러 방식으로 생각하는 능력이라고 보았다. 인공지능 분야의 뒤를 이은 학자들은 인간의 지능을 유전적 알고리즘이나 통계법, 인간의 뇌를 이룬 신경망을 복제하는 기술 등으로 설명할 수 있다고 보았다. "저는 튜링과 민스키의 생각이 틀렸다고 봅니다." 윈스턴은 이렇게 밝히고, 잠시 말을 멈추었다가 설명했다. "두 사람 다 똑똑하고 수학자라 그냥 넘어가지만, 다른 대부분의 수학자처럼 그 두 사람도 추론이 부수적 결과가 아닌 핵심 열쇠라고 보았기 때문입니다."

"제가 생각할 때 인간만이 지닌 특성을 만들어 낸 핵심 능력은 묘사하는 것, 즉 이야기를 만들어 내는 것입니다." 윈스턴은 말했다. "이야기야말로 우리를 침팬지나 네안데르탈인과 다른 존재로 만드는 요소라고 생각해요. 그리고 이야기를 이해하는 능력이 정말로 그런 차이를 만든다면, 바로 '그' 특성을 제대로 이해하기 전까지는 인간의 지능도 이해할 수 없을 겁니다." 윈스턴은 언어학을 토대로 설명했다. 특히 MIT 동료 교수 로버트 버윅Robert Berwick과 놈 촘스키Noam Chomsky가 제기한 인간의 언어 발달에 관한 가설을 소개했다. 두 학자는 '병합'[7]이라 불리는 인지능력이 발달한 유일한 생물이 인간이라고 보았다. 언어적 '조작'에 해당하는 병합은 가령 개념 체계에서 두 개의 요소를 택하고 이를 합쳐서 새로운 단일 개념으로 만들고 이를 다른 대상과도 다시 결합할 수 있는 능력을 의미한다. '먹다'와 '사과'라는 두 요소를 '패트릭'이라는 다른 대상과 결합시켜 '패트릭이 사과를 먹었다'로 만드는 것과 같은 방식으로 개념들이 겹겹이 끼어 들어간 형태의 거의 무한한 계층화가 이루어지는 것이다. 버윅과 촘스키는 바로 이것이 인간 언어의 중심이자 보편적 특성이며 인간이 하는 거의 모든 일에서 나타난다고 보았다. "우리는 머릿속에 이 정교한 성과 이야기를 쌓을 수 있다. 다른 동물들에게는 이런 능력이 없다."[8] 버윅의 설명이다. 이들의 이론은 언어가 왜 발달했는가에 관한 보편적인 설명을 뒤집는다. 즉 이 이론에 따르면 언어는 사람과 사람 간의 소통 도구에 그치지 않고 내적 사고의 수단이 된다. 그래서 버윅과 촘스키는 언어란 의미 있는 소리가 아닌 소리가 있는 의미라고 주장한다.

두 사람은 《왜 인간만 가능할까: 언어와 진화Why Only Us: Language and Evolution》라는 저서에서 언어를 처리하는 뇌의 중요한 부위인 전전두엽 피질이 어떻게 진화했는지 설명했다. 인간의 뇌가 진화적으로 확대되고 재구성된 과정인 대뇌화를 거치는 동안 뇌 후두부의 측두엽 상두피질STC과 브로카 영역(전자는 말을 처리하는 기능, 후자는 조리 있게 말하는 기능을 좌우한다)이 생겨났다는 것이 버윅과 촘스키의 견해다. 어린 시절에 뇌에서 언어 기능을 조절하는 영역과 전운동 영역에 해당하는 이 배측 경로(두정엽 방향), 복측 경로(측두엽 방향)가 발달해야 우리는 병합 조작을 할 수 있고 상징을 사용할 수 있다. 실제로 병합 기능이 발휘될 때 뇌에서 활성화되는 회로가 어디인지 조사한 연구 결과를 보면 각기 다른 네 곳의 연결 경로에서 그와 같은 과정이 일어나는 것으로 나타났다. 흥미로운 사실은 신생아의 경우 이러한 연결 경로 중 일부가 없는 상태로 태어나는데, 연구 결과 STC와 브로카 영역 사이에 형성되는 이 경로가 모두 제대로 성숙하지 않으면 구문론적으로 복잡한 문장을 해석하는 능력도 떨어지는 것으로 확인됐다. "그런 경우 신경 절연체가 두툼하게 형성되지 않고 서로 연결되어 있지 않다." 버윅은 설명했다. "[대부분의 아이들은] 태어나 2년 [정도] 지나면 말을 시작한다. 이는 진화적인 작은 변화에서 나온 결과일 가능성이 있다. 즉 뇌가 더 커지고 신경체계를 구성하는 연결도 추가로 늘어난 결과일 수 있다. 그리고 나머지는 역사가 차지한다."

윈스턴은 현재까지 인간이 어떻게 이야기를 이해할 수 있는 존재로 발전해 왔는지 보여 주는 가장 훌륭한 설명이 버윅과 촘스키의 이론이라고 본다. 그러나 윈스턴은 이야기를 만들어 내는 능력이 공간 탐색에서 비롯됐다고도 믿는다. "우리가 아는 것의 상당 부분은 물리적인 세상, 그리고 그 세상을 살아가는 일과 관련된 것에서 왔다고 생각합니다. 그리고 체계적으로 정리하는 능력은 공간에서 방향을 탐색하면서 비롯됐다고 생각해요. 인간은 이미 존재해 온 것들로부터 혜택을 누린 경우가 많은데, 차례대로 정리하는 것 역시 이미 존재하던 것 중 하나였습니다. (⋯⋯) AI의 관점에서 생각해 보면 병합 능력 덕분에 인간은 무언가를 기호로 설명할 수 있게 되었습니다. 차례로 정리하는 능력을 먼저 보유하게 된 후 새롭게 생겨난 이 기호 능력으로 인간은 이야기를 갖고, 이야기에 귀 기울이고, 이야기를 나누고, 두 가지 이야기를 하나로 합쳐 새로운 이야기로 만들고, 창의력을 발휘하게 된 것이죠." 윈스턴은 자신의 이 같은 견해를 '강력한 이야기 가설Strong Story Hypothesis'로 명명했다.

◄•►

윈스턴은 이야기를 이해할 수 있는 프로그램을 만들어 보기로 결심했다. 이야기를 읽거나 처리하는 데 그치지 않고 이야기에서 교훈을 얻고 심지어 이야기 속 인물의 동기에 관한 주관적 통찰을 전할 수 있는 프로그램을 개발하는 것이 목표였다. 기계가 이러한 기능을 갖추려면 가장 기본적으로 어떤 기능부터 만들어야 할까? 그 과정에서 '인간 기반 연산'에 관한 어떤 사실들이 밝혀질까? 윈스턴과 그가 이끄는 연구팀은 그 기계에 '제네시스Genesis'라는 이름을 붙이기로 했다. 그리고 이 기계가 원하는 기능을 발휘하려면 기본적으로 어떤 규칙이 필요한지 고민했다. 연구진이 첫 번째로 떠올린 규칙은 추론, 즉 추리를 통해 결론을 도출하는 능력이다. "추론 능력이 필요하다는 사실은 알고 있었지만, 제네시스를 만드는 연구에 돌입하기 전까지 다른 규칙은 전혀 몰랐습니다." 윈스턴은 내게 말했다. "현재까지 우리는 이야기를 다루는 능력에 7가지 규칙이 필요하다는 사실을 알아냈습니다." '검열 규칙'도 그중 하나다. 무언가가 진실이면 나머지는 진실이 될 수 없다는 것을 아는 능력으로, 가령 한 인물이 목숨을 잃었다면 그 사람은 행복해질 수 없음을 아는 것이다.

제네시스는 특정 이야기가 주어지면 '구상적 기반'이라 불리는 것을 만든다. 이야기를 세분해서 연속적인 분류 항목과 격틀에 따라 연결한 후 관계, 활동, 순서와 같은 특징을 표현하는 그래프를 만든다. 다음 순서로 제네시스는 간단한 검색 기능을 활용하여 인과적 연결 관계에서 생겨난 개념의 패턴을 찾는다. 어떤 면에서는 여기까지가 첫 번째 독서라고 할 수 있다. 다음 단계에서 제네시스는 이 과정과 7가지 규칙을 바탕으로 이야기에 텍스트로 뚜렷하게 언급되지 않은 주제와 개념을 찾는다. 연구 초반에 윈스턴이 흥미롭게 느낀 점은 제네시스가 인간의 이해 수준에 상응할 만큼 이야기를 이해하는 데 필요한 규칙이 비교적 적다는 점이다. "구상적 기반이 굉장히 많아야 할 것이라 생각했던 때도 있지만, 이제는 몇 가지만으로도 이해할 수 있다는 사실을 압니다." 윈스턴이 말했다.

"직접 보시겠어요?" 그의 말에 나는 앉아 있던 의자를 윈스턴의 책상 가까이 밀고 갔다. 그리고 윈스턴이 제네시스 프로그램을 여는 모습을 지켜보았다. "영어, 이야기, 지식 속에 제네시스를 이루는 모든 것이 존재합니다." 윈스턴은 텍스트 입력 창에 문장 하나를 타이핑했다. "새 한 마리가 나무로 날아갔다." 그러자 입력 창 아래로 격틀이 나타났다. 제네시스는 이야기 속 행위자가 새이고 행동은 날아가는 것이며 목적지는 나무임을 알아냈다. 심지어 "궤도"라는 프레임에 화살표 하나가 수직선과 부딪치는 형태로 나타났다. 행위의 순서가 그림으로도 표현된 것이다. 이때 윈스턴이 문장을 "새 한 마리가 나무를 향해 날아갔다"로 바꾸었다. 그러자 화살표는 수직선 앞에서 멈추었다.

"이제 맥베스로 해 볼까요." 윈스턴은 이렇게 말하더니 셰익스피어의 언어를 쉬운 영어로 번역한 《맥베스》를 열었다. 원서의 인용구와 은유는 모두 배제되고 줄거리를 100여 개의 문장으로 축소 요약한 이 버전에는 인물의 유형과 사건의 순서만 포함되어 있었다. 제네시스는 단 몇 초 만에 줄거리를 읽고 이야기를 시각화했다. 윈스턴은 이렇게 시각화된 결과물을 "정밀 그래프"로 칭했다. 맨 위쪽에는 20여 개의 상자가 나열되어 있고 각각 "맥베스 부인은 맥베스의 아내"라든가 "맥베스가 던컨을 살해함" 같은 정보가 담겨 있었다. 그리고 상자마다 다른 상자들과 선으로 연결되는 방식으로 이야기에서 얻은 명확한 정보와 추론된 정보가 서로 연관되어 있었다. 그렇다면 제네시스는 《맥베스》가 어떤 이야기라고 생각했을까? "큰 희생을 치르고 얻은 승리, 그리고 복수"였다. 실제 이야기에는 한 번도 사용되지 않은 단어들로 내린 결론이었다. 윈스턴은 다시 메인 페이지로 돌아가서 "나의 이야기"라고 적힌 상자를 클릭했다. 그러자 "나의 감상"이라고 적힌 창에서 제네시스가 주어진 이야기를 자체적으로 어떻게 이해했는지, 추론과 추리가 이루어진 순서대로 그 과정을 볼 수 있었다. "어느 정도 자각 능력이 있다는 점에서 저는 제네시스가 참 멋진 프로그램이라고 생각합니다." 윈스턴은 말했다.

기계가 복잡한 이야기를 이해할 수 있는 시스템이 구축되면 교육, 정치체계, 의료, 도시 계획에서도 더 우수한 모형을 수립할 수 있다. 예를 들어 몇 십 가지 규칙으로 텍스트 하나를 이해하는 수준을 넘어 수백 페이지에 달하는 텍스트에 수천 가지 규칙을 적용할 수 있는 기계가 있다고 상상해 보라. FBI에 이런 기계가 마련되어 알쏭달쏭한 증거들로 인해 해결하기 힘든 살해 사건과 잠재적 가해자를 입력한다면 어떻게 될까? 혹은 정부 기관의 어느 상황실 안에서 미국의 외교관들, 군 정보부 인사들이 러시아 해커의 숨은 의도를 분석하거나 동중국해에서 벌어진 중국과의 교전 사태를 분석할 때 이러한 기계를 활용해서 100여 년에 이르는 지난 역사의 분석 결과를 토대로 향후 행동을 예측할 수 있을지도 모른다.

윈스턴과 그가 가르치는 학생들은 제네시스를 활용하여 2007년 에스토니아와 러시아 사이에 벌어진 사이버 전쟁을 분석했다. 더불어 제네시스의 지능을 시험해 볼 수 있는 여러 가지 창의적인 방법도 찾았다. 제네시스가 직접 지어낸 이야기를 하게 하거나 이야기를 아시아인이나 유럽인의 시각 등 심리학적 특징이 제각기 다른 관점에서 읽도록 하는 등의 방법을 고안한 것이다. 윈스턴의 대학원생 제자 중 한 명은 제네시스가 독자를 가르치고 설득할 수 있는 기능을 개발했다. 예를 들어 제네시스에게 《헨델과 그레텔》이야기를 입력한 후 나무꾼 부부를 좋은 사람으로 그려 달라고 요청하자 제네시스는 부부가 도덕적으로 얼마나 괜찮은 인물인지 강조하는 문장을 덧붙였다.

최근 윈스턴의 학생들은 제네시스에 조현병의 특징을 부여하는 법을 발견했다. "우리는 이야기 체계가 완전히 무너진 결과가 조현병의 일부 면을 이룬다고 생각합니다." 윈스턴은 설명했다. 그리고 내게 만화를 하나 보여 주었다. 어린 여자아이가 문을 열려고 하는데 손잡이가 너무 높아서 팔이 닿지 않자 우산을 가지고 오는 모습이 그려져 있었다. 보통 사람들은 소녀가 우산을 가지고 와서 팔 대신 우산을 뻗어 문을 열 것이라 추정한다. 그러나 조현병 환자는 '과도한 추정'이라 불리는 예상을 한다. 소녀가 우산을 가지고 오는 이유는 비가 내리는 밖으로 나가기 위해서라고 생각하는 식이다. 윈스턴과 그의 학생들은 제네시스가 이렇게 조현병 환자와 같은 방식으로 생각하도록 프로그램의 두 가지 코드를 변경했다. 프로그램상에서 기본 설정된 답을 검색한 후 이야기를 구성하는 요소를 하나로 엮어 설명하도록 하되, 그 기본이 되는 답으로 여자아이가 빗속으로 걸어 나가는 행동도 입력했다. 제네시스는 과도한 추정이 뇌의 체계적인 정리 기능에 이상이 생긴 결과라고 인식한다. 그래서 '잘못된 이야기 메커니즘에서 나온 결과'라 칭한다.

◀◆▶

윈스턴의 제자 중 MIT에서 2014년에 공학과 컴퓨터공학 석사 과정을 마치고 현재 플로리다 국제대학에서 박사 과정을 밟고 있는 볼프강 빅터 헤이든 얄럿Wolfgang Victor Hayden Yarlott이라는 사람이 있다. 미국 원주민 크로우족 출신인 얄럿은 한 가지 아이디어를 떠올렸다. 윈스턴이 성립한 '강력한 이야기 가설'이 사실이라면, 즉 이야기가 인간 지능의 핵심이라면 제네시스는 크로우족 같은 원주민 문화를 비롯해 모든 문화권에서 나온 이야기를 이해할 수 있다는 것이 입증되어야 한다. "이야기는 정보와 지식이 한 세대에서 다음 세대까지 어떻게 표현되고 전해졌는지 보여 준다. 따라서 특정 문화권의 이야기를 이해하지 못한다면 '강력한 이야기 가설'이 틀렸거나 제네시스 시스템이 더 많이 개선되어야 한다는 것을 의미한다."[9] 얄럿이 논문에서 밝힌 설명이다.

이에 얄럿은 몬태나 남부에서 보낸 어린 시절에 들은 창조 신화 등 크로우족의 이야기 5편을 선정하여 제네시스가 읽도록 했다. 서로 무관해 보이는 연쇄적인 사건들, 병을 낫게 하는 것과 같은 초자연적인 개념(크로우족이 마술사 같은 능력을 보유하고 있다는 전설 등)과 '사기꾼'이라 칭할 수 있는 성격 특성을 과연 제네시스가 이해할 수 있는지 확인하는 것이 얄렁의 목표였다. 얄렁의 설명처럼 크로우족의 이야기를 구성하는 이러한 요소는 영국과 유럽의 전형적인 이야기와 뚜렷하게 구분되는 특징이다. "늙은 코요테가 세상을 만들었다"는 내용의 창조 신화에는 사람들이 대화를 나누는 것과 같은 방식으로 그 '늙은 코요테'와 대화하는 동물들이 등장한다. 얄렁은 이 신화에서 '늙은 코요테'가 보유한 힘, 또는 의학적 기술이 멋지게 표현되는 동시에 "그가 어떻게 그런 일을 했는지 누구도 상상조차 할 수 없다"[10]는 식의, 도저히 이해할 수 없는 사건들도 이야기의 일부를 차지한다고 설명했다. 얄렁은 이러한 점을 고려하여, 제네시스에 아래와 같은 새로운 개념 패턴을 입력했다.

"창조" 설명 시작

　XX와 YY는 존재.

　YY가 없어서 XX가 YY를 창조함.

끝.

"능력 있는 사기꾼" 설명 시작.

　XX는 사람.

　YY는 존재.

　XX는 YY를 속이고 싶어 하고 따라서 XX는 YY를 속임.

끝.

"비전 탐구" 설명 시작.

　XX는 사람.

YY는 장소.

XX는 YY로 여행을 떠나고 그 결과 XX는 비전을 얻게 됨.

끝.**11**

얄럿은 제네시스에 아래와 같은 이야기도 입력하고 읽도록 했다.

실험 시작.

"늙은 코요테"는 이름이다.

"꼬마 오리"는 이름이다.

"큰 오리"는 이름이다.

"시라페Cirape"는 이름이다.

크로우족에 관한 기초상식 파일 입력.

크로우족의 성찰적 지식 파일 입력.

"사기꾼"은 성격 특성의 하나다.

제목이 "늙은 코요테가 세상을 창조했다"인 이야기 시작.

늙은 코요테는 사람이다.

꼬마 오리는 오리다.

큰 오리는 오리다.

시라페는 코요테다.

진흙은 물체다.

"아내를 훔치는 전통"은 하나의 상황이다.

늙은 코요테는 세상이 존재하지 않아 텅 비어 있는 것을 보았다.

늙은 코요테는 텅 비어 있는 상태를 원치 않는다.

늙은 코요테는 텅 빈 상태를 없애려고 애쓴다.[12]

얄럿은 제네시스가 이 이야기에 관해 수십 가지 추론을 할 수 있으며 몇 가지를 새롭게 발견할 수도 있다는 사실을 확인했다. 이를 통해 이야기에서 뚜렷하게 언급되지 않은 개념 패턴을 떠올리고, 믿음의 훼손, 기원에 관한 이야기, 의술을 가진 사람, 창조와 같은 주제를 인식했다. 제네시스는 이해할 수 없는 사건부터 의술의 개념, 모든 존재를 똑같이 치료하는 것, 차이점이 각기 다른 힘의 원천이 된다는 생각까지 크로우족 문학의 구성 요소를 이해한 것으로 보인다. "이러한 결과는 제네시스가 크로우족 문학의 이야기들을 처리할 수 있을 뿐만 아니라 이야기가 생겨난 문화와 상관없이 이야기를 이해하는 포괄적인 시스템임을 더 확고히 입증한다고 생각한다."[13] 얄럿은 이런 추정을 내놓았다.

제네시스에는 뚜렷한 단점도 있다. 아직은 은유와 대화, 복잡한 표현, 인용이 모두 제거된 기초적 언어만 이해할 수 있다는 점이다. 제네시스의 이해력이 향상되려면 더 많은 개념 패턴이 필요하다. 즉 더 많이 배워야 한다. 아이가 자라서 어른이 될 때까지 얼마나 많은 이야기를 듣고, 직접 만들고, 읽을까? 아마 수만 건, 수십 만 건에 이를 것이다.

또한 기계의 잠재성에는 근본적인 한계도 있을 것이다. 비가 내리던 11월의 어느 날, 나는 MIT에서 엄청난 인기를 얻고 있는 윈스턴의 대학원 수업 '인공지능 입문'을 들으러 갔다. 그는 수백 명 학생에게 '강력한 이야기 가설'을 설명하고 그것이 어떤 기능을 하는지 입증했다. "왓슨이라면 가능할까요?" 농담 같은 질문을 시작으로 윈스턴은 학생들 앞에서 자신의 가설에 의구심을 제기하는 질문을 연이어 던졌다.

"언어가 없어도 우리는 생각할 수 있을까요?"

강의실은 조용했다.

"뇌에 언어를 담당하는 피질이 없는 사람들은 읽거나 말하지 못하고 구어를 이해하지 못한다는 사실이 알려져 있습니다. 그 사람들이 바보라서 그럴까요? 그들도 체스게임을 하고, 산수도 할 수 있고, 숨겨진 장소를 찾아내고, 음악을 이해합니다. 그래서 나는 언어를 담당하는 외부 기구가 사라졌지만 이들이 내적으로는 언어를 가지고 있다고 생각해요."

잠시 말을 멈춘 윈스턴은 다시 질문했다. "몸이 없으면 우리는 생각할 수 있을까요?"

역시나 고요했다.

"호르몬 시스템이 없는 제네시스는 사랑을 뭐라고 생각할까요? 죽으면 썩어서 없어지는 육신이 없는 제네시스는 죽음을 뭐라고 생각할까요? 그런데도 지능이 있다고 말할 수 있을까요?"

다시 한 번 숨을 고른 후 윈스턴은 설명을 이어 갔다. "다음 시간에 이 이야기를 해 보도록 합시다."

사랑과 죽음이라니, 학생들이 강의실을 빠져나가는 동안, 나는 깜짝 놀란 채로 앉아 있었다. 지구상에서 가장 방대한 주제 아닌가. 시간과 공간을 체화할 수 없는 제네시스는 이런 보편적인 인간의 상황을 어떻게 이해할 수 있을까?

PART

2

호주

AUSTRALIA

슈퍼유목민

호주에 갈 때마다 나는 지금 이동 중인 길이 '꿈길Dreaming track'인지 궁금해진다. 호주 원주민들의 교역로이자 문화적 교차로인 꿈길은 인간의 생활권을 이어 주는 고속도로망처럼 대륙 전체에서 교차된다. 호주 원주민들의 우주론에 따르면 '꿈의 시대'에 인간의 조상은 동물의 모습으로 곳곳을 이동하면서 땅의 지형을 만들고 지구에 흔적을 남겼다. 그러므로 지형은 조상들의 여정을 나타내는 증거로 보며, 이 길을 '이어지는 이야기' 또는 '노랫길'이라고도 칭한다. 꿈길은 땅 위에 드러나는 길이 아닌 앞선 세대들로부터 물려받아 알고 있는 사람들의 기억 속에 살아 있는 길이다. 그 앞선 세대 역시 더 먼저 살았던 세대로부터 기억을 물려받으면서, 인류 역사상 가장 오래된 인간의 기억 사슬이 되었다. 현대적인 풍경이 이어지는 콘크리트 도로를 시속 110킬로미터로 달리는 동안, 나는 가족을 만나러, 혹은 의식을 치르거나 교역을 위해, 수확을 하거나 성지를 찾아가기 위해 걸어서 어딘가로 향했을 사람들의 경로를 혹시라도 내가 그대로 따라가고 있는 건 아닌지 궁금했다. 어떤 이야기와 노래가 그들이 길을 기억하는 데 도움이 되었을까?

유럽의 식민지배가 시작되기 전까지 꿈길은 다른 원주민 국가나 공동체와 정보를 교환하는 연결로였다. 한 공동체의 이야기가 그들이 사는 영역의 경계를 넘어 다른 영역으로 넘어가고 그곳에서 다시 이어지기도 한다. 즉 이야기는 한 집단과 다른 집단이 서로의 역사, 지리, 법을 구두로 배우고 공유하는 수단이다. 실제로 인류학자들은 1600킬로미터나 떨어진 곳에 사는 다른 부족의 세세한 관계까지 다 꿰고 있었다는 어느 원주민들의 이야기를 기록한적이 있다. 방대한 이야기 하나가 여러 언어를 넘나들기도 한다. '불 이야기'는 왕캉구루Wangkangurru, 왕카매들라Wangkamadla, 디아만티나Diamantina, 게오르기나 강Georgina Rivers 주변 부족들은 물론 아렌테Arrernte 부족까지 하나로 이어 준다. 왕카준가Wangkajunga 부족의 법 집행관인 파투파리 톰 로포드Putuparri Tom Lawford는 2012년에 실시한 구전 역사 프로젝트에서 이야기가 사막에 사는 사람들을 어떻게 이어주는지 설명했다. "어떤 이야기 줄거리나 노래 가사가 한 부족을 거쳐 다른 부족까지 이어지는 경우가 있다. 노래가 어느 지역에서 생겨났고 어느 지역을 통과하는지, 어느 곳을 관통해서 어떤 곳에서 끝나는지 알 수 있다. 노래로 그런 것들을 알게 된다. 노래 속에 한 편의 이야기가 있고, 어떤 부족과 다른 부족이 얼마나 멀리 떨어져 있는지 그 노래를 부르면 알 수 있다. 서부 사막에서 살아가는 사람들에게는 정말 유익한 일이다. 노래를 따라가면 된다. 그레이트샌디 사막의 다른 곳 출신이라도 상관없다."[1]

1788년 영국의 배가 호주 대륙에 도착한 후 식민지 건설을 위해 제작한 지도상의 길과 '꿈길'이 겹치기 시작했다. 서구에서 온 탐험가들, 목축업자들은 정찰을 담당하는 호주 원주민과 이들이 보유한 땅에 관한 지식, 물이 나는 곳에 관한 정보를 활용하여 "새로운 땅의 공간적 지리 속으로 돌진"[2]했다. 심지어 '꿈길'과 나란히 지나도록 철로를 세운 곳도 있다. 현재 퀸즐랜드 주 번야 산맥에 형성된 고속도로 중 일부는 에우알라이Euahlayi족의 별 지도와 겹친다. 밤하늘에 나타나는 별을 나타낸 이들의 별 지도는 여행자가 별의 형태를 보고 그대로 따라가면 길을 찾을 수 있도록 만든 지도다. 노던 테리토리 주 빅토리아 고속도로의 일부도 와다만Wardaman족의 꿈길과 나란히 놓여 있다. 하지만 가장 유명한 길은 캐닝 스톡 루트Canning Stock Route다. 약 15가지의 각기 다른 언어를 쓰는 원주민 집단들을 지나 서부 사막을 아우르는 1600킬로미터 길이의 이 길은 셀 수 없이 많은 꿈길과 겹치고 교차한다.

캐닝 스톡 루트의 역사에는 호주 원주민들을 향한 유럽인들의 무자비한 방식에 나타나는 두려움, 지리를 대하는 접근 방식에서 드러나는 두 문화권의 극명한 차이가 고스란히 담겨 있다. 사회인류학자 로널드 베른트Ronald Berndt는 호주 원주민들에게 "서부 사막은 전체가

다 옛것이 담긴 구불구불한 길이 서로 교차하는 곳"이며 그 길들은 "대부분 예외 없이 물이 영구적으로 또는 비영구적으로 흐르는 물길과 이어진다"고 밝혔다.[3] 1900년대 초에 알프레드 캐닝Alfred Canning 은 사막을 가로질러야 닿을 수 있는 시장까지 육우를 옮길 수 있는 길을 만들기로 결심했다. 그가 만든 길은 호주 전체를 이어 주는 수익성 좋은 경제적 동맥이 되었다. 그는 동물과 동물을 소유한 주인의 생명 유지에 꼭 필요한 물이 고인 곳이나 샘의 위치를 원주민들이 알려주지 않으면 자신의 계획이 실현될 수 없다는 사실을 알고 있었다. 이에 캐닝은 찰리, 개비, 밴디쿠트, 폴리티션, 분가라, 스마일러, 샌도우, 토미라는 호주 원주민 정찰자들을 인질로 잡고 필요한 정보를 달라고 요구했다. 이들의 목에 쇠사슬을 채우고 수갑까지 채워서 달아나지 못하게 했고 낮에는 소금에 절인 쇠고기를 먹여서 물 생각이 간절하게끔 목이 타게 만들었다. 새로운 지역에 진입해서 다른 부족민과 만날 때마다 캐닝은 "데리고 있던 원주민을 풀어 주기 전에 새로 만난 그 원주민을 잡으려고 했다. 데리고 있던 원주민이 새로운 곳에서 만난 원주민에게 그런 사실을 전하고 결국 다른 원주민을 데리고 다시 나타났다. 그러면 캐닝 일행은 얼른 그를 붙잡아서 땅 어디에서 물이 나는지 그리도록 했다."[4]

캐닝은 이렇게 찾은 샘을 더 깊이 파고 땅속 깊숙이 벽을 대 우물을 만들었다. 그 드넓은 땅이 정찰을 담당했던 원주민들의 조상이 '꿈의 시대'에 만든 곳이라는 사실을 캐닝은 알지 못했거나 크게 신경 쓰지 않은 것 같다. 호주 땅에서 원주민 조상들의 손길이 닿지 않은 곳은 거의 없다. 강, 샘, 바위, 골짜기, 언덕은 모두 이들이 만들었고 대부분 지형에는 어떻게 만들어졌는지가 이야기로 전해진다. 이런 이야기는 종교의식이나 이동 중에 부르는 노래에 담겨 있다. 인류학자 데보라 버드 로즈Deborah Bird Rose의 설명처럼 '꿈의 시대'는 영원하며 어디에나 존재한다. 시간이 흘러도 변치 않고 흐려지지도 않는다. "땅은 꿈의 시대에 일어난 죽음과 탄생에서 나온 피와 꿈의 활동에서 흘러나온 성적 분비물, 그 불길에서 나온 숯과 재가 보존된 곳이다."[5] 로즈는 《딩고가 우리를 사람으로 만들었다Dingo Makes Us Human》에서 이렇게 전했다. "꿈의 시대에 삶은 변할 수 없는 것들로 이루어진다. 그래서 지역, 경계, 법, 관계, 인간이 살아가는 조건까지, 꿈의 시대에서 온 것들은 오래도록 유지된다."

마르두Martu족 노인이 그린 캐닝 스톡 루트를 보면 동서 방향으로 이어지는 노랫길이 이 루트와 각 단계마다 교차한다는 것을 알 수 있다. "캐닝 스톡 루트에는 우물이 존재한다. 그러나 그 물은 원주민의 것이다." 로포드의 설명이다. "또한 알프레드 캐닝은 원주민의 땅, 그들의 고장을 가로지르는 길을 만들었다. 그는 원주민이 동물들에게 먹이는 물을 빼앗아 소에게 먹였다. (……) 캐닝 스톡 루트는 땅을 분열시켰다."[6]

'꿈'의 개념을 호주 원주민이 아닌 사람이 이해하기란 쉽지 않다. 영어로 설명하면 모순어법처럼 들리거나(가령 과거의 일이지만 끝나지 않았다는 식의) 뉴에이지 원시주의자의 로맨틱한 상상처럼 들리기도 한다. '꿈Dreaming'이라는 표현은 거기에 담긴 본질을 전달할 때만 적절하다고 볼 수 있다. 19세기에 앨리스스프링스 지역에서 우체국장이자 민족학자로 활동하던 프랜시스 길런Francis Gillen이 맨 처음 사용한 이 단어는 나중에 생물학자 겸 인류학자였던 월터 볼드윈 스펜서Walter Baldwin Spencer를 통해 더 널리 알려졌다. 길런은 현실 그리고 종교와 관련된 아렌테 부족의 단어를 번역하려고 애쓰다가 이 표현을 떠올렸다. 1956년에 인류학자 W. E. H. 스태너W. E. H. Stanner는 '언제나everywhen'[7]라는 새로운 단어에 그 의미를 담고자 했으나 결국 '꿈'이 고착화되었다. 낙타를 타고 호주 사막을 횡단한 것으로 유명한 젊은 여성 탐험가 로빈 데이비슨Robyn Davidson은 이것이 "모든 것의 기원에 관한 이론"[8]이지만 절대로 완전히 이해할 수 없다고 전했다. "꿈에 대해 아무리 많이 읽어도 내 마음속에 이것을 제대로 이해했다는 확신은 좀처럼 뿌리를 내리지 못했다." 데이비슨은 21세기 유목민에 관해 쓴 에세이에서 이렇게 설명했다. "내 기준으로는 양자물리학이나 끈이론과 비슷하다. 이해했다고 생각하지만 막상 설명해 보려고 하면 그렇지 않다는 걸 깨닫게 된다." 그럼에도 불구하고 데이비슨은 꿈을 "눈에 보이는 세계를 의미로 채우는 영적 영역"[9]으로 요약했다. "존재의 기반이 되는 꿈은 창조의 시대이고 노래, 춤, 그림으로 구성된 의식을 통해 접촉할 수 있는 평행 우주다. 신화 속 영웅들, 즉 현대인의 전신, 현대인을 창조한 존재들에 관한 이야기들로 이루어진 네트워크이기도 하다."

나는 '꿈의 길'이 길 찾기를 위한 연상의 수단으로 활용되었는지 확인하기 위해 호주를 찾았다. 꿈의 길과 호주 원주민들의 연속되는 노래는 여행자가 가야 할 길의 방향을 알려주는 표지판이 아닐까 하는 생각이 들었기 때문이다. 호주 원주민들은 이야기를 하려는 인간의 성향을 잘 활용한 문화적 전통을 만들어 낸 것 같았다. 이야기를 특정 장소와 연결 짓고 연달아 이어지는 노래나 이야기 속에 길 찾기 정보를 암호화한 일종의 구두 지도를 읊는 것으로 정보를 더 손쉽게 떠올렸다. 이러한 전략은 그리스인들이 만든 기억의 궁전과 그리 다르지 않다. 단 호주 원주민들은 기억이 저장될 장소를 상상 속에 만드는 대신 '자연 풍경'을 활용했다는 차이가 있다. 데이비드 턴불David Turnbull은 《지도가 영역이다Maps Are Territories》에서 설명했다. "그러므로 풍경, 지식, 이야기, 노래, 도식화된 표현, 사회적 관계는 모두 상호적 영향을 주면서 응집된 하나의 지식 네트워크를 형성한다. 지식과 풍경은 둘 다 구조물이고 서로가 서로를 구성한다는 점을 감안하면 이를 지도에 비유하는 것은 너무나 적절하다는 것을 알 수 있다. 즉 풍경과 지식은 하나의 지도를 이루고, 이 지도에서는 모든 요소가 공간적으로 연결되어 있다."[10]

◄•►

1960년대까지만 하더라도 인류학계에서는 호주 대륙에 사람이 거주한 역사가 1만 년 정도에 불과하다는 사실이 널리 수용됐다. 북미나 남미 대륙보다 짧은 기간이다. 그러나 1990년대에 들어 인류학자들이 고대인의 유골을 다시 검사하기 시작했고 연대를 조사하는 기술도 발전함에 따라 호주 대륙에 최초로 도착한 사람은 '최소'

4만 년 전, 길게는 7만 년 전에 처음 발을 디딘 것으로 밝혀졌다. 호주에 거주한 최초의 인구는 1000명 정도로 티모르 섬이나 어느 시점에 호주 대륙과 분리되어 불과 90여 킬로미터 바다를 사이에 두고 떨어진 뉴기니 등 호주 대륙 북쪽에서 소규모로 배를 타고 건너온 사람들일 것으로 추정된다. 인류학자 스콧 케인Scott Cane은《최초의 발자국First Footprints》에서 고대 호주 원주민들의 초기 역사를 소개했다. 이 책에는 호주 대륙에 처음 당도한 시기가 전 지구적 이동이 폭발적으로 일어난 시기와 일치한다는 사실과 함께 어떻게 단 3000년 동안 인류가 아프리카부터 호주 대륙까지 지구상 모든 대륙을 점유했는가에 관한 내용도 담겨 있다. 인류는 약 5만 년 전에 호주 중부 남동쪽에 처음 도착했고 4만 4000여 년 전에는 태즈메이니아 섬에 도달했다(원래 이 섬도 얼음으로 된 다리를 통해 본토와 연결되어 있었다). 케인은 이 초기 정착민들을 '슈퍼유목민super-nomad'[11]으로 칭했다. 지구력과 신체 기술, 정확한 방향 탐색 능력을 갖추었을 뿐만 아니라 자연에 관해 백과사전 못지않은 지식을 보유한 사람들이었다는 것이 케인의 견해다. 17세기에 유럽의 식민주의자들이 호주를 처음 '발견'했을 때 호주 대륙에는 약 250가지 언어가 존재했고 인구는 100만여 명에 달했다. 수많은 호주 원주민 부족이 전하는 최초의 역사는 유전학자들이 DNA 표본을 토대로 재구성한 이야기와 비슷하다. 호주에 맨 처음 당도한 사람은 북쪽에서 왔고 그곳에서 아래쪽으로 대륙 전반에 걸쳐 확산됐다는 것이다. 이는 여러 이야기에서 바다에서 나온 엄마가 메마른 땅으로 올라왔다고 묘사된다. 어떤 이야기에서는 이 엄마가 아기들이 가득 든 큰 바구니와 지팡이를 갖고 있었으며 길을 가는 동안 땅에 아기들을 심고 지팡이로 구멍을 만들어 물을 채워 넣었다고 전한다.

인류학자 데보라 버드 로즈는 빅토리아 강 계곡의 야랄린Yarralin족과 2년을 함께 보내면서 '꿈의 시대'와 일반적인 시간 개념에 차이가 있다는 사실을 발견했다. 로즈에 따르면 야랄린족의 노인들은 대부분 자신의 집안이 3세대 전 조상에서 시작됐고 조부모가 '꿈의 시대'를 살았다고 이야기한다. 그리고 일반적인 시간은 약 100년 전에 시작되어 흘러가는 하루하루로 이루어지고 노화나 계절 변화와 같은 특징이 나타난다고 본다. 이는 곧 '꿈의 시대'가 영원하고 심지어 우리보다 앞서갈 수 있음을 의미한다. 모순처럼 느껴지는 이 상황을 로즈는 "뒤에서 몰아닥치는 파도가 우리 존재의 흔적을 지우고, 마치 동시에 생긴 사건처럼 그 속에서 견딘 것들에 빛을 비추는"[12] 이미지로 개념화했다.

꿈길은 호주 원주민 사회에 경제적으로 번성한 시장을 열어 주었다. 식민지를 건설한 유럽인들이 불가능하다고 생각한 일이었다. 유럽인들은 원주민이 그저 생존을 위해 힘겹게 땅을 돌아다니고 끊임없이 먹을 것과 물을 찾는다고 확신했다. 이처럼 호주 원주민을 멸종 위기에 처한 궁핍한 민족으로 보는 시각은 수백 년 동안 이어졌지만 오늘날에는 호주 원주민의 교역로가 잉카 제국의 교역로나 향료 교역로 같은 위대한 문명사회의 예로 제시되는 것들과 비견할 만한 수준이라는 것이 반박할 수 없는 사실로 자리 잡았다. 호주 그리피스대학의 원주민 역사가이자 학자인 데일 커윈Dale Kerwin 은《호주 원주민의 꿈길과 교역로Aboriginal Dreaming Paths and Trading Routes》 에서 원주민들이 무수한 옛날부터 수천 킬로미터에 걸쳐 레드오커 red ochre, 진주, 창, 바구니, 낚싯바늘, 견과류, 맷돌, 도끼, 부메랑, 천연 수지, 물이 솟는 곳과 음식이 있는 곳의 정보가 담긴 노래 같은 지적 재산을 어떻게 거래했는지 그 방대한 내용을 문서화했다. 거래를 위해 레드오커를 채굴하던 광산 중 한 곳은 2만 년 이상 꾸준히 사용되었다고 한다. 실크로드만 하더라도 불과 2200년쯤 전에 등장하여 1600년 정도 유지됐다. 호주 원주민들이 만든 최장 교역로 중에는 니코틴이 함유된 자생 식물인 피튜리pituri 거래가 주목적인 곳도 있었다. 이 식물을 수확해서 모래를 오븐 삼아 구운 뒤 씹거나 피우면 흥분제의 효과를 얻을 수 있었다. 피튜리는 최소 88만 제곱킬로미터에 이르는 지역에서 거래가 이루어졌고 많을 때는 500여 명의 상인이 한자리에 모여 사고팔았다. 꿈길 중에는 3700여 킬로미터까지 이어지며 각 지역의 특색이 담긴 이야기를 전하는 일종의 '고속도로'가 있는데, 피튜리는 이 길을 따라 옮겨졌다. 예를 들어 포트 오거스타에서 앨리스스프링스까지 전해지는 '우룸불라Urumbula', 또는 '토종 고양이의 꿈'이라는 이야기는 심프슨 사막에서 '개 두 마리의 꿈'이야기로 이어진다. 커윈은 심프슨 사막 출신인 아렌테족 이사벨 타라고Isabbel Tarrago라는 노인의 말을 인용하여, 피튜리를 재배했던 타라고의 어머니는 '노래하는 여자'로 불리며 교역로를 알고 있었다고 소개했다. "보롤롤라Borroloola 사람들과 우리는 '개의 꿈' 노래를 통해 연결되어 있었어요. 거기 사람들은 자신의 할머니, 어머니와 이 노래를 통해 연결되어 있었고 그건 저도 마찬가지였습니다."[13] 라라고는 설명했다. "우리는 이 꿈길과 노래가 닿는 한 엄청나게 먼 곳까지 관계를 맺고 있습니다. 땅은 읽어 낼 수 있는 텍스트이고 노래는 그 텍스트를 풀어 내는 수단이에요."

커윈은 꿈길이 공간에서 방향 탐색을 돕는다는 설명과 함께 "구전 전통, 노랫길과 더불어 연상과 암기"를 돕는다고 말했다. "이와 같은 방향 탐색 기술은 여행자가 사회적 기억에 각인된 생각과 경험을 얼마나 회상할 수 있느냐에 따라 좌우된다."[14] 호주 원주민들은 자신보다 먼저 그 길을 여행한 선조들의 이치와 방향 탐색 기술을 절대적으로 신뢰했다. 커윈은 이들의 조상들이 꿈길을 만들 때 얼마나 엄청난 지혜를 발휘했는지도 설명했다.

[조상들은] 장애물이 어느 쪽에서 나타날 수 있는지, 습지를 지나면 단단한 땅이 나오는 곳을 알았고 모래, 바위, 마른 땅으로 된 가장 좋은 길이 어디인지도 알았다. 그들의 정신은 가장 손쉽게 가는 법을 알았다. 꿈길을 오고간 정신이 해낸 노력들, 무한한 시간을 거치면서 꿈길에 자연 풍경이 새겨졌고 땅을 읽는 법을 가르쳐 주는 곳이 되었다. 호주 원주민들이 바라보는 풍경 속에는 어디에나 꿈길이 있다.[15]

조상들의 실수가 여행자들이 교훈으로 삼을 수 있도록 오래도록 자연 속에 남기도 했다. 아렌테족은 토드 강 주변에 늘어선 유칼립투스 나무를 제일 산Mt.Zeil에서 에밀리 갭Emily Gap으로 가려다 길을 잃은 캐터필러족이라고 여긴다. 에밀리 갭으로 이어지지 '않는' 길을 보여 주기 위해 그 자리에 남아 있다고 생각하는 것이다. 노랫길에는 여행자에게 물이 솟는 곳이나 과거 선조들이 야영했던 곳, 즉 특정 동물이나 덤불 속에서 식용 식물을 찾을 수 있는 점토질 웅덩이가 있는 곳을 알려주는 정보가 담긴 경우가 많다. 이런 방식으로 노래는 일종의 기억장치가 되고, 온 땅에 감정과 의미를 불어넣어 아무런 의미가 없는 바위나 언덕도 어쩌다 그곳에 왔는지, 왜 그런 모습을 하고 있는지 하나의 이야기로 바꾸어 놓는다. 이야기를 통해 마음속에 새겨 둘 지형지물이 만들어지는 것이다. 수풀 속에서 살아가는 사람들의 생존 가능성을 높인 것이 분명해 보이는 이런 기억 보조 수단은 '토템 지리학totemic geography'이라는 용어로도 불린다. 인류학자 루이스 허커스Luise Hercus의 설명처럼 "평범한 지리에 더 깊은 의미를 새겨 넣어 기억에 더 오래 남을 수 있게끔 만든다"[16]는 의미다.

◀◉▶

꿈의 시대 이야기가 맨 처음 전해진 때는 언제일까? 정확히 알 수는 없다. 하지만 가장 보수적으로 추정해도 호주 원주민의 구전 역사는 세계에서 가장 오래전에 시작됐다. 아주 최근까지도 한 세대에서 다른 세대로 전달되는 인간의 기억이 그 의미가 완전히 바뀌거나 최초의 의미가 모호하게 남은 상태가 되지 않는 최장 기간은 500년에서 800년 정도라는 의견이 대세였다. 그러나 2016년에 호주 연구자 두 사람이 〈오스트레일리안 지오그래퍼_Australian Geographer_〉라는 학술지에 이런 생각을 뒤집는 논문을 발표했다. 패트릭 넌 Patrick Nunn과 니컬러스 레이드 Nicholas Reid는 호주 대륙 북쪽의 카펀테리아 만부터 남쪽으로 캥거루 섬까지 해안선을 따라 주변 21개 지역에서 전해지는 이야기를 기록했다. 이들이 이야기를 수집한 장소마다 지금은 바다의 일부가 된 땅이 마른 땅이었던 시절의 이야기도 들을 수 있었다. 두 연구자는 수집한 이야기를 빙하 후기 해수면 상승을 나타내는 지질학적 근거 자료와 비교해 보았다. 그 결과 이러한 이야기들이 최소 7000년 동안 세대를 넘어 반복되었으며, 길게는 1만 3000년까지도 거슬러 올라가 "현존하는 가장 오래된 인류의 기억"[17]이 될 수도 있는 것으로 나타났다.

넌과 레이드는 입에서 입으로 전해지는 이야기가 얼마나 높은 신뢰도를 유지할 수 있는지 명확히 보여 주는 호주 원주민 문화의 몇 가지 특성을 지적하며 이처럼 믿기 힘든 결과를 설명했다. 두 사람은 호주 원주민들이 "맞는" 이야기를 하는지, 즉 이야기의 정확성을 매우 중시한다는 점에 주목했다. 게다가 아무나 이야기를 할 수 있는 것도 아니다. 일부 구성원만 이야기의 소유권을 가질 수 있고, 이들에게는 이야기를 정확하게 습득해야 할 책임도 함께 부여된다. "예를 들어 한 남자가 자식들에게 자신이 살고 있는 땅에 관한 이야기를 가르쳐 준다고 할 때, 남자의 아들이 이야기를 듣고 습득한 지식이 적절한지 누나의 아이들이 판단한다. 즉 친족 중 누군가가 이 야기가 올바르게 학습되고 전달되는지 확인하는 역할을 맡으며, 사람들은 이러한 역할을 진지하게 받아들인다."[18] 넌과 레이드의 설명이다.

자연 풍경과 조상들의 행위를 노래에 담아서 전하는 호주 원주민의 구전 전통은 아일랜드, 유고슬라비아, 고대 그리스에서 볼 수 있는 발라드, 서사시, 동시를 비롯해 수많은 전통적 민속 문화와 놀라울 정도로 흡사하다. 인지신경학자 데이비드 루빈David Rubin은《구전 전통에 담긴 기억Memory in Oral Traditions》에서 이러한 구전 전통에는 공통적으로 발견되는 특징이 있다고 밝혔다. 구전으로 전해지는 시와 서사시는 내용이 구체적이라는 점이다. 즉 영웅이나 신 같은 주체의 행위가 담겨 있는데, 이들이 구체적으로 어떤 행위를 했는지 쉽게 그려 볼 수 있다. 서사시와 노래가 정의나 영웅주의처럼 추상적인 주제를 다루는 경우는 거의 없다. 이러한 주제는 주인공의 행위를 통해 묘사된다. 루빈은 구전되는 서사시의 두 번째 공통 특징은 공간적인 것이라고 설명했다. 그래야 기억하기가 더 쉽기 때문이다. "장면 하나로 된 서사시는 없으며, 여행이 규칙처럼 포함되어 있다." 루빈은 설명했다. "호메로스식 서사시는 그 자체가 'oime(길)'라 불린다.《오디세이아》도 긴 모험을 담은 이야기이고 어떤 버전에는 가상의 여행 지도가 함께 제공된다.《일리아스》에도 트로이와 바다에서 일어난 사건이 상당 부분을 차지하고 전투나 사건 장소가 계속 바뀐다. 일반적으로 이러한 공간 배치는 이미 알려진 길을 따르므로 정보의 질서가 유지된다. 반대로 동시同時적인 큰 이미지가 하나만 존재한다면 혼란스러울 것이다."[19]

루빈은 구전 전통이 추상적인 지식보다 장면을 보다 쉽게 기록할 수 있다는 점에서 인간의 기억력이 가진 약점을 피할 수 있게 발전한 것이라고 보았다. 또한 이러한 구전 전통은 인간의 뇌가 보유한 또 다른 강점도 활용한다. 바로 리듬과 음악으로 기억을 일깨우는 방식이다. 우리가 어릴 때 글자를 노래로 배운 경우가 얼마나 많은지 생각해 보라. 몇 번 연습하면 글자에 음이 결합되어 수월하게 떠올릴 수 있게 된다. "리 리 리 자로 끝나는 말은"이나 "떴다 떴다 비행기"처럼 널리 알려진 동요에도 그러한 특징이 반영되어 있다. 멜로디에서 단어를 분리하기가 어려운 경우도 있다. 그만큼 우리의 기억 속에 음악과 단어가 떼려야 뗄 수 없는 관계로 남는 것이다. 그레고리안 성가도 찬송과 성가에 멜로디를 결합시키는 방식으로 음악을 암기 수단으로 활용한다. 한 학자는 그레고리안 성가 곡목에 중세시대 텍스트가 4000개 이상 포함되어 있다고 추정했다. 루빈은 기억을 일반적인 생각처럼 머릿속에 추상적으로 남는 흔적으로 보아서는 안 되며, 사회적으로 형성된 몸의 리듬감 있는 움직임과 몸짓이 기억을 전달하는 데 중요한 부분을 차지한다고 설명했다. 구전 문화에서는 노래를 암기하기 위한 리듬과 그 노래 속에 담긴 정보가 "노래를 부르는 행위 자체에만 존재하며, 이러한 행위는 말보다 훨씬 더 이동성이 크다."[20]

루빈이 자신의 영웅이라고 밝힌 사람은 1960년에 구전 전통을 다룬 책 중에서도 고전이라 할 수 있는《이야기를 노래하는 가수*The Singer of Tales*》를 발표한 하버드대학 문학 교수 앨버트 로드Albert Lord다. 수년 동안 여름이 되면 성지순례하듯 로드 교수를 찾아갔다는 로빈은 내게 이렇게 전했다. "로드는 '기억'이라는 단어도 싫어합니다. 서사시를 기억할 수 있는 사람은 아무도 없기 때문이죠. 그저 노래할 뿐이니까요."

꿈의 시대와 지도

퍼스 시내 남쪽의 평온한 교외 지역에서 택시에 오른 어느 아침, 공항에 도착한 나는 비행기로 4시간 거리에 있는 다윈으로 향했다. 티모르 해를 향해 툭 튀어나온 호주 최북단 열대 지역 중심에 자리한 곳이다. 내가 앉은 비행기 창가 자리가 서쪽을 향하고 있어서 거의 비행시간 내내 깁슨, 그레이트샌디, 그레이트빅토리아 사막이 모두 포함된 약 1200제곱킬로미터 면적에 달하는 서부 사막을 볼 수 있었다. 유럽인 탐험가는 이 땅을 보고 "울부짖는 방대한 야생"[1]이라고 했다지만, 내 눈에는 수채화 물감이 쏟아진 양피지가 불탄 광경처럼 보였다. 분홍색, 붉은색, 황토색 흙이 굽이치며 뒤섞이고, 푸르스름한 정맥처럼 형성된 고대의 강바닥과 소금 호수는 쪼그라지고 농축된 진한 보라색과 쨍한 백색으로 드러나 있었다. 유럽의 식민지 개척자들은 발을 디딘 "신세계"

마다 '무주지terra nullius', 즉 "누구에게도 속하지 않은 땅"이라 확신하고 얼른 자신들의 것이라 주장했다. 호주 대륙도 마찬가지였다. "사리분별력이 쥐꼬리만큼이라도 있는 사람이라면, 창조주가 어째서 이 방대한 대륙을 아무런 생산성 없는 야생으로 남겨 두었으리라 생각할 수 있단 말인가?"[2] 1838년 〈시드니 헤럴드〉 신문에 실린 글이다. 지상에서 9킬로미터 떨어진 상공에서 본 호주 중앙 지역은 지금도 텅 비어 보인다. 도시도 농경지도 보이지 않아 사막을 인간이 지배했는지 뚜렷하게 확인할 수 없다. 하지만 무주지라고 여긴 생각은 과거에도 지금도 거짓에 불과하다. 외국인의 눈에 이 사막이 여전히 울부짖는 방대한 야생으로 보일 수 있지만, 호주 중앙 지역에 사는 피짠짜짜라Pitjantjatjara 부족에게 '츄큐어파Tjukurrpa'라 일컬어지는 꿈길과 먼 옛날 선조들이 사막에 남긴 길은 수만 년 전부터 이곳에 끊임없이 사람이 거주했음을 보여 준다.

퍼스 외곽으로 나간 비행기는 캐닝 스톡 루트가 시작되는 지점과 그리 멀지 않은 메카타라Meekatharra를 향해 북동쪽으로 날아갔다. 캐닝의 손에 이끌려 다니며 길을 찾던 원주민들이 가장 은밀한 꿈길을 내놓지 않으려고 얼마나 극심한 고생을 했을까 하는 생각이 들었다. 이 루트는 남북 방향으로 땅을 가르듯 이어지지만 그만큼 구불구불하다. "백인들은 그저 일직선으로 가면 되겠거니 하고 생각하죠."[3] 서부 사막의 이일리Yiyili 원주민 공동체에서 소를 기르며 화가로도 활동 중인 자월지 머빈 스트리트Jawurji Mervyn Street는 말했다. "마르투Martu족의 눈에 일직선으로 난 길은 존재하지 않아요. 길에서 뭔가 특별한 것을 얻으려면 그렇게 일직선으로 갈 수 없으니까요. 이리 피하고 저리 피하면서 가야만 합니다. 캐닝 스톡 로드를 보면 이리저리 빙빙 돌면서 이어져요. 그래서 곧바로 이런 생각이 들더군요. 그곳에 뭔가 특별한 곳이 있구나, 그래서 가이드가 그곳을 확실하게 피하려고 빙글빙글 돌아서 갔구나 하고요." 폭력적인 위협이 코앞에 있었지만 원주민 가이드는 신성한 땅을 보호하려고 애쓴 것이다.

목적지에 절반쯤 가까워졌을 때 비행기는 1972년 의사이자 탐험가인 데이비드 루이스David Lewis가 앤티카린야Antikarinya 부족인 윈틴나 믹Wintinna Mick, 믹 스튜어트Mick Stewart와 함께 여행한 심프슨 사막을 지났다. 이들의 여행은 호주 원주민의 방향 찾는 기술을 기록하기 위한 최초의 시도였고, 그 결과 호주 사막 지대에서 길을 찾아내는 이들의 방식은 인류의 길 찾기 기술 중 가장 정확한 축에 속한다는 사실이 밝혀졌다.

루이스는 그보다 12년 전에 홀로 요트를 타고 대서양을 횡단한 세계 최초의 인물이 된 데 이어 아내, 어린 두 딸과 함께 세계 곳곳을 여행했다. 영국에서 태어나 뉴질랜드에서 자란 그는 남태평양 지역의 전통적인 길 찾기 기술에 매료되어 타히티부터 뉴질랜드까지 나침반이나 육분의를 전혀 사용하지 않고 항해를 한 적도 있다. 폴리네시아와 미크로네시아 일대의 전통적인 방향 찾기 기술을 8년간 연구한 내용을 정리한 《우리, 방향을 찾는 사람들We, the Navigators》(1972)도 썼다. 태평양 서쪽에서 약 2만 1000킬로미터를 항해한 이야기와 쌍동선을 타고 최초로 세계 일주를 한 이야기도 이 책에 담겨 있다. 늘 다음에는 어떤 모험을 해 볼까 하는 생각에 푹 빠져 살던 루이스는 호주 원주민들의 길 찾기 기술에 흥미를 느끼고 호주를 찾았다. 그리고 공간 탐색 기술을 조사하기 위한 3개년 프로젝트를 시작했다.

하지만 막상 호주에 온 뒤에야 루이스는 자신이 맞닥뜨린 상황에 아무런 대비가 되어 있지 않다는 사실을 깨달았다. 저서에서 다룬 적도 있는 다른 남태평양 섬 주민들처럼 태양과 별과 같은 환경을 가이드 삼아 길을 찾는 사람들과 만나게 되리라 생각했지만, 실제로는 전혀 다른 상황에 처했다. "어떤 부분은 장비 없이 바다에서 활용되리라 예상했던 방식과 대략 비슷해 보이지만 두 가지 전제가 잘못된 것을 알 수 있었다. 하나는 환경에 두드러진 특징이 없을 것이라는 점, 다른 하나는 천체를 기반으로 방향을 찾는 시스템이 존재할 것이라는 점이다."4 루이스는 이렇게 밝혔다. 그는 호주가 "두드러진 특징이 없는 환경"이 아님을 깨달았다. 나아가 호주 원주민들의 공간 탐색 기술은 루이스가 기존에 알고 있던 그 어떤 방향 탐색 이론과도 일치하지 않았다. 사막으로 들어선 그의 첫 번째 여행에 함께한 믹과 스튜어트는 외부 요소를 방향 탐색에 참조하는 경우가 전혀 없었고 정말 어쩌다가 한 번씩 그럴 때도 루이스의 눈에는 아무것도 분간할 수 없는 환경 속에서 모든 것이 이루어졌다. 대신 두 사람은 머릿속으로 전체 여정의 출발 지점을 정하고 언덕, 샘, 나무, 바위 등 목표로 정한 지점이 나올 때까지 무턱대고 나아가는 식이었다. 잘 가고 있는지 경로를 점검해 보거나 방향을 다시 곰곰이 살펴보는 경우는 거의 없으면서도 상당히 먼 거리를 한 치의 착오 없이 정확하게 이동했다. 믹과 스튜어트는 수백 제곱킬로미터에 이르는 사막 곳곳을 그냥 전부 외우고 있는 것 같았다. 루이스는 이 두 사람이 한 번이라도 가 본 적이 있는 곳은 지형적 특성을 모조리 기억하는 건 아닐까 하는 생각이 들었다.

"40년쯤 전에 딱 한 번 가 본 것만으로 기억은 선명하게 각인된다."[5] 루이스의 설명이다. 그가 믹에게 어떻게 가야 할 방향을 아는지 설명해 달라고 요청하자, 믹은 이렇게 답했다. "그냥 느낌으로요."[6] 그러고는 모래 위에 지도를 그려서 루이스에게 보여 주었다. "남쪽으로 16킬로미터를 이동한 다음 동쪽으로 조금 더 갔다가 다시 집으로 돌아오려면 북쪽으로 16킬로미터를 와서 서쪽으로 조금 이동해야겠죠. 그 길에 지형지물이 하나도 없더라도 방향은 알 수 있습니다. 우리 원주민들은 백인들이 나침반을 만들기 전부터 북쪽, 남쪽, 동쪽, 서쪽이 어느 쪽인지 알고 있었으니까요." "그래요, 좋습니다." 루이스는 일단 거기까지는 알겠지만 대체 어떻게 어디나 똑같은 모랫길에서 하루에 '35킬로미터'가 넘는 거리를 이동하는데 길을 알 수가 있느냐고 다시 물었다. "북쪽으로 간 다음에 서쪽으로 가야 하는구나 하고 아는 것이죠. 태양이 아니라 내 머릿속에 있는 지도를 보면서요." 믹의 대답이었다.

이후 루이스는 캔버라의 호주 국립대학교에서 3년간 객원 연구원으로 지내면서 랜드로버를 타고, 또는 두 발로 열심히 걸어 심프슨 사막과 캐닝 스톡 루트 곳곳을 8000킬로미터 넘게 여행했다. 앤티카린야, 핀투피Pintupi, 루리차Luritja 부족의 언어를 할 줄 아는 사람들에게 처음 방문하는 장소를 알려주고 찾아가 달라고 한 다음 자신이 나침반으로 방향을 찾아가며 이동한 경로와 비교해 보았다. 수차례 반복된 시도마다 원주민들은 정확히 길을 찾아냈다.

하루는 루리차 서부와 아란다가 면한 지역에 머무르던 중 핀투피족인 제프리 탕갈라Jeffrey Tjangala와 야파야파 탕갈라Yapa Yapa Tjangala가 멀가 나무와 포아풀이 빼곡히 자라는 것 외에 별다른 특징이 없는 곳으로 루이스를 데려갔다. 나중에 그가 학술지 〈오세아니아Oceania〉에 발표한 결과에서 묘사한 것처럼 땅은 평탄하게 이어지고 큰 나무나 개울, 모래 언덕 하나 없었고 시야는 전방 90미터 정도에 그쳤다. 도중에 두 원주민은 '말루malu(캥거루)'를 발견하고는 랜드로버를 잠시 세우고 총을 겨누었는데 22구경으로 상처만 입힌 채 끝났다. 두 사람은 캥거루를 쫓아 수풀 속으로 들어가기 위해 차를 세우고 멀가 나무 사이로 걸어갔다. 그렇게 30분 정도를 걸어서 마침내 캥거루를 잡은 제프리와 야파야파는 다시 차가 있는 곳으로 향했다. "이 길로 곧장 가면 랜드로버가 나온다는 걸 어떻게 알 수 있나요?"[7] 루이스가 묻자 제프리는 자신의 이마를 톡톡 치고는 팔을 휘저어 가며 캥거루가 달아난 쪽을 향해 어떤 경로로 쫓아갔는지 설명했다. "그럼 우리가 지름길로 가는 중이라는 이야긴데, 태양을 보고 방향을 아는 건가요?" 루이스의 질문에 제프리는 "아니요"라고 답하고는 그대로 15분을 걸었고 차가 나타났다.

루이스는 다음과 같이 전했다. "특징 하나 없는 자연 속에서 핀투피족이 길을 찾는 기술은 무서울 정도로 정확하다. 지금 있는 위치가 어디인지 알 뿐만 아니라 수백 킬로미터 반경에 있는 신성하고 중요한 장소 쪽으로 가는 방향도 안다. 나침반을 보고 있는 것처럼 방향을 알아낸다."[8] 어느 저녁, 제프리는 모래 위에 가장 기본이 되는 방향을 그려서 루이스에게 보여 주었다. "제 머릿속에 북쪽, 남쪽, 동쪽, 서쪽이 이런 식으로 들어 있어요." 그는 당시 야영 중이던 장소를 기준으로 꿈길에 자리한 중요한 장소를 모두 언급하며 어느 쪽에 있는지 설명하고, 그곳에서 400킬로미터 넘게 떨어진 디서포인트먼트 호수Lake Disappointment 근처에 있다는 자신의 집이 있는 방향도 알려주었다. 바로 그때 루이스는 영적 세계와 성지들, 꿈길이 제프리가 방향을 찾는 일차적인 기준점이 된다는 사실을 깨달았다. 동시에 이런 영적인 지리학적 지식에 경외감, 두려움, 사랑, 이루 말할 수 없는 애착을 느꼈다. 이제는 언덕 하나, 바위에 난 구멍 하나도 예전처럼 무심히 볼 수 없을 것 같았다. "'육지에서 방향 찾는 법'에 관한 기존의 생각들이 전부 틀렸다는 것을 알게 됐다. 남태평양에서 배를 타고 이동하는 섬 주민들이 별, 태양, 바람, 파도를 가이드로 삼는 것과 달리 호주 원주민들에게는 서부 사막 전체에 구불구불 이어지며 네트워크를 이루는 고대의 꿈길이 주된 기준점이다."[9]

사막에서 다른 사람과 방향에 관해 소통해야 할 때 호주 원주민들은 진흙이나 모래에 그림을 그려서 설명한다. 먼저 물, 바위 구멍, 성지, 불 또는 누군가 처음 태어난 곳, 자신만의 '꿈길'이 시작된 곳을 동그라미로 표시한다. 그리고 그곳을 출발점으로 삼아 그날 짧게는 5킬로미터에서 길게는 16킬로미터까지, 혹은 그 이상 걸어서 이동할 경로를 선으로 그린다. 그런 다음 물과 지형지물, 꿈길에 포함된 다른 장소들, 영웅이자 창조주인 존재의 이야기에서 벌어진 사건과 관련된 장소들을 다른 동그라미로 표시한다. 이렇게 땅 위에 그려진 지도는 원과 선이 서로서로 연결되면서 역사와 우주론, 살면서 쌓인 경험, 지리학이 압축된 지형도가 된다. 이처럼 지도 제작 기술과 신화, 예술이 통합된 상징적인 결과물과 맞닥뜨린 외부인이라면, 자신이 가진 방향 찾는 도구들에 불만을 품는 것도 당연한 일일 것이다. "서구 유럽인들은 이러한 세계에 발을 들이기 어렵다."[10] 인류학자 노먼 틴데일Norman Tindale은 이런 글을 남겼다. "우리는 나침반을 보조 수단으로 삼아 지도를 활용하는 법과 각도와 거리에 따라 비교적 정확하게 방향을 정하는 법을 배운다. 또한 장소에 이름을 붙이고 공통적으로 이해하는 기호로 표시하며 비교적 통일된 일련의 관습을 따른다."

틴데일은 학계와 호주 정부가 원주민은 고정된 영역에서 살지 않으므로 땅에 대한 소유권이 없다고 여길 때 호주에 사는 백인 중에서는 최초로, 원주민들이 그저 쉴 새 없이 먹을 것과 물을 찾아 돌아다니지 않는다는 사실을 깨달은 사람으로 여겨진다. 텁수룩한 머리에 이제 막 스무 살이 된 1921년, 틴데일은 호주 북동부 그루트 아일런드Groote Eylandt 섬에서 1년간 지냈다. 당시에는 과학자가 호주 원주민 공동체에서 지낸 최장기간으로 기록된 이 기간 동안 틴데일이 자주 만나 함께 연구했던 사람들 중에 마로아두네이Maroadunei라는 느간디Ngandi족 사람이 있었다. 그는 틴데일에게 자신이 사는 지역의 특징과 서로 다른 언어를 쓰는 부족들 사이에 지리적 경계가 있다는 것을 알려주고 한 공동체의 꿈길 이야기가 어디에서, 어떻게 끝이 나고 또 어떤 이야기가 흡수되는지도 설명해 주었다. 연구를 마치고 집에 돌아온 틴데일은 지도를 그리고 각 부족들이 사는 곳을 경계선으로 표시했다. 그러나 지도와 연구 결과를 발표하려고 하자 재학 중이던 호주 국립대학교의 담당 교수는 그 경계선을 전부 지우라고 지시했다. 그로부터 20년 가까이 지난 1940년에야 틴데일이 그린 지도《호주 대륙의 원주민 부족들Aboriginal Tribes of Australia》이 출간됐다. 그의 동료 중 한 사람이 했던 말을 그대로 빌리자면, "호주 대륙이 '무주지'가 아니라는 근간에서 탄생한 급진적인"[11] 결과물이었다.

호주 정부는 19세기부터 20세기까지 원주민들이 살던 땅을 목장과 광산으로 사용하기 위해 원주민들을 원주민 보호구역과 대규모 목축 농장, 빈민 구제시설, 다른 마을과 도시로 이주시켰다. 원주민들이 "땅"으로 알던 곳, 백인들에게는 야생 자연으로 보이던 곳에서 다른 곳으로 이주한 과정은 '유입coming in.'으로도 불렸다. 데이비드 루이스의 여행을 함께했던 사람들, 대부분 핀투피족 언어를 사용하던 원주민들은 사막에서 태어나 그곳에서 살아온 사람들이었는데 이들은 풀숲에서 살다가 유입된 마지막 원주민 세대로 여겨졌다. 영국이 로켓 시험을 시작하고 자신들이 정한 비행경로에 살던 핀투피족을 밀어낸 1950년대부터 이들은 사막을 떠났다.

루이스의 여행 동반자 중 한 사람인 프레디 웨스트 쟈카마라Freddy West Tjakamarra는 1962년에 사막을 떠나 앨리스스프링스 시에서 서쪽으로 약 250킬로미터 떨어진 파푼야Papunya로 이주했다. 가족들, 노스펙 주퍼룰라Nosepeg Tjupurrula를 비롯해 길 찾기를 담당하던 여러 부족민도 그와 함께했다. 프레디 일행은 먼저 만타티Mantati로 알려진 바위 구멍 지대를 기점으로 파푼야까지 걸어서 이동했다. "여러 아이들이 우리를 보려고 달려 나왔다."[12] 당시 어린아이였던 프레디의 아들 바비 웨스트 주퍼룰라Bobby West Tjupurrula는 이렇게 전했다. "좀 흥분되기도 하고, 큰 공동체에 들어서니 부끄럽기도 해서 나는 작은 창과 우메라woomera(창 던지는 도구)를 꺼냈다! (……) 그곳에서 나는 학교에도 다니고 공부도 하고 싶었다. 학교가 좋아서 나는 매일 꼬박꼬박 학교에 갔다. 사냥도 다녔다. 매주 금요일 오후와 토요일, 일요일에는 걸어서 사냥을 나가 캥거루와 큰도마뱀(구아나) 같은 것을 찾아다니기도 하고 학교에도 갔다. 사냥하고 야영하는 시간이 정말 즐거웠다."

바비 웨스트가 호주 원주민 역사에 큰 변화를 일으킨 운동을 목격한 곳도 학교였다. 1971년 6월, 한 무리의 핀투피족 사람들이 학교 벽에 꿈길 이야기를 그림으로 그린 것이다. "그때 나는 어린 십대였다. 전부 모여서 이야기를 시작했고, 무엇을 그릴지 의논했다. 노인 한 사람이 일어나더니 '꿀단지 개미Honey Ants'를 그리자고 제안하자 사람들이 모여서 그를 도와 그림을 그리기 시작했다. 벽화가 너무나 중요한 이유는, 사람들이 이야기를 자랑스럽게 여겼기 때문이다."[13]

'꿀단지 개미' 벽화에는 나중에 인간이 되는 개미들에 관한 꿈길 이야기와 파푼야에서 하나로 만나는 노랫길이 담겨 있다. 이주가 시작되고 몇 년이 지난 뒤에 그려진 벽화지만, 이처럼 벽화를 그린 일은 '서부 사막 예술 운동'의 불씨를 지핀 계기가 되었다. 호주 원주민 남성들, 곧이어 여성들이 폭발적인 창의력을 발휘하여 협력 공동체를 형성하고 꿈길을 현대미술로 구현한 운동이다. 원주민들의 신성한 비밀을 보호할 수 있도록 변형된 그림들이 많지만 이렇게 그림을 그리는 행위를 통해 수십 년에 걸쳐 원주민과 땅의 연결고리를 훼손시킨 식민 지배에도 변치 않은 회복력과 저항성을 드러냈다. 이들이 그린 그림은 땅과의 관계를 보여 주는 증거이자 그 땅을 잘 아는 사람들이 보유한 지식 그 자체라 할 수 있다. 토지 소유권을 두고 벌어진 소송 중에는 이와 같은 그림이 여러 세대에 걸쳐 특정한 땅에 살았고 소유권이 있음을 나타내는 법적인 자료로 실제로 법정에 제출된 경우도 있다. 나는 원주민들이 그림을 그리는 행위가 노래를 하거나 꿈길을 따라 이동하는 것과 너무나 비슷하다는 인상을 받았다. 모두 살아 있는 땅과 자신들의 관계를 그대로 유지하기 위한 헌신적 마음에서 우러난 행위이기 때문이리라.

◄●►

데이비드 루이스는 1972년 파푼야에 도착했을 때 이런 상황을 전혀 모르는 채 막 시작된 서부 사막 예술 운동의 중심지로 향했다. 롱 잭 필리퍼스 쟈카마라Long Jack Phillipus Tjakamarra, 야파야파 탕갈라, 프레디 웨스트 쟈카마라, 아나타리 참피친파Anatjari Tjampitjinpa 등 그와 함께 여행하면서 길 찾는 법을 직접 보여 준 많은 사람이 지금은 서부 사막 예술 운동을 탄생시킨 전설적 인물들로 인정받고 있다. 예술가들로 구성된 최초의 공동체인 파푸니아 툴라 아티스트 단체Papunya Tula Artists Pty. Ltd.를 설립한 11명의 주주 중 7명이 루이스와 3년 넘게 함께 여행하면서 길 찾는 법을 알려준 사람들이었다. 빌리 스톡맨 차팔차리Billy Stockman Tjapaltjarri도 그중 한 사람으로, 루이스와 1973년에 서부 사막을 여행했던 자그마한 체형에 널찍한 눈썹과 깊은 눈을 가진 그의 그림은 재스퍼 존스Jasper Johns나 호안 미로Joan Miró에 비견된다는 평가를 받는다. 호주 원주민 현대미술의 대가로 불리는 우타우타 탕갈라Uta Uta Tjangala와 노스펙 주퍼룰라는 1974년에 루이스를 캐닝 스톡 루트로 안내했던 사람들이다. 이들 모두 '꿀단지 개미' 벽화 작업에 참여했고 1970년대 초에는 파푼야 지역 학교에서 아이들에게 그림 그리기와 이야기를 가르치면서 자신만의 '츄큐어파(꿈길)' 이야기를 처음으로 평평한 2차원 캔버스 위에 그리고 그 의미를 해석했다.

서양인들은 호주 원주민들의 그림에서 바실리 칸딘스키, 살바도르 달리, 파블로 피카소를 떠올렸다. 몽환적이고 초현실적인 기하학적 표현은 보는 이에게 어떤 의미가 담겨 있는지 알아내고 싶은 욕구를 불러일으킨다. 우타우타 탕갈라는 그의 작품 중 하나인 〈약 이야기Medicine Story〉(1971)에서 진한 자두색과 겨자색 아크릴 물감으로 어느 마법사의 이야기를 묘사했다. 남근을 연상시키는 타원 두 개가 여러 개의 원과 선에 둘러싸인 이 그림은 깁슨 사막에서도 1926년에 우타우타가 잉태된 느구라팔랭구Ngurrapalangu부터 그 이야기에 등장하는 마법사가 자신의 장모와 부적절한 성관계를 맺은 장소인 유마리Yumari까지 가는 길을 나타낸다. 이야기 속 또 다른 인물인 '노인'의 고환이 그림에서 두 개의 큰 타원과 겨자색으로 그려진 선을 통해 연결되어 있고 그 사이사이는 생명을 불어넣는 샘과 여러 길로 연결되어 있다. 1974년, 우타우타는 느구라팔랭구의 이 꿈길 이야기를 같은 제목으로 다시 그렸다. 두 명의 여성과 '노인'에게서 벗어나 윌킨카라Wilkinkarra로 날아간 '쇼트 레그스Short Legs'에 관한 그림으로, 비가 내리고 나면 두 여성이 만든 얕은 웅덩이에서 음식이 자라고 두 사람이 춤을 추는 장소에서도 음식이 나는 장면과 함께 동굴로 기어 들어온 '쇼트 레그스'가 그곳에 옮겨 둔 신성한 물건들이 나중에 언덕이 되는 모습이 묘사되어 있다.

　나는 데이비드 루이스가 1970년대에 심프슨 사막을 여행한 이야기를 처음 읽었을 때, 그와 여행을 함께한 사람들 중 몇몇이 내가 박물관에서 본 작품들을 그린 화가들과 이름이 같다는 사실을 알아

보았다. 경매에 나와 수십만 달러에 팔리기도 하는 그런 작품들이었다. 나는 방향 탐색에 관한 루이스의 연구와 원주민들의 예술 운동이 이렇게 연결된 것이 결코 우연이 아니라고 생각한다. 루이스는 사막에서 나고 자라 본능적으로 그곳 지형을 잘 아는 전문적인 가이드와 사냥꾼들을 찾아 나섰다. 이들이 길 찾기에 통달한 사람이 될 수 있었던 자질, 숭배하는 마음과 끝을 모르는 호기심은 꿈길과 친근한 관계를 맺고 자연 속에서 살아가는 법에 관한 무궁무진한 지식의 원천이 되었을 뿐만 아니라 이들을 창의적인 현자로 만든 바탕이 된 것으로 보인다.

루이스는 파푼야 출신 원주민과 사막으로 향할 때마다 여행에 대한 그들의 열정에 놀라곤 했다. "원주민 친구들은 새벽부터 어스름이 질 때까지 매일, 차로 이동하는 단조로운 여정에도 신성한 이야기가 선명히 새겨진 자연 속을 가로질러 가는 것에 깊은 만족감을 느끼는 것 같다. 내가 그 마음을 온전히 이해하지는 못할 것 같다." 그는 이렇게 전했다. "지형에 특별한 변화가 생길 때마다, 식물이나 동물이 지나간 자국이 나타날 때마다 세심한 관찰에 이어 활기찬 대화가 오갔다. 모래 언덕의 높이, 바위의 색깔, 꿀을 만들 수 있는 꽃들이 흐드러지게 핀 풍경처럼 우리가 가로지르는 땅의 모습들은 생생한 대화 주제가 되고 정착지에 남아 있는 친구들에게 자랑할 거리가 되었다."[14]

'지도'라는 용어로 호주 원주민의 현대미술에 겹겹이 담긴 복합적인 은유와 역사를 표현하기에는 분명 큰 한계가 있다. 하지만 이들의 그림이 특정 장소의 지형적 특성과 직접적으로 연관되어 있음을 누구도 부인할 수 없다. 그림은 꿈길의 지형을 담고, 꿈길은 땅의 신성한 지리를 간직한다. "호주 원주민들의 길과 경로는 그 자체가 지도다. 땅을 서로 연결하고, 사람의 이동과 은유적 여정을 나타내며 영적 자아와 자연을 이어 준다."[15] 데일 커윈Dale Kerwin의 설명이다. 예술사가 비비안 존슨Vivien Johnson은 유럽인들이 만든 지도와 이러한 그림이 충분히 흡사하므로 법적 문서로 인정해야 한다고 주장했다. "서구인들의 지형도와 마찬가지로 이 그림들도 지도에 표시될 요소들이 서로 어떤 관계를 맺고 위치하는지 고도의 집중력을 발휘하여 정확하게 실시된 현장 조사를 기반으로 땅을 지도화한 대축척 지도로 볼 수 있다." 존슨은 설명했다. "따라서 특정 장소의 위치를 찾는 데 활용할 수 있으며 정밀도를 고려할 때 법적 문서로도 유효성이 있다. 유럽인들의 지적대장에 상응하는 서부 사막 지역의 그래픽 자료로 봐야 한다."[16]

이런 의견에 반대하는 사람들도 있다. 호주 출신 인류학자 피터 수튼Peter Sutton은 그곳 지리에 익숙하지 않은 사람은 원주민의 그림으로 원하는 장소를 찾아갈 수 없다고 주장한다. 하지만 구글 지도도 마찬가지 아닐까. 자동차가 무엇인지 모르는 사람, 도로를 한 번도 접해 본 적이 없거나 현대 지도 제작에 활용되는 다양한 기호가 무슨 의미인지 배운 적이 없는 사람은 구글 지도가 있어도 원하는 장소를 찾아갈 수 없을 것이다. 즉 두 지도 모두 여행하려는 사람이 보유한 총체적 지식에 따라 효용성이 좌우되고, 무엇이 특정인들만 아는 지식인지 판단하는 기준 역시 그 지도를 보는 사람에 따라 달라진다. "유럽인들이 만든 지도는 자율성이 없다."[17] 데이비드 턴불 David Turnbull이라는 학자는 《지도는 땅이다Maps Are Territories》에서 이렇게 밝혔다. "유럽인들이 땅과의 관계를 설명하기 위해 만든 신화를 알아야만 그들의 지도도 읽을 수 있다." 턴불은 지도 자체가 그 지도를 만든 사람들의 문화를 은유적으로 담고 있으며, 따라서 피트 단위로 정해진 축척에 따라 그려진 지도가 아니라 해도 중립적 또는 실증적으로 묘사된 결과가 아닌 그린 사람의 관점에서 그 정확도와 현실성을 고려해야 한다고 밝혔다.

1972년 10월 19일, 데이비드 루이스는 방향 탐색에 관한 연구를 잠시 중단하고 세계 최초로 남극을 배로 일주하는 도전을 하러 떠났다. 혹독한 도전이었고 루이스는 겨우 목숨을 건졌다. 배가 세 번이나 뒤집혀 결국 1974년 3월 20일에 케이프타운에서 '아이스 버드' 호를 폐기해야 했다. 호주로 돌아온 루이스는 사막으로 가서 제프리 탕갈라, 야파야파 탕갈라와 또 다른 여행을 시작했다. 새로 형성된 원주민 마을인 야야이Yayayi에서 출발한 세 사람은 주피터 웰 Jupiter Well까지 서쪽으로 약 600킬로미터를 이동했다. 1973년 6월부터 야야이에 머물던 미국 출신의 박사 과정 학생 프레드 마이어스 Fred Myers도 이 여정에 동참하여 인류학 박사논문에 실을 현장 연구를 진행했다. 원주민 정착지에서 당시에 촬영된 다큐멘터리 자료에는 갈색 머리에 안경을 낀 마이어스가 한 손에는 담배, 다른 손에는 기자 노트를 들고 저만치 뒤에서 핀투피족이 함께 있는 모습이

나 일상생활을 조용히 관찰하는 모습도 담겨 있다. 그는 야야이에서 그림 작업을 기록하는 데 각별한 관심을 쏟았다. 그곳에서 나온 작품들은 앨리스스프링스로 팔려 나갔다. 마이어스가 핀투피족과 맺은 관계, 그리고 서부 사막 지역의 정치, 문화, 예술에 관한 기록은 40년 넘게 전해진다. 1985년에 발표된 마이어스의 저서《핀투피의 땅, 핀투피 사람들: 서부 사막 원주민들의 정서, 장소, 정치*Pintupi Country, Pintupi Self: Sentiment, Place, and Politics among Western Desert Aborigines*》에는 깊은 애정이 담긴 시선으로 호주의 자연 풍경을 바라보는 마이어스의 마음이 그대로 담겨 있다.

> 이곳은 황량한 땅이다. 유럽인들은 메마르고 위험한 곳으로 알고 있지만, 사실 이곳의 붉은색 모래와 초목으로 우거진 평야, 그 위를 간간이 뒤덮은 색이 흐릿한 식물들과 오랜 세월 침식된 울퉁불퉁한 언덕들은 감탄이 절로 나오는 푸른 하늘 아래 고요한 아름다움을 만들어 낸다. 이 방대함과 고요함에서 누구도 벗어날 수 없다. 흐릿한 색들로 인해 이곳은 늘 거의 형체가 없는, 유령들이 사는 곳 같은 인상을 풍긴다. (……) 호주 원주민들은 오래도록 변하지 않는 이 풍경을 사회적 삶에서 얻고자 하는 연속성의 모델로 삼는다. 지표 위에서 수시로 옮겨 다니는 자신들의 삶에 비해 더 오래 존속하는, 현실적인 체계가 된다.[18]

흐릿하고 추운 2월의 어느 아침, 나는 로어맨해튼 워싱턴 스퀘어 공원을 지나 뉴욕대학으로 향했다. 그곳에서 마이어스의 사무실이 있는 회색 고층건물로 들어가 승강기에 올랐다. 사무실에서 마이어스가 호주에서 40년 이상 현장 연구를 이어 가면서 수집한 물건들과 책들을 꺼내기 시작하자 내 기분도 한껏 들떴다. 그는 먼저 파일 서랍을 열고 파푼야 주변 지역을 나타낸 지형도를 꺼내 루이스 그리고 두 탕가라와 함께 여행한 경로를 보여 주었다. 네 사람이 여행을 시작하던 그때 마이어스는 이미 호주 원주민들의 방향 탐색 기술이 신기할 정도로 뛰어나다는 사실을 잘 알고 있었다. 아주 어린아이들조차 길을 잃는 법이 없었다. "그때 만난 친구들은 기억력이 정말 굉장했습니다." 그는 내게 설명했다. 오히려 마이어스가 어째서 걸핏하면 길을 잃는지 그들이 황당해하는 경우가 많았다고 한다. "장담하는데, 아이들은 일곱 살, 여덟 살쯤이면 그런 능력이 생깁니다." 함께 차를 타고 어딘가로 향하다가 마이어스가 길을 가르쳐 달라고 하면, 함께 가던 사람들은 믿을 수가 없다는 투로 이렇게 이야기했다. "거기 가 봤잖아. 전에도 본 곳이고! 이쪽 길이야. 저기 북쪽으로 가면 돼." 마이어스는 웃음을 터뜨렸다. "저는 멀가 수풀 사이로 운전하면서 이러다 타이어에 펑크가 나거나 변속기가 고장날까 봐 걱정하는데 옆에서 친구들은 '북쪽! 북쪽이라고!'라며 소리치곤 했어요. 뭐라는 건지, 저는 어디가 북쪽인지도 모르는데 말이에요."

마이어스는 컴퓨터에 저장된 파일을 이리저리 뒤져 1974년에 루이스와 함께한 여행에서 직접 촬영한 사진들을 열었다. 디지털 파일로 복원해 둔 자료들이었다. 그중에는 스무 살 남짓한 나이로 보이는 제프리 탕가라가 전날 밤에 피운 불이 다 꺼지고 재만 남은 곳 앞에서 하얀 에나멜 컵을 들고 서 있는 사진도 있었다. 아침 일찍 다시 여행을 떠나기 전에 야영했던 장소를 정리하던 중이었다. 복숭아색 체크 셔츠에 짙은 색 청바지, 은색 버클이 달린 가죽 벨트 차림인 제프리는 까만색 머리카락 주변에 천 조각을 헤어밴드처럼 두르고 있었다. 뒤편에 비스듬하게 카메라에 잡힌 야파야파 탕가라는 데님 재킷을 입고 있었다. 널찍한 펠트 모자를 쓰고 있어서 눈 아래까지 그림자가 내려와 있었다. 다들 '지미 헨드릭스 익스피리언스' 밴드라고 해도 손색이 없을 만한 모습이었다. "제프리 제임스와 야파야파는 저와 가장 절친한 친구였어요. 제프리는 몇 년 전에 세상을 떠났습니다. 부족 사람들이 캐닝 스톡 루트를 통해서 다시 고향에 돌아올 수 있도록 거의 혼자 도맡아 고생한 놀라운 사람이었어요."

마이어스는 내게 호주 원주민의 현대미술 작품들은 지리적 지도가 아닌 개념도에 가깝다고 설명했다. "지리적 방향을 그대로 나타내는 일이 거의 없고, 있더라도 특징적인 장소와 배치를 나타내는 경우는 드뭅니다. 원주민들의 그림은 장소를 암기하는 기법에 더 가깝습니다. 그중에는 다른 작품들보다 유용한 정보가 더 뚜렷하게 포함된 것도 있고요." 마이어스는 원주민 개개인마다 "보유한 지식은 대부분 굉장히 특이적이고 전에 걸어서 가 봤던 곳과 관련 있습니다. 다른 방식도 활용할 수 있지만, 주로 부모님과 함께 걸어 다니면서 기억으로 남깁니다." 이어서 마이어스는 꿈길 이야기도 다차원적인 목적이 있다고 설명했다. "그러한 이야기는 지식과 방향, 생태학이 암호화되는 하나의 형식입니다. 사람들은 이야기를 들으면 곧바로 이해하죠. 이야기는 사람들을 하나로 연결시키고, 아주 멀리 떨어진 장소의 주변 환경을 이해할 수 있도록 합니다. 다양한 지리학적 지식이 저장되는 골격인 셈이죠. 그런 내용을 다 어떻게 기억할까요? 우리 아버지가 여기서 자랐는데, 개미들이 있는 곳도 거기라는 식으로 지식을 압축하는 것이죠." 원주민들의 이런 지식은 엄청나게 복잡하다. 호주에서 수십 년을 보냈고 원주민 언어도 몇 가지 유창하게 구사할 수 있는 마이어스도 그곳 원주민들이 길을 찾아가는 방법을 알려주면 가까스로 이해할 수 있었다고 밝혔다.

야야이에 도착한 루이스와 만난 일행은 서쪽을 향해 7일간의 여정을 시작했다. 마이어스는 당시 여행에서 정말로 이례적인 일이 벌어진 순간이 가장 기억에 남는다고 전했다. 두 탕가라가 방향을 잃은 것이다. 루이스도 이 사건에 적잖이 놀랐는지 몇 편의 논문과 더불어 회고록 《바람의 형태Shapes on the Wind》에도 그때의 일을 기록했다. 원래 일행은 꿈길에 속한 장소 중 딩고가 도마뱀 인간 두 명을 쫓아낸 흔적이 삼각형 모양의 노란 돌들로 이루어진 패턴으로 남아 있다는 출리우니야Tjulyurnya로 가는 길이었다. 창을 만들 멀리야티mulyarti 나무도 구하고 그곳의 신성한 돌들을 야야이에 가져가고 싶다는 두 탕가라의 제안으로 결정된 목적지였다. 출리우니야는 야영지에서 42킬로미터 정도 떨어진 곳에 있었다. 루이스는 스피니펙스 풀이 가득 깔린 평원과 낮은 모래 언덕, 그리고 "언덕이라는 이름과 전혀 어울리지 않게 오르락내리락 이어지는 곳들"[19]을 지나며 그 꿈길 속 장소로 가는 경로를 다음과 같이 상세히 기록했다.

1. 약간 남쪽으로 치우친 서쪽 방향으로 7킬로미터 이동 후 나무루니야 소크Namurunya Soak에 도착. 아주 얕고 작은 웅덩이인데, 내 눈에는 특징이라 할 만한 부분이 전혀 없다.

2. 남서쪽으로 13킬로미터 이동 후 돌칼로 사용되는 날카로운 부싯돌 칸테Edi Kante가 있는 장소에 도착. 나지막한 언덕 뒤에 있다.

3. 동남쪽으로 5킬로미터 이동 후 모래 언덕 끄트머리에서 렁카라청쿠Rungkaratjunku라는 성지가 있는 쪽으로 향했다.

4. 낮은 모래 언덕 사이에 구불구불한 길을 따라 이동. 대체로 서남쪽, 남서쪽으로 난 이 길로 16킬로미터를 이동하여 작은 언덕 옆에 있는 바위 구멍 출리우니야에 도착. 성지까지는 아직 2킬로미터가 남았다.

출리우니야에 도착한 일행은 돌을 모아서 하룻밤을 보낼 야영지를 만들기로 했다. 그런데 그때 두 원주민의 걱정이 시작됐다. 백인들을 꿈길로 데려온 것이 잘못이었을까? 그곳에서 돌을 옮기는 건 적절치 않다고 판단한 두 원주민은 전날 야영했던 곳으로 최대한 빨리 돌아가는 것이 최선이라고 밝혔다. 일행은 차량 두 대에 올라

타고 사악한 딩고의 영혼이 들어오지 못하도록 창문을 꼭 닫았다. 그 순간 재앙이 몰아닥친 것 같았다.

"너무 깜깜해서 길을 잃고 말았습니다." 마이어스가 설명했다. (루이스는 자동차 헤드라이트 불빛이 어두운 곳을 보는 시력에 영향을 주고 주변 지형을 제대로 보지 못해서 벌어진 일이라고 추정했다.) "우리는 그날 출발했던 지점에 도착할 때까지 계속 운전했습니다. 두 원주민은 딩고의 영혼이 들러붙어서 우리를 다 끌고 갈 수도 있다는 생각에 혼비백산 상태였어요. 제프리가 운전대를 잡아도 길을 찾을 수가 없자 두 사람은 제대로 기겁해 버렸죠." 호주 원주민이 아닌 정비공 데이비드 본드David Bond가 차 오른쪽 창문으로 남십자성의 위치를 계속 확인하면서 동쪽이 어디인지 찾아낸 덕분에 모두 아침에 떠난 야영지에 도착할 수 있었다. 루이스는 핀투피족이 한 치의 오차도 없는 방향 탐색 기술을 보유하고 있음에도 불구하고 별을 보고 방향을 찾는 방법은 모를 것이라는 추측을 내놓았다. 하지만 마이어스는 별이 문제가 아니라 그날 차가 달린 속도가 문제라고 보았다. "걸어갈 때는 방향을 잃을 일이 없습니다. 원주민들도 별이 어디에 있는지, 별이 어디에서 떠오르는지 다 알고 있지만 그런 정보는 그들에게 굳이 필요하지 않다고 생각해요." 마이어스의 설명이다. "원주민들은 걸어가는 동안 몸으로 가야 할 방향을 느끼고 찾아냅니다. 가다가 걸음을 멈추고 '어디가 북쪽이지?'라고 생각하지도 않아요. 계산해서 알아내는 것이 아니라 그냥 인지하는 겁니다. 그렇게 끊임없이 길을 찾아가는 것이죠."

호주에서 진행하던 연구가 끝나갈 무렵, 루이스는 함께 여행한 원주민들의 길 찾기 능력은 "'동적인 이미지' 또는 정신적 '지도'의 일종"이라는 결론에 이르렀다. "이는 시간과 거리, 방위에 따라 계속 업데이트되며 방향이 바뀔 때마다 대폭 재정비된다. 그러므로 사냥꾼들은 자신의 근거지 또는 목적지가 있는 방향을 '항상' 정확하게 알고 있다."[20] 루이스가 미처 모르는 사이, 그가 파룬야 출신 원주민들과 사막 곳곳을 누비고 다니던 시기에 그곳에서 약 1만 4000여 킬로미터 떨어진 런던에서도 두 명의 신경학자가 인간은 뇌의 심상 지도를 활용해서 길을 찾는다는, 아주 비슷한 이론을 발전시키고 있었다.

뇌와 시공간

1970년대 초, 존 오키프라는 젊은 미국인 과학자가 무언가를 연구하다가 길을 잃고 다른 것을 발견했다. 과학적으로 이루어진 놀라운 성과들 중에 너무나 많은 경우가 그렇듯이, 오키프의 경우도 호기심과 기술, 운이 한꺼번에 작용하고 여기에 우연한 사고까지 겹치면서 노벨상 수상이라는 결과로 이어졌다. 원래 오키프는 정서적 학습이 이루어지는 뇌의 편도체에서 개별 신경세포에 발생하는 신호를 기록하는 연구를 진행 중이었다. 어느 날, 오키프는 유니버시티 칼리지 런던의 연구실에서 래트의 뇌에 미세전극을 심는 실험을 시작했다. 하지만 위치를 잘못 알고 감각 지각이 처리되는 체성감각 시상 부위에 전극을 이식하는 바람에 전극이 해마에 삽입됐다. 오키프는 전극이 삽입된 곳의 단일 세포가 활성화되기 시작하자 희한한 패턴이 나타나는 것을 보고 깜짝 놀랐다. 세포 활성이 래트의 움직임과 아주 밀접한 것처럼 나타난 것이다. 호기심이 발동한 그는 원래 하던 편도체 연구를 접고 래트가 음식을 먹을 때, 털을 손질할 때, 주변을 돌아다닐 때 해마를 구성하는 단일 세포의 활성을 기록했다.

오키프가 해마 세포의 활성을 처음으로 기록한 것은 아니다. 올가 비노그라도바Olga Vinogradova라는 러시아의 신경학자는 1970년에 토끼의 해마 신경세포 활성을 기록하고 자극이 주어지면 반응한다고 추정했다. 오키프가 중점을 둔 부분은 그와 달랐다. "수 개월간 살펴본 결과, 이 세포들의 활성이 래트가 무엇을 하는지, 또는 왜 그 일을 하는지와는 무관한 것 같다는 생각이 들었다. 그러던 중 절대 잊지 못할 그날, 해마 신경세포가 래트의 위치, 즉 환경에서 자리한 곳에 반응한다는 생각이 번개처럼 머릿속에 떠올랐다."[1]

오키프는 래트가 지내는 환경을 여러모로 변화시킨 후 해마 세포의 활성에 어떤 영향이 발생하는지 지켜보았다. 래트가 익숙하게 다니는 미로에서는 불을 꺼도 활성은 사라지지 않았다. 래트가 어느 방향으로 가는지, 또는 미로에서 길을 찾았을 때 주어지는 보상을 래트가 획득했는지, 보상이 변경되었는지 여부와도 관련이 없었다. 해마 세포의 활성에 영향을 주는 유일한 자극은 래트의 위치인 것 같았다. 또한 자극이 바뀌면 거기에 반응하는 것이 아니라, 공간의 추상적 개념을 신호로 전달했다.

그로부터 수십 년간 해마의 신경세포에서 나타나는 유연하고 흡사 마법과도 같은 특성이 과학자들을 매료시켰다. 환경에서의 위치에 따라 활성 패턴이 달라지고, 놀랍게도 동물의 실제 위치는 장소 세포가 활성화되는 속도 그대로 달라질 수 있는 것으로 나타났다. 과학자들이 래트의 신경 활성을 추적할 경우 이 정보 하나만으로 레트가 있는 물리적 공간을 실시간으로 정확히 추정할 수 있다는 의미다. 여러 연구를 통해 장소 세포가 일단 장소를 암호화하면 그 과정 자체는 새로운 경험인 경우 1, 2분 내로 일어나며 동일한 활성 패턴은 수 개월간 보존되는 것으로 밝혀졌다. 공간 기억의 가능성을 암시하는 결과다. 래트가 잠들어 있을 때 기록한 장소 세포의 활성을 보면 잠들기 전 활성화 패턴과 유사한 패턴이 나타났다. 이에 따라 래트가 잠을 자는 동안 최근에 탐색한 공간 기억이 정리되고 통합된다는 가설이 제기되었다. 또한 해마의 신경세포는 자체적으로 위치를 재설정할 수 있어서 래트가 다른 환경에 놓이면 같은 세포에서 다른 활성 패턴이 나타난다.

오키프는 장소 세포를 발견한 직후, 30년도 더 전에 발표되었으나 잘 알려지지 않은 한 이론을 증명할 수 있겠다는 생각이 들었다. 과학자들이 개별 신경세포의 활성을 기록할 만큼 기술이 발달하지 않았던 오래전에 나온 이론이었다. 그날 떠올린 생각에 관해 오키프는 다음과 같이 기록했다. "다음 날 이런 결과들을 생각하던 중에, 잠재적으로 중대한 의미가 될 수도 있는 아이디어가 조각조각 떠올라 나를 괴롭혔다. 첫 번째는 [에드워드] 톨먼Edward Tolman이 이야기한 인지 지도가 바로 해마일지도 모른다는 것이다. 톨먼은 설치류 실험 후 미로에서 나타나는 몇 가지 행동을 설명하고자 인지

지도라는 모호한 체계를 가정했으나 동물의 학습 능력을 연구하는 분야에서 인정받지 못했고 1960년대에는 거의 거론되지 않았다."[2] 이에 오키프는 "전형적인 아르키메데스 방식의 희열이 찾아와 오랫동안 가시지 않았다"고 전했다. 어쩌면 인지 지도를 발견했을지도 모르니까.

◀•▶

영어에서 미로를 뜻하는 단어 'labyrinth'는 그리스어 'labyris'에서 유래했다. 크레타 섬에서 발달한 미노아 문명의 여신을 대표하는 '양날 도끼'를 의미한다. 미로를 그토록 복잡하게 설계하도록 다이달로스에게 지시한 사람은 다름 아닌 미노스 왕이었다. 미노타우로스를 가둔 그 미로로 들어간 테세우스는 아리아드네의 실을 따라간 덕분에 미로에서 빠져나오는 길을 찾을 수 있었다. 미로라는 뜻의 또 다른 영어 단어 'maze'는 원래 '골똘히 생각에 잠기다'일 가능성이 높고 중세 영어에서는 '혼란스럽다, 어리둥절하다, 꿈꾸다'를 의미했다. 쥐를 미로에 넣고 행동과 공간 지각 능력에 관한 정보를 수집하는 것은 100년 이상 이어진 전통적인 방식이다. 1890년대에 시카고의 한 젊은 심리학 전공생은 아버지가 운영하는 농장에서 낡은 통나무집 현관 아래로 쥐가 둥지를 향해 달아나는 것을 보고 어떤 경로로 가는지 관찰했다. 쥐가 이용하는 길을 찾고 보니 꼭 미로 같았다. 심리학자들은 쥐의 집 찾기 능력이라 불리는 기술을 자세히 알아보고 기억력과 학습 능력을 시험해 보기 위해 미로를 활용한 것이리라.

실험심리학자인 윌러드 스몰Willard Small은 쥐를 관찰했던 학생의 동료였다. 친구에게 전해 들은 이야기에 큰 인상을 받은 스몰은 사상 처음으로 쥐를 위한 미로를 설계했다. 영감을 얻기 위해, 그는 17세기 후반 런던 햄프턴 궁전에 설치된 유명한 생울타리 미로를 참고했다. 이리저리 꼬인 길과 막힌 길들이 가득한 사다리꼴 모양의 미로였다. 우선 가로세로 1.8미터, 2.4미터 크기의 플랫폼을 준비한 스몰은 철망으로 미로 벽을 새우고 막다른 길을 여섯 군데 만들었다. 그리고 쥐가 미로 안에서 돌아다닐 수 있는 모든 길을 세밀하게 설계했다. 눈이 보이지 않는 쥐도 자신이 만든 미로에서 시력이 멀쩡한 쥐만큼 쉽게 길을 찾는 것을 본 스몰은 경탄했다. 스몰이 시작한 방식은 큰 인기를 얻었다. 1937년에 에드워드 톨먼은 동료 심리학자들이 모인 한 콘퍼런스에서 다음과 같은 연설을 했다. "심리학에서 중요한 것들은 전부, 본질적으로 미로에서 쥐가 선택을 내릴 때 나타나는 행동의 결정인자에 관한 지속적인 실험과 이론적인 분석을 통해 조사할 수 있습니다."[3]

톨먼이 활동하던 시대에는 쥐에게 먹이를 주지 않고 모퉁이를 돌면 길이 어디로 이어지는지 알 수 없는 길이 여러 개 포함된 미로 입구에 데려다 놓은 뒤 길을 올바르게 찾아갔을 때 나오는 미로 끝에 먹이 상자를 놓아 두는 방식이 일반적으로 활용됐다. 연구자는 쥐가 먹이를 찾기까지 시간이 얼마나 소요되는지 측정하고 24시간 단위로 반복해서 같은 실험을 실시했다. 그 결과 모든 쥐가 결국에는 미로를 이룬 길들이 어디로 이어지는지 학습하고 나중에는 먹이가 있는 쪽으로 이어진 가장 빠른 길을 택하는 것으로 나타났다. 그런데 가끔, 이런 실험 중에 쥐들이 심리학자들로서는 도저히 설명할 수 없는 행동을 보일 때가 있었다. 1929년 한 과학자는 자신이 데리고 실험 중이던 쥐가 미로를 구석구석 학습한 뒤, 보상이 놓인 곳으로 달려가는 대신 출발 지점에서 미로의 천장 위로 빠져나와 도착 지점까지 달려가서 실험 전체를 건너뛰었다고 밝혔다. 튀니지의 사막 개미를 연구한 곤충학자 펠릭스 산스치도 이러한 행동을 관찰하고 비슷한 의문을 제기한 적이 있다. 쥐는 어떻게 공간적 관계를 추론해서 지름길을 택할 수 있었을까? 널리 알려진 과학적 설명은 미로에서 나타난 쥐의 행동을 비롯한 모든 동물의 행동은 주어진 자극의 결과로 나온 반응이라는 것이다. 쥐는 환경 자극을 시각, 후각, 청각으로 감지하고 감각기관을 통해 이 정보를 처리한 후 근육으로 신호를 보낸다. 이 이론에서는 미로에서 왼쪽으로 또는 오른쪽으로 돌아야 할 때를 학습하는 것은 이 같은 행동의 조건화에 따른 결과로 본다.

MIT의 대학원생이던 톨먼은 심리학자로는 처음으로 이 이론에 의문을 제기했다. 그리고 위와 같은 이론을 지지하는 사람들은 기계적 환원주의에 빠진 것이라며 "전화교환기 학파"[4]라 칭했다. 톨먼은 쥐가 경로를 학습하고 환경의 표상을 구축할 수 있는 뇌를 갖고 있다고 생각했다. 그리고 로봇처럼 입력 정보와 출력 정보에 따라 기계화된 존재가 아니라, 쥐의 마음속에는 "환경에 관한 인지능력과 유사한 지도"[5]가 있다고 설명했다. 그는 이와 같은 인지 지도는 특정한 길을 나타낸 도로 지도가 아니며 먹이의 위치, 주변 공간이 포함되어 쥐가 새로운 경로를 찾을 수 있도록 도와주는 포괄적인 지도라고 밝혔다. 공간에 대한 인지적 표상이 존재한다는 생각은 쥐의 방향 탐색을 기존과는 전혀 다르게 설명한 내용이다. 톨먼은 더 나아가 인간에게도 동일한 기전이 존재한다고 주장했다. 1948년 학술지 〈사이콜로지컬 리뷰Psychological Review〉에 발표한 그의 대표적인 논문 제목은 "쥐와 인간의 인지 지도"였다.

이 논문의 말미에서 톨먼은 스스로 "단순하고 무신경하며 독단적"[6]이라고 칭한 또 다른 주장을 펼쳤다. '수많은 사람에게서 나타나는 사회 부적응 행동이 인지 지도가 지나치게 협소하거나 제한적인 것과 관련지어 설명할 수 있지 않을까?'라는 주장이었다. 톨먼은 공격성을 외부 집단에 집중적으로 쏟아내는 경향이 있는 사람들을 예로 들었다. 그의 표현을 빌리자면 '안쓰러운 미국 남부의 백인들'은 땅 주인이나 경제 상황, 북부 사람들로 인해 느끼는 좌절감을 흑인들에게 표출한다는 것이다. 또한 미국 국민들이 전반적으로 러시아인들에게 드러내는 공격성, 마찬가지로 러시아인들이 대체로 미국인들에게 드러내는 공격성도 그러한 예에 해당한다고 설명했다.

내가 생각하는 유일한 해답은 이성의 장점, 즉 폭넓은 인지 지도가
형성되도록 해야 한다는 것이다. (……) 그래야 아이들은 앞뒤 상

황을 모두 살펴보고 적합한 목표에 도달하는 우회로와 더 안전한 길을 찾을 수 있을 때가 많다는 것을 배울 수 있다. 또한 백인과 흑인, 가톨릭 신자와 개신교 신자, 기독교인과 유대교인, 미국인과 러시아인(심지어 남성과 여성)의 행복이 서로 상호의존적이라는 사실도 알게 된다. 우리는 스스로는 물론 다른 사람들이 협소한 도로 지도만 가지고서 지나치게 감정적으로, 굶주리고 헐벗은 채로 혹은 과도한 의욕에 휩싸여 살지 않도록 해야 한다.[7]

톨먼이 이 글을 쓰고 수십 년이 지나도록 인지 지도는 모호한 개념으로 남았고 동물행동학자나 심리학자 가운데 이 이론에 관심을 가진 사람도 거의 없었다. 톨먼 스스로도 아마 인지 지도에 신경학적 기반이 있고 뇌의 특정 부위에 자리한 인지 지도 '시스템'의 산물이라고는 전혀 생각지 못했을 것이다. 아쉽게도 그는 오키프가 쥐의 해마에 포함된 장소 세포의 활성을 기록하기 시작한 때보다 훨씬 오래전인 1959년에 세상을 떠났다.

◂•▸

오키프는 런던으로 가기 전에 캐나다 몬트리올의 맥길대학 심리학과에서 공부했다. 당시 생리심리학의 메카로 여겨지던 그곳에서 오키프는 같은 대학원생이던 린 네이들과 친구가 되었다. 오키프는 할렘, 네이들은 퀸스 출신으로 뉴욕에서 온 두 사람은 심리학자 도널드 헤브Donald Hebb의 가르침을 받았다. 헤브는 학생들에게 인지기능의 신경학적 기반에 관한 이론을 수립하고 시험해 보도록 독려했다. 오키프와 네이들은 몬트리올을 떠난 후에도 계속 친구로 지냈다. 네이들은 박사후연구 과정을 밟기 위해 프라하에서 지내던 중 1968년에 소련이 체코슬로바키아를 공격하자 아내와 아이들을 차에 태우고 유럽 대륙을 건너 오키프가 있는 런던으로 향했다. 해마에 대한 오키프의 관심에 공감한 네이들은 유니버시티 칼리지 런던에 자리를 얻고 그와 함께 인지 지도 연구를 시작했다.

처음에 두 사람은 톨먼이 밝힌 인지 지도의 원천이 해마라고 제안한 논문 한 편을 완성할 계획이었다. 그러다 논문 분량이 수백 페이지까지 길어졌고 그 과정에서 두 사람은 동물의 학습이 자극에 따른 반응이라고 보는 정형적인 이론에 반박하려면 먼저 그 이론부터 확실하게 알아야 한다는 사실을 깨달았다. 나중에는 연구 결과를 50명의 동료들에게 보내고 피드백을 요청했다. 그리고 6년 후 두 사람은 논문 대신 책을 냈다. 이후 40년 동안 신경과학 분야의 전체 궤도에 영향을 준 결과물이었다. 1978년에 나온《인지 지도로서의 해마*The Hippocampus as a Cognitive Map*》에서 두 저자는 톨먼에게 "쥐와 인간의 인지 지도를 처음 상상한 분께"[8]라는 헌사를 남겼다. 헤브 역시 "우리가 뇌에서 그러한 지도를 찾도록 가르쳐 주신 분"이라고 밝혔다.

◄◆►

오키프와 네이들이 쓴 두툼한 책은 가장 기본적인 주장으로 시작한다. 공간은 인간의 마음을 형성하는 가장 중요한 힘 중 하나라는 것이다.

공간은 우리의 모든 행동에 영향을 준다. 우리는 공간 속에 살고 공간을 지나다니며 공간을 탐색하고 지킨다. 방과 하늘이라는 덮개, 두 손가락 사이의 틈, 피아노가 다른 곳으로 옮겨지고 남겨진 자리 등 우리는 공간의 그러한 특징을 손쉽게 발견할 수 있다. 그런데도 이처럼 명확하게 나타나는 범위를 벗어나면 우리는 공간이란 이루 말할 수 없이 이해하기 어려운 것임을 깨닫게 된다. (……) 공간은 그저 감각 세계에 존재하는 물체들을 담는 용기 혹은 그릇일까? 반대로 그러한 물체가 없어도 공간은 존재할 수 있을까? 두 물체 사이에 비어 있는 공간은 정말로 텅 비어 있을까? 더 자세히 들여다보면 공기 중의 아주 작은 입자나 다른 물질을 발견하게 될까? (……) 공간은 물리적 우주의 특성일까, 우리의 생각이 편의상 만들어 낸 허상일까? 만약 후자라면, 어떻게 그런 상상이 가능했을까? 무한성에 관한 감각이 만들어 낸 것일까? 태어나면서부터 공간을 떠올리게 된 걸까? 무슨 이유로 공간을 떠올렸을까?[9]

네이들과 오키프는 우리가 존재하는 물리적 우주의 모형을 처리하고 구축하는 것이 해마의 기능이라고 보았다. 논란을 일으킬 수 있는 주장이었다. 인지신경과학 분야에서는 상호 연결된 몇몇 시스템이 서로 합쳐지면서 여러 학습 과정이 이루어진다고 보기 때문이다. 그러나 네이들과 오키프는 공간 지도 형성 체계는 내측두엽 깊숙이 자리한 단일 회로의 생리학적 특징이 공간적 표상을 만들고 저장할 수 있도록 발달했다고 주장했다. 하지만 두 사람이 "뇌를 건설한 자"[10]라고 장난스럽게 지칭한 대상은 왜 공간적 지도 형성이 뇌의 특수한 영역 한 곳에서 이루어지도록 했을까?

'공간 자체가 특별하기 때문'이라는 것이 두 사람이 제시한 이유였다. 물리적 우주에서 물체의 색과 움직임, 그 밖에 다른 특성은 제거될 수 있으나 공간은 "우리가 세상을 경험하고 얻는 자산 중에 없앨 수 없는 것"[11]이라는 점에서 특별하다. 《인지 지도로서의 해마》의 첫 50여 페이지에는 서양 철학 전반에서 등장한 공간 이론이 제시된다. 아이작 뉴턴, 고트프리트 라이프니츠Gottfried Leibniz부터 조지 버클리George Berkeley, 이마누엘 칸트의 이론을 소개한 후, 두 저자는 이러한 철학자들과 수많은 물리학자들, 수학자들은 크게 두 학파로 나눌 수 있다고 밝혔다. 바로 물리적 우주를 절대적인 관점에서 보는 쪽과 상대적인 관점에서 보는 쪽이다. 17세기에 뉴턴이 지지한 절대적인 관점은 우주를 물체가 존재하는 고정된 틀, 즉 용기로 본다. 반면 상대적인 관점은 우주가 물체들 '사이의' 관계로 이루어지며, 이런 관계없이 독자적으로는 존재할 수 없다고 본다. 버클리와 라이프니츠, 데이비드 흄David Hume은 더 나아가 인간의 마음은 물리적 세계에 접근할 수 없다고 주장했다. 물리적 세계 자체가 존재하는지도 의문이라고 보았기 때문이다. 이들은 우주란 인간의 마음이 만든 것이라고 생각했다. 칸트는 평생 이런 주장들 사이에서 흔들리다가 1787년에 발표한 《순수이성비판》에서 우주는 절대적이라는 견해를 밝히고 인간의 마음은 내재적으로 우주를 그렇게 체계화하게끔 되어 있다고 주장했다. 이를 오키프와 네이들의 말로 다시 설명하면 "우주는 지각의 '방식'이지 지각되는 대상이 아니다."[12] 수 세기 뒤에 활동한 두 신경과학자에게 칸트의 생각은 영감을 준 것에 그치지 않았다. 두 사람은 칸트가 연역적으로 추정해서 수립한 공간적 능력에 관한 철학 모형의 신경학적 기반을 발견했다고 보았다.

오키프와 네이들은 저서에서 우주를 보는 절대적 시각과 상대적 시각이 인간에게는 모두 중요하다고 주장했다. '뇌를 건설한 자'는 "손해를 피하기 위해 자신의 창조물에 이 두 가지 시스템을 모두 포함시켰다"[13]는 것이 두 사람의 설명이다. 생물은 공간을 자기 자신과의 관계로 경험하지만(자기중심) 뇌는 '비자기중심적 인지' 또는 '타인중심 관점'에서 공간을 경험할 수 있다. 즉 뇌는 3차원 공간의 환경에 관한 객관적 표상을 만들 수 있는 능력을 갖추고 있는데, 이것이 해마에 존재하는 인지 지도다.

네이들과 오키프는 '손상 연구'로 불리는 수백 편의 연구 결과를 근거로 삼아 이러한 이론을 정립했다. 해마가 손상된 동물, 일부 경우 사람을 대상으로 특정 과제를 수행하도록 하고 인지기능의 어떤 면에 영향이 나타나는지 파악하는 연구 방식을 손상 연구라고 한다. 뇌에서 공간을 체계화하는 부분을 인위적으로 제거한 연구에서는 충격적인 결과가 확인됐다. 예를 들어 1975년에 오키프와 네이들은 여러 제자들과 함께 수컷 래트 32마리를 준비하고 이 중

16마리는 두개골을 절개한 후 해마에서 나온 출력 정보가 지나는 신경섬유인 뇌궁을 핀셋으로 으스러뜨렸다. 그리고 32마리 모두 목이 마르도록 물을 주지 않다가 방 안에서 물을 얼마나 빨리 찾을 수 있는지 반복적으로 실험했다. 물을 놓아 둔 위치는 한 번도 바꾸지 않았으나 뇌가 손상된 쥐들은 그 위치도, 그곳으로 가는 길도 기억하지 못했다. 공간 학습으로 불리는 능력이 사라진 것이다. 이 쥐들은 실험을 할 때마다 마치 처음 물을 찾아가는 것처럼 물을 찾아다녔다. 인지 지도 형성 기능을 잃은 것으로 볼 수 있는 이러한 연구 결과는 해마의 핵심 기능에 관한 네이들과 오키프의 가설에 뼈대가 되었다. 두 사람은 해마를 이룬 세포들에 공간을 인식하는 타인중심적(비자기중심적) 틀이 암호화되어 있다고 주장했다. 쥐는 이 지도를 활용하여 방향을 찾고 지형지물 사이의 거리와 서로 간의 방향을 계산해서 스스로 방향을 찾아 공간적 관계를 추론한다고 보았다.

1970년대 초반에 오키프가 장소 세포를 발견하기 전, 신경학자들은 해마가 기억과 관련된 곳이라는 사실은 알고 있었지만 '어떤' 기억과 관련이 있는가에 대해서는 논쟁이 이어졌다. 맥길대학에서 네이들과 오키프의 교수 중 한 사람이던 신경심리학자 브렌다 밀너 Brenda Milner는 H.M.이라는 환자를 처음으로 연구했다. 그리고 중증 간질 치료를 위해 측두엽 일부를 제거한 뒤 기억상실증이 나타난 H.M.의 특징을 논문으로 발표했다. 밀너는 기억 체계와 학습에 다양한 유형이 존재하며, H.M.의 기억상실증은 일화 기억에 나타난다는 사실을 확인했다. 그러나 이후에 발표된 해마와 기억에 관한 여러 이론은 해마가 다른 기억에도 영향을 준다고 주장했다. 의미 기억, 즉 사실에 관한 기억과도 관련이 있다고 본 것이다. 밀너의 견해와 해마에 관한 이 같은 다른 이론을 조정하는 일은 오키프와 네이들이 해결해야 하는 중대한 숙제 중 하나였다. 두 사람의 이론에서는 해마가 특정 장소에서 발생한 기억을 저장할 수 있는 공간적 틀을 제공하는 신경계 중추이며, 이때 기억은 사실이 아닌 사건에 대한 기억이라고 추정했다. "일화 기억은 기본적인 공간적 틀에 더 고차원적인 다른 인지능력들 간의 선형적 시간 감각이 더해지면서 구축된다."[14]

1990년대에 들어 가상현실이 등장하고 나서야 이러한 생각을 확인할 수 있었다. 컴퓨터 시뮬레이션으로 대규모 환경을 조성할 수 있게 되면서, 신경학자들은 사람들이 가만히 있는 상태에서 MRI를 촬영하여 방향을 탐색할 때, 기억을 떠올릴 때 뇌의 어느 영역이 활성화되는지 모두 확인할 수 있게 된 것이다. 직접 체험 방식의 일인칭 슈팅 게임 '듀크 뉴켐Duke Nukem'을 이용한 초창기 가상현실 시험에서는 원래 게임에 포함된 총과 싸움을 전부 제거하고 미로 같은 게임 속 환경만 활용하여 실험 참가자가 길을 찾아가도록 했다. 2001년에 오키프와 유니버시티 칼리지 런던의 몇몇 다른 학자들은 측두엽 우측 또는 좌측이 수술로 절제된 간질 환자들을 대상으로 대략 한 시간 동안 비디오게임 환경에서 마을을 돌아다니면서 다양한 캐릭터들과 만나도록 하는 실험을 진행했다. 연구진은 이후 참가자들이 경험한 환경을 지도로 그리는 능력과 사건에 대한 기억력을 조사했다. 그 결과, 우측 측두엽이 절제된 사람들은 방향 탐색 능력과 공간 기억이 손상되고 좌측 측두엽이 제거된 사람들은 일화 기억이 손상된 것으로 나타났다. 이러한 결과를 종합해 보면, 해마는 실제로 인지 지도 형성과 일화 기억을 모두 담당하는 뇌의 중추적 부분일 가능성이 있다.

이후 수년 동안 과학자들은 해마를 구성하는 다른 중요한 세포들을 발견하고 해마의 생리학적 유연성이 놀랍도록 크다는 사실도 알아냈다. 수평면에서 머리가 향하는 방향과 관련된 머리 방향 세포, 우리가 환경을 돌아다닐 때 활성화되어 방향을 찾을 수 있도록 합동 시스템을 구축하는 격자 세포도 이때 발견된 주요 세포들에 해당한다. 환경의 풍성함, 복잡성이 해마 신경세포의 양에 영향을 준다는 증거도 발견됐다. 예를 들어 1997년에는 미국 솔크 연구소의 러스티 게이지Rusty Gage를 포함한 세 명의 학자가 실시한 마우스 실험에서, 종이 관과 둥지 재료, 들어가서 달릴 수 있는 작은 바퀴, 이리저리 방향을 바꿀 수 있는 플라스틱 관 등 구성요소가 풍성한 환경을 탐색한 마우스는 통제군보다 신경세포가 4만 개 더 많은 것으로 나타났다. 마우스의 경우 뉴런이 이렇게 늘어나면 해마의 부피가 15퍼센트 증가하고 공간 학습 테스트 결과도 대폭 향상됐다. 연구진은 뉴런과 시냅스, 뇌의 맥관 구조, 수상돌기가 한꺼번에 늘어나는 것이 해당 테스트에서 마우스의 성적이 향상되는 결과로 이어졌다고 결론 내렸다.

최근에는 해마를 구성하는 세포들이 서로 어떻게 상호작용하고 방향을 찾거나 탐색할 때 활용되는 공간적 표상이 어떻게 만들어지는지 더 상세히 밝혀지는 추세다. 케이트 제퍼리Kate Jeffery와 엘리자베스 마로치Elizabeth Marozzi가 학술지 〈커런트 바이올로지〉를 통해 설명한 것처럼 시각, 촉각, 후각 등 다양한 감각 체계가 상향 기관인 해마에서 수렴하여 "지형지물, 방위 신호, 경계, 선형 속도 등 일반적 양식을 초월하는 표상으로 통합"[15]되면 이것이 장소 세포로 전달된다. 동시에 머리 방향 세포는 마치 신경에 설치된 나침반처럼 머리가 특정 방향을 향할 때만 활성화되어 우리에게 방향 감각을 제공한다. 경계 세포는 장애물, 틈새, 계단 등 경계와의 거리와 방향에 관한 신호를 전달하는 것으로 보인다. 격자 세포는 환경 정보와 자가 운동에 관한 정보를 모두 활용하여 거리 정보를 생성함으로써 공간을 각기 다른 비율로 표상화한다. 특히 격자 세포가 환경에서 활성화되는 패턴이 매우 흥미롭다. 전 방향으로 확장될 수 있는 육각형 형태로 활성화되는 격자 세포의 시냅스 중 하나는 장소 세포보다 상위에 위치한다. 이처럼 다양한 세포들이 서로 어떻게 상호작용하는지는 아직 베일에 싸여 있고 많은 연구가 필요하지만, 격자 세포는 장소 세포의 경로 통합에 사용될 정보를 제공하는 동시에 장소 세포로부터 정보를 수령할 가능성이 높다. 런던 택시기사들을 대상으로 한 연구에서 나타났듯이 방향 탐색 능력이 매우 정확한 사람들은 해마의 활성도와 활용도가 높고, 방향을 탐색해 본 경험은 뇌의 부피를 증가시키는 것으로 보인다. 또한 놀랍게도 이지 지도 형성 시스템은 시력에 좌우되지 않는다. 실제로 시력을 잃은 사람들도 인지 지도가 형성되는 것으로 밝혀졌다. 눈이 보이지 않는 사람들은 운동 감각과 운동 신호를 활용하여 추론하는데, 이 추론 능력이 눈이 보이는 사람들보다 더 우수한 것으로 보인다.

MIT 신경과학자 맷 윌슨은 미로에 쥐를 풀어 놓고 달리게 하는 전통적인 실험을 실시하고 쥐의 뇌세포를 '도청'했다. 그는 이와 같은 실험을 수년간 실시하면서 세포 체계가 기억과 어떤 관련이 있는지 파악하고자 했다. 세포들 간의 관계를 조사하려면 독창적인 아이디어가 필요하다. "사람이나 설치류의 해마가 손상되면 살면서 경험한 일들에 관한 기억이 형성될 수 없다. 물론 쥐에게 살면서 어떤 경험을 했는지 물어 보는 것도 어려운 일이다. 그러므로 다른 종류의 기억에 관해 시험해야 한다. 이전에 가 본 장소로 돌아가도록 하는 것이다. 쥐는 공간 기억력이 매우 우수하다."[16] 윌슨은 공간 탐색 능력과 삶의 경험에 관한 기억을 연결시키는 것이 시간이라고 보았다. "[방향 탐색 능력과 기억력] 모두 중대한 기능, 즉 제시간에 연결시키는 기능에 좌우된다." 그는 설명했다. "조각을 어떻게 끼워맞추는가, 자신의 경험에 관한 내적인 이야기를 어떻게 만드는가와 관련이 있다. 이는 경험을 기록하거나 녹화하는 것을 의미하지 않는다. 평가하고, 선택하고, 선별하는 것이다. 쥐는 공간을 돌아다니는 경험을 만들고, 우리는 우리의 삶에 관한 이야기를 만든다."

공간 세포의 일차적 기능이 공간이라고 어떻게 확신할 수 있을까? 20세기 초부터 수만 건 실시된 미로 실험은 대부분 쥐를 대상으로 실시되었다. 만약 공간은 쥐에게 '더욱' 중요한 영향을 주고, 해마가 경험의 다른 면에도 관여한다면? 신경과학자들 중에는 해마를 이룬 세포들이 공간적 표상을 만드는 수준을 넘어 훨씬 넓은 범위에서 인간의 인지기능에 영향을 준다고 믿는 사람들이 있다. 이들은 우리 뇌에서 타인중심 지도와 구조적으로 동일한 공간적 표상이 과연 정말로 구축되는지에 대해서도 의문을 제기한다. 인지 지도는 그보다 훨씬 유연하고, 해마에는 공간을 넘어 시간, 사회적 관계, 소리의 주파수, 음악까지 인간이 경험하는 '더 많은' 차원의 지도가 암호화되고 구축되는지도 모른다.

포근한 가을날, 나는 한때 에드워드 톨먼이 연구했던 곳이자 H.M.이라는 기억상실증 환자가 셀 수 없이 긴 시간 동안 관찰 대상이 되었던 MIT 교정을 벗어나 찰스 강을 건너 보스턴대학으로 향했다. 인지 지도 이론에 반대하는 가장 저명한 인물이자 기억·뇌 센터 대표, 인지신경생물학 연구소 대표를 맡고 있는 하워드 에이헨바움을 만나러 가는 길이었다. 건물 2층에 있는 에이헨바움의 사무실까지 계단으로 올라가서 노크했다. 곧 종이가 수북이 쌓인 책상 앞에 앉아 있던 백발에 콧수염을 기른 사람이 나를 맞이했다. 과학 학술지 〈해마*Hippocampus*〉의 편집장에 사뭇 어울리는 모습이었다. 에이헨바움 뒤쪽 벽에는 시가 적힌 액자가 하나 걸려 있었다. 칼 라쿠시Carl

Rakosi가 쓴 〈쥐 실험The Experiment with a Rat〉이라는 시였다.

내가 스프링을 쿡 누를 때마다

벨이 울리고

한 사람이 우리 밖으로 걸어온다

성실하고 예리한 사람

우리와 참 닮은 사람

그는 내게 치즈를 가져다준다

저이는 어쩌다가

내 말을 듣게 되었을까?

에이헨바움은 다른 의자에 발을 척 걸치고 앉더니 내게 질문을 던졌다. "그런데 방향 탐색이란 무엇일까요?"

나는 웃음을 터뜨렸다. 아주 간단한 질문이었고 지난 몇 년 동안 거의 다른 건 생각하지도 않고 살았지만 나는 간단히 답할 말을 찾을 수가 없었다. 기본적으로는 한 장소에서 다른 장소로 가는 과제다. 동물도 사람도 이 과정에는 너무나 많은 전략이 수반되고, 범위와 관점도 너무나 다양해서 한 가지 행위나 과정, 기술로 정리하기는 어려운 것 같다. 그보다는 다양한 인지능력과 문제해결 기술과 관련되어 있다고 볼 수 있다. 지금까지 과학자들은 방향 탐색을 여러 유형으로 분류해서 특징을 정리하고자 했다. 벡터 항법Vector navigation은 자성, 천체, 환경 등 특정 신호에 상대적인 일정 방위를 따라 이동하는 것이고 운항piloting은 익숙한 지형지물을 참고하여 방향을 찾아 가는 것을 의미한다. 또 진 항행True navigation은 일반적으로 먼 곳에 있는 목표, 보이지 않는 목표를 향해 길을 찾아 가는 것을 뜻하며 경로 통합path integration으로도 불리는 추측항법Dead reckoning은 여정의 전 단계를 계속 추적해서 자신의 위치를 파악하는 것을 의미한다.

인지 지도 이론을 지지하는 학자들은 해마의 기능이 바로 경로 통합이라고 보았으나 래트와 사람 모두 경로 통합 능력은 최저 수준인 것으로 드러났다. 에이헨바움은 이것이 아주 큰 문제라고 지적했다. "제가 경로 통합 이론에 불만을 품는 이유 중 하나는, 사실 우리는 그런 능력이 '형편없는' 수준이라는 점입니다." 추측항법은 국지적인 범위에서 짧은 거리에는 적용할 수 있으나 오류가 축적되는 경향이 크므로 실제 방향 탐색에서는 그리 권장되지 않는 전략이다(북극의 툰드라나 호주 사막처럼 복잡한 환경에 정통한 사람이라면 이러한 한계도 적용되지 않는다). 해마의 인지 지도 형성에 관한 이론으로 인간의 방향 탐색 능력을 충분히 설명할 수 있을까? 아니면 그것으로 끝나지 않는 다른 특징도 있을까?

에이헨바움은 방향 탐색이 아닌 것을 생각해 보면 방향 탐색을 가장 쉽게 설명할 수 있다고 말했다. "방향 탐색은 데카르트 좌표와는 무관하다고 생각합니다. 이야기 또는 기억의 문제죠." 그는 이렇게 제안하고, 해마는 공간 기억에 크게 관여한다기보다 "기억 공간"과 관련이 있다고 설명했다. 이 두 가지를 구분하는 것이 중요하다.

에이헨바움은 우리가 눈에 보이지 않는 장소를 향해 이동할 때 진항행이 관여한다는 의견을 밝혔다. 이를 위해서는 미래를 계획하고 (가고 싶은 장소를 마음속에 그려보는 것) 그곳까지 가는 경로를 계산하거나 기억해야 하며(순차적 배열 또는 이야기) 올바른 길로 가고 있는지 방향을 확인해야 하는데, 이 마지막 과정은 주로 기억(또는 다른 사람에게서 전해 들은 설명)과 공간 속을 이동하면서 실시간으로 지각하는 것들을 비교하는 방식으로 진행된다. "방향 탐색이라는 과제를 해결하려면 엄청나게 큰 기억력이 필요합니다. 매 순간 기억이 개입합니다."

공간은 우리가 기억을 저장하는 여러 "얼개" 중 하나일 뿐이라고 보는 에이헨바움은 공간과 공간이 해마 기능에 끼치는 영향이 부풀려졌다고 본다. 그는 해마를 이루는 세포 중 장소 세포로 불리는 세포들은 훨씬 유연하며 다양한 차원에서도 적응할 수 있다고 생각한다. 그러한 면 중 하나가 시간이고, 따라서 에이헨바움은 이를 장소 세포가 아닌 시간 세포라고 부른다. "시간은 철학적으로 흥미로운 질문입니다. 우리가 만들어 낸 개념일까요?" 생각에 잠긴 얼굴로 그는 말을 이어 갔다. "방향을 탐색할 때 우리는 공간과 시간 속을 모두 이동하게 됩니다. 해마는 이 두 가지를 모두 지도화합니다." 에이헨바움은 현재까지 진행해 온 연구를 토대로 우리의 일화 기억은 이러한 시간 세포를 바탕으로 체계화되며 기억이 제시간에 지도화되는 순차적 과정은 지리학적 공간을 지도화하는 것 못지않게 방향 탐색에 중요하다고 본다. 문제는 "우리가 일반적으로 공간과 시간을 구분할 수 없으므로" 이 차이를 증명할 수 있는 실험을 설계하기가 매우 어렵다는 것이다.

에이헨바움은 내게 책상으로 가까이 오라고 하더니 컴퓨터로 동영상 파일을 하나 열었다. 건강해 보이는 포동포동한 몸에 까만색 표시가 있는 하얀 래트의 모습이 담긴 영상으로, 머리 부분은 뇌에 삽입된 전극과 그 전극들에 연결된 전선들 때문에 알아보기가 힘들었다. 에이헨바움이 수년 전에 사무실 건너에 있는 실험실에서 실시한 이 연구는 비슷한 수많은 다른 연구들과 별 차이가 없어 보였다. 화면 속의 쥐는 8자형 미로에 놓였고 길 끝에는 보상이 놓여 있었다. 그런데 이 실험에서는 미로 중간에 쳇바퀴가 놓여 있었다. 즉 쥐가 보상이 있는 쪽으로 가려면 반드시 쳇바퀴를 밟아야 하는데, 이 바퀴는 무작위로 속도가 오르락내리락하도록 설계되었다. 쥐가 속도가 달라지는 쳇바퀴 안에서 달리기 시작하자 뇌와 연결된 전극을 통해 해마를 구성하는 세 종류의 세포가 활성화된 것으로 나타났다. 화면에는 제각기 다른 색으로 된 픽셀로 표현됐다. "자세히 보세요. 처음에는 파란색 점이 보이고, 다음에는 녹색, 마지막에는 분홍색 점이 보일 겁니다." 에이헨바움이 일러 주었다.

래트가 달리기 시작하자 세 가지 세포가 에이헨바움이 알려준 순서대로 활성화되는 것을 볼 수 있었다. 4년 전 실험이지만 그가 이 영상을 보면서 여전히 신나 한다는 것도 느낄 수 있었다. 그런데 이 다양한 색의 픽셀로 나타난 뉴런이 무엇을 증명한 것일까? 에이헨바움은 행동(달리기)과 위치(장소)를 일정하게 고정하고 쳇바퀴의 속도를 무작위로 변경함으로써 쥐가 달리느라 보낸 시간과 달린 거리를 분리할 수 있었고, 뉴런이 각 변수 중 어떤 것을 지도화하는지 추적할 수 있었다. 이렇게 얻은 결과에서, 해마는 시간과 거리를 '모두' 동시에 암호화할 수 있는 것으로 나타났다. 즉 쳇바퀴가 멈추고 쥐가 미로에서 빠져나가는 길을 찾아 갈 때도 동일한 뉴런이 활성화된다. '공간'을 암호화한다는 의미다. 해마 세포가 다양한 차원을 "지도화"한다는 것을 알려주는 이러한 실험 결과는 에이헨바움이 해마는 물리적 공간을 체계화할 수 있을 뿐만 아니라 "시간적으로 구조화된 경험을 시간 속의 순간들을 나타내는 표상들"[17]로 만들 수 있다고 믿는 근거가 되었다.

래트와 미로를 이용한 연구를 수년간 진행한 후, 에이헨바움은 해마가 뇌의 "핵심 조직체"임을 알게 되었다. "해마는 조각조각 흩어진 이런저런 정보를 맥락적 틀로 체계화하고 통합합니다. 실제로 지도를 만드는 겁니다. 인지 지도에 관한 기본적인 생각들, 즉 어떤 것이 다른 것과 어떤 관계가 있는지 기억하기 위해 만들어지는 지도라는 생각에 저는 명확히 동의합니다. 지리적 공간에서 어떻게 이동하는가에 관한 특이적이고, 한정적이면서 구체적인 감각도 그런 것이죠. 내가 여기서 저기까지 어떻게 갔나 하는 것이니까요. 그 밖에 추상적인 의미도 포함됩니다. 내가 어떻게 대학원을 다녔더라? 내가 회장직까지 어떻게 올라갔지? 인간의 언어로는 이 두 가지가 모두 타당하지만, 해마는 어떨까요? 특이적인 것과 포괄적인 것 중 어느 쪽에 관여할까요? 저는 해마에서 제때 지도화가 이루어질 수 있다고 생각합니다. 그리고 기하학적인 공간과 더불어 다른 공간도 존재합니다. 그게 반드시 유클리드 공간이나 선형인 것도 아니고요. 이런 점들이 해마가 어떤 기능을 하는지 보여 주는 아주 좋은 예라고 생각하는데, 해마에는 그 외에 다른 기능도 있습니다."

지난 5년간 그러한 다른 공간을 파악하기 위한 실험 설계가 더 많은 주목을 받았다. 몇 년 전에는 뉴욕과 이스라엘의 학자들로 구성된 연구팀이 해마가 사회적 공간을 지도화할 수 있는지 조사했다. 역할과 보유한 권력의 수준이 각기 다른 사람들 간의 관계와 상호작용을 지도화할 수 있는지 살펴본 연구였다. 연구팀은 참가자들을 대상으로 새로운 동네로 이사를 가서 살 곳과 일자리를 찾는 일종의 롤플레잉 게임을 진행했다. 그 결과 참가자들이 이 과제를 해결하는 동안 해마가 활성화되는 것으로 나타나 사회적 관계를 '탐색'할 때 중요한 기능을 하는 회로임을 암시했다. 던딥 테키Sundeep Teki 연구진이 2012년에 실시한 '청각 장면 탐색'이라는 연구에서는 전문 피아노 조율사들에게 런던의 택시 운전기사들과 동일한 특성이 나타났다. 이들 역시 해마의 회백질이 더 많은 것으로 확인되었다. 피아노 조율을 오래 한 사람일수록 뇌의 회백질도 더 컸다. 피아노 조율사들의 경우 해마에 지도화되는 공간은 소리였다. 다양한 음의 높이와 박자의 속도가 지형지물이 되고, 예전에 조율된 음을 다른 음으로 변경하면서 경로가 만들어진다. 2년 앞서 같은 학술지에 발표된 다른 연구에서는 음악적 훈련으로 해마의 가소성이 향상될 수 있는 것으로 나타났다. 해당 연구에서는 음악 아카데미에 재학 중인 학생들의 해마를 fMRI로 확인한 결과, 두 학기만 교육을 받아도 소리를 들었을 때 나타나는 해마의 반응성이 강화됐다. 이들의 해마 세포는 음악 세포가 된 것일까?

에이헨바움은 이러한 결과들이 1948년에 톨먼이 밝힌 인지 지도에 관한 최초의 견해를 '더욱' 신빙성 있게 만든다고 본다. 이제는 역사적 자료가 된 톨먼의 논문을 자세히 읽어 보면, 인지 지도가 다차원적일 가능성이 있고 삶의 다양한 경험을 지도화할 수 있는 도구로 예측한 그의 의견이 나타난다. 최근에 새롭게 밝혀진 위와 같은 결과는 에이헨바움이 나와 만난 자리에서 맨 처음 던진 질문의 답과도 관련 있다. 바로 "방향 탐색이란 무엇인가?"이다. 시간 세포와 사회적 공간, 음악과의 관련성에 관한 연구 결과를 보면 뇌에서 인간의 방향 탐색이 얼마나 복합적으로 이루어지는지 알 수 있다. 데카르트식 지도를 읽고 계산하는 것에 그치는 것이 아니라 끄집어낸 기억과 순차적으로 구성된 이야기, 인간관계, 감각 경험, 개인적인 역사, 미래로 향하는 경로가 모두 포함된다. "해마 시스템은 물체와 행위의 관계를 지도화하는 방식으로 공간적 환경 속에 사건을 암호화하고, 일화는 횡단한 장소들의 순서에 따라 하나의 경로가 된다."[18] 에이헨바움이 쓴 글에는 이렇게 설명되어 있다.

이 순차적 이야기가 지리적일 때도 있고, 일화에 관한 이야기가 우리가 만난 사람들, 오간 이야기들로 구성될 수도 있다. 때로는 우리를 어떤 여정으로 이끈 음악이 그런 기억으로 남을 수도 있다.

인간의 이동을 이끄는 지도가 존재한다는 개념은 너무나 깊이 침투하고 특히 서구인들의 사고에서 아주 중요한 개념으로 자리 잡은 은유가 되어 이제는 벗어나는 일이 거의 불가능해진 생각처럼 느껴진다. 지도 없이 우리가 어느 길로 가고 있는지 어떻게 알 수 있을까? 대부분 사람, 심지어 어린아이도 잘 아는 장소를 그려 보라고 하면 지도와 비슷한 형태로 그리는데, 머릿속에 그런 지도가 없다면 어떻게 이런 일이 가능할까?

인류 역사를 통틀어 항상 과학자들은 삶에서 일어나는 일들을 이해하기 위해 물질적인 인공물에 비유하는 방식을 활용해 왔다. 케플러는 우주를 시계로 묘사했고 데카르트는 반사작용을 16세기 당시에 일반적으로 사용되던 기술인 '밀고 당기기 시스템'에 비유했다. 톨먼의 연구 성과도 지도를 전화교환기에 비유하는 것에서부터 출발했다. 오늘날에는 인간의 뇌를 컴퓨터에, 해마를 GPS에 비유하는 경우를 흔히 접할 수 있다. 이러한 은유가 정말로 생물학의 복잡한 특성을 담아낼 수 있을까? 실제로 어떤 일이 어떻게 이루어지는지 상상하기에는 우리가 가진 능력이 부족해서 그저 그런 방식을 활용하는 건 아닐까? "인지 지도는 뇌의 기능을 비유한 것이지만 지도에 비유한 것도, 지도 자체도 복잡한 개념이라는 것이 문제라고 생각합니다. 지도가 이미 은유인데 그것을 또 은유한 것이니까요."[19] 신경과학자 휴고 스피어스는 내게 이렇게 설명했다.

철학자 윌리엄 제임스William James는 이 문제를 '심리학자의 오류'

라고 부른다. 그는 과학자들이 우리가 경험한 일을 생각하고 분석해서 도출한 결과물이 직접 체험한 일의 특징이라고 오인하는 실수를 너무 자주 저지른다고 우려했다. 우리가 직접 경험한 일을 떠올려 보고 분석할 때는 그 경험을 설명해야 하므로 이미 한 발짝 밖으로 나올 수밖에 없고, 이 시점부터 은유의 과정이 시작되므로 실제 경험한 일 중 일부만 포착할 가능성이 있다. 또한 우리가 활용하는 이러한 은유와 모형은 내재적 인지 과정이 아닌 인간이 만든 도구에 영향을 받는 경우가 많다. 제임스가 제시한 "근본적 경험론"이라는 철학에서는 인간이 세상을 직접적으로 그리고 객관적으로 인식할 수 있다고 본다.

지도가 길 찾기 능력을 이해하기 위해 등장한 심리학자의 오류라면, 무엇에 비유하는 것이 더 정확할까? 집에서 일터까지 어떻게 이동하는지 생각해 보자. 전체 경로가 하늘에서 내려다보는 광경처럼 전부 떠오르고 어떤 단계를 거치는지 정리할 수 있는가? 아마 그렇지 않을 것이다. 그보다는 출발 지점과 거기서부터 순차적으로 내리는 결정들, 그리고 그 선택에 따라 이동하는 경로에 관한 시각적인 기억이 떠오를 것이다. 나는 이것이 어떤 멜로디를 떠올리는 것과 더 유사한 경험이라는 생각이 들었고, 이 생각을 토대로 오하이오 주 데니슨대학에서 심리학과 환경학 교수로 재직 중인 해리 헤프트를 찾아갔다. "제가 일터로 어떻게 오는지 생각해 보면, 노래를 흥얼거리거나 부르기 시작하는 것 같은 기분이 듭니다. 막상 출발하기 전에는 전혀 흥얼거리지 않는데, 대체 어떻게 그런 일이 시작될까? 하는 생각이 들죠."[20] 헤프트의 설명이다. "어떤 멜로디를 흥얼거릴 때처럼, 어느 지점에서 길을 잃으면 잠시 멈춰서 순서대로 다시 생각해 봅니다. 여기 다음은 무엇일까? 하고요. 방향 탐색과 음악은 상당히 밀접한 공통점이 있다고 생각합니다. 둘 다 시간 순서대로 정보가 체계화되니까요." 방향 탐색의 핵심을 잘 담아내는 은유는 지도를 따라가는 것이 아닌 음악이 어떻게 흘러가는지 듣고 직관적으로 이해하는 과정인지도 모른다.

헤프트의 학문적 혈통은 윌리엄 제임스와 닿아 있다. 함께 공부한 환경심리학의 선구자 제임스 깁슨은 윌리엄 제임스의 제자인 심리학자 E. B. 홀트E. B. Holt로부터 가르침을 받았다. 그의 멘토이기도 했다는 깁슨처럼 헤프트도 인지 지도가 길 찾기와 관련 있다고는 생각하지 않는다. 우리가 있는 곳 주변을 지도처럼 배치해서 개념화해 보라고 누가 요청하면 우리는 얼마든지 그렇게 할 수 있다. 하지만 헤프트는 이런 유클리드식 좌표 지도는 인간의 공간적 지식 기반이 아니라고 설명했다. "공간적 지식은 우리가 머릿속에 그리는 것처럼 한 장소에서 다른 장소로 이동하는 형태로 존재하지 않습니다. 물론 우리는 머릿속으로 어떤 '종류'의 이미지든 다 떠올릴 수 있어요. 가족이 옆에 없어도 떠올릴 수 있는 것처럼 말이죠. 하지만 그 가족이 곁에 존재하면 직접 지각합니다. 즉 직접 경험할 수 없을 때만 누군가의 이미지를 만들어 냅니다. 인지 지도도 그와 같습니다. 계속해서 우리를 이끌지 않는다는 의미입니다. 가야 할 방향을 찾기 위해서 지도를 만들 수는 있지만, 그것이 길 찾기의 기반은 아닙니다."

헤프트는 인간의 능력을 구성 요소들이 배치된 형태의 유클리드 식 지도 제작 과정과 같은 방식으로 생각하게 된 것은 프톨레마이오스의 《지리학*Geographia*》과 같은 지도의 문화적 침범과 15세기와 16세기에 걸쳐 유럽의 경제적, 정치적 영향력이 확장된 것에서 기인한다고 글을 쓴 적이 있다. 오늘날에 이르러서는 지도를 어디에서나 쉽게 접할 수 있는 데다 우리가 지속적으로 지도에 노출되므로 그것이 기본적인 정신 작용을 나타낸다는 생각으로 더욱더 자연스럽게 이어질 수 있다. "동물에 관한 문헌들 그리고 곤충에 관한 문헌들을 읽고 인지 지도에 관해 이야기하는 사람들의 말을 들어보면 당혹감이 듭니다." 헤프트의 이야기다. "네 관점에서는 이것이 제임스가 제시한 심리학자의 오류구나 싶어요. 어떤 개념을 지금 연구하려는 과정에 부여하는 것 말입니다. 해마를 GPS로 비유하다니, 이건 정말 정신 나간 일이에요. 훨씬 더 고차원적인 특성을 전혀 맞지도 않는 기능 수준으로 격하시키는 것입니다."

헤프트는 대학원에서 심리학을 전공하던 1970년대 중반에 제임스 깁슨의 1966년 저서 《지각계로서의 감각*The Senses Considered as Perceptual Systems*》을 발견했다. 환경심리학에 관한 설명과 인간은 세상을 직접 인지할 수 있다는 견해가 담긴 책이었다. 깁슨의 동료 중에는 그의 견해가 학계의 정설로 여겨지는 개념을 급진적으로 벗어났다는 점에서 무시하거나 비난한 사람도 많았다. 반면 인간의 경험에 관한 너무나 중요한 의문에 마침내 답을 찾았다고 여긴 사람들도 있었다. 헤프트도 후자에 해당하는 사람이었다. "종교적인 경험을 한 기분이었습니다." 그는 당시 그 책을 읽었을 때의 기분을 이렇게 전했다. "절대적으로 옳은 말이라고 느꼈거든요." 그로부터 40년이 흘렀지만 헤프트는 특히 큰 인상을 받았던 구절을 정확히 기억하고 있다. 시각적 인지는 감각 정보나 자극이 정신적 표상으로 조합된 것에서 생겨나는 것이 아니라 직접적인 생태학적 정보에서 비롯된다는 깁슨의 주장을 읽던 그 순간이 헤프트에게는 "바이올린 소리를 들은 것처럼" 남아 있다고 전했다. "뇌는 이 모든 작용을 우리가 계속 해야만 하는 일로 여기게끔 합니다." 그는 이렇게 깨달았다고 한다. 1975년에 학위 논문을 완성한 헤프트는 깁슨에게 편지를 보냈다. 코넬대학에 가서 1년간 생태심리학을 공부하고 싶다는 요청이 담긴 편지였다. 깁슨 교수의 허락이 떨어지자 가을에 그곳에 도착한 헤프트는 자신과 같은 마음으로 찾아온 순례자들이 다들 같은 일을 하고 있는 광경을 보았다. 나이 지긋한 교수님 주변에 옹기종기 모여 그가 제시한 이론에 담긴 원리와 의미를 이해하려고 애쓰고 있었다.

어느 저녁, 같은 코넬대학의 심리학 교수이자 저명한 심리학자인 깁슨의 아내 엘리너가 집에서 파티를 열었다. 그날 엘리너는 헤프트에게 한 가지 부탁할 일이 있다고 이야기했다. 당시 70대 초반이던 깁슨이 매주 하루는 빙햄튼 뉴욕주립대학에서 수업이 있었는데, 혹시 깁슨을 차로 데려다줄 수 있는지 물어본 것이다. 헤프트는 곧바로 그러겠다고 답했다. "일주일에 한 번씩 깁슨과 두 시간 정도를 차에서 보내게 된 겁니다. 저는 그 분야에 갓 들어온 풋내기라 매번 일주일 전부터 어설픈 지식을 토대로 질문거리를 생각해 두었어요. 그리고 빙햄튼까지 오가는 길 내내 그 질문들을 꺼내놓고 이야기를 나누었죠. 그때 제가 궁금했던 것 중 하나가 '우리는 어떻게 지금 이런 일들을 할 수 있을까?'였습니다. '이타카부터 빙햄튼까지 어떻게 길을 찾아갈 수 있을까?' 이전까지 제가 공부한 분야에서는 다들 인지 지도를 이야기했죠." 헤프트가 말한 시기에 깁슨은 《생태학으로 본 시각적 인지The Ecological Approach to Visual Perception》를 집필 중이었다. 길 찾기 능력을 다룬 이 책에서는 시간이 흐르면서 우리가 연속적으로 인지하는 서로 연결된 일들, 하나로 이어진 "풍경"들이 확장된 일련의 전환이 방향 탐색을 구성한다는 내용이 담겨 있다. 이 설명에 깊은 인상을 받은 헤프트는 제자들과 함께 시간이 흐르면서 인식하는 생태학적 정보와 길 찾기 능력의 관계를 조사하기 위해 16밀리미터 영상 시리즈를 제작해 왔다. 그중에는 하나의 경로를 따라 10초 간격으로 일어나는 전환으로만 구성된 "전환" 영상도 있다. 또 같은 경로를 가면서 10초 간격으로 풍경만 담은 영상도 촬영했다. 헤프트는 연구 참가자들에게 이 두 가지 영상 중 한 가지를 보여 주거나 따로 편집하지 않은 전체 영상을 3회 보여 주고 화면에 나온 경로의 출발 지점으로 데려갔다. 그 결과 전환 영상을 본 참가자들이 더 정확히 길을 찾는 것으로 나타나 경로 학습에는 전환이 중요한 기능을 한다는 깁슨의 견해가 더욱 명확해졌다.

이제 헤프트는 지도가 인간의 생각에 너무 강한 영향력을 발휘해서 환경 속을 탐색할 때 시간 흐름에 따라 시각적 정보를 수집하고 그것으로 방향을 탐색해 나가는 능력을 퇴색시킨다고 본다. 그는 관련하여 다음과 같은 글을 남겼다. "특정 목적지까지 가는 길을 찾으려면 특정 경로를 따라가야 하고, 그러려면 목적지까지 이어진 그 길에 특징적으로 존재하는 정보들이 시간 순서대로 체계화된 흐름을 새로 만들거나 다시 다듬어야 한다. 이 같은 시간적 접근 방식을 활용하기 위해서는 방향 탐색에 관한 일반적인 생각에서 벗어나야 한다. 방향 탐색을 위한 지식을 그림 형태의 지도를 인식하는 것과 동일시하지 않는다면 그런 생각의 전환이 쉬워진다. 그보다는 경로의 구조를 인식하는 것과 음악적 구조를 인식하는 것을 동일시하는 편이 더 적합하다는 사실이 밝혀지고 있다."[21]

빛을 내는 사람들

실제로 방향 탐색은 지도를 따라 가는 것보다 노래를 부르는 것과 더 비슷한 일인지도 모른다. 만약 그렇다면, 호주 원주민들이 노랫길을 따라 방향을 찾아 가는 방식은 이 전략을 정확히 보여 주는 사례라 할 수 있다. 나는 호주 노던 테리토리 주에 위치한 다윈으로 가서 호주 원주민 빌 이덤더마 하니Bill Yidumduma Harney를 만났다. 그는 2014년에 발표된 〈와다만 족을 비롯한 호주 원주민 문화의 노랫길과 방향 탐색〉이라는 논문에 공동 저자로 참여했다. 이 논문에서 하니는 노던 테리토리 주에서 보낸 어린 시절에 나침반이 가리키는 방향을 찾는 방법과 꿈길 이야기를 기억하는 연상 장치로서 별을 활용하는 방법을 어떻게 배웠는지 설명했다. 고대에 본거지가 1만 3000여 제곱킬로미터에 달했던 와다만족은 주로 밤에 이동했고 밤에는 거리가 축소된다고 믿었다.

이들은 가야 할 길을 찾는 방안으로 별과 관련된 이야기를 암기하고 악어, 메기, 수리매가 등장하는 꿈길 이야기와 연관된 별의 움직임을 보면서 시간을 파악했다. "에뮤, 캥거루에 관해 이야기하고 별, 칠면조, 딱새에 관해서도 많은 이야기를 나누었다. 그리고 하늘 위에 떠 있는 별마다 전부 원주민 언어로 된 이름을 붙였다."[1]

나는 호주로 떠나기 전에 하니와 함께 논문을 쓴 공동 저자 레이 노리스Ray Norris와 통화했다. 호주의 우주 사업을 관리하는 정부 기관인 연방 과학산업연구기구에서 천체물리학자로 활동 중인 노리스는 수백만 광년 떨어진 은하계에서 방출된 전파 신호를 탐지해 우주의 진화 과정을 파악하는 연구를 진행 중이다. 남는 시간에는 고천문학 또는 민족천문학으로 불리는 다소 생소한 분야에서 연구 활동을 이어 가고 있다. 고대 사회와 현대사회의 원주민 문화에서 하늘을 어떻게 이해하는지 조사하는 분야다. 노리스는 1970년대에 케임브리지대학에서 이론물리학을 전공하고 학위를 취득한 후 이 분야에 관심을 두기 시작했다. 스톤헨지를 조사하다가 영국령 섬들에 원형으로 형성된 돌들을 대부분 조사한 것도 그런 이유에서다. 지난 40년을 통틀어 호주 원주민의 방향 탐색을 세부 주제로 다룬 논문을 발표한 소수 학자 중 한 사람이기도 한 노리스와 꼭 대화를 나눠 보고 싶었다. 데이비드 루이스가 호주에서 수백 가지 다른 언어를 쓰는 부족들이 길을 어떻게 찾아 가는지 설명한 때가 지난 '세기'임을 감안하면, 노리스는 정말로 이 주제를 다룬 극소수 학자 중 한 명이었다.

내가 노리스에게 던진 첫 번째 질문은 '왜 이 주제에 관한 자료를 더 찾을 수가 없는가?'였다. 노리스는 인류학 분야의 문헌들을 열심히 뒤져 보면 학자 중에 호주 원주민의 노랫길이 방향 탐색에 얼마나 중요한지 깨달은 사람들도 있다는 사실을 알게 되지만, 어떤 이유에서든 큰 흥미를 쏟지는 않은 것으로 보인다고 말했다. 이내 단념했을 수도 있다. 꿈길 이야기와 꿈길에 등장하는 장소는 대부분 굉장히 신성하게 여겨지고 특별한 지식이 없는 사람들은 알지 못한다. 낯선 외부인에게 알리면 극단적인 결과가 발생할 수 있다고 여겨지기도 한다(즉각 목숨을 잃는다고 생각하는 경우도 있다).

백인 호주인이 쓴 어떤 책에 원주민들이 어린아이들에게 꿈길 이야기와 노래를 가르치는 의식이 어떻게 이루어지는지 생생하게 묘사되어 있다. 하니의 부친은 평생 대부분 시간을 원주민들과 함께 보냈다. 처음에는 오지 지역에서 소몰이꾼으로 살다가 나중에는 호주 정부의 원주민 관리 부서에 취직했고 이어 울루루로도 알려진, 호주 대륙 중앙에 자리한 신성하고 상징적인 사암 암석 지대에 최초로 배치된 관리원으로서 일했다. 책도 여러 권 썼는데, 그중에는 인류학자 A. P. 엘킨A. P. Elkin과 함께 노랫길에 포함된 노래의 주기를 기록한 책도 있다. 《호주 원주민의 삶Life among the Aborigines》이라는 책에서는 원주민 문화의 붕괴와 아넘랜드 지역에서 꿈길의 노래가 어떻게 전해지는지 설명했다.

사라지는 것들 중 하나인 '노래 주기'는 기록하는 데만 몇 주가 걸렸다. 부족의 노인들은 노래를 전수받을 남자들을 밤에 신성한 장소로 데리고 가서 서사가 있는 일종의 찬가를 반복해서 외친다. 젊은이의 몸과 생각이 노래에 흠뻑 젖어 다른 건 전부 잊어버릴 때까지, 노인들은 반복해서 부르고 또 부른다. 젊은이가 노래를 모두 흡수하면 노인들은 노래를 멈추고 그들의 노래에 귀를 기울인다. 글자 하나, 음절 하나라도 어긋나면 완벽해질 때까지 다시 노래한다. 그렇게 한 구절 한 구절 모두 가르치고, 몇 년이 지난 후 노래를 가장 잘 기억하는 사람이 '노래하는 자'가 되어 부족의 전통을 이어간다.[2]

하니의 부친 이름도 빌 하니였고, 아들 하니의 이름에는 이덤더마가 추가됐다.

이제 하니의 부친은 80대가 되었고 그의 아들인 또 다른 하니는 꿈길에 포함된 길들이 지상의 경로를 나타내고 샘과 지형지물, 경계, 산, 호수의 위치를 담고 있을 뿐만 아니라 하늘의 별이 어떻게 움직이는지도 설명한다는 사실을 밝힌 노리스의 연구를 도왔다. 예를 들어 호주 뉴사우스웨일스 주와 퀸즐랜드 주에 사는 에우알라이Euahlayi족의 '수리매' 노랫길은 앨리스스프링스부터 바이런 베이까지 약 2300킬로미터를 아우르고 아케르나르, 카노푸스, 시리우스별을 따라간다. 이들의 또 다른 노랫길인 '검은 뱀/보공 나방' 노랫길은 카펀테리아 만에서 스노위 산까지 2700킬로미터가 넘는 거리를 은하수를 따라 이동하는 길이다.

하니가 어린 시절에 이런 별들과 노랫길에 관한 지식을 어떻게 축적했는지 밝힌 내용을 읽어 보면 정말 사랑스럽다. 밤이면 다른 아이들과 땅에 누워서 함께 있던 노인들이 쉽게 풀어서 들려주는 별 이야기를 들었다. "한밤중에 땅에 누워 하늘을 보면 온통 반짝이는 별들을 볼 수 있습니다. 전부 말을 하는 것 같았죠."[3]

노리스는 통화를 하면서 내게 전했다. "노인이 되는 건 결코 명예롭기만 한 일이 아닙니다. 열심히 노력해야 하기 때문이죠. 사춘기 시절부터 40대까지 늘 기억해야 하는 것들을 외우고 익혀야 합니다. 하니는 맨눈으로도 모든 별의 이름을 알 수 있다고 해요."

"정말입니까? 이름이 몇 개나 되죠?" 내가 놀라서 물었다.

"저는 천체물리학자지만 별에 관한 지식은 가장 아마추어로 여겨지는 천문학자보다도 못한 수준입니다. 제가 이름을 아는 별은 20개 정도예요. 그리고 열정이 대단한 천문학자라면 아마 100개 정도는 알고 있을 겁니다. 하니는 수천 개의 이름을 알고 있고요."

"엄청난데요." 내가 대답했다.

"암기 능력이 논리적인 추론만큼 아주 중요한 기술로 여겨지던 때도 있었습니다. 하지만 이제는 그냥 구글 검색을 하면 되니, 그 가치도 인정받지 못하죠." 노리스의 설명이다. "제가 빌의 암기 실력과 가장 비슷하다고 생각하는 대상은 고대 그리스인들입니다."

◄•►

와다만족의 옛 땅은 강을 경계로 펼쳐졌다. 북쪽에는 달리 강과 피츠모리스 강, 플로라 강이, 동쪽에는 캐서린 강, 서쪽에는 빅토리아 강이 흐른다. 일반적인 유칼립투스와 블러디우드로 불리는 유칼립투스, 철목, 백송이 자라는 열대 대초원에 바위투성이 절벽과 협곡도 자리한 곳이다. 5월부터 10월까지는 햇볕이 쨍쨍하고 건조하다가 11월이 되면 우기가 찾아와 홍수가 날 정도로 비가 쏟아지고 기온은 32도까지 오른다. 내가 다윈에 도착했을 때는 공기가 온통 습하고 찐득하더니 2차선 고속도로를 따라 노던테리토리 주 내륙을 향해 남쪽으로 이동할수록 점점 건조해지고 나무는 푸릇푸릇한 빛을 잃어 갔다. 우기를 한 달 정도 앞둔 시점이라 바싹 마른 나무들은 비가 오기를 기다리며 잎이 축 늘어져 있었다.

와다만족의 꿈길 이야기의 중심에는 물이 있다. '무지개 뱀'이 바다를 끌어다가 땅에 물이 넘쳐흐르게 하면 딱새와 갈색 매, 송골매와 강력한 정신을 상징하는 '벼락 인간'이 뱀을 죽일 계획을 세운다. 이들은 그레고리 산의 정상인 바낭가야Barnanggaya에서 창을 던져 무지개 뱀의 머리를 조각내기에 이른다. 그러자 뱀의 눈알이 머리에서 튀어나와 땅 위를 몇 킬로미터나 굴러가서 이멈Yimum으로 불리는 두 개의 샘을 이룬다. 하지만 무지개 뱀이 죽은 뒤에도 비만 오면 자꾸 홍수가 나자 검은 머리 비단뱀과 물 비단뱀이 땅을 일굴 때 쓰는 막대를 가지고 모든 강이 물을 그대로 품게 한다. 이 과정이 이어지는 동안 당도한 장소마다 이름이 생기고 노랫길이 만들어진다.

퍼스에서 노던테리토리 주에 있는 하니의 농장까지 3200킬로미터 이상을 가면서도 과연 내가 원하는 목적을 이룰 수 있을지 확신할 수 없었다. 오지 마을 중 한 곳인 캐서린 바로 서쪽에 자리한 농장은 하니의 집안 조상들이 대대로 살아온 땅이다. 먼저 그에게 편지를 보냈지만 답이 없었고, 하니의 가족 중 한 사람과 전화로 짤막히 내가 도착할 예정에 대해 대화를 나눌 수 있었지만 상대방이 영어를 잘 몰라서 연결 상태도 좋지 않던 통화가 더 힘들었다. 내가 찾아가면 반갑게 맞이해 주길 바라면서도 내가 간다는 사실을 알고 있긴 할까, 의구심을 지울 수 없었다. 그런 상태로 나는 하니의 인생과 가족들에 관해 알 수 있는 자료는 무엇이건 찾아서 읽었다. 대부분 정보는 하니가 쓴 자서전《페이퍼바크 나무 아래에서 태어난 사람Born under the Paperbark Tree》에서 얻을 수 있었다. 와다만족의 출생 이야기는 주변에 있던 식물이나 자연 풍경으로 시작하는 경우가 많다. 갓 태어난 아기의 이름은 성별을 나타내는 접두사와 머리를 의미하는 단어 그리고 가장 가까이에 있던 식물이나 나무의 이름이 모두 포함되도록 짓는다. 이와 같은 방식으로 아이가 세상에 등장한 일을 그 일이 일어난 장소와 연결시키는 것이다. 하니는 종이와 비슷한 느낌이 나는 나무껍질과 초록색 잎이 약을 만들거나 보관용기, 쉼터를 만들 때 사용되는 멜라루카 속 나무인 페이퍼바크paperbark 나무 아래에서 태어났다. 부친은 제1차 세계대전 시기에 유럽에서 전투에 참여했고 그로 인한 트라우마에서 벗어나고자 호주 오지로 왔다. 1932년, 당나귀 떼를 이끌고 노던테리토리 주에서 도로 만드는 일을 하던 하니의 부친은 와다만족 여성인 루디 이불루이마Ludi Yibuluyma와 만났다. 루디와 루디의 어머니 플루토, 아버지 민니는 하비와 함께 목축용 소 농장들이 자리한 월러루 지역부터 빅토리아 리버다운즈 지역까지 240킬로미터가 넘는 거리에 도로를 지었다. 완성하기까지 4년 가까이 소요됐다. 그 기간 동안 하니와 루디는 둘시, 빌리 주니어 두 아이를 낳았다. 하니가 일을 하러 다른 지역으로 떠나자 루디는 조 조몬지Joe Jomornji라는 와다만 남자와 결혼하고 온 가족이 월러루 농장 지대로 이사를 갔다. 조몬지는 아직 어린 나이였던 하니의 양아버지가 되었다. 우기가 찾아와 목축 일을 할 수 없게 되면 농장에서 일하던 부족 사람들은 전부 옷을 벗어던지고 수 개월간 자연 속에서 생활했다. 하니가 와다만족의 사냥과 규칙, 꿈 이야기를 조몬지와 외할아버지로부터 배운 것도 이 시즌이었다.

호주 정부는 '혼혈아'를 명확한 정책에 따라 관리했다. 원주민 가족과 분리하고 백인의 언어와 문화를 배울 수 있도록 고아원에 둔다는 정책이었다. 하니의 외조부인 민니는 그렇게 자식을 잃은 적이 있고 그의 딸들 역시 그런 일을 겪었다. 1940년, 경찰이 찾아와 하니의 누나를 데려가 다른 집으로 보냈다. 당시에 하니는 너무 어려서 가족들 품에 남아 있을 수 있었다. 그때부터 루디는 하니를 경찰에 빼앗기지 않으려고 갖은 애를 썼다. 밝은 피부색을 가리려고 거무스름한 자두즙에 석탄을 섞어서 아이 몸에 바르기도 했다. 하니의 부친이 쓴 책에 아들에 대한 언급이 전혀 없는 것도 이런 이유 때문인지 모른다. 복지 기관에서 아들을 고아원으로 데려갈 수 있는 빌미를 줄 수 있기 때문이다. 1996년에 출간된 구전 형식의 자서

전에서 하니는 아버지가 어머니와 자신을 만나러 올 때마다 어머니에게 "당신의 역사와 이야기를 아이에게 알려주고, 문화가 이어지도록 해야 한다"고 독려했다고 말했다.

자연 속에서 자라고 열 살 때 농장에서 소와 말을 돌보는 목축 일을 시작한 하니는 평생을 노던테리토리 주에서 살면서 호주 원주민과 백인을 가르는 경계 사이를 오가며 협상을 벌여야 했다. 호주 사람들에게 미국의 서부 지대에 해당하는 노던테리토리 주는 1850년대에 목축에 필요한 땅을 찾아다니던 사람들이 최초로 정착한 이후부터 충격적일 정도로 폭력이 횡행한 곳이다. 와다만족은 자신들의 땅을 침범하려는 자들에게 적개심을 드러냈고, 식민지를 건설한 자들은 이를 가라앉히기 위한 전략으로 대량 학살과 독살, 계약 노예제도를 꺼내 들었다. '더블 록 홀Double Rock Hole'이라는 장소에서 벌어진 대살육에서는 원주민 여성들, 아이들이 총에 맞고 벼랑 아래로 떠밀려 목숨을 잃었다. 루디 하니의 친할머니도 이곳에서 희생되었다. 시신은 함께 죽임을 당한 아이들 시신과 무더기로 쌓인 채 불에 태워졌다. 이 와중에 살아난 이바다바Yiba-daba라는 아이는 다른 가족들에게 입양되었다. 나중에 플루토로 불린 이 아이가 나중에 하비 부친의 친할머니가 되었다.

나는 이 모든 이야기를 미국인 언어 인류학자인 프란체스카 멀란Francesca Merlan에게 전해 들었다. 노던테리토리 주에서 수년간 연구 활동을 했다는 멀란은 1989년에 하니의 친척 엘시 레이먼드Elsie Raymond에게서 처음 이 이야기들을 접했다. "이 원주민들은 목축업을 하러 온 사람들이 땅을 차지한 후 상당히 폭력적인 역사가 이어진 지역에서 살았습니다." 프린스턴대학 고등과학원에서 객원 연구자로 일하는 멀란을 사무실로 찾아갔을 때 나는 이런 설명을 들었다. "땅을 차지한 자들의 진짜 목적은 가능하면 호주 원주민들을 다 없애는 것이었어요. 당시에 엘시와 또래 아이들도 대량 학살 대상이 될 뻔했죠. 이들의 부모님은 정확히 그 대상이 되어 희생되거나 겨우 살아남았습니다." 멀란은 1976년, 와다만 언어를 공부하기 위해 연구 지원금을 받고 어린 학생 자격으로 노던테리토리에 도착했다. 1960년대 전반에 걸쳐 목축 '농장'에서 쫓겨난 원주민들은 대부분 캐서린에 살거나 마을 주변에서 야영을 하면서 살았다. 농장을 운영하는 백인들은 자신들이 소유한 부지 근처로 원주민이 찾아와 먹을 것을 구하거나 사냥을 하지 못하게 했고 부족 의식도 치르지 못하게 했다. 멀란에게도 적대적인 태도를 드러냈다. 그러다 멀란은 유창한 이야기꾼인 엘시 레이먼드를 만났다. 점점 위축되어가는 원주민 공동체의 역사와 계보, 신화를 알고 있는 그와 같은 사람들이 멀란에게는 가장 좋은 정보원이었다. 이들과 대화를 나누고 함께 자연으로 나가서 이곳저곳 돌아다니는 동안 멀란은 이들 대다수가 주변 지리에 관해 백과사전 같은 지식을 보유하고 있음을 깨달았다. "어디를 가든 전혀 걱정할 일이 없었습니다." 멀란은 내게 말했다. "무려 4일을 계속 걸어도 우리가 정확히 어디에 있는지 그 사람들이 모른 적이 없었거든요. 길을 잃을 수가 없었어요." 대량 학살이 일어난 장소는 기억에서 잊힐 수도 없었다. 기억은 생생하게 남아 있었다. "엘시와 엘시의 아버지, 어머니는 총에 맞아 죽은 사람들의 이야기를 수도 없이 알고 있었어요. 머지않아 사람들은 그것이 고의적인 전략임을 깨달았습니다. 눈에 들어오는 족족 죽일 작정이었다는 것을 말이죠."

◀●▶

다윈에서 캐서린으로 차를 몰고 가는 동안, 나는 주변 풍경이 이전까지 그 어디에서도 볼 수 없던 모습임을 깨달았다. 야트막한 비탈과 불룩 솟아난 바위들도 간간이 보였지만 운전하는 내내 '검_{gum}' 나무로도 불리는 유칼립투스가 띄엄띄엄 늘어선 숲을 끝도 없이 달리는 기분이었다. 거의 320킬로미터를 이동하는 동안 스칼렛 검, 포플러 검, 고스트 검, 리버 레드 검, 화이트 검 나무들이 차창 밖으로 계속 지나갔다. 나무들 사이에는 노란 풀들이 높이 자라 있고 가끔 불에 타서 까만 자국으로 남은 곳들도 보였다. 이렇게 그을린 풍경이 내 눈에는 반쯤 생명을 잃은 곳처럼 보였지만 호주 원주민들의 눈에는 만족스럽고 자랑스러운 풍경이다. 불에 탄 땅은 관리가 이루어지는 곳이자 선조들이 시작한 일이 그대로 유지된다는 멋진 증거이기 때문이다.

역사가 빌 가메즈Bill Gammage는 식민지 시대 이전에 호주 대륙에서 행해지던 화전 행위를 광범위하게 기술했다. 가메즈의 말에 따르면 불은 땅을 일구는 원주민들에게 "인간관계만큼 땅과 친근해질 수 있는 동맹"[4]으로 여겨졌다. 수상작인《지구상에서 가장 큰 땅

The Biggest Estate on Earth》에서 가메즈는 다음과 같이 설명했다. "불은 사람들로 하여금 어디에 식물을 재배할 것인지 선택할 수 있게 한다. 이들은 어떤 식물을 언제, 얼마나 자주, 얼마나 뜨거운 불에 태워야 하는지 알고 있다. 이렇게 관리하려면 한 가지 계획이 아닌 시점, 강도, 지속 시간이 모두 다른 수많은 계획이 필요하다. 자연의 어떠한 계획도 이런 정교한 균형을 유지할 수 없다. 1788년에 어떻게 이런 일이 가능했는지 의아한 일이지만 분명한 건 정말 그렇게 했다는 것이다. 호주의 자연에서 불은 관리 도구로 활용될 수 있다." 유럽인들이 호주에 도착해서 마주한 풍경은 모든 면에서 야생 자연과는 거리가 멀었다. 고급스럽게 다듬어진 영국의 전원 풍경만큼 아름다워 감탄을 자아낸 호주의 풍경은 지리학적 지식과 생태학적 지식이 고스란히 암호화되어 담긴 호주 원주민들의 규칙과 꿈길의 노래가 빚어낸 결과다. 가메즈는 꿈길의 진정한 핵심은 신학과 생태학을 융합한 것이라고 주장한다. "시간과 영혼에 관한 개념, 세상은 발견한 그대로 남겨 두어야 한다는 생각, 육지와 바다 전체를 토템이 지켜야 할 곳으로 여기는 것, 모두 생태학적이다. 호주 원주민들이 자연을 인식하는 방식에는 종교적 감수성이 가득 묻어나고 동시에 이들의 꿈길에는 환경에 대한 의식이 가득 담겨 있다."[5]

　해가 질 무렵 캐서린에 도착한 나는 시내에서 몇 킬로미터 떨어진 곳에 있는 어느 의사의 집에서 하룻밤 묵었다. 그가 아내, 어린 두 딸아이와 함께 사는 집은 캐서린 강변까지 수십 에이커 면적으로 넓게 펼쳐진 숲에 자리한 개방형 주택이었다. 우리는 주위가 온통 깜깜해졌을 때쯤 함께 저녁을 먹었다. 내가 묵은 방에서 나와 모퉁이를 돌면 개방형 욕실이 나오는데, 집주인 부부는 올리브 비단뱀이 슬그머니 기어 들어와 샤워실의 뜨뜻한 콘크리트 바닥에서 몸을 데우고 있을 수도 있으니 욕실에 갈 때 반드시 손전등으로 바닥을 잘 보고 가야 한다고 경고했다. 동이 틀 때 잠에서 깬 나는 시내로 나가는 길에 슈퍼마켓에 들러 빵, 아보카도, 치즈, 버터, 차 등 먹을 것을 사서 빅토리아 고속도로에 올라 서쪽으로 향했다. 건설 작업에 하니의 조부모인 플루토도 동참했던 고속도로였다. 꿈길을 따라 불도저로 길을 닦는 동안 아직 어린 소년이던 하니는 할아버지의 이야기를 들으며 곁에서 걸었을 것이다.

수백 킬로미터쯤 갔을 때 기름을 담는 낡은 드럼통에 색이 흐릿해진 나무판자가 붙어 있고 거기에 적힌 "멘겐Menngen"이라는 글자가 보였다. 거기서 우회전을 한 후 소들이 오가는 큰 문을 열기 위해 잠시 차를 세웠다. 부드럽고 붉은 모래로 덮인 흙길 주변의 검 나무는 다른 곳보다 색이 더 흐릿해 보였다. 32킬로미터쯤 더 달리는 동안 주변에는 점점이 흩어진 소들과 고물차들, 풀밭에 미라처럼 바싹 말라 있는 칠면조 사체 몇 개 말고는 아무것도 보이지 않았다. 다시 소 출입용 문이 나오고 차에서 내려 열고 닫은 후 구부러진 길을 따라 더 간 후에야 나무들이 빼곡히 그늘을 드리운 숲과 집들, 그리고 집을 둘러싼 낡은 기계들과 자물쇠가 채워진 마구간들이 나타났다. 한 명도 보이지 않다가 어느 순간 베이비블루색 픽업트럭이 한 대 나타나더니 그 차에서 내린 하니가 나를 맞았다. 그는 내가 보낸 편지를 받았고, 내가 찾아와서 무척 기뻐 보였다. 그리고 별로 놀란 것 같지 않았다. 여든세 살인 하니는 생각했던 것보다 체구가 작고 사진에서 본 것보다 머리는 더 희끗했다. 가늘게 땋은 밧줄 장식이 달린 갈색 방수복에 회색 바지, 카우보이 부츠, 타탄 무늬 셔츠 차림이던 하니는 내게 아침부터 시내에 나가서 함께 이동하는 동안 먹고 마실 맥주와 위스키, 음식을 사 왔다고 이야기했다. 멘겐에는 꿈길에 속한 수백 곳의 암각화 유적이 있는데 내게 그중 한 곳을 보여 줄 예정이며, 밤이 되면 샘 근처에서 야영을 하자고 제안했다.

　나는 침낭, 혹은 호주 사람들의 표현대로라면 '스웩swag'을 챙기고 거기선 '에스키Esky'라고 부르는 아이스박스도 옮겨 실은 다음 하니의 트럭 조수석에 앉았다. 운전석 사이의 팔걸이에는 낡은 펜과 빗, 씹는담배가 담긴 통이 빽빽이 담겨 있었다. 하니가 핸들을 잡고 우리는 멘겐 안쪽으로 미로처럼 이어진 흙길을 따라 천천히 나아갔다. 하니는 운전을 하면서 내게 주변에 나타나는 식물, 동물, 풍경에 관해 이것저것 가르쳐 주었다. 단순하고 간결한 영어로 눈앞에 나타나는 모든 풍경을 열성적으로 설명했고 내가 알아들을 수 있게끔 해석해 준 것이다. 나는 고고학자 이사벨 맥브라이드Isabel McBryde의 글이 떠올랐다. 호주 원주민과 함께 여행을 할 때마다 "[우리가 바라보는] 풍경이 얼마나 다른지 새삼 느끼고 금세 놀라게 된다. (……) 원주민들이 보는 풍경은 유구한 꿈길과 함께 살아온 사람들, 새롭게 만들어진 풍경의 특징들이 모든 행위를 결정하는 사람들의 눈에 비친 풍경"[6]임을 깨닫게 된다는 이야기였다. 실제로 내 눈에는 나무와 풀, 강렬한 햇빛에 색이 흐릿해진 모래가 보일 뿐이었지만 하니는 역사, 음식, 의학, 쉴 곳, 도구, 이야기가 어우러진 풍경을 보았고 왜 그렇게 보이는지 납득할 만한 설명을 해 주었다.

그는 모든 나무에 이름을 붙였고("저쪽에 보이는 나무가 쿨리바 나무고, 저건 와틀 나무예요. 그리고 저건 스트링잉 바크, 저건 블러드우드……") 사람과 동물이 그 각각의 나무를 어떻게 이용하는지 알려주었다. 나무들 사이에 약 1.2미터 높이로 형성된 흰개미집도 볼 수 있었는데, 사람이나 물체의 형상에 비유하기도 했다. "저건 개미집 옆에 서 있는 꼬마 같죠! 저걸 좀 보세요. 참 재미있습니다!" 하니의 말에 따르면, 부족 여성들은 출산 후에 모유가 더 잘 나오게 하려고 흰개미를 이용한다고 한다. "[개미를] 불에 집어넣고 열을 가한 다음에 부숴서 가루로 만듭니다. 그리고 특별한 풀을 모아서 불 위에 풀을 쌓고 증기가 나오게 한 후 가슴에 뜨거운 증기를 쐽니다." 빅토리아 고속도로 건설에 참여했던 하니의 할아버지 플루토 이야기도 들을 수 있었다. "할아버지는 우리와 함께 걸으면서 마주치는 곳마다 이야기를 들려주셨어요. 우리는 그렇게 자랐습니다. 꿈길의 장소들을 찾아다니면서 포섬 이야기며 긴털족제비 이야기, 비둘기 이야기를 들으면서 말이죠."

하니는 열 살이 되자마자 짐 나르는 말을 타고 소 기르는 목장들에 우편물을 배달하기 시작했다. "저는 호주 원주민들이 걸어 다니는 길에 관한 이야기들에 담긴 곳들을 찾아갔습니다. 윌러루Willeroo에서 캐서린까지, 아주 걷기 좋은 길이었어요. 한 4일 동안 30킬로미터쯤 걸었어요. 차 없이, 많이 걷고, 기억하고, 노래하면서요. 여유를 즐기면서, 아침에도 서두르지 않았어요." 지금처럼 차를 운전하면서도 그때 부른 노래들을 지금도 부를 수 있는지 묻자, 하니는 대답했다. "차로 이동하면 아주 많은 장소들과, 아주 많은 이야기들을 잃게 됩니다." 자신이 살아온 땅에 얽힌 이야기에 관한 해박한 지식 덕분에 하니는 우리가 함께 여행한 땅의 소유권을 주장할 수 있었다. 내가 호주에 오기 전, 멀란은 연구를 이어 가기 위해 캐서린을 다시 찾았고 마침내 1994년 와다만족의 언어에 관한 최초이자 유일한 문법책을 낼 수 있었다고 이야기했다. 그때 당시 캐서린에 남아 와다만족 언어를 일상적으로 사용하는 원주민은 겨우 서른 명 남짓이었고 모두 40대 이상이었다고 한다(멀란은 그 숫자가 더 줄어 이제 얼마 남지 않았을 것이라 추정한다). 그즈음 하니도 농사를 짓고 기계공으로도 일하면서 캐서린에 살았다. 첫 번째 아내와 아들 둘을 낳고 살다가 아내가 미확진 뇌종양으로 세상을 떠나자 하니는 딕시라는 여성과 재혼했다. 그 무렵부터 호주 법원에서는 '토지소유권법 1976'에 따라 원주민이 전통적으로 머물러 온 땅의 소유권을 인정하는 판결이 내려지기 시작했다. 하니는 살아온 날들을 떠올리다가, 딕시에게 이런 말을 했다고 내게 전했다. "다들 토지소유권을 주장하고 있군요. 당신은 나를 따라와요. 나는 저 플로라 [강] 뒤편에 있는 땅의 권리를 찾으려고 하거든요."[7]

호주 원주민이 조상 대대로 살아온 땅의 소유권을 주장하기 위해서는 자신이 그 땅에 살아온 사람들의 후손임을 밝히고 정신적으로도 그곳에 속해 있으며 직접 책임지고 돌보던 땅이자 전통적으로 먹을 것을 찾아다니던 곳임을 밝혀야 한다. 법원은 이 같은 요건이 충족되었는지 확인하고자 인류학자를 지정하여 꿈길 이야기와 땅의 역사를 수집하고 소유권이 문제가 된 땅의 지도를 제작하고 조사하도록 요청하는 경우가 많았다. 하니는 호주 출신 인류학자로 어퍼 데일리 상류 지역 전체의 소유권 관련 업무를 맡고 있던 베티 미핸Betty Meehan과 애솔 체이스Athole Chase의 연락을 받았다. 그가 플로라 강 뒤쪽 땅과 연관된 사람인지 알아보기 위해서였다. 자서전《페이퍼바크 나무 아래에서 태어난 사람》에도 나와 있듯이, 하니는 두 사람의 물음에 이렇게 답했다. "네, 그곳이 저의 꿈길입니다."[8]

"그곳 역사를 전부 다 알고 있나요?" 두 사람이 다시 물었다.

"네, 역사를 전부 다 알고 있습니다."

"그렇군요. 그곳은 소유권 주장을 할 수 있는 땅입니다. 그럼 본인 소유로 주장하시겠습니까?"

"네. 아이들이 전부 다 올 겁니다. 모두 숲으로 돌아오게 해서, 역사를 보여 주고 그 땅에 남겨진 유산과 이야기, 노래, 수많은 의식을 보여 줘야 해요."

"정부와 최선을 다해 싸워서 땅을 얻으세요. 그렇지 않으면 정부가 꿈길 이야기와 그곳 땅을 전부 다 망가뜨릴 겁니다." 미핸과 체이스는 말했다.

하니는 두 인류학자와 함께 비행기, 헬리콥터, 차로 이동하면서 꿈길 장소들을 보여 주었다. 법정에서는 판사 앞에서 전해 내려온 노래들도 불렀다. 판사는 소유권 주장에 대한 최종 결정이 내려질 때까지 하니와 가족들이 그 땅에 살 권리가 있다고 인정했다. 하지만 땅주인은 절대 포기하지 않으려고 했고, 심지어 하니 가족들이 키우던 개를 죽이려고 독이 섞인 미끼를 놓기도 했다. 판결을 기다리는 동안 하니의 어머니 루디가 아흔셋의 나이로 세상을 떠났다. 마침내 '와다만 원주민 조합' 앞으로 약 4400제곱킬로미터 면적의 토지소유권을 인정한다는 판결이 내려지고 하니와 그의 후손들에게 260여 제곱킬로미터의 토지소유권이 부여됐다. 하니는 땅에 어머니의 꿈길 이야기인 하얀 앵무새를 뜻하는 '멘겐'이라는 이름을 붙였다.

와다만족은 전통적으로 하얀 앵무새가 잠수오리나 쐐기꼬리수리 같은 중요한 새들을 지켜본다고 여겼다. 이 중요한 새들은 매년 우기가 시작되는 10월부터 부족민들이 희생 의식을 치를 때 전통 규칙을 잘 지키도록 관리한다고 여겨진다. 즉 이 모든 새가 규칙의 수호자로서 부족의 비밀이 잘못된 사람에게 누설되거나 금기가 깨지지 않도록 지키고 정해진 경계는 넘지 않도록 관리한다. 하얀 앵무새를 상징하는 별은 7월 말, 북동쪽 하늘에 떠올라 이제 계절이 바뀔 것임을 알리는 별 포말하우트다. 포말하우트는 북쪽으로는 '창조하는 개Creation Dog'의 별로 시작해서 밤하늘을 가로지르며 '붉은 우럭', '독수리', '커다란 규칙의 장소', '붉은 개미 의사', '풀 먹는 하얀 얼굴의 왈라비', '메기 규칙' 별로 이어지다가 남쪽 하늘의 '박쥐' 별로 끝나는 천체 노랫길에도 포함된다. 그리스인들이 플레이아데스라고 이름 붙인 '박쥐' 별자리는 새로운 부족민이 될 아이들과 청소년들을 상징한다. 정해진 별들을 순서대로 따라가면 의식의 한 부분들로 포함된 유서 깊은 장소들을 찾아갈 수 있다.

하니는 내게 열두 살에 입회 의식을 치렀다고 말했다. 조 조몬지가 하니의 피를 몸에 발라 그림을 그리고 몸 전체에 깃털을 붙였다. 하니는 그 차림으로 디제리두와 클랩 스틱을 든 남자들, 같이 춤을 추는 여성들과 함께 3일 밤을 보냈다(춤 의식이 치러질 때는 담요에 덮여서 소리만 들었을 뿐 바깥에서 무슨 일이 벌어지는지는 볼 수 없었다고 한다). 세 번째 밤이 지나고 동이 트자 그는 시키는 대로 자리에 누워 돌칼로 이루어지는 할례를 받았다. 이후 매년 입회 의식에 참석하면서 꿈길 노래를 더 많이 배웠다. "저는 노래와 함께 자랐습니다. 가만히 앉아서 떠올리면 가려고 하는 장소들이 어떤 이름으로 불리는지 정확히 알 수 있었어요. 노래 부르던 그때, 정말 행복했습니다."[9] 하니는 저서 《어둑한 폭죽*Dark Sparklers*》에서도 그 시절을 회상했다. "집이 어디고 우리가 어디에 머물고 있는지 아는, 그런 노래를 부른다. 곳곳의 장소들이 다 어디에 있는지 정확하게 아는 그런 노래를 부른다. 우리는 이동 경로에 이름을 붙이고, 노래가 끝날 때까지 그 이름은 이어진다. 나는 노래하고, 내 꿈길을 따라 걸어간다. 꿈길이 끝나면 또 다른 꿈길이 시작된다. 무슨 일이 벌어지든 우리는 함께 노래한다."

한 시간쯤 운전한 후 하니는 "괜찮은 그늘을 찾아보자"고 하더니 쿨리바 나무 근처에 차를 세웠다. 그곳에서 우리는 점심을 먹었다.

삶은 고기를 얹은 빵과 치즈, 아보카도를 나눠 먹은 다음 다시 차에 올라 한 시간 동안 흙길을 달렸다. 나는 이미 초반부터 우리가 어느 쪽으로 이동하는지 방향 감각을 잃었다. 하니는 첫 번째 결혼과 법을 공부하던 시절, 아버지와 어머니의 꿈길 이야기를 들려주었다. 숲은 점점 빼곡해지고 수풀이 워낙 울창해서 바로 앞에 있는 길도 보이지 않았다. 붉은 캥거루, 야생말, 호주 두루미, 호주 토종 동물인 흰 두루미 등 작은 샘 주변에 모여 있던 동물들이 차 소리에 화들짝 놀라는 모습도 볼 수 있었다. "내가 가까이 다가간다면 동물들을 위해 노래를 부를 겁니다." 하지만 트럭 소리에 놀란 동물들은 순식간에 다 흩어졌다.

샘 바로 뒤편에 트럭을 세우고 우리는 촘촘히 밀집된 나무와 덩굴, 나뭇잎들 사이로 걸어 들어갔다. 처음에는 미처 알아채지 못했지만, 가다 보니 이렇게 우거진 식물들이 높이가 최소 18미터는 됨직한 바위를 가리고 있었다는 것을 깨달았다. 바위를 돌아 계속 걸어가자 식물에 덮이지 않은 면이 나타났다. 그 면에는 붉은색, 흰색, 노란색, 검은색 오커로 그려진 고대 벽화가 남아 있었다. 그림 전체가 지상에서 6미터 높이까지 이어졌다. 개구리의 아랫도리에 암석의 자연적인 틈을 벌어진 질처럼 묘사한 그림과 머리에서 빛이 광선처럼 쏟아져 나오는 '빛을 내는 사람들' 시리즈도 있었다. 하니가 가리키는 쪽을 올려다보니 바위에 새겨진 발자국들이 보였다. 그는 '꿈의 시대'에 조상들이 걸어 다닌 흔적이라고 설명했다. 가까이 다가가서 자세히 보니 발 크기가 달랐다. 성인의 발로 보이는 발자국

곁에 어린아이의 발처럼 보이는 훨씬 작은 발자국을 보는 순간 온몸에 소름이 돋았다. 바위에 남은 발자국은 이들 부족의 조상들을 나타내는 상징물을 넘어 실제로 아주 오래전 이곳을 거쳐 이동한 사람들이 남긴 자취였다. 그곳의 꿈길은 탄자니아 라에톨리 지역에서 발견된, 화산재 속에 보존된 발자국처럼 실제 현실이었다.

우리는 암석 아래에 놓인 돌 두 개를 하나씩 차지하고 앉았다. 발 아래쪽에는 돌 도구와 창끝에 찍혀서 나온 듯한 조각들이 흩어져 있었다. 하니는 와다만족 언어로 이야기를 시작했다. 몇 분 단위로 이야기를 끊고 나를 위해 영어로 번역해 주었다. 여자가 왼쪽, 남자가 오른쪽에 서서 땅 전체를 돌아다니던 시절의 이야기다. 이들은 "엄청나게 많은 노래를 짓고, 이 모든 장소에 이름을 붙이고, 모든 어린아이 몸에 그림을 그렸습니다. 모두가 하루 종일 행복했어요." 그는 이야기를 이어 나갔다. "오, 정말 좋은 시절이었습니다." 그러다 '늙은 무지개'가 사람들이 낸 소리들을 들었고, 모두 "저 늙은 무지개를 죽이자"는 결정을 내렸다. 그렇게 한 시간 동안 하니는 홍수, 전투, 날씨, 땅, 하늘의 탄생에 관한 이야기를 들려주었다. 세밀하게 정해진 순서와 구체적인 부분들을 전부 설명하고, 땅이 어떻게 탄생했는지 알려주었다. 나는 낯선 인물들이 등장하는 역사에 완전히 빠져들어 혼란스러운 상태로 몰입해서 귀를 기울였다. 어린아이들과 입회 의식을 아직 치르지 않은 어린 사람들에게 들려주던 단순한 이야기라는 사실을 알고 있었지만, 그런 건 중요치 않았다.

밤이 되고 우리는 리버 검 나무에 둘러싸인 멋진 곳에 나타난 연못 같은 샘 주변에서 야영했다. 불을 피우고 그 앞에 앉아 맥주를 마시고 음식을 먹었다. 하니에게 미국에 있는 두 살 배기 아들 이야기를 들려주었더니 그는 와다만족 언어로 아들의 이름을 지어 주었다. '엄마는 멀리 떠나고 아이는 남았네'라는 뜻의 '와자리Wajari'라는 이름이었는데, 그는 이 이름을 떠올리고는 큰 소리로 껄껄 웃었다. 주위가 더욱 어두워지고 하늘에 별들이 나타나자 하니는 막대기 두 개를 집어 들고 박자를 맞추며 노래하기 시작했다. 땅을 돌아다니던 사람 같은 동물들의 이야기가 담긴 노래였다. 그날 밤 곯아떨어져 자던 중에 나는 얼굴에 비가 떨어지는 느낌이 들어 눈을 떴다. 하지만 고개를 들고 둘러보니 밤하늘에서 반짝이는 수없이 많은 별이 보였다. 하니도 침낭에서 일어나 조용히 하늘을 보고 있었다. "흠." 이렇게 맑은 하늘에서 비가 떨어졌다고 느끼다니, 나만큼 그도 당황스러운 것 같았다. 다음 날 아침에 진창 위에 찍힌 발자국들이 보였다. 우리가 꿈을 꾼 것이 아니라는 증거였다. 아침 식사를 마치고 와틀 나무 아래에 앉아 스모키한 향이 솔솔 풍기는 빌리 티를 마시면서 우리는 계속 이야기를 나누었다. 하니의 조상들, 여행, 방향을 나타내는 와다만족 언어, 숲에서 길을 잃었을 때 활용할 수 있는 생존 기술, 낚시, 약, 규칙에 관한 이야기가 오갔다. "하나 그려 주실 수 있나요?" 나는 하니에게 멘겐을 가로질러 이어지는 꿈길을 그려 달라고 부탁했다. 하니는 내가 건넨 펜을 쥐고 종이 위에 소 농장의 경계를 그렸다. 그리고 하나씩 꿈길을 그리기 시작했다. "이것이 메뚜기 꿈길이고, 이건 물 비단뱀 꿈길입니다. 그리고 이건 잠수오리 사람들의 길이고요."

더 이상 그려 넣을 공간이 없을 때까지 그는 총 42개의 꿈길을 그리고 이름을 알려주었다.

나는 그 노트를 잃어버리지 않으려고 노력했다. 캐서린에서 며칠 야영을 하고 차로 다윈에 돌아와 비행기로 시드니까지 이동한 뒤 다시 집으로 거의 1만 6000킬로미터에 이르는 여정을 시작했다. 그 노트는 익숙한 일상으로 돌아가면 분명 흐릿해질 또 다른 세상, 내가 본 그 세상을 떠올리게 해 줄 귀중한 자료가 될 것 같았다. 하니가 그린 그림을 보면 그레이트샌디 사막 출신 핀투피족 예술가 유쿨티 나판가티Yukultji Napangati의 그림들이 떠올랐다. 1984년, 열네 살의 나이로 숲에서 "나온" 마지막 호주 원주민 중 한 명인 나판가티의 그림은 캔버스 전체를 덮은 구불구불한 수천 개의 곡선으로 이루어진다. 2차원 공간에 머무르지 않고, 마치 표면이 정말로 움직이는 파도처럼 느껴진다. 나판가티의 작품 중에는 제프리 탕가라, 야파야파 탕가라, 프레드 마이어스, 데이비드 루이스가 사막을 탐험하던 당시에 찾았던 깁슨 사막의 키위쿠라Kiwirrkurra 서쪽, 유날라Yunala의 바위 구멍을 나타낸 것도 있다. 유날라는 나판가티에게 꿈길을 지키던 여자 조상들이 야영을 하면서 '부시 바나나bush banana' 또는 '실키 페어 바인silky pear vine'으로 불리는 식물을 찾던 곳이다. 그 그림을 앞에 놓고 눈의 초점이 살짝 흐려지게 하면, 수천 개의 선이 지형도가 되고 사막 구석구석이 다 보이는 것 같다. 그 장소에 관한 기억을 시각적으로 나타내기 위한 정성 어린 노력이 느껴지는 그림이다.

하니와 나판가티, 그 외 다른 수많은 사람의 현상 기억에 핵심이 된 것은 무엇일까? 나는 친근감이라고 생각한다. 사랑하면 더 많이 알고 싶어진다. 저널리스트 아라티 쿠마르라오Arati Kumar-Rao는 인도 라자스탄의 타르 사막에서 유목민들과 함께 여행했던 시간을 떠올리며 땅에 대한 기억은 말과 장소의 명칭, 노래, 상징을 통해 다른 사람들에게도 전해진다는 글을 남겼다. 걸어서 여행하고, 한 번에 수 킬로미터씩이 아닌 수 인치씩 이동하기 때문이다. 아리스토텔레스는 기억이 봉인된 것처럼 각인된다고 보았다. 감각적 인식은 처음에 마음으로 시작되고 그것이 뇌로 전달되어 저장된다는 것이 그의 생각이다. 나중에 회상을 뜻하는 표현으로 등장한 라틴어 recordari는 revocare('다시 부르다')와 cor('마음heart')를 합친 단어다. 12세기 중세 영어에서 'herte'의 여러 가지 의미 중 하나는 '기억'이다. 무언가를 완전히 기억하게 되면, 온 마음으로 알게 된다.

당신에게는 왼쪽,
내게는 북쪽

우리가 공간을 이야기하고 설명할 때 쓰는 언어와 말은 우리의 현실 인식에 영향을 줄까? 심리학자 제임스 깁슨은 아는 것이란 인식의 확장이라고 설명했다. 아이들은 둘러보고, 소리를 듣고, 느끼고, 냄새를 맡고, 맛을 보면서 주변을 인식하고 그 과정에서 마주치는 사람들을 통해 기구, 도구, 장난감, 그림, 단어도 인식한다. 그러나 이 모든 요소, 특히 말은 태어난 문화에 따라 달라진다. 서로 다른 문화에서 나고 자란 사람들이 세상을 같은 눈으로 볼 수 있을까?

깁슨이 프린스턴대학에서 심리학을 공부하던 시절, 미국의 언어학자 벤저민 리 워프Benjamin Lee Whorf는 예일대학에서 사람들이 각자 사용하는 언어체계를 기반으로 경험과 현상을 어떻게 각기 다르게 체계화하고 정리하는지 연구했다. 워프는 스승인 에드워드 사피어Edward Sapir와 함께 북미 원주민의 언어를 연구했고, 여기서 '사피어-워프 이론'이 탄생했다. 언어가 생각과 지식을 결정하고 제한한다는 내용의 이론이다. 독일계 미국인 인류학자 프란츠 보아스Franz Boas의 연구 결과에 영향을 받은 이론으로, 보아스는 1880년대에 배핀 섬에서 생활하며 이누이트족이 눈을 표현하는 말이 얼마나 다양한지 조사했던 사람이다. (사피어는 보아스의 학생 중 한 명이었다.) 사피어는 언어가 사람들이 생각하는 방식에 영향을 준다고 추정했고, 워프는 거기서 더 나아가 언어에 세상에 대한 인식이 다른 개념으로 담기며, 시간에 대한 근본적인 개념도 그 대상에 포함된다고 주장했다.

사피어는 1939년에 세상을 떠났고 워프도 그로부터 20년 뒤에 사망했다. 이후 대표적인 학자인 놈 촘스키를 비롯한 언어학자 대다수가 수십 년 동안 두 사람의 이론과 다른, 보편 문법에 관한 언어 이론을 수용했다. 이 이론에 찬성하는 사람들은 제각기 다른 언어 하나하나가 기본적이고 내재적인 개념을 묘사하며 우리는 태어날 때부터 시간과 공간에 관한 지식 같은 우선 지식을 갖고 있다고 보았다. 그리고 이러한 지식은 인간 전체가 공유하는 생물학적 특성과 경계가 존재하는 물리적 신체, 인지 구조에서 비롯된다고 여겨졌다.

사피어-워프 가설은 존 하빌랜드John Haviland라는 미국인 언어인류학자의 연구를 계기로 수십 년 만에 다시 살아났다. 하빌랜드는 호주 대륙 북동부 케이프요크 반도에서 800여 명의 호주 원주민 공동체와 함께 살았다. 1970년대 초에 박사학위 취득 후 연구를 위해 그곳을 찾은 하빌랜드는 먼저 '구구이미티르Guugu Yimithirr'어로 불리는 원주민 언어부터 배웠다. 빌리 "문두" 잭Billy "Muunduu" Jack이 그에게 말을 가르쳐 준 선생님이다. 잭은 나중에 하빌랜드에게 자신의 집 방한 칸을 내어주고 그를 양자로 들였다. 하빌랜드는 유럽의 언어들은 '~앞에', '~뒤에'와 같은 구가 많이 사용되지만 구구이미티르어에는 그러한 표현이 존재하지 않는다는 사실을 깨달았다. 그러한 표현은 화자가 자기 자신을 중심에 놓고 참조할 대상을 찾을 때 사용된다. 화자 또는 주어의 위치가 방향의 중심점이 되는 것이다. "그 사람은 나무 왼쪽에 있어"라든가 "그 나무는 바위 왼쪽에 있다" 같은 문장을 떠올려보면, 나무나 바위를 바라보는 화자의 지각에 따라 공간이 상대적인 개념으로 다루어진다. 구구이미티르어에는 '오른쪽', '왼쪽', '뒤' 같은 표현이 없다. 이 언어에서는 기본 방위만으로 공간을 설명하는데, 이들에게 기본 방위란 자기 나침반이 가리키는 방향을 기준으로 하면 시계방향으로 17도 정도 조정된 네 방향을 의미한다. 이 네 방향을 나타내는 표현이 말과 이야기에 그대로 반영된다. 야영을 하다가 캠핑용 버너를 좀 끄라고 이야기할 때, 이 말을 쓰는 원주민은 "손잡이를 서쪽으로 돌리세요"라고 말한다. 그리고 누군가에게 자리를 다른 쪽으로 옮기라고 할 때도 "동쪽으로 좀 비켜봐"라고 한다.

1982년, 케임브리지대학에서 활동하던 영국의 언어인류학자 스티븐 레빈슨Stephen Levinson은 호주 국립 대학교의 연구자 자격으로 호주를 찾았다. 인지와 언어의 관계를 탐구하는 심리언어학이 그의 주된 관심사로, 특히 언어가 인간의 사고에 어디까지 영향을 줄 수 있는지 그 경계를 파악하는 데 주력하던 레빈슨은 하빌랜드의 연구 결과에 매료됐다. 워프는 인간의 마음이 각자 사용하는 언어체계에 따라 현상을 특이적으로 체계화한다고 보고, 공간을 주의해서 고려해야 한다고 지적했다. "공간은 대체로 언어와 상관없이 경험을 통해 동일한 형태로 이해되는 것으로 보인다."[1] 워프는 이렇게 설명했다. 레빈슨은 구구이미티르어를 사용하는 원주민 공동체가 이 가설을 정반대로 증명할 수 있다고 생각했다. 즉 공간을 다른 언어로 묘사하면 세상을 다르게 지각한다고 본 것이다.

◄•►

레빈슨은 1992년에 다시 호주 퀸즐랜드로 돌아와 연구를 이어갔다. 이때 그는 구구이미티르어에는 기본 방위가 너무나 확고하게 뿌리를 내리고 있어서 언어 사용자가 주변 환경을 인식할 때 큰 영향을 준다는 사실을 발견했다. 이로 인해 심지어 책을 읽거나 텔레비전을 볼 때 인식하는 방식도 유럽인들과 다른 것으로 나타났다. 레빈슨은 다음과 같은 글로 이를 설명했다. "우리는 그림을 볼 때 그 안에 가상공간이 담겨 있다고 본다. 그래서 아이들 동화책에서도 나무 뒤에 코끼리가 있다고 묘사한다(가상공간은 명확히 그 안에서만 존재한다는 전제로). 구구이미티르어를 사용하는 사람들은 그림을 방향이 있는 가상공간으로 본다. 책이 북쪽을 향하도록 놓고 읽고 있다면 책에 나온 코끼리는 나무의 북쪽에 있는 것으로 인지한다. 책장을 넘겨 뒷부분을 읽고 싶으면 동쪽으로 가 달라고 해야 한다(동쪽에서 서쪽 방향으로 페이지가 넘어가므로)."[2] 레빈슨은 원주민 10명에게 6분짜리 영화를 보여 주고 각자 영화 속에서 일어난 사건을 다른 사람들에게 설명해 보라고 요청했을 때의 결과도 전했다. 영화를 볼 때 남쪽을 향해 앉아서 본 사람은 화면에 등장한 사람들이 북쪽을 향해 왔다고 설명했다. "나이 드신 분들이 이야기를 할 때는 텔레비전을 어느 방향으로 바라보고 앉아 있었는지 알아야 합니다."[3] 레빈슨이 만난 원주민 중 한 명이 이렇게 설명했다고 한다.

레빈슨은 구구이미티르어를 쓰는 사람들이 절대적 참조 틀로 공간을 인지한다고 보았다. 즉 방향의 참조점이 공간 속에서 어디로 가느냐에 따라 바뀌는 것이 아니라 고정되어 있고 이를 기준으로 공간을 인식한다는 것이다. 이와 같은 방식에서는 때에 따라 자기 자신의 몸도 방향과 무관하다고 여겨진다. 구구이미티르어를 사용하는 사람이 자기 가슴팍을 가리킬 때는 그것이 화자 자신을 가리키는 것이 아니라 자기 '뒤에' 있는 무언가가 있는 쪽을 가리키는 의미일 수도 있다. 레빈슨은 이 같은 유형의 언어체계는 인지적으로 광범위한 결과를 낳을 수 있다고 추정했다. 구구이미티르어 사용자들은 기억을 기본 방위에 따라 암호화하는지도 모른다. 나중에 어떤 기억을 회상해야 하는지 미리 알 수는 없으므로, 이 과정도 즉각적으로 이루어질 것이다. 레빈슨은 이에 따라 구구이미티르어 사용자들은 공간을 묘사하는 방식이 자기중심적 틀인 사람들과는 다른,

독특한 기억력이 발달할 것이라 확신했다. '어떤 상황에서도' 기본 방위를 반드시 알아야만 한다는 사실이 이 언어 사용자들의 특징 중 하나다. 레빈슨은 이런 필요로 인해 구구이미티르어 사용자들의 추측은 상당히 정확할 것으로 예상했다. "('북쪽'과 같은) 기본 방위가 활용되는 언어를 쓰는 사람들은 방향을 찾기 위해 몸을 기준으로 삼는 우리와 달리('왼쪽' 또는 '오른쪽') (가령) 북쪽이 어디인지 잘 알 수 밖에 없을 뿐만 아니라 심상 지도가 정확히 유지되고 그 지도 위에서 자신의 위치와 방향이 끊임없이 업데이트될 것"[4]이라고 레빈슨은 추측했다.

그는 이 가설을 시험해 보기 위해 20년 전 호주 서부 사막에서 데이비드 루이스가 실시한 실험에 주목했다. 그리고 구구이미티르어 사용자 10명을 모집하고 걸어서 또는 차량을 이용하여 자연 속을 함께 여행했다. 그는 여행 중에 잠시 멈춘 위치에서 원주민들에게 어떤 섬이나 목장, 산이 어느 쪽에 있는지 알려달라고 요청했다. 짧게는 2, 3킬로미터부터 멀게는 수백 킬로미터 떨어진 다양한 장소를 그 대상으로 제시했다. 로빈슨이 특정 장소의 방향을 물어보면 원주민들은 대부분 곧바로 그곳이 있는 쪽을 가리켰고 로빈슨은 나침반으로 같은 장소의 방향을 찾아 연구용 지도에 기입해 두었다. 이렇게 기록한 160건을 종합해 본 결과 깜짝 놀랄 만한 사실이 드러났다. 원주민들이 추측으로 가리킨 방향과 레빈슨이 나침반으로 확인한 방향의 평균 오차는 13.5도였다. "유럽인들을 대상으로 한 조사에서는 절대로 나올 수 없는 결과다."[5] 레빈슨은 저서 《공간과 언어*Space and Language*》에서 이렇게 밝혔다.

쉴 새 없이 추측 결과를 도출해야 하는 언어를 사용하는 사람들은 인도유럽어족 사람들보다 경험상 방향 탐색 능력이 더 뛰어날까? 레빈슨은 퀸즐랜드에서 직접 체험한 사실들을 토대로 이 질문의 답을 '그렇다'로 정했다. 그러나 실제로 그런지 증명하기 위해서는, 구구이미티르어와 유사하게 공간을 '절대적' 표현으로 나타내는 언어를 쓰는 호주 외 다른 지역에서도 연구가 이루어져야 한다. 레빈슨은 여러 학생으로 구성된 연구단을 꾸리고 전 세계 여러 언어 집단들에서 나타나는 인지능력과 행위, 공간을 연구하기 시작했다. 수년 뒤에는 로빈슨의 추측 실험을 재현한 연구들도 여러 건 진행됐다.

레빈슨은 미국 출신 심리언어학자이자 자신의 아내인 페넬로페 브라운Penelope Brown과 함께 멕시코 치아파스의 마야 원주민인 첼탈족을 대상으로 현장 연구를 실시했다. 테네하파Tenejapa라는 아고산대 지역에서 농사를 짓고 사는 첼탈족의 언어에는 절대적 표현과 상대적 표현이 모두 포함되어 있다. 하지만 이들은 상당히 좁은 범위 내에 거주하고 산속을 오갈 때 매우 잘 유지된 길을 이용한다. 테스트 결과 추론 능력은 구구이미티르어를 쓰는 사람들의 수준에 이르지 못하는 것으로 나타났다. 이 결과들로 미루어 볼 때, 절대적 표현만 사용되는 언어체계에 의존해야 하는 사람들의 방향 감각이 훨씬 더 탁월하고 결과적으로 방향 탐색 능력도 우수하다.

레빈슨의 실험을 재현한 사람 중에 독일의 인류학 전공생 토머스 위드록도 포함되어 있었다. 그가 관심을 둔 대상은 산San족으로, 과거 '부시맨'이라는 이름으로도 알려졌다. 이 부족은 보츠와나와 남아프리카, 나미비아에 널리 흩어져서 사냥과 채집 활동으로 살아간다. 1993년 위드록은 나미비아 북부로 가서 산족 중에서 하이옴족Haillom('ǁ'은 산족의 언어에서 혀를 차는 소리를 나타낸다. 혀를 이에 댔다가 밀면서 내는 소리라는 의미다)과 함께 방향 찾기 연구를 진행했다. 칼라하리 분지 지역에 약 1만 5000명이 모여 사는 하이옴족을 비롯한 산족 원주민들은 거의 신적인 방향 탐색 능력을 보유한 사람들로 이미 정평이 나 있었다. 위드록도 이들의 능력을 밝힌 문헌 자료를 읽었다. 한 사냥꾼은 현지 가이드로 만난 산족의 경우 방향 감지 능력이 자신이 갖고 있던 휴대용 GPS 장비보다 우수했다고 주장했다. 20세기 중반에 앙골라와 나미비아 북부 사이에서 국경 전쟁이 벌어졌을 때, 남아프리카군은 이와 같은 기술을 정교하게 다듬어서 숲으로 달아난 적을 추적하는 데 활용했다. 위드록은 '부시맨'이 능수능란한 슈퍼인간 또는 기술이 어마어마하게 우수한 존재라고 묘사했다. 백인 군대는 19세기 인류학자들과 마찬가지로 산족이 보유한 능력을 동물적 감각으로 표현했다. 외부인들의 눈에는 산족이 "자연과 함께 사는" 것이 아니라 "자연이 이들의 손아귀에서 아직 완전히 빠져나오지 못한 것"[6]처럼 보였다.

위드록은 자신의 경험으로 비추어볼 때 하이옴족은 한 번도 가

본 적 없는 장소의 방향도 쉽게 찾아내는 등 불가능해 보이는 방향 찾기 과제도 모두 해낼 것이라 추정했다. 그런데 하이옴족의 언어는 이들이 보유한 능력에 얼마나 영향을 줄까? 위드록은 GPS 장비를 챙기고 망게티 서부로 가서 연구를 시작했다. 원주민 남자 여섯 명과 여자 세 명, 그리고 열두 살 남자아이 한 명이 그와 함께 대초원으로 가서 15킬로미터에서 40킬로미터씩 이동했다. 위드록은 이들에게 짧게는 1.6킬로미터, 멀게는 160킬로미터 이상 떨어진 총 20곳의 장소를 언급하고 어느 방향에 있는지 알려달라고 했다. 이들이 있던 숲에서 시야가 닿는 최대 범위는 18미터 정도였고 특별한 지형지물은 없었다. 위드록은 X가 어느 방향에 있는지 묻고 원주민들이 가리키는 방향을 기록한 후 GPS 장치로 추정된 결과와 비교했다. 테스트가 거듭될수록 위드록은 하이옴족의 추정 능력이 구구이미티르어 사용자들을 대상으로 한 연구 결과와 통계적으로 거의 차이가 없다는 사실을 깨달았다.

위드록의 연구 데이터에서는 또 다른 사실도 드러났다. 레빈슨과 달리 그는 연구에 여성도 포함시켰다. 하이옴족 문화에서 사냥과 길 찾기 기술이 전문가 수준으로 발달하는 사람들은 주로 남성인데, 위드록은 여성 원주민들의 추정 능력이 남성보다 뛰어나다는 사실을 확인했다. 그는 표본 수가 커지면 이 같은 성별 격차도 더욱 벌어질 것으로 전망했다. 다른 가능성도 생각해 볼 수 있었다. 서구 연구자들은 아주 오래전부터 공간에서 방향을 찾는 기술과 기억력에 성별이 중요한 요소로 작용한다고 생각했다. 그리고 여러 연구들을 통해 길 찾기나 공간 지각 능력 과제에서 남성들이 여성들보다 성적이 더 우수한 것으로 나타났다. 미국 인디애나대학의 심리학자 캐럴 로튼Carol Lawton은 공간지각능력에 관한 연구 결과가 심리학자들이 성별에 따라 인지능력이 다르다고 주장하는 근거로 활용될 때가 많으며, 그 외 다른 항목에서는 성별에 따라 나타나는 차이가 최소 수준인 것이 그런 주장을 펼치는 주된 이유라고 지적했다. 남자와 여자의 인지능력이 다르다는 근거로 공간지각능력의 차이를 제시한 연구 결과에서는 머릿속으로 물체의 방향을 돌려보는 테스트, 즉 물체를 다른 방향으로 돌리면 어떻게 보일지 찾아보도록 한 테스트나 공간에서 방향을 찾도록 한 테스트에서 남자아이들이 여자아이들보다 더 높은 성적을 거두었다는 점을 강조한다. 그러나 물체의 위치에 관한 기억을 테스트한 심리학 실험에서는 여자아이들이 남자아이들보다 더 높은 성적을 거둔다. 이러한 성별 차이를 두고 다양한 가설이 제기됐다. 호르몬의 차이, 호르몬이 해마에 끼치는 영향, 인간의 뇌가 양쪽 반구로 나뉘어 기능이 체계화되어 있다는 점, 진화적 원인이 그러한 가설에 포함되어 있다. 고대에 남자들은 사냥을 하고 짝을 찾기 위해 또는 싸움을 하러 더 멀리까지 가야 했던 반면 여자들은 한정된 공간에서 먹을 것을 모으고 자손을 보호하면서 살았을지도 모른다. 로튼은 이런 추정에 대해 선사시대에 이와 같은 분업이 이루어졌다는 뚜렷한 증거가 없다고 밝혔다. 흥미로운 사실은, 사회경제적으로 하위층에 속한 아이들에서는 이처럼 방향 탐색 능력에서 나타나는 성별 차이를 확인할 수 없다는 점이다. 또한 여성들에게 공간 시각화 방법을 가르쳐 주고 연습할 수 있도록 하면 남녀 간 격차는 사라진다. 몬트리올대학의 아리안 버크Ariane Burke는 공간지각능력이 사냥과 채집 활동에서 시작됐다는 이론이 사실인지 조사한 결과, 신체적 차이를 감안할 때 남성과 여성이 똑같은 경험을 하면 방향 탐색 과제가 주어졌을 때의 성적도 동일하다는 사실을 확인했다.

방향을 절대적 표현으로 나타내는 언어와 관련된 연구 결과를 보면 성별 차이가 성별이 아닌 문화에 따라 달라질 수 있다는 것을 알 수 있다. 공간 좌표를 절대적으로 표현하는 언어권에서 살아오면서 의사소통을 위해 계속 방향을 파악해야 했던 여성은 남성과 기능 수준이 동일한 것으로 나타났다. 구구이미티르어를 쓰는 사람들과 첼탈족, 하이옴족을 대상으로 한 실험과 더불어 네덜란드, 일본에서 실시된 방향 추정 기술에 관한 연구 결과를 보면 이 같은 가설에 더욱 힘이 실린다. 언어가 거의 상대적 표현과 자기중심적 표현들로만 구성된 네덜란드어 사용자들은 연구에서 절대적 참조 틀을 사용하도록 하자 매우 힘들어 했고, 방향 추정 결과에서 남성과 여성의 차이가 나타났다.

구구이미티르어 사용자들과 마찬가지로 하이옴족 언어에도 '왼쪽'이나 '오른쪽'에 해당하는 단어가 없다. 그런데 이들 중 영어를 할 줄 아는 사람들은 이런 상대적 표현을 전혀 문제없이 정확히 사용한다. 자기중심적 관점보다 절대적 참조 틀을 사용하는 문화가 상당히 많다는 사실도 밝혀졌다. 구구이미티르어 사용자들을 넘어 호주에서 다양한 언어를 사용하는 원주민 그룹 대부분이 절대적 참조 틀을 사용한다. 인도의 드라비다어 사용자, 멕시코의 토토나카족 언어 사용자, 인도네시아 발리어 사용자도 포함된다. 또한 반드시 둘 중 하나만 사용하는 것도 아니다. 보츠와나 크갈라가디어 사용자, 파푸아뉴기니 길리빌라어 사용자를 비롯한 일부 언어 그룹에서는 두 가지 유형의 참조 틀을 모두 사용한다.

공간과 방위를 표현하는 언어가 왜 이토록 광범위하고 다양한지 그 이유는 완전히 밝혀지지 않았다. 우리가 살아가는 환경에서 언어가 형성되므로 인지적 체계도 우리가 성장하면서 함께 발달할까? 어떤 생태 환경과 문화가 언어의 참조 틀을 상대적 또는 절대적 틀로 택하게 하는지 그 확정적인 관계는 확인되지 않았으나 그러한 관계가 존재하는 것은 분명하다. 2004년에 학술지 〈인지과학 동향 Trends in Cognitive Sciences〉에 게재된 한 연구에서 연구진은 서로 다른 열 곳의 공동체를 조사한 결과, 도시 환경에 살 경우 상대적 참조 틀과, 시골 환경에 살 경우 절대적 참조 틀과 연관성이 있는 것으로 나타났다. 그러나 멕시코 유카테크족처럼 일부 경우 시골에 사는 공동체가 상대적 참조 틀을 사용하는 경우도 있다. 사냥과 채집으로 살아가는 사회는 전반적으로 대부분 절대적 참조 틀을 사용하는 것으로 보인다.

위의 2004년 연구에서 연구진은 문화권마다 공간을 묘사하는 언어에 차이가 있다는 것은 인간의 인지기능에 내재된 공간적 개념이 없음을 의미한다고 설명했다. 긴트가 제시한 상대적 참조 틀이 인간에게 더 '자연스러운' 유형은 아니다. 실제로 상대적 표현이 포함된 언어를 익히는 아이들은 절대적 언어 사용자들에 비해 언어 습득에 더 큰 어려움을 겪고 습득에 소요되는 시간도 상당히 더 길다. 영어, 이탈리아어, 터키어권 아이들은 11세 내지 12세가 될 때까지 '오른쪽'과 '왼쪽' 같은 상대적 표현을 자신 있게 사용하지 못한다. 반면 첼탈족 언어를 사용하는 아이들은 3세 반 정도가 되면 절대적 어휘를 사용할 수 있고 8세가 되면 그러한 언어에 완전히 숙달된다. "언어는 인간이 보유한 인지기능의 재구축에 중요한 기능을 발휘할 수 있다."[7] 연구진은 이렇게 밝혔다.

◄◆►

하이옴족의 방향 추적과 탐색 기술을 설명하면서, 위드록은 인류학계에 두 종류의 매우 다른, 서로 상충되는 이론이 존재한다는 사실을 알게 되었다. 바로 심상 지도 이론과 경험적 숙달 이론이다. 첫 번째 심상 지도 이론에서는 성공적인 방향 탐색이 각 물체의 공간적 관계에 관한 추상적인 인지적 묘사가 마음속에 어떻게 구축되느냐에 좌우된다고 보는 반면 두 번째 이론에서는 경로를 따라 이동하는 상태를 어떤 관점에서 기억하느냐에 달려 있다고 본다. 하나는 조사 또는 배치에 관한 정보에 의존하고 다른 하나는 순차성에 관한 지식에 의존하는 것이다. 현장 연구 결과를 밝힌 위드록의 1997년 논문을 보면, 그는 하이옴족의 방향 탐색 체계를 경험적 숙달 이론 쪽에 가깝다고 본 것 같다. 하이옴족은 지도를 참조하여 이동하거나 이동 방향을 정하지 않으므로 방향 탐색 체계에 지도가 바탕이 된다고는 볼 수 없다. 그러나 위드록은 하이옴족이 공간에서 자신의 방향을 밝히거나 나아갈 방향을 정할 때 활용할 도구를 놀라울 만큼 다양하게 선택한다고 느꼈다. 즉 환경 자극에 따라 나타나는 자율적인 반응으로 도구를 선택하는 것이 아니라 "장기적인 사회적 상호작용"[8]을 통해 선택이 이루어진다고 밝혔다. 예를 들어 하이옴족은 다양한 생태 환경과 각 환경에서 살아가는 서로 다른 사람들을 '후스!hus'라는 체계에 따라 분류한다. 이에 따라 돌이 많은 땅에 사는 사람들, 언덕에 사는 사람들, 수수가 자라는 곳에 사는 사람들, 부드러운 모래에 사는 사람들, 가는 모래에 사는 사람들 등이 존재한다. 자연을 나타내는 이러한 표현은 사회적 역사와 개개인의 기억, 생태학적 지식의 다양한 차원을 감안하여 공간 속에서 이야기하고, 생각하고, 이동하는 방식을 나타낸다.

이와 함께 위드록은 하이옴족의 언어와 이들이 대화 중에 공간을 묘사하기 위해 사용하는 표현이 방향 탐지 기술을 강화한다는 사실에 주목했다. 하이옴족 사람들은 끊임없이 서로에게 공간을 설명한다. 위드록은 이를 '지형학적 가십topographical gossip'이라고 이름 붙였다. 그의 견해는 충분히 납득할 만하다. 이들에게는 실질적인 지도가 없으므로 어떤 장소나 사람들, 이야기, 자원의 위치 정보를 공유하려면 하루 내내 거의 계속해서 그와 같은 대화가 이어진다. 하이옴족은 특정 장소로 가는 이야기를 할 때 자연환경을 나타내는 '후스' 체계를 기본 방위로 활용한다. 그런데 이렇게 사용되는 표현 중에 자기중심적 표현은 전혀 없고, 서로 간에 공유된 공간 언어를 사용하여 지구 중심적으로 방향을 나타낸다. 그렇다면 하이옴족이 심상 지도를 사용한다고 봐야 할까? 위드록은 심상 지도 이론에 의구심을 갖고 있다. 유럽인들과 다른 방향 탐색 체계를 파악해보겠다고 나선 학계 연구자들이 심상 지도의 개념에서 벗어나지를 못한다고 본 것이다. 그는 내게 이러한 학자들이 "지도에 과도하게 의존한다"는 의견을 밝혔다. 지도는 이용자가 비지표적 정보(지도가 이용자에게 제공할 것으로 예상되는 정보)와 지표 정보(이용자가 실제로 보는 정보)를 이용하도록 한다. 즉 실제로 손에 들고 있는 지도든 마음의 '눈'으로 보는 지도든 지도를 이용해서 방향을 탐색하려면 현재 해당 지도에서 나의 위치가 어디인지 계속 비교하는 과정이 필요하다. 위드록이 관찰한 바에 따르면 하이옴족은 이런 방식을 활용하지 않았다. 자연 풍경의 분류는 식물, 지형에 관한 개개인의 지식과 공동체 내부에서 형성된 관계, 살아온 삶, 기억과 결합되는 경우가 많았고 이 모든 요소가 어딘가로 이동하는 동안 영향을 주었다. 하이옴족은 거리와 속도를 굉장히 정확하게 추측하는 동시에 "이름이 붙여진 장소들을 오갈 때 흔히 사용되는 경로들과 교차되는 자연 풍경에 관한 조각 정보들"[9]을 비롯한 매우 다양한 정보를 활용한다.

나는 쾰른대학에서 아프리카학 교수로 학생들을 가르치고 있는 위드록이 학교 사무실에 있을 때 전화로 이야기를 나누었다. 그는 북극으로 간 프란츠 보아스를 시작으로 인류학에 얼마나 큰 변화가 시작되었는지 내게 설명했다. 사람 간의 차이를 생물학적인 차이로 여기는 대신 인류학자들이 문화를 강조하기 시작한 것이다. 하지만 문화란 정확히 무엇일까?

혁신의 두 번째 축을 이룬 위드록의 연구는 문화 자체에 관한 생각을 재논의하고, 문화가 개개인과 어떻게 결합되는지 설명한다. "문화를 일종의 그릇으로 보는 모형에서 벗어나고 있습니다. 개개인이 단일 문화의 한 부분이라고 보는 그러한 모형에서는 우리가 하는 일들을 과도하게 확정적으로 이야기합니다." 위드록의 설명이다. "이제는 현실과 사회적 관계에도 초점이 맞추어지고 있어요. 우리가 어떤 기술을 보유하고 있는지, 또는 산족이 보유한 기술이 무엇이건 간에 인종에 따라 달라지는 것은 아니며 각 문화나 언어가 그 구성원들이 하는 일을 단순하게 결정하는 것도 아닙니다. 사람들은 이와 같은 지식 체계 안팎을 자유롭게 드나들 수 있고 합칠 수도 있다는 사실이 많은 증거로 뒷받침되고 있습니다." 문화의 사회적 이론으로도 불리고 문화의 관계, 혹은 현실 지향적 이론으로도 불리는 이 이론에서는 기술과 무언가를 하는 방식, 상호작용, 삶에서 형성된 습관, 학습, 체화된 현실에서 인간의 지식과 문화가 구축되며 이러한 구성 요소는 모두 서로 간의 관계 속에서 함께 얽힌 개개인으로부터 나온다고 강조한다. 문화는 과정이다. 우리에게 전해지는 것이 아닌, 스스로 참여해서 재창조할 수 있는 것이 문화다.

문화가 인지기능의 중심에 있다는 생각, 즉 인지기능에 문화적인 상대성이 있다는 생각은 서구 사회의 철학자, 과학자들이 오랫동안 자신들의 인지적 성향을 인류 공통적인 것으로 본 시각이 잘못된 것이었음을 나타낸다. "스펙트럼은 확장되었습니다." 위드록은 이렇게 설명했다. "많은 사람이 가능하다고도 생각지 않았던 것들이 별안간 인간과 사회가 만들어 내는 스펙트럼의 한 부분이 되었습니다." 인간의 공간지각능력이 왜 이토록 다양한지 설명해 줄 증거가 발견되면, 인간의 경험에 관한 다른 가설들에도 새로운 의문이 제기될 것이다.

◄•►

인류학자들은 인간이 매일 어떻게 길을 찾는지에 관한 이론적인 설명에 의견을 일치시키지 못했고 방향 탐색이 심상 지도로 이루어진다는 이론과 현실적으로 숙달된다는 이론으로 여전히 나누어진 상태다. 막스플랑크 연구소의 인류학자 키릴 이스토민Kirill Istomin과 케임브리지대학의 지리학자 마크 드와이어Mark Dwyer는 이 두 가지 이론의 갈등에서 중심이 되는 것은 심상 지도가 정말로 존재하는지, 만약 존재한다면 그것으로 인간의 공간 내 방향 탐색을 설명할 수 있는지 여부라고 밝혔다.[10]

현실적 숙달 이론에 동의하는 인류학자들은 길 찾기가 시각적 기억에 의해 이루어진다고 본다. 또한 길 찾기는 문화적인 관행과 습관, 지식에 녹아들어 있고 환경에 대한 직접적인 인지가 바탕이 된다고 생각한다. 이러한 생각은 피에르 부르디외Pierre Bourdieu라는 프랑스 사회학자가 처음 제기했다. 1970년대에 발표한 저서에서

부르디외는 공간적 환경에 익숙해지는 능력은 "데카르트식" 공간이 아닌 "실제" 경험을 통해 익숙해지는 것에서 비롯된다고 주장했다. 그는 실제 공간이 개개인의 지각과 활동을 통해 구축된다고 보았다. 반면 데카르트식 공간은 공간을 바라보는 주체와 상관없이 물체들 간의 절대적인 공간적 관계로 이루어진다. 1985년에 발표한 덫과 인간의 진화에 관한 글로 잘 알려진 영국의 사회인류학자 앨프리드 겔은 부르디외의 견해를 토대로 마음속에 지도가 존재한다는 의견에 반대하고 방향 탐색에 관한 경험적 숙달 이론을 정립했다.

나는 이 두 이론의 갈등을 이해하기 위해 경험적 숙달 이론에 천성하는 팀 잉골드와 대화를 나누었다. 애버딘대학 사회학과장을 맡고 있는 잉골드는 길 찾기가 공간적 관계를 추상적으로 묘사하는 것이 아니라 일련의 관찰에 적용된 지각에서 이루어지는 일이라고 믿는다. 그가 정의하는 길 찾기란 "여행자가 목표한 곳을 향해 '서서히 나아가는' 숙달된 행위로, 여행자의 지각 능력과 행위는 이전 경험을 통해 미세하게 조정되며 이렇게 나아가는 과정에서 주변을 계속 지각하고 모니터링함으로써 움직임이 지속적으로 조정된다."[11] 호주 원주민들은 이와 같은 방식으로 사막을 가로질러 길을 찾아 이동한다. 대양을 가로지르는 미크로네시아의 뱃사람들, 해빙 위를 개썰매로 횡단하는 이누이트족도 마찬가지다.

잉골드는 북극에 심취해서 북극 탐험가들에 관한 책을 찾아서 읽고 미지의 장소로 떠나 위대한 모험가들의 이야기에 푹 빠져 살

왔던 어린 시절부터 길 찾기에 흥미를 갖게 되었다고 이야기했다. 인류학을 공부하고 현장 연구를 시작할 때는 박사 과정 연구생 자격으로 핀란드에서 사미족과 함께 생활했다. 이 시기에 잉골드는 사미족의 친족 관계와 가정 경제, 환경에 대한 적응 방식을 기록할 수 있었다. 그는 연구를 시작하고 얼마 지나지 않아 사미족이 끊임없이 움직이는 사람들임을 깨달았다. 고정된 집이 있어도 이들의 삶은 대부분 야외에서 이루어지고, 순록이 있는 곳을 찾아다니느라 이동 범위도 광범위했다. 또한 잉골드는 사미족이 나무, 언덕, 늪, 바위 같은 자연의 지형지물과 특정 장소와 연관된 명칭을 순서대로 기억해서 방향을 찾는다는 것도 금방 알아냈다. 시내나 강이 흐르는 방향, 여러 개의 언덕이 자리한 방향을 토대로 길을 찾는 경우도 많았다. 해를 활용할 수 없거나 별이 보이지 않을 때는 나뭇가지와 개미집을 보고 북쪽과 남쪽을 구분했다. 잉골드는 이동 과정을 '순차적으로' 기억하는 것이 중요하다는 사실을 인지했다. 순서대로 기억한 덕분에 역방향으로 출발점에 돌아올 수 있고, 다른 사람들의 여정과 관련성을 생각하고 자신의 여정을 '이야기'할 수 있기 때문이다. 누치오 마줄로Nuccio Mazzullo와 함께 저술한 논문에서 잉골드는 사미족이 살아가는 방식에 관해 "속하기보다는 나란히 가는 것, 장소가 아닌 경로가 존재가 되거나 그 과정의 주된 요건이 된다"[12]고 밝혔다.

그는 학계에 들어선 초기에 사미족과 함께 여행한 경험이 길 찾기에 관해 처음 생각한 계기가 되었다고 설명했다. 당시에 경험한 일들 중에는 수년에 걸쳐 관찰하고 배운 후에야 얼마나 대단한 것이었는지 제대로 깨달은 것도 있다. "길 찾기는 사람들이 뚜렷하게 이야기하는 주제가 아닙니다. 사미족과 함께 현장 연구를 하던 시절에는 이런 주제를 전혀 생각하지 않았어요." 잉골드는 내게 이야기했다. "제가 배운 것이 무엇인지 깨닫기까지 수십 년은 걸린 것 같습니다. 왜 내가 저런 방식이 아니라 이런 방식으로 생각을 했는지 그제야 알게 된 것이죠." 시간이 흐른 후, 잉골드는 공간에서 사람들이 이동하고 살아가는 방식이 존재의 필수적인 측면이며, 이러한 행동이 다양하다는 사실은 자연, 사회, 사람을 구분하는 서구 사회의 전제와 충돌한다는 것을 알게 되었다. 그래서 깁슨의《시지각에 관한 생태적 접근 The Ecological Approach to Visual Perception》을 발견했을 때 계시를 받은 것처럼 큰 충격을 받았다. 지각은 인체에 포함된 마음에서 나온 결과물이 아니라, 자연 속에 존재하는 하나의 존재인 유기체로부터 나온 것이며 "유기체가 세상 속에서 직접 탐사하고 이동하는 그 자체"[13]로 볼 수 있다는 것이 깁슨의 견해다. 잉골드는 이것이 유기체의 생물학적인 삶과 사회 속에서 마음의 문화적 삶을 하나로 합칠 수 있는 방법이라고 보았다. 우리는 '저기 바깥에' 있는 세상과 마주한 자족적인 개개인이 아니라 환경 속에서 발달하는 유기체이며 관계에 얽혀 있다. 우리가 공간 속을 나아갈 때 지식은 계속해서 형성된다. 그러므로 길 찾기는 우리가 가기 '전에' 알고 있는 기술이 아니라, 잉골드의 표현을 빌리자면 "나아가면서 알아가는 것"[14]이다.

나중에 잉골드는 내게 '길 찾기wayfinding'라는 표현을 다시 생각해 보았고, '도보 여행wayfaring'이 더 나은 것 같다는 의견을 전했다. 인간의 이동을 방향 탐색으로 보거나 단순하게 한 곳에서 다른 곳으로 가는 이동으로만 보는 개념에서 벗어나고 싶다는 설명도 덧붙였다. "저는 A에서 B로 간다는 생각에서 벗어나고 싶습니다. 도보 여행wayfaring은 두 단어가 합쳐진 표현이잖아요. 길way은 삶의 방식, 인생을 살아가는 것을 나타내고 영어에서 fare는 참 멋진 단어 아닙니까. '어떻게 지내고 계세요How are you faring?' 이런 의미도 있으니까요."

잉골드는 세상을 이루는 구조의 각 면이 마음을 이루는 비슷한 구조로 그대로 옮겨져 지도의 형태가 된다고 본다. 그러므로 이렇게 구축된 지도가 계속 업데이트된다는 것은 이치에 맞지 않다는 것이다. 그러한 시각은 그가 사미족과 함께 생활하면서 직접 목격한 것처럼 자연 속에서 길을 찾아 나아가는 과정의 동적인 복잡성과 기술을 제대로 포착하지 못한다("각양각색의 엄청나게 다채로운 지형이 오가고, 이것이 여행자 주변에서 끊임없이 형태를 갖춘다. 여행자의 이동이 형태가 갖추어지는 방식에 영향을 주더라도 마찬가지다"). 그뿐만 아니라 지도라는 것 자체가 문화적 발명이라는 점에서도 그와 같은 시각은 부적절하다. 지도는 어느 관점에서 보나 변치 않고 어디에서 보든 똑같이 유효하다는 생각은 널리 알려졌지만 헛소문이다. 실제로는 지도에 항상 특정 관점이 반영되고 정보의 우선순위가 존재하며 축척도 선택된다. 잉골드는 지도를 인간의 인지능력을 설명하는 은유로 끌어들이는 것은 방향을 탐색해 나가는 사람의 지혜와 현실 지각

능력을 무시하는 것이며 전통과 지역성, 문화와 장소, 전통적 지식, 실제 현실을 살아가는 사람이 환경에서 경험하는 것을 각각 분리하는 것이라고 주장했다. 다시 말해 대부분 인간이 실제로 세상을 경험하는 방식을 제대로 나타내지 못한다는 의미다.

잉골드는 길을 찾아가는 사람들이 하는 것은 지도화이고 지도 제작자들이 물리적인 지도를 만드는 일은 지도 제작이라고 구분했다. 지도화는 신체의 움직임으로 경험한 일들을 기억하고 재연하는 행위다. 이야기를 하는 것과 같은 행위이기도 하다. 반면 잉골드가 《환경 지각The Perception of the Environment》에서 아래와 같이 밝힌 것처럼 지도 제작자는 여행을 할 필요가 전혀 없다.

지도 제작자는 특정 지역을 실제로 경험한 적이 없고 따라서 그곳을 대표할 만한 것을 열심히 찾는다. 그가 해야 할 일은 이미 수집 과정에서 특정 상황이 배제된 채 제공된 정보와 그 외 정보를 결합하여 포괄적인 공간적 표상을 만들어 내는 것이다. 이런 점에서 인지 지도 이론에 동의하는 사람들이 인간의 마음이 감각 데이터를 이용하여 그와 동일한 기능을 수행한다고 여기는 것도 결코 우연한 일이 아니다.[15]

잉골드는 길 찾기가 어떤 음악을 듣고 기억해 두는 것과 비슷한 행위라고 설명했다. 길 찾기에도 음악 연주처럼 기본적으로 시간적인 특성이 있다. "음악에서 멜로디가 그렇듯이 길도 공간이 아니라 시간이 흐르면서 함께 펼쳐집니다."[16] 나는 잉골드의 이 같은 설명이 방향 탐색을 해마의 네트워크로 보고 그 네트워크에 "공간을 나아가는 여정이 사건의 순서와 그 사건이 일어난 장소들로 이루어진 기억 삽화로 기억된다"[17]고 설명한 하워드 에이헨바움의 견해와 별로 다르지 않다는 사실을 깨닫고 깜짝 놀랐다.

나는 잉골드에게 현실적 숙달 이론과 심상 지도 이론이 왜 이토록 첨예하게 대립한다고 생각하는지 질문했다. "양쪽 모두 반대 의견을 가진 사람들과 접촉할 수 있는 기회가 전혀 없어요." 그는 한탄했다. "열띤 논쟁이 이루어질 때는 토론이 시작될 수 있을 만큼 충분한 공통 기반이 있어야 합니다. 하지만 제 생각에 인지주의를 지지하는 사람들은 자신들만의 세계에 사는 것 같아요. 그래서 공간이란 무엇인가에 대한 정의부터 의견이 갈립니다. 저는 공간이란 아주 많은 이야기가 생길 수 있는 가능성이라고 생각해요. 음악처럼 말이죠. 공간에는 이 모든 이야기가 한꺼번에 흘러나오는 동시성이 존재합니다."

나는 위드록에게도 같은 질문을 던졌다. "잉골드의 견해가 서구 사회의 인식을 바로잡는 것이라는 점이 중요합니다." 위드록은 서구 사회에서는 공간 지식을 전부 지도처럼 취급하는 경향이 많다는 점을 지적하면서 이렇게 답했다. "인간은 이런 견해에서 저런 견해로 '이리저리' 견해를 바꿀 수 있다는 것이 제가 생각하는 요점입니다. 산족도 다른 사람들도 그런 능력을 갖고 있어요. 그 사람들도 한 발 물러서서 이론을 수립하고 여러 가지 사고방식을 활용할 줄

압니다. 인간은 진화를 거치면서 매우 다양한 관점을 '관리'할 수 있는 특별한 기술을 갖추게 되었습니다. 산족도 등산을 할 때 지각의 흐름이 생기는 동시에 주변 환경에서 필요한 정보를 수집합니다. 그러면서 잠깐 서서 여러 가설을 비교해 보고 이성적인, 독자적인 생각을 합니다."

위드록의 의견은 인간의 방향 탐색 능력을 이해하는 면에서나 인간의 지성을 이해하는 면에서 모두 중요하다는 생각이 든다. 인간이 이토록 특별한 존재가 될 수 있었던 이유는 유연한 사고, 즉 다른 관점을 추정하고, 경험을 체화하고, 추상화할 줄 아는 능력 덕분인지도 모른다. 그리고 경험하고, 추론하고, 이론을 정립하는 인간의 능력은 생각보다 훨씬 오래전부터 발휘되기 시작했는지도 모른다.

PART

3

오세아니아

하버드의
경험론 수업

서구 사회 버전의 역사에서는 고대 그리스 자연철학자들의 연구가 과학의 시초가 되었다고 본다. 이 역사에 따르면, 그렇게 밝혀진 이성적 탐구의 불씨를 코페르니쿠스, 갈릴레오, 데카르트가 이어받았고 이것이 과학혁명으로 이어졌다. 그리스인 그리고 그 자손들은 과학적인 사고 능력을 타고난 사람들이고 지식을 축적하고픈 갈망과 세상 전체를 이해하려는 열망을 지닌 사람들로 여겨진다. 이러한 헤게모니적 관점에서는 이 천재적인 인물들이 미신과 신화를 훌쩍 뛰어넘을 수 있었던 요소가 지성과 용기라고 이야기한다. 오늘날에는 과학 역사가들 중에 다른 문화권도 과학 발전에 영향을 주었다고 인정하는 사람들이 일부 존재하나 과학은 명확히 서구의 것이라는 생각이 여전히 대표적인 시각으로 남아 있다. 다른 문화권도 현대화되고 과학적인 사회가 될 수 있지만 그러한 것을 '발명'한 곳은 서구가 유일하다는 것이다.

과학이 약 2500년 전이 아닌 수십만 년 전에 발명되었고 방향 탐색이 그 과정에 일조했다면 어떨까? 백인 남아프리카인으로서 칼라하리 사막의 산족과 함께 여러 번 여행했던 루이스 리벤버그Louis Liebenberg는 1990년에 《추적의 기술The Art of Tracking》이라는 책을 냈다. 이 책에서 리벤버그는 추적이 "가장 오래된 과학"[1]이라고 밝혔다. 그는 21세기 물리학자가 입자의 동태에 관한 정확한 가설을 수립할 때 자신이 수용한 이론적 모형과 명백한 사실 데이터를 함께 활용하는데, 이러한 방식은 사냥과 채집으로 살아가던 시절과 크게 다르지 않다고 설명했다. 사냥에 성공하려면 땅에 남은 흔적을 유심히 읽거나 날씨 상태를 관찰해야 하며 이 과정에서 필요한 지적 능력은 물리학자에게 요구되는 것과 거의 다르지 않다는 것이다. "[추적은] 해부학적으로 현대 인류에 해당하는 호모사피엔스의 가장 초창기 사람들이 현대적인 지적 능력을 활용한 최초의 창의적 과학일 가능성이 높다." 그는 설명했다. "흔적과 징후를 해독하는 능력이 자연선택으로 남았고 이것이 과학적 지식 발달에 중대한 역할을 했을 것이다." 하버드대학 인간진화생물학과에서 연구 중인 그는 추적자에 관한 견해를 다음과 같이 밝혔다.

추적자는 동물이 지나간 자취를 근거로 삼고, 이를 활용하여 동물 행동에 관한 자신의 지식은 물론 새로운 문제를 해결하고 새로운 정보를 발견할 줄 아는 자신의 창의적인 능력을 바탕으로 도출된 전제를 보강함으로써 작업가설을 수립해야 한다. 이러한 작업가설은 그 동물이 무엇을 하고 있었는지, 얼마나 빠른 속도로 움직였는지, 어디로 갔고 자취를 남긴 시점에 어디에 있었는지 재구성한 결과로 볼 수 있다. 이 같은 작업가설이 마련되면 추적자는 동물의 움직임을 예측할 수 있다. 새로운 정보가 생기면 작업가설도 다듬어서 동물의 활동을 보다 정확하게 재구성해야 한다. 그러므로 동물의 움직임을 예상하고 예측하려면 지속적인 문제 해결 과정과 새로운 가설을 세우고 새로운 정보를 발견하는 과정이 수반된다.[2]

추적자와 현대 물리학자의 부정할 수 없는 차이점은 규모다. 추적자의 경우 지식이 개개인이 관찰한 결과로 국한되고 이러한 내용이 구전 방식으로 전달되고 공유되지만 현대 과학자는 도서관, 기관, 데이터베이스를 통해 거의 즉각적으로 방대한 지식에 접근할 수 있고 컴퓨터, 위성 같은 도구를 이용하면 접근 가능한 정보, 닿을 수 있는 정보의 범위가 더욱 확장된다. 그러나 리벤버그는 이러한 차이가 지적인 격차가 아니 기술적, 사회적 격차라고 보았다. "현대 과학자가 추적자보다 아는 것이 훨씬 많을지도 모른다. 그렇다고 영리한 채집자, 사냥꾼만큼 자연을 더 이해하리라고 확신할 수는 없다."[3]

나는 상당히 급진적인 생각이라고 보았지만, 이성적인 과학적 사고가 고대 그리스에서 처음 탄생한 것이 아니라 채집과 사냥을 하던 시절에 생겨났다는 리벤버그의 관점이 인류 진화 연구에 남아 있던 골치 아픈 수수께끼를 풀어 주는 것도 사실이다. 지난 1만년 동안 기술적, 사회적으로 커다란 발전이 이루어졌지만 호미닌의 뇌는 왜 그보다 더 오래전에 고정된 크기에서 더 이상 커지지 않을까? 지난 수백만 년에 걸쳐 인간의 뇌는 크기 면에서나 신경학적인 복잡성 면에서 모두 진화했고 수십만 년 전에 절정에 이르렀다. 이후에는 성장이 중단됐다. "완전히 현대화된 최초의 채집자, 사냥꾼 중 최소 일부는 과학적 접근 방식을 활용할 수 있었다. 이는 현대 과학에 필수인 지적 요건에 해당하는 수준이며, 따라서 채집, 사냥 집단에서도 가장 지적인 구성원이 최소 몇몇쯤 없었다면 현대적인 채집, 사냥 사회도 생존하지 못했을 것"[4]이라는 리벤버그의 설명은 이같은 역사적 모순을 이해할 수 있는 한 가지 근거가 된다.

나는 리벤버그의 견해와 하나로 결합되는 아주 흥미로운 주장을 펼친 또 다른 학자와 만나 대화를 나눠 보기 위해 하버드대학을 방문했다. 실험입자물리학자인 존 후스John Huth는 전통적인 방향 탐색 기술을 직접 체험하기도 하고 학생들에게 가르쳐 본 경험을 계기로 방향 탐색과 그러한 기술에 필요한 인지능력이 인간의 과학 발명에 상당한 영향을 주었다고 믿게 되었다. 어느 월요일 아침, 나는 암트랙 철도를 타고 하버드로 향했다. 그리고 '물리적 우주 과학 26Science of the Physical Universe 26, SPU:26'이라 이름 붙은 후스의 강의가 시작하기 직전에 도착했다. 과학 센터가 있는 쪽으로 걸어가는 동안 보스턴을 강타한 기록적인 겨울 폭풍으로 생긴 거대한 바위만 한 얼음덩어리가 아직 남아 있는 것을 볼 수 있었다. 하지만 바람에 흔들리는 나뭇가지 끄트머리에는 새순이 이미 돋아 있었다. 과학 센터에 도착해서 회전문으로 들어간 후 무리 지은 대학원생들을 지나 D홀로 향했다. 녹색 덮개가 씌워진 의자와 색 바랜 보라색 카펫이 깔린 낡은 원형 강의실이었다. 뒤쪽에 자리를 잡고 앉자 각종 기계 장치와 과학 도구들에 둘러싸인 교탁 뒤에 서 있는 후스가 보였다. 잔뜩 닳은 등산화를 신고 단추 달린 셔츠 소매는 팔꿈치까지 걷어 올린 모습에서 그에게 주어진 큰 명예 같은 건 별로 신경 쓰지 않는다는 인상을 받았다.

후스는 스위스 제네바에 있는 유럽 입자물리연구소CERN가 길이 27킬로미터에 달하는 입자 가속기인 대형 강입자 충돌기LHC를 지하 공간에 짓기 시작할 때 초창기 프로젝트 리더로 참여했다. 지금까지 만들어진 모든 과학 기구를 통틀어 가장 거대하고 가장 복잡하다고 일컬어지는 양자 충돌 탐지기를 만드는 '아틀라스 실험ATLAS Experiment'이 그가 관심을 쏟은 분야였다. 3000여 명 과학자들과 더불어 아틀라스 탐지기의 구축과 가동을 지원한 후스는 충돌기 내부에서 거의 광속으로 이동하며 충돌하는 고에너지 양성자에서 나온 어마어마한 양의 데이터를 분석했다(1초에 CD 수십만 개를 다 채울 만한 양이었다). LHC는 개발 시초부터 힉스 보손Higgs boson으로 불리는 신비한 물질을 찾는 것이 여러 목표 중 하나였고 이로 인해 '빅뱅 머신'으로도 불린다. 이론적으로만 존재하는 이 입자는 어디에나 존재하지만 눈으로 볼 수 없는 장에 존재하고, 원자에 질량을 부여하는 것으로 알려졌다. 또한 이 입자가 밝혀지면 시간의 탄생을 설명할 수 있을 것으로도 추정된다. 후스가 2012년에 아틀라스 팀과 협력하여 실시한 실험은 힉스 보손을 찾는 데 공헌했고, 물질에 대한 인류의 이해 수준을 새롭게 넓힌 성과로서 널리 인정받았다. 아틀라스에서는 앞으로 질량의 기원과 우주의 여분 차원, 블랙홀 같은 수수께끼를 푸는 데 주력하고 암흑 물질의 증거를 조사할 예정이다. "힉스 보손의 발견은 정말 최고의 순간이었지만 동시에 물리학이 미지의 영역으로 나아가는 출발점이 되었습니다." 후스는 나중에 내게 이렇게 설명했다. "지금 우리는 미지의 땅에 있는 겁니다."

나는 후스가 어쩌다 기구의 도움 없이 전통적인 방식으로 방향을 찾는 법을 대학원 강의로 학생들에게 가르치게 되었는지, 나아가 《잃어버린 길 찾기 기술The Lost Art of Finding Our Way》이라는 저서에서도 이 주제를 다루게 되었는지 궁금했다. 후스는 2003년 8월에 메인 주 크랜베리 섬에서 바다 카약을 한 대 빌려서 탄 적이 있다고 이야기했다. 뭍을 떠나 노를 저어 나가던 중, 빼곡한 안개가 밀려와 머리 위 파란 하늘이 조금 보이는 것 말고는 사방으로 시야가 꽉 막혔다고 한다. 노를 힘껏 젓는 것이 전부일 뿐 준비해 온 건 아무것도 없었다. 나침반도 휴대전화도 지도나 다른 용품도 챙겨오지 않았다. 당혹스러운 마음을 가라앉히기 위해 후스는 억지로 주변을 찬찬히 둘러보았다. 그러자 바람과 냄새가 나는 쪽이 어디인지 알 수 있었다. 어딘가에서 해변에 파도가 부딪히는 소리가 들리자, 후스는 인터넷으로 찾아본 기억이 흐릿하게 남은 해안선을 떠올리고 그쪽이 북서쪽이 분명하다고 판단했다. 시간의 흐름에도 초점을 맞추고, 마음의 눈으로 현재 자신의 위치를 따라가면서 이동 거리를 감지하려고 애썼다. 둥둥 떠 있는 바닷가재 덫들 주변에 일어나는 잔잔한 파도를 보고 밀물의 방향을 파악한 후스는 이 덫들을 이정표로 삼아 가까스로 해안에 돌아올 수 있었다.

2개월 뒤, 케이프 코드 해안과 가까운 낸터킷 사운드Nantucket Sound에서 카약을 할 때도 당시의 경험은 후스에게 큰 영향을 주었다. 그는 바다로 나가기 전에 주변 지역을 꼼꼼히 알아보았다. 마침내 배를 타고 나가는 날 안개가 자욱했지만 후스는 바람과 파도의 방향을 토대로 이동 방향을 찾을 수 있었다. 나중에야 알게 된 사실이지만, 그때 불과 800미터도 떨어지지 않은 곳에서 젊은 여성 두 명이 바다 카약을 즐기고 있었고 후스처럼 안개에 둘러싸였다. 이들이 뭍으로 돌아오지 않자 해안 경비대가 수색에 나섰고 결국 다음 날 한 사람의 시신이 발견됐다. 나머지 한 명은 끝내 발견되지 않았다. 후스는 이 사건을 접하고 크게 절망했다. 자신은 살아남고 그 사람들은 그러지 못한 주된 이유는 주변 환경에서 발견한 몇 가지 특징을 해석해서 가야 할 방향을 찾았기 때문이라는 생각이 들었다. 당시 여성들은 방향을 잘못 짐작하고 탁 트인 바다 쪽으로 노를 저어 갔을 것으로 추정할 수 있었다.

이후 후스는 숲에서든 바다에서든 기구의 도움을 받지 않고도 길을 잃지 않는 생존법에 관한 실용적인 정보를 모았다. 길을 잃은 사람들의 행동, 세계 곳곳에서 사용되는 방향 탐색 기술에 관한 연구 결과도 조사했다. 그러자 한 가지 사실이 반복해서 나타나 충격을 주었다. 그린란드에서 바다 카약에 나서기 전에 밧줄 묘기를 배우는 아이들이건 동물들을 쫓는 칼라하리 사막의 사냥꾼이건 방향 탐색에 놀랍도록 정교한 과학적 지식이 문화와 합쳐진다는 사실이었다. 그런데도 대부분 원시적 기술로 경시되고 과학적 전통이 아닌 것으로 치부되어 왔다. "이러한 문화권에서는 방향 탐색 기술을 실제로 연습하면서 하나의 분류체계를 구성했습니다." 후스는 내게 설명했다. "방향 탐색은 사고방식 혹은 주변 환경을 과학적인 방식으로 체계화하는 기술입니다. 과학혁명이 일어나기 '전'에도 사람들은 과학적인 사고를 해 왔음을 보여 주는 예시죠." 후스가 처음 연구한 것은 실용적 기술이었다. 가장 기초적인 지식만으로도 야외에서 맞닥뜨리는 예기치 못한 상황에서 생존하는 데 도움이 된다는 사실을 알게 된 후스는 이러한 기술을 학생들에게 전하고 싶다는 생각을 했다. SPU:26 강의는 태양, 별, 그림자, 파도, 조수, 해류를 읽고 길을 찾는 법을 가르쳐 주는 수업으로 탄생했다. 더불어 폴리네시아, 스칸디나비아, 아랍, 옛 서구 뱃사람들의 방향 탐색 문화도 다루어진다.

원형 강의실에 쉰 명쯤 되는 학생들이 착석하자 후스는 강의를 시작했다. "우리는 지금까지 다양한 형태로 나타난 방향 탐색 기술을 접해 왔습니다. 추측 항법, 별이나 해를 읽는 법, 나침반 사용, 날씨를 활용하는 법도 있죠. 혹시 강의실에 들어오기 전에 바람이 어느 방향에서 불어오는지 알아챈 사람 있나요?"

아무도 손을 들지 않았다.

"바람은 어느 방향에서 불어올까요? 누구 아는 사람?"

"남동쪽 아닌가요?" 한 남학생이 머뭇거리며 대답했다.

"왜 그렇게 생각했죠?" 후스가 다시 물었다.

"바람이 제 등 쪽으로 불어온 것 같아서요."

"바람이 불어온 방향은 북서쪽입니다." 후스가 설명했다. "이곳에서는 건물들이 풍류를 일으킬 수 있죠. 따라서 바람의 방향을 정확히 파악하는 가장 좋은 방법은 구름을 보는 겁니다." 화이트보드 앞으로 다가간 후스는 글씨를 휘갈겨 쓰면서 구름이 형성되는 원리와 공기의 밀도, 바람, 지리학을 설명했다. 하버드 강의실에서 다루기에는 너무 기초적인 내용이 아닌지, 더군다나 입자물리학자가 이 정도 내용을 설명한다는 것이 의아하다는 생각이 든다면 나도 마찬가지였다는 사실을 알려주고 싶다. 그날 나도 그랬다. 그러면서도 후스가 바람의 방향을 물었을 때 나 역시 답을 할 수 없었다. 캠퍼스에 들어섰을 때 바람이 불고 있다는 것은 느꼈지만 어디에서 불어오는지 방향은 살피지 않았다. 그날뿐만 아니라 한 번도 그런 적이 없었다. 바람의 방향을 알아채는 습관을 들이지 않아서다. 내가 날씨를 관찰하는 방법은 다른 대부분 사람과 비슷하다. 창밖을 힐끔 내다보고 스웨터를 입어야 할지 굳이 안 입어도 되는지 판단하는 것, 또는 휴대전화나 컴퓨터를 켜서 기상예보를 찾아 보는 식이다. 나는 날씨 예보를 신뢰하고 꽤 정확하다고 생각하지만, 어떤 면에서는 이렇게 해석된 날씨 데이터는 제우스와 헤라가 알려준 기상 상황이 그러한 형태로 변환되어 전달된 것인지도 모른다. 이는 인류학자 찰스 프레이크가 이야기한 '마술적 사고'의 한 예이기도 하다. 프레이크는 조수를 예로 들어, 중세시대의 뱃사람들과 현대의 선원들이 밀물과 썰물을 이용하는 방식이 어떻게 다른지 설명했다. 현대 서구 사회는 조수에 관한 방대한 지식을 보유하고 있지만, 정작 바다에서 항법을 담당하는 사람은 복잡한 수학을 토대로 한 조석 이론을 알지 못한다. "오늘날 선원들은 조석 이론을 전혀 알아야 할 필요가 전혀 없다. 매번 항해에 나설 때 조석표를 참고하면 된다."[5] 프레이크는 이렇게 전했다. "결과적으로 중세 뱃사람들이 아닌 현대의 박식한 선원들이 밀물과 썰물을 '마술적 사고'로 판단하는 경향이 더 큰 셈이다."

강의실에 모인 학생들이 평균적으로 나보다 열 살 정도 어리다는 점을 감안할 때, 이들 대다수가 나만큼 혹은 나보다 더 기술에 의존할 것이라 추측할 수 있다. 불과 몇 세대를 거치는 동안 날씨를 예측하는 기본적인 지식이 상당 부분 사라지고 이제는 거의 활용되지 않는 것은 분명한 사실이다. "현시대에는 사람들이 날씨를 나타내는 징후를 거의 알아채지 못합니다." 나중에 후스는 내게 이렇게 말했다. "그러나 그리 멀지 않은 과거만 해도 날씨가 여행을 좌우했어요. 여행자들은 구름과 바람이 알려주는 정보를 읽고 스스로 날씨를 예측했고, 그 결과에 운명이 크게 바뀌니 운명을 맡겨야 했습니다."

후스는 제자들이 기술을 굳게 신뢰하고 직접 관찰에 내포된 힘은 굳이 활용하지 않으려는 경향이 교육계에서 점점 그 심각성이 커지고 있는 문제라고 본다. 학생들은 수백 년에 걸친 과학적 발견들로 빚어진 생물학, 화학, 지리학을 공부하지만 이렇게 얻은 지식을 세분화할 뿐 더 넓은 개념적 틀로 확장시켜 자신의 직접적인 경험으로 만들지는 않는다. 이로 인해 젊은이들은 강의실에서 보내는 시간 동안 자신이 배운 지식을 더 깊이 이해하려고 하지 않고 후스의 표현을 빌리자면 "지식의 수호자"에 머무른다. 스스로 깨친 의미나 자신을 둘러싼 환경 속에서 자신의 존재론적 비중을 파악하는 능력은 사라졌다.

후스는 이 같은 경향이 얼마나 맥 빠지는 일이자 얼마나 침투성이 강한지 알리기 위해 1987년에 제작된 〈사적인 우주A Private Universe〉를 종종 인용한다. 하버드-스미소니언 천체물리연구센터에서 제작한 이 다큐멘터리의 제작진은 하버드 졸업식에서 교수진과 이미 졸업한 사람들, 졸업생들을 대상으로 다음과 같은 질문을 던졌다. "왜 여름엔 덥고 겨울엔 추울까요?" 질문을 받은 23명 중 올바른 답을 한 사람은 두 명뿐이었다. 전하려는 메시지는 분명했다. 이토록 교육 수준이 높은 사람들도 자신이 사는 환경에 관한 가장 기초적인 지식이 없다는 것이다. 계절은 왜 바뀔까? 왜 달은 단계적으로 모양이 변할까? 후스는 200년 전에 학교는 다닌 적도 없고 지구가 축을 따라 자전한다는 사실도 몰랐던 어느 시골의 무지렁이 농부도 여름이 더운 이유는 지구가 그 시기에 직사광선을 더 많이 받기 때문이라는 사실은 알았다고 지적했다. "경험론은 모두 자신에게 직접적으로 와닿는 것에서부터 시작되어야 합니다." 후스는 내게 이야기했다. "교육의 발전, 특히 과학의 발전으로 현실과는 더 분리됐습니다. 저는 바로 그 지점부터 '시작'해야 한다고 생각합니다."

그제야 나는 강의실에 앉은 엘리트 학생들에게 바람이 어디에서 불어오는지 관심을 기울이도록 한 것은 굉장히 간단한 요구였음을 깨달았다. 원시적인 방향 탐색 기술을 가르치는 후스의 수업에서 좋은 성적을 거두려면 학생들은 자신의 존재를 가장 근본적인 차원에서 다시 찾아야 한다. 다른 것에 의해 중재되거나 완충되는 경우가 너무나 많은 경험, 공간과 시간 속에서 살아 보는 경험을 해야 한다. 다른 방식으로도 이러한 사실을 확실하게 느낄 수 있다. 후스가 학생들을 가르치는 건물의 반대쪽 끝에는 하버드대학의 '역사적 과학기구 컬렉션'이 전시되어 있다. 그곳에는 망원경, 육분의, 나침반, 천구의 등 서구 사회에서 관찰과 방향 탐색에 사용된 수천 개 도구들이 보관되어 있다. 역사가 1400년 전까지 거슬러 올라가는 것도 있다. 하버드가 처음 문을 연 1636년에 주요한 커리큘럼이었던 '자연철학'에서는 이러한 도구들이 활용됐다.

방향 탐색이 중요하다는 후스의 생각은 카약을 타러 나갔다가 겪은 사건 이후 더욱 공고해졌다. 실제로 그의 수업을 들으러 오는 학생 중에는 부족한 지식을 채우고 싶은 열망을 안고 오는 사람들도 많다. 그리고 종강 무렵에 일부 학생들은 신비주의와도 유사한, 심오한 통찰력을 얻게 되었다고 느낀다. "이 수업을 듣고 난 뒤에 나는 배울 수 있는 힘을 얻었다. 그리고 현재를 살게 되었다." 한 학생은 이런 소감을 남겼다. "이 수업은 방향 탐색이 아니라 현재를 살아가는 방식, 나아갈 길을 찾고 나 스스로를 찾는 명상적인 방식을 가르쳐 준다." 또 다른 학생이 남긴 소감이다. "우리 주변을 제대로 이해하려면, 먼저 그 속에 푹 빠져야 한다." 이런 견해를 남긴 학생도 있다.

하버드의 동료 강사이자 물리학 박사 과정을 밟고 있는 스물세 살 루이스 바움Louis Baum은 동료들과 후스의 수업에 관해 가끔 이야기를 나눈다고 내게 전했다. "지금 내가 어디에 있는지 알면, 이 세상 속에서 나의 위치를 깨닫는 데 도움이 된다는 점에서 철학적인 생각을 하게 되는 것 같아요." 바움의 이야기다. "저는 제가 있는 위치를 알면 마음이 편안해집니다. 제 친구 중에도 그런 경우가 많고요. 경로를 외우고 나면 더 이상 신경을 쓰지 않아도 되니까요." 후스는 학생들이 방향 탐색 기술을 배우고 나면 고립감도 덜어질 것이라 생각한다. "관찰을 그만두면서 그런 틈이 생기는 것 같아요. 방향 탐색은 어쩔 수 없이 주변을 예민하게 느끼게 합니다. 그렇게 한 번씩 주변에 집중하면, 삶의 또 다른 측면을 불현듯 경험하게 됩니다." 환경과 조화를 이룰수록 의식도 확장된다. 방향 탐색을 배움으로써 이러한 효과를 얻는다는 것은 종교적 세계관 혹은 인생을 바꿔 놓는 경험을 발견하는 것에 비견할 수 있을 만큼 정말 놀라운 일이다. 우리 자신과 세계, 그 사이에 놓인 경계를 더 얇게 만들어 준다는 점에서 말이다.

2015년 여름, 내가 강의실을 찾았던 날로부터 몇 개월 후에 후스는 남태평양의 작은 화산섬들과 산호섬들이 줄줄이 이어져 형성된 마셜제도로 3주간 탐험을 떠났다. 이 여행에는 네덜란드 델프트대학의 교수이자 바람과 파도의 동역학 전문가인 헤르브란트 반 블레더Gerbrant van Vledder와 하와이대학의 인류학자로 마셜제도에서 오랫동안 살면서 연구를 이어 온 조 젠츠Joe Genz도 동참했다. 마셜제도에서 전통적인 방식을 지켜 방향을 탐색해 온 사람들의 초대로 시작된 여행이다. 학자들이 자신들과 함께 산호섬을 둘러보는 여행을 하면서 데이터와 정보를 수집하면 방향을 찾고 탁 트인 바다 먼 곳까지 오로지 파도만 활용해서 항해를 해 온 고유한 방식을 좀 더 깊이 알 수 있으리라는 생각으로 과학자들을 초청한 것이다. 마셜제도 사람들은 먼바다에서 반사되고 굴절되는 파도의 패턴을 일종의 지도로 활용한다. 초기 원주민들은 전통적으로 이러한 패턴을 '작대기 항해도stick charts'로 나타냈다. 식물 섬유와 조개껍데기로 만든 이 항해도에는 섬 주변 파도의 동태가 선과 곡선으로 표현되어 있다. 1800년대 말부터 유럽의 탐험가들이 이러한 항해도를 몇 개 수집해서 고향으로 돌아가 박물관에 기증할 만큼 열띤 관심을 보였다.

후스를 비롯한 탐험대는 마셜제도의 파도를 이용한 항법에 관한 오랜 궁금증이 해결되기를 바라는 마음으로 여행을 시작했다. 젠츠는 파도 항법이란 "사방에서 몰려오는 수많은 파도를 [방향을 탐색하려는 사람이] 여과해서 만드는 공간의 장"[6]이라는 점에서 "일종의 체화된 경험"이라고 묘사했다. 이전에도 '어떻게' 이 과정이 이루어지는지 알아내려는 시도가 있었지만 결과는 기대에 미치지 못했다. 마셜제도 사람들은 반사되는 파도가 너무 약해서 부표로도 탐지하기가 어려울 수 있다고 이야기한다. 게다가 이들이 밝힌 파도의 패턴은 해양학자들이 밝혀내고 널리 인정받는 파도의 변화 과정과 모순되는 경우도 있다. 이로 인해 마셜제도 사람들이 이처럼 극히 복잡한 파도 패턴에서 나타나는 동태를 어떻게 파악해 내는지, 더군다나 이런 패턴을 "읽거나" 감지해서 겉보기에는 아무런 변화도 차이도 없는 바다에서 수 킬로미터 범위까지 정확한 방향으로 어떻게 항해를 할 수 있는지는 수수께끼로 남아 있었다. 후스와 과학자들은 각종 계기와 컴퓨터, GPS, 나침반, 풍속계, 위성 데이터로 중무장하고 세상을 보는 전혀 다른 두 가지 방식, 원주민의 방식과 과학적인 방식 혹은 감각적인 방식과 기술적인 방식 사이에서 어떤 연결 지점이 있는지 찾을 수 있기를 바라며 마셜제도로 향했다.

6500만 제곱킬로미터에 달하는 드넓은 바다에 점처럼 자리한 수천 개의 작은 섬들, 수백 년 전부터 세계 다른 지역에 사는 사람들은 이런 남태평양에서 어떻게 사람이 살 수 있는지 알고 싶어 했다. 유럽 대륙보다 세 배나 크고 한 치 앞도 내다볼 수 없는 망망대해에 작은 점처럼 흩어진 섬에서 대체 어떻게 길을 찾아다닐 수 있단 말인가? 이미 1522년에 역사가 막시밀리안 트란실바누스Maximilian Transylvanus는 태평양에 관해 "인간의 머리로는 거의 이해하지 못할 만큼 방대한 곳"[7]이라는 글을 남겼다. 네덜란드의 탐험가 야쿠프 로

헤베인Jacob Roggeveen은 1722년 부활절에 폴리네시아 남쪽 끄트머리에 있는 작은 화산섬 라파 누이Rapa Nui를 우연히 발견했을 때, 사람들이 그토록 작은 카누를 타고 다니면서 그곳에서 살 수 있는 단 한 가지 이유는 신이 그곳 사람들을 다른 인간들과는 다르게 창조했기 때문이라고 확신했다. 프랑스 탐험가 쥘리앙 크로제Julien Crozet는 남태평양에서 물 위로 드러난 산호초와 섬들 외에 바닷속에 자리한 큰 대륙이 있고 그곳에 비슷한 언어를 쓰는 사람들이 모여 살 것으로 추정했다.

남태평양의 섬 주민들을 보는 서구인들의 시선, 특히 오세아니아의 주민들을 향한 시선은 왜곡되거나 모욕적인 경우도 많았다. 1940년대에 뉴질랜드의 찰스 앤드루 샤프Charles Andrew Sharp라는 역사가는 기구의 도움을 받지 않고 인간이 육지를 벗어나 항해할 수 있는 최대 거리는 480킬로미터 정도라고 주장했다. 그 이상은 항로를 찾지 못해 치명적인 결과에 이른다는 것이다. 샤프는 이러한 추정을 토대로 멀리 떨어진 곳에 있는 섬들에 항해하다 의도치 않게 도착한 사람들이 정착한 것이 분명하다고 보았다. 가난을 피해 달아난 선원들 또는 폭풍을 만나 휩쓸리던 사람들이나 그냥 여기저기 헤매다가 우연히 찾아온 사람들이 그러한 섬에 정착했다는 것이 그의 생각이다. 샤프의 저서《고대 태평양의 항해Ancient Voyages of the Pacific》에는 오세아니아 섬 주민들이 동남아시아에서 온 사람들이며 의식적인 의사결정에 따라 기술을 활용해서 도달한 것이 아니라 우연히, 사고로 인해, 예기치 못한 기회로 머물게 되었다는 그의 생각이 담겨 있다. 샤프보다 몇 년 앞서 노르웨이 탐험가 토르 헤위에르달Thor Heyerdahl도 비슷한 이론을 제기한 것으로 잘 알려져 있다. 다만 헤위에르달은 태평양에 우연히 정착한 사람들이 남미에서 왔다고 보았다. 그는 1947년에 다른 여섯 명의 탐험가와 함께 페루에서 뗏목을 타고 항해를 시작해 121일 동안 우세풍인 동풍과 서풍의 힘으로 항해를 한 끝에 남태평양에 도착했다. 세계적인 베스트셀러가 된 저서 《콘 티키Kon Tiki》에서 오세아니아 정착민들은 우연히 그곳에 머물게 되었다고 밝힌 헤위에르달의 견해는 전 세계적으로 유명해졌다. 그러나 정작 남태평양의 섬 주민들은 누구도 그 의견에 동의하지 않았다. 인류학자 벤 피니Ben Finney는 "인위적으로 만들어진 물리적 지도를 중심으로 한 보편적 역사에서는 오세아니아 섬사람들이 각 섬과 별, 바다의 너울을 머릿속에 해도로 기억하는 방식을 대부분 경시한다"[8]고 지적했다. 하와이의 방향 탐색가인 날루 앤서니Nāʻālehu Anthony는 이를 더 명확히 표현했다. "길을 잃고 표류하다가 정착했다는 그 사람들의 이야기는 전부 거짓이다. 의도적인 거짓말이다. 우리는 유럽인들이 육지를 찾지 못하고 헤매던 시절보다 수천, 수만 년도 더 전부터 길을 찾아다니며 살아왔다."[9]

마셜제도에는 동쪽의 솔로몬 제도에서 온 사람들이 대략 2000년 전에 최초로 정착했다. 이 최초 정착민들은 별과 바람을 이용하여 방향을 찾고 파도를 기준으로 한 항법으로 너울과 해류가 섬이 있을 때 어떻게 바뀌는지 감지하여 그쪽에 섬이 있을 것으로 예상했을 가능성이 높다. 미크로네시아 지역의 다른 섬들과 음식과 동물,

정보를 교환하려면 장거리 항해가 필수였지만 그러한 필요성이 줄자 파도 항법은 대략 26만 제곱킬로미터 면적에 펼쳐진 마셜 군도의 두 축을 이루는 섬들과 산호초 사이를 항해할 때 주로 활용되기 시작했다. 이 시기에 파도 항법의 기술적 수준은 절정에 이르렀다. 폴리네시아인들은 바람과 별을 기준으로 방향을 찾는 기술을 활용했고 그 외 미크로네시아 지역에서는 주로 별에 의존해서 방향을 탐색했다. 마셜제도 주민들만 거의 유일하게 파도를 활용하여 육지의 방향을 추정했고 이 기술을 수백 킬로미터 범위까지 적용했다.

인류학자와 물리학자, 해양 학자를 마셜제도에 모두 불러 모아 파도 항법을 연구한다는 아이디어를 처음 떠올린 사람은 '캡틴 코렌트'로도 알려진 코렌트 조엘Korent Joel이다. 콰좔렌 환초 출신으로 섬에 남아 전통적인 방향 탐색 기술을 이어 가고 있는 몇 안 남은 섬 주민 중 한 사람인 조엘은 서구 과학자들이 자신들이 활용해 온 기술의 바탕이 된 지식을 검증하고 그 특별한 가치를 인정해 주기를 희망했다. 더불어 다음 세대에도 이 기술이 그대로 전달되도록 하려는 자신의 노력에 도움이 되기를 바라는 마음도 있었다. 겐츠가 내게 전한 이야기에 따르면, 코렌트의 주된 목표는 파도의 움직임에 관한 컴퓨터 시뮬레이션을 구축하여 파도를 토대로 방향을 찾는 자신의 기술도 향상시키고 이를 다음 세대에도 물려주는 것이었다. 조엘의 이러한 목표에는 다급한 심정이 담겨 있었다. 마셜제도 원주민들이 보유한 방향 탐색 관련 지식과 기술은 수백 년간 이어진 식민주의로 퇴색됐다. 독일을 시작으로 일본, 미국까지 새로운 경제, 기술, 선교, 질병을 끌고 와 사회적인 혼란을 일으켰다. 독일과 일본은 항해 자체를 금지했다. 자신들의 통치와 무역업계에 모두 위험하고 위협이 된다고 여겼기 때문이다. 1910년에는 이루지 Irooj로도 불리는 마셜제도의 부족장 거의 전체가 전통적인 카누 대신 유럽식 보트를 사용했다. 식민지의 영향이 방향 탐색 기술에만 미친 것도 아니었다. 의학, 섬유, 구전되는 이야기들, 구호, 노래 같은 다른 지식 체계도 사라졌다.

이후 마셜제도에는 겐츠가 20세기 역사상 가장 폭력적인 역사 중 하나라고 묘사한 사태까지 덮쳤다. 바로 태평양전쟁이었다. 공습과 굶주림이 끊이지 않았고, 종전 후에는 미군이 12년에 걸쳐 마셜제도 북부 끝단에 자리한 비키니 환초와 에네웨타크 환초에서 핵무기 실험을 진행했다. 이 기간 동안 무려 67개의 핵폭탄과 수소폭탄이 폭발했다. 그중 하나인 '캐슬 브라보'는 히로시마와 나가사키를 폭파시킨 폭탄보다 1000배 강력한 수소폭탄으로, 1954년 3월 1일에 진행된 캐슬 브라보 폭발로 인근 섬 세 곳이 사라졌다. 그뿐만 아니라 수백 킬로미터 떨어진 곳에 있던 롱겔라프 환초까지 그 위력이 닿아 미처 대피하지 못한 주민들이 방사성 낙진에 노출됐다. 꼬박 하루 낮과 밤 내내 그곳 주민들은 눈처럼 쏟아져 내리는 재를 맞았고, 극심한 화상 등 방사성물질 노출에 따른 질병이 나타나기 시작했다. 며칠이 더 지난 후에야 마침내 대피할 수 있었지만 주민들은 여전히 남은 위험을 무릅쓰고 1957년에 다시 섬으로 돌아왔다. 폭발 후에도 섬에 계속 남아서 살던 300여 명은 갑상선암에 시달리다 1985년에 자발적으로 롱겔라프 환초를 떠나 영영 돌아오지 않았다.

핵 실험이라는 악몽이 시작되기 전까지만 해도 롱겔라프는 마셜 제도의 유일한 방향 탐색 학교가 있는 곳이었다. 원형으로 형성된 산호초는 연장자들이 바다의 너울과 해류가 환초와 만나면 어떤 변화가 일어나는지 보여 줄 수 있는 훌륭한 실습장이었기에, 인근 다른 환초에 사는 원주민들이 정식으로 훈련을 받으러 찾아오던 곳이 바로 롱겔라프였다. 학생들은 먼저 '작대기 항해도'로 공부를 하다가 바다에 카누를 띄우고 산호초 사이에서 부딪히는 파도를 직접 느껴 보았다. 마셜 군도의 오랜 전통에 따라 항법이 전달되고 전수되도록 세심하게 관리하기 위해 마련된 '항법사' 타이틀을 얻으려면 최종적으로 시험을 치러야 한다. 특정 환초에서 여러 날 동안 이어진 수업을 통해 배운 기술을 실제로 적용해야 하는 최종 시험에서 지원자들은 '럽 럽 조커rup rup jokur'를 경험한다. '거북이 등껍질을 깨다'[10]라는 뜻의 이 표현은 지식으로 머릿속이 꽉 채워지는 일종의 지적 과정을 의미한다. 하지만 캐슬 브라보로 인해 이 모든 것이 사라졌다. "1954년 롱겔라프, 롱게리크, 아일링기나에 환초에서 벌어진 브라보 실험으로 엄청난 방사성 낙진이 발생했고 이로 인한 물리적, 사회적 결과로 젊은 세대를 대상으로 한 항법 기술의 전수 과정도 끝이 나고 말았다."[11] 조 겐츠는 이런 글을 남겼다.

코렌트 조엘도 당시 항법을 배운 학생 중 한 명이었다. 그는 겐츠에게 다음과 같은 이야기를 전했다.

폭탄에서 나온 빛을 보면서 저는 집에 서 있었습니다. 아래를 내려다보니 굉장히 환했어요. 그게 뭔지도 몰랐고 아주 큰 달인가 싶었어요. 와, 주변이 어찌나 밝던지, 연기도 보이긴 했지만 그때는 연기가 아니라 구름인 줄 알았습니다. 아주 큰 구름이요. 콰찰렌과 비키니는 190킬로미터 정도밖에 떨어져 있지 않아요. 그래서 구름을 볼 수 있었습니다. 굉장히 큰 구름이었죠. 에베예에는 우리 어머니도 살고 계셨고 많은 여성, 어머니의 여동생들이 낳은 아이들도 많았는데 전부 화상을 입었어요. 저의 할머니, 할아버지도요. 그곳에 있는 건 전부 다…… 롱겔라프에서 온 나이 지긋한 항법 선생님들도 전부. 그중에는 돌아가신 분들도 있고, 남은 분들도 있었습니다……. 노인 중 절반은 목숨을 잃었어요. 나이 많은 사람들, 굉장히 나이가 많은 분들이었어요. 저는 직접 봤습니다. 그분들이 오염된 물로 몸을 씻는 광경을요. 롱겔라프 사람들은 더 이상 항법을 배우러 가지 않았어요. 거기엔 사람이 없었으니까요……. 그곳에서 계속 수업을 받았다면, 카누 만드는 법을 비롯해 많은 것들을 배웠을 겁니다.[12]

학교가 사라지는 바람에 항법사 타이틀은 취득할 수 없었지만, 조엘은 할아버지께 항법 기술을 계속 배웠고 이후 수십 년이 지나도록 전통적인 항법을 활용할 줄 아는 몇 안 되는 섬 주민 중 한 명이 되었다. 2003년에 공식적으로 인정된 마지막 항법사가 세상을 떠나자 조엘은 다음 세대에 이 기술을 가르칠 방법을 새로 마련해야 한다는 사실을 깨달았다.

후스 일행은 마셜제도의 수도 마주로에 도착해 비키니 환초 출신이자 조엘의 제자인 올슨 켈렌Alson Kelen과 만났다. 켈렌은 '마셜제도의 카누'라는 뜻을 가진 '완 애론 인 마젤Waan Aelon in Majel, WAM'의 교장도 맡고 있었다. 마셜제도의 마지막 희망이자 가장 믿음직한 희망으로 탄생한 직업 기술학교 WAM에서는 이 지역 젊은이들에게 항법 기술을 전수해 왔다. 지난 수년에 걸쳐 켈렌과 조엘은 여러 부족장과 만나, 전통적인 항법 기술이 같은 혈통 외에 다른 곳으로 새어 나가지 않도록 엄격히 관리하고 불우한 환경에 처한 청년들에게 전통적인 카누 만들기 기술과 항법 기술을 가르치기로 합의했다. 양측 모두 마셜제도의 고유한 항법 지식을 보존하고 전수하는 일을 미션으로 정하고 오세아니아 전역을 여행하면서 배 만드는 기술과 항법을 가르치는 학교들과 협력하는 한편 WAM 운영에 필요한 자금을 요청하고 학자들, 과학자들과 의견을 교환한다. (이 같은 전통 회복 프로젝트를 시작한 초창기인 1970년대에는 '폴리네시아 항해협회'를 공동 창립하여 하와이 전통 방향 탐색 기술의 복원 사업에 힘을 보탠 미국인 인류학자 벤 피니Ben Finney도 참여했다.) 켈렌은 WAM에서는 카누가 청년들에게 조각, 언어, 노래, 작대기 항해도, 항법을 비롯한 자신들의 문화 전체를 가르치는 매개체라고 설명했다. "카누 경주도 시작했어요. 그리고 각 환초의 대표자들을 전부 찾아가서 가장 좋은 기술을 얻으려고 노력합니다. 카누에 관한 지식이 사라지기를 바라는 사람은 아무도 없으니 지식은 점점 확장되고 있어요."

6월 22일 해가 질 무렵, 후스를 비롯한 탐험대는 배 두 대에 나눠 타고 마주로를 떠났다. 왈랍walap으로 불리는 전통적인 아우트리거 카누 한 대와 체이스보트 한 대였다. 목적지는 북쪽으로 97킬로미터쯤 떨어진 아우르 환초였다. 그곳에 전달할 물품들을 전달하고 며칠 묵은 후 돌아올 예정이었다. 파도 항법 기술을 활용할 경우, 낮에는 보이는 것에 속기 쉬워서 오히려 밤 시간이 방향 찾기가 더 수월하다. 파도의 움직임을 느끼려면 눈으로 보는 것이 아니라 배에 누워서 복부로 느껴야 한다. 켈렌은 파도 항법에 관해 이렇게 설명했다. "느끼는 것이기도 하지만 동시에 마음속으로 떠올리는 것이기도 합니다. 저는 제가 어디로 가고 있는지 그려 봅니다"라고 설명했다. "해류와 너울을 통해 우리가 가는 길을 느껴 봅니다. 우리끼리 농담으로 마셜제도 사람들이 다들 배가 푸짐한 이유가 있다고 이야기하곤 해요. 우리는 배로 방향을 찾으니까요." 탐험대가 아우르 환초를 향해 떠난 후 기상 상태가 악화됐다. 파도가 사납게 일고, 심한 너울과 바람이 맞부딪쳤다. 후스 일행은 배멀미에 시달렸다. 켈렌도 가장 강력한 너울을 찾아서 방향을 찾느라 크게 애를 먹었다. 그래도 아우르 환초에서 남동쪽으로 약 24킬로미터 지점에 있다는 사실을 정확히 알아냈고 일행은 암초 사이사이에 극히 좁은 길로 뚫고 지나가야 하는 위험천만한 항해 끝에 무사히 목적지에 도착했다.

　돌아오는 길은 수월해서 과학자들은 더 많은 데이터를 수집했다. 무역풍은 항상 동쪽에서 불어오는데, 켈렌우 그들을 서쪽으로 데려가는 해류를 감지했다. 후스는 밤에 카누 뒤쪽으로 가서 한가운데 누워 배의 움직임을 집중해서 느껴 보았다. 세 부분으로 나뉜 흔들림, 이후 북쪽으로 훅 치솟는 흔들림을 느낄 수 있었다. 이런 특징을 기록하면서 후스는 "이 관찰에 스스로를 걸고 있다"는 생각이 들었다. 그리고 자신이 느낀 흐름이 혹시 '딜렙dilep'으로 알려진 패턴이 아닐까 궁금했다. '등뼈'라는 뜻의 이 표현은 두 섬 사이에 일직선으로 길처럼 형성되는 신기한 파도 패턴을 일컫는다. 마셜제도 사람들은 목적지로 정한 섬에서 시작된 이 특징적 파도 패턴을 몸으로 감지하면서 환초 한 곳에서 다른 곳으로 길을 찾아 간다. 겐츠는 '딜렙'은 이곳 원주민들이 보유한 가장 뛰어난 기술이지만 "과학적인 관점에서는 왜 이 같은 독특한 파도의 움직임이 양쪽 섬 각각이 아닌 두 섬 사이를 오가는 뱃길에서 나타나는지 설명할 수 없다"[13]고 말했다.

후스는 내게 마셜제도에서 보낸 3주 중 대부분은 호텔 방에서 지도를 뒤지고 아우르 환초를 다녀온 여행에서 수집한 데이터를 처리하면서 보냈다고 말했다. 그는 이 지역에서 이루어지는 여행이 대부분 남동쪽과 북서쪽으로 연이어 자리한 섬들을 가리키는 라틱Ratick과 랄릭Rallick 사이에서 이루어진다는 사실을 깨달았다. "무역풍이 이 두 섬들과 만나면서 독특한 흔적이 나타나고, 딜렙은 이 바람으로 형성되는 너울과 파도를 직각 방향으로 따라갈 수 있는 경로일 수도 있습니다." 후스의 설명이다. 그는 카누의 크기로 볼 때 이러한 파도에서 발생한 정보 중 진동수가 더 짧은 정보는 제거되고,

뱃사람들은 배 바닥에 누워 파도를 느끼는 것으로 정보를 수집한 후 먼 거리도 경로를 찾아갈 수 있다고 추정했다. 딜렙은 실제로 너울 자체보다는 배의 독특한 움직임을 의미할 가능성이 있다. 후스는 이것이 아직 가설 단계이며 나중에 다시 시험해 볼 계획이라고 밝혔다.

이들의 탐험이 끝나고 2년이 흘렀을 때 나는 연구 초기 결과를 과학 학술지에 게재하기 위해 하버드대학에 모인 켈렌, 겐츠, 반 블레더를 만났다. 팔 전체와 목에 문신을 새긴 켈렌은 WAM에서 가르치는 학생들에 관해 이야기하면서, 일부는 고급 목공기술과 기업 경영 분야의 수료증을 받고 졸업할 예정이라고 전했다. 남태평양과 그 너머 세계 곳곳을 거의 쉴 틈 없이 돌아다니면서 마셜제도의 길찾기 기술을 지키고 오세아니아 지역 전반의 방향 탐색 기술이 보존되도록 사람들과 정보를 서로 연결시키고자 애쓰는 그에게 그날 회의실은 들러야 할 수많은 목적지 중 한 곳이었다. 반 블레더는 아우르 환초로 항해를 떠났던 날의 기상 상황을 컴퓨터 모형으로 구축했다. 그의 모형을 보면, 바람과 너울이 실제로 동쪽에서 불어왔다는 것을 알 수 있다. 그런데 북쪽에서도 너울이 발생한 것으로 나타나 후스가 관찰한 사실이 재차 확인되었다. 모두 연구진 전체가 딜렙을 조금 더 상세히 이해하고 해양학에서 얼마나 중요한 가치가 있는지 깊이 이해할 수 있는 자료가 될 것이다. 반 블레더는 이렇게 설명했다. "우리는 컴퓨터 모형을 사용하지만 우리가 가진 지식은 완전하지 않습니다. 재구성하려고 노력하지만 모두 간소화되어 있어요. 실제로 그곳에서 방향을 탐색하는 분들로부터 배울 것이 많습니다."

과학자들과 현지인 간의 협력은 마셜제도의 미래 세대 방향 탐색가들에게도 유익한 도움이 될 수 있는 것으로 확인됐다. 6개월 전에 조엘은 당뇨 합병증과 감염 질환으로 세상을 떠났다. 전통적인 길 찾기 기술의 계보가 흐릿해질수록 마셜제도의 젊은 세대는 정통 항법을 분석한 과학적 결과로부터 많은 것을 배울 수 있다. 그러나 이 같은 협력에 위험이 내포된 것도 사실이다. 마셜제도와 현대화가 접촉한 지난 역사에서 섬 주민들은 언어, 전통, 신체 건강, 집을 비롯해 이미 너무나 많은 것을 잃었다. 아무리 호의적인 목적으로 시작된 일이라도, 최근에 이루어진 이러한 접촉 때문에 또다시 무언가를 잃을 수도 있지 않을까? 후스도 이 점을 염려했다. 파도 항법을 과학적으로 설명할 수 있게 된다면 그 지식을 미래 세대에 가르칠 수 있지만, 이는 엄격한 훈련과 경험, 섬세한 감각을 갈고 닦는 과정이 동반되는 전통적 학습 방식과는 큰 차이가 있다. "제가 올슨에게 해류가 발생한 것을 어떻게 아느냐고 물었을 때 그는 그냥 느낄 수 있다고 했습니다." 후스의 이야기다. "우리가 정말 마셜제도 사람들에게 과학을 가르쳐야 할까요? 아주 신중하게 접근해야 할 일입니다." 그러나 조엘은 이런 염려에 동의하지 않았을 것이라는 것이 겐츠의 생각이다. 애당초 과학자들을 초청해서 파도를 컴퓨터 시뮬레이션으로 분석해 달라고 요청한 사람이 조엘이다. 그는 섬 주민들이 고유한 전통과 과학적 정보를 결합할 때 섬 공동체 전체가 더 나은 삶을 살 수 있다는 굳은 비전을 가졌다. 이는 무언가를 내려놓는 것이 아니라 목표를 위해, 즉 미래 세대도 '럽 럽 조커(거북이 등껍질 깨기)'를 계속 경험하고 바다에 관한 지식을 충분히 습득할 수 있도록 자율적으로 기술과 정보를 선별하고 이용하려는 노력이다.

오세아니아의
우주비행사들

맨해튼 남쪽 끝에는 과거 레나페 인디언이 밤나무와 오크 나무에서 열매를 얻던 섬이 하나 있다. 오늘날에는 '거버너스 아일랜드'라 불리는 이곳에 가기 위해 어느 여름날, 나는 두 살짜리 아들을 데리고 페리에 올랐다. 수백 명의 하와이 사람들과 함께 '호쿨레아Hōkūle'a'호의 출항을 보기 위해서였다. 폴리네시아식 항해선으로 지어진 쌍동선 호쿨레아호는 8만 7000여 킬로미터에 걸쳐 26개국, 총 85곳 항구에 정박하는 긴 여행의 막바지에 이르렀다. 이 여행의 목표는 전 세계적으로 기후변화가 극심한 상황에서 '지구를 사랑하자'는 의미가 담긴 하와이 고유 개념 '말라마 호누아Malama Honua'를 남태평양을 중심으로 세계 전체에 알리는 것이다. 1970년대에 호쿨레아호를 만든 폴리네시아 항해협회는 이 여행에서 사람들을 하나로 뭉치게 할 크고 작은 이야기들이 하와이식 화환(레이)처럼 탄생할 것이라고 밝혔다.

같은 주에 열린 한 콘퍼런스에서 나는 호쿨레아호의 미션을 훨씬 더 과감한 표현으로 밝힌 설명을 들을 수 있었다. 토착민들의 지식과 언어, 땅을 기반으로 한 실용적 기술을 되살리려는 전 세계적 움직임을 하나로 결합시켜 미래를 살아갈 인류를 위한 대안을 마련한다는 내용이었다. 오세아니아는 방향 탐색 기술에 있어서 가장 복잡하고 멋진 전통을 가장 풍부하게 보유한 지역이나, 유럽인들과의 첫 접촉이 이루어진 후 그중 많은 부분이 소실됐다. 마셜제도에서도 그랬듯 식민지 정부는 내륙 여행을 금지하고, 심지어 원주민의 고유한 장소에서도 방향 탐색 도구를 억지로 사용하도록 했다. 영국은 키리바시와 피지에서, 프랑스는 타히티와 마르키즈 제도에서 이 같은 일을 자행했다. 마르키즈 제도의 경우 나침반 없이는 항해하지 못하게 했다. 하와이에서는 수백 년 동안 전통 카누와 방향 탐색 기술이 완전히 사라졌다. 그런데도 캐롤라인 제도 등 일부 지역에서는 20세기까지 전통적인 방향 탐색 기술을 겨우 유지할 수 있었다. 이제는 그러한 기술이 문화적인 힘을 부여하는 중심이 되었다. 영화감독이자 호쿨레아호의 선원인 날루 앤서니는 오세아니아 지역에서 선조들이 이어 온 가르침이 원시 문화가 부활하고 확고히 자리를 잡도록 이끈 효과적인 가이드라인이 되었다고 주장한다. "변화와 분열, 부활을 일으키고 싶다면 카누에 어떤 일이 벌어졌는지 보면 됩니다. 사람들은 이제 매일 연습하고 있어요. 어떤 사람들은 항법사가 하루에 6000건의 결정을 내린다고 이야기합니다.

어느 방향으로, 어느 정도의 속도로, 어디까지 가야 할까? 돛을 펼쳐야 할까, 접어야 할까? 선원이 아픈 건 아닐까? 이러한 6000여 건의 결정을 통해 변화가 이루어집니다. 올바른 방향을 향한 긍정적인 변화가 일어나는 것입니다. 지금 진행 중인 모든 것을 전부 무너뜨리고 바꾸고 싶다면, 일상생활에서 내리는 모든 결정으로 그렇게 만들 수 있습니다."[1] 앤서니는 오세아니아의 원조 뱃사람들을 "우리의 조상들을 이끈 우주비행사"라고 칭한다. "그분들은 지구의 탐험가였습니다. 섬에서 안정적으로 오래 살아갈 수 있는 과학을 터득했죠. 우리는 그 조상들의 고유한 지혜와 항법을 되살리고 있습니다. 문화적인 자부심과 정체성을 다시 깨우고 장소들과의 유대도 다시 형성되도록 노력해 왔습니다."

미네소타대학에서 아메리칸인디언학을 가르치는 교수이자 괌의 전통적 항법사이기도 한 빈센티 디아즈Vicente Diaz도 오세아니아 전역에서 호쿨레아호 같은 정통 카누를 만들고 그러한 배로 항해하는 것이 식민지 역사를 털어 낼 수 있는 중요한 노력이며 토착민들이 되찾고자 애쓰는 자기 결정권을 상징적으로 나타낸다고 설명했다. 동시에 그는 그러한 노력이 현상 유지가 필요하다는 단결로 이어질 수 있고, 실제로 그렇게 될 것이라 경고했다. "뉴욕에 도착한 호쿨레아호를 환영하는 분위기는 우려할 일입니다."[2] 그는 대중을 향해 이렇게 밝혔다. "전통적인 항해 기술에 담긴 강력한 잠재력은 충분히 인정할 만한 가치가 있지만, 토착 문화의 부활이 모든 면에서 정치적 투쟁으로 이어질 수 있다는 점도 모른 척할 수 없습니다." 이는 호쿨레아호가 권리를 박탈당한 사람들 그리고 남태평양 전역에 건설된 식민지의 유산과 정책을 위협하는 사람들에게 권력을 잡는 수단이 될 수 있다는 의미다.

디아즈는 2016년 연설에서 제임스 캐머런James Cameron 감독이 영화 〈아바타〉의 후속으로 제작한 영화를 언급했다. 백인이 메시아처럼 원주민을 구원한다는 상투적 내용이 담긴 영화에 이어 제작된 이번 영화는 캐머런 감독이 서태평양 마리아나 해구에서 심해 다이빙을 했던 경험에서 영감을 얻어 탄생했다. 디아즈는 이것이 "신제국주의적 침략의 꿈"을 되살리려는 시도이며, 디즈니 사가 영화 〈모아나〉를 개봉한 지 1년도 지나지 않았다는 사실도 지적했다. 2000년 전 오세아니아를 무대로 한 〈모아나〉에서는 열여섯 살 소녀가 모험을 떠나고, 그 과정에서 전통 항해 기술과 항법을 배우는 이야기가 펼쳐진다. "저는 그 영화가 나온다는 사실이 두려웠습니다." 디아즈는 말했다. "그 뒤에는 너무나 거대하고 빈틈없는 마케팅 기계가 돌아가고 있습니다. 그 이야기가 널리 알려지고 우세한 이야기가 될 것이라는 의미죠." 디즈니가 태평양 지역 사람들의 정신과 문화를 전 세계 사람에게 보여 준다는 것, 그것을 사업화하여 수백만 달러를 벌어들인다는 사실에(이미 과거에도 그랬듯) 디아즈는 분개했다. 영화에서 로맨틱하고 신비롭게 미화된 전통적인 길 찾기 기술에는 그가 목격한 것, "과학과 기술"[3]이 담긴 태평양 지역 항법의 문화적 특이성과 역사가 지워져 있다는 것이 그의 견해다.

호쿨레아호는 남태평양에 관한 잘못된 이야기들에 대응하려는 목적으로 만들어졌다. 특히 오세아니아의 식민지화가 맨 처음 어떻게 시작됐는지를 둘러싼 오해를 바로잡는 것이 목표다. 《콘 티키》와 《고대 태평양의 항해The Ancient Voyages of the Pacific》에서는 남태평양 섬 주민들이 서구와 같은 물질적 기술을 보유하지 못했으므로 계획적인 항해는 불가능했다고 주장한다. 1960년대에 이르러서야 학계가 남태평양의 전통적 길 찾기 기술을 문서화하고 연구하기 시작했고, 그제야 마셜제도와 캐롤라인 제도 등에서 여전히 그러한 기술이 활용되고 있다는 사실이 알려졌다. 벤 피니도 그러한 연구에 참여한 학자 중 한 명이다. 뉴질랜드 출신 의사인 데이비드 루이스도 호주 서부 사막의 원주민이 활용해 온 숙련된 방향 탐색 기술을 익히고 이해하기 위해 호주를 찾았다. 피니와 루이스는 오세아니아에서 벌어진 최초의 식민지화가 결코 우연이 아니었다고 생각했다. 두 사람은 과거 미크로네시아 영토에 속한 캐롤라인 제도에서 근무했던 영국 정부의 행정관이자 인류학자인 토머스 글래드윈Thomas Gladwin의 연구에서 이 주장을 뒷받침할 수 있는 근거를 찾았다. 글래드윈은 1967년에 풀라와트Pulawat 환초를 다시 찾아 기구의 도움 없이 방향을 찾는 기술을 가르쳐 주는 수업을 들었다. 그는 유럽의 시스템과 완전히 동떨어진 사람들의 실용적 지식이 어떤 "사고 과정"[4]을 거쳐 구축되는가에 특히 큰 관심을 기울였다. 글래드윈은 "토착" 지식을 찾고, 기록하고, 분석하는 능력을 알면 인간의 인지적 사고 과정에 관한 새로운 통찰을 얻고, 심지어 서구 사회 상류층과 하류층의 지적 수준 차이에 관해서도 이해할 수 있으리라 생각했다.

그가 풀라와트에서 발견한 것은 항해가 삶의 목표 자체이자 의미로서 생활의 중심에 놓인 문화였다. 글래드윈은 기계와 모터보트를 향한 원주민의 의구심이 상당한 수준이며, "젊은 남성 대부분이 여전히 항법사가 되려는 열망을 갖고 있다"[5]고 밝혔다. 아이들은 4, 5세가 되면 생애 첫 여행을 떠난다. 배를 모는 사람들은 8미터 남짓한 다양한 카누에 올라 까다롭고 즉흥적인 여행을 하며 큰 즐거움을 만끽한다. "어떤 순간에 갑자기 자극을 받아 항해가 이루어지는 경우가 많다. 장시간 술을 마시는 파티 도중에 파이크롯Pikelot 섬으로 출발하기도 한다. '나 지금 파이크롯에 갈 건데, 같이 가실 분?' 이렇게 묻고는 그 자리에서 떠나는 식이다."[6] 글래드윈은 이렇게 묘사했다. 16개월을 머무는 동안 그는 섬과 섬을 오간 73회의 항해를 기록했다. 가장 흔한 항해는 사타왈Satawal 환초를 오가는 약 210킬로미터 거리의 항해였고 1970년에는 70년간 사용되지 않던 725킬로미터 거리의 뱃길이 "재개장"[7]되었다. 한 선장이 사이판으로 전달해야 할 구두 지시를 받은 것이 계기가 되었다. "바다를 향한 깊은 열정으로, 다른 섬을 향해 떠나는 여행은 그 자체만으로 큰 가치가 있는 일이 된다."[8] 글래드윈은 저서 《동쪽은 거대한 새East Is a Big Bird》에서 이렇게 밝혔다. 그는 풀라와트 사람들이 기독교로 개종하고 여객선이 섬들 사이를 오가기 시작한 후에도 항법에 대한 섬사람들의 헌신적인 마음과 열정은 약화되기는커녕 더욱 강렬해진 것 같다고 전했다. 풀라와트 사람들이 카누를 타면서 느끼는 들뜬 감정은 그저 마음에 드는 담배를 구하려고 240여 킬로미터 떨어진 추크Truk

섬을 수시로 다녀올 정도로 강렬했다.

◄•►

글래드윈은 서구 사람들이 자가용을 몰 때 자신의 집을 더 넓은 범위가 담긴 도로 지도에 표시된 여러 장소 중 하나로 보는 경우가 많은 것처럼 풀라와트 사람들도 자신이 사는 섬을 바다 위의 이동 경로를 연결하는 여러 공동체 중 한 곳으로 본다고 비유했다. 또한 섬주민들은 그 경로를 구성하는 섬들의 공간적 관계를 나타낸 방대한 심상 지도를 보유하고 있으며, 가야 할 목적지 전체가 시야 범위에 들어오지 않으므로 너울, 동물, 암초, 바람, 태양, 그리고 가장 중요한 별이 기준이 되는 "지형지물"로 사용된다고 설명했다. 이러한 상징물이 노래로 묘사되는 곳도 있었다. 빈센티 디아즈는 이제 고인이 된 풀라와트 사람 소스테니스 엠왈루Sostenis Emwalu로부터 센트럴 캐롤라인부터 괌을 거쳐 사이판까지 가는 뱃길에 있는 생물들과 별, 암초, 지형지물이 담긴 노래를 배운 적이 있다고 전했다. "이 목록을 박자를 잘 맞춰서 제대로 부르면 고대부터 지금까지 변함없이 여행에 활용된, 연상기호로 된 지도와 전혀 다를 바 없는 정보를 얻게 된다."⁹ 디아즈는 이렇게 말했다. 캐롤라인 제도에서 항법을 활용하는 사람들은 어릴 때부터 별의 이동 "코스" 혹은 "경로"를 암기한다. 섬 한 곳을 기준으로 수평선 위에 별이 뜨거나 지는 순차적 흐름을 하나의 경로로 기억하는 것이다. 한 번도 가 본 적 없는 섬이라도 항법사라면 그곳의 별 경로를 알고 있는 경우가 많다. 글래드윈은 전체적으로 캐롤라인 제도의 항법사들은 100곳이 넘는 섬의 별 경로를 암기하고 있으며 그 거리를 합하면 수천 킬로미터에 달할 것으로 추정했다. 더불어 이들이 '에탁etak'이라 불리는 시스템을 활용하여 한 곳에서 다른 곳까지 정확히 항해할 수 있다고 설명했다. 에탁은 "비밀로 간주되지 않는 총체적인 지식이나, 사실을 굳이 비밀로 할 필요는 없다. 극히 힘들고 긴 시간이 소요되는 가르침을 받지 않고서는 누구도 그냥 배우거나 활용할 수 없기 때문이다. 그래서 외부인이 이런 지식을 우연히 접하고 알게 되는 일은 생길 수가 없다."[10]

항법사는 에탁을 활용하여 실제 존재하는 섬 또는 상상 속의 섬을 이동 경로의 참조 지점으로 정한다. 그런 다음 참조점이 된 섬의 별 방위를 토대로 이동 거리를 파악한다. 머리 위에 떠 있는 특정 별 하나를 통과하는 것이 전체 경로의 한 소단위가 되고, 전체 여정에서 이 소단위를 합친 숫자가 에탁이 된다. 글래드윈은 이러한 에탁 시스템이 환경 정보가 아닌 개념화를 바탕으로 한다고 지적했다. 즉 항법사가 속도와 시간, 지리학, 천문학에 관한 지식을 하나로 결합해서 추정하는 능력을 키우는 하나의 틀이 된다. 시간에 따른 속도를 감지해서 이동 경로와 거리를 머릿속으로 추정하는 것이다. "이 모든 과정에서 가장 중요한 부분은 항법사의 머릿속에서 이루어지고 그의 감각을 통해 완료된다. 항법사가 실제로 보거나 느낄 수 있는 것은 물을 헤치고 나아가는 카누의 움직임과 바람의 방향, 별의 방향이 전부다. 그 외 다른 모든 것은 인지 지도에 따라 좌

우된다. 그리고 이 지도는 지리학적인 동시에 논리적이다." 글래드
윈은 설명했다.

'에탁'을 이해하기란 쉬운 일이 아니다. 풀라와트 사람들은 자신
들이 별을 향해 나아간다고 생각하지 않고, 카누와 별은 제자리에
그대로 멈춰 있고 나머지 다른 '모든' 것들, 물, 섬, 바람이 움직인다
고 여긴다. 글래드윈은 이를 기차에 앉아 창밖에 스쳐 지나가는 것
들을 바라보는 승객이 경험하는 것과 비슷하다고 설명했다.

항법사가 자신의 주변 세상을 바라보는 그림은 실제적이고 완전
하다. 자신이 알고 있는 모든 섬이 그 안에 있고, 자신이 아는 별들
도 모두 그 속에 있다. 특히 방향을 알려주는 별, 그리고 별이 뜨고
지는 장소도 그렇다. 이 가운데 후자는 고정되어 있으므로 항법사
의 그림 속에서는 섬들이 별이 있는 곳을 지나가거나 별 아래로 흘
러가고, 항해 중인 카누를 기준으로 하면 섬은 뒤로 흘러간다. 항법
사는 그 섬들을 눈으로 볼 수는 없지만 지금 자신이 어디에 있는지,
그 위치를 어떻게 유지하고 다른 곳들과의 관계를 머릿속으로 어
떻게 해석하는지 그 방법을 배운다. 항법사에게 어떤 섬이 어디에
있냐고 물어보면 단번에 답할 뿐만 아니라 굉장히 정확하게 알려
준다.[11]

글래드윈의 연구는 미크로네시아의 환초 한 곳에서 발견한 지식
의 깊이에 초점이 맞추어져 있지만 데이비드 루이스의 책《우리, 방

향을 찾아가는 사람들We, the Navigators》에서는 남태평양 지역에 방향 탐색 기술이 보편적으로 구축되고 여전히 활용되고 있다는 사실이 언급된다. 그는 풀라와트의 에탁이든 롱겔라프의 파도 항법이든 각 섬에서 형성된 기술에는 태평양 섬에서 공통적으로 나타나는 경향이 담겨 있다고 보았다. 1973년에 피니와 예술가 겸 역사가인 허브 카네Herb Kāne, 그리고 서핑과 카누 타기를 즐기는 하와이 출신 토미 홈스Tommy Holmes는 함께 카누를 만들어서 전통적 항법으로 타히티까지 항해한다는 계획을 세웠다. 과거 남태평양 섬 주민들이 이러한 기술을 활용하여 오세아니아 지역 전체를 항해했다는 사실을 증명하는 것이 목표였다. 이들의 시도는 '하와이 르네상스'의 촉매가 되었다. 원주민 음악, 예술, 농법, 스포츠의 자긍심을 되살리는 움직임이 시작된 것이다. 저술가 샘 로우Sam Low가 역사서《호쿨레아, 하와이의 상승Hōkūle'a, Hawaiki Rising》에서 밝힌 것처럼, 카네는 "카누는 옛 문화의 중심이며 지금도 맥동하는 문화의 중심"[12]이라고 보았다. 더불어 카네는 "중심이 되는 예술을 재건할 수 있다면 다시 숨결을 불어넣고 열심히 활용하고, 그럼 이것이 잔잔한 에너지를 일으켜 서로 관련된 더 많은 문화적 요소를 일깨울 수 있다"고 말했다.

피니와 카네, 홈스는 10만 달러의 기금을 모아 카누 설계를 도와줄 사람들을 모았다. 2년 여에 걸쳐 마침내 보트가 완성되어 물에 띄워지자 이들은 하와이에서 피우스 마우 피아일루그Pius Mau Piailug라는 사람을 미크로네시아로 데려왔다. 1932년에 태어나 할아버지와 아버지가 모두 전문 항법사였던 피아일루그는 풀라와트에서 약 210킬로미터 떨어진 사타왈 환초에서 태어났다. 글래드윈이 수 개월간 머물면서 캐롤라인 제도 섬 주민들의 방향 탐색 기술을 연구한 바로 그곳이다. 피아일루그는 열여덟 살에 항법사로 정식 인정하는 은밀한 의식인 '포pwo'를 치렀으나 이후에는 제자들이 없어 결국 의식은 중단됐다. 사타왈 언어를 사용하는 다음 세대로 지식이 전수되지 못한 채 사라질까 봐 염려하던 피아일루그를 피니에게 소개해 준 사람은 평화봉사단의 일원으로 그와 만나 친구가 된 마이크 맥코이Mike McCoy였다. 이들의 만남은 행운이었다. 피아일루그는 하와이에서 사라진 지식을 보유한 사람이고, 한쪽에는 그 지식을 간절히 되살리고픈 젊은이들이었다. 특히 나이노아 톰슨Nainoa Thompson이라는 청년은 피아일루그로부터 몇 년 동안 카누로 항해하는 법을 배웠을 뿐만 아니라 지역 천문관에서 배운 지식을 활용하며 옛 지식과 현재의 지식을 결합한 기술을 개발했다.

피아일루그는 1976년, 타이티에 성공적으로 도착한 호쿨레아호의 첫 번째 항해에 항법사로 참여했다. 톰슨은 수년간 공부한 후 1980년에 카누를 타고 타히티로 갔다가 돌아왔다. 그는 그 과정에서 거의 길을 잃을 뻔한 경험을 했는데, 그로서는 수수께끼로만 느껴지던 기술, 즉 바다에서 길을 찾는 방법 외에는 기댈 것이 없었다. 날씨가 너무 험악해서 방향을 찾을 수 있는 모든 기준을 다 잃고 완전히 길을 잃은 그 밤, 톰슨은 당황해서 어찌할 바를 몰랐다. 아무것도 통제할 수 없다는 기분과 이대로 실패할 것이라는 두려움이 한꺼번에 덮치던 그때, 톰슨은 갑자기 머리 위에 뜬 달을 '느졌다.' 이 한 가지 감각만으로 톰슨은 자신이 있던 위치를 확인하고 가야 할 방향을 겨우 다시 찾을 수 있었다. "뭐라고 설명할 수가 없다. 내가 가진 능력과 감각 사이에서, 분석하거나 내 두 눈으로 확인할 수 있는 범위를 벗어난 어떤 연결이 이루어졌다."[13] 《호쿨레아, 하와이의 상승》에 실린 내용이다. "그날 밤에 나는 방향 탐색이 영적인 영역에도 이를 수 있음을 배웠다. 하와이 사람들은 이를 '나아우na'au'라고 칭한다. 생각이나 지성이 아닌 본능과 느낌으로 안다는 의미다. 지식의 문이 열리고 새로운 것을 배우는 것과 같다. 그러나 문이 열리기 전까지는 그런 지식이 존재한다는 사실조차 알지 못한다." 톰슨은 2007년에 네 명의 하와이인, 11명의 다른 사람들과 더불어 1950년 이후 처음으로 사타왈에서 포 의식을 치렀다.

◄•►

호쿨레아호가 40년 후에도 항해를 하리라고 생각한 사람은 거의 없었다. 그 오랜 기간 동안 남태평양 섬 주민들이 과거의 방향 탐색 기술을 보존하려고 무던히 애를 썼고 일부 경우 완전히 부활했다. 언어, 예술, 교육 등 더 폭넓은 문화의 르네상스도 함께 일어났다. 섬 주민들은 노인들을 향해 눈을 돌리고 각 섬에 남은 지식을 공유하는 한편 교육 기관과 카누 클럽, 학교를 세웠다. 호쿨레아호는 문화의 멸종을 막는 데 일조했다. 현재 하와이에는 폴리네시아 항해협회와 더불어 10여 곳의 항해협회가 설립되었다. 쿡 제도, 뉴질랜드, 피지, 사모아, 타히티, 통가에도 항해협회가 마련되었다. 또 마설 아일랜드의 WAM, 캐롤라인 제도의 와기Waa'gey 학교 등 고유한 기술과 방향 탐색 기술을 가르치는 학교도 설립됐다. 다소 뜻밖의 지역에서도 이와 같은 재건의 움직임이 일어났다. 미국 샌디에이고의 차모로인 공동체도 그중 한 곳으로, 마리아나 제도 원주민인 이곳의 차모로인들은 레드우드만 사용해서 약 14미터 길이의 전통 카누를 제작했다. 그리고 거의 300여 년 만에 그 배로 첫 항해를 떠났다.

이러한 움직임이 일어난 곳에서는 전통적인 방향 탐색 기술을 활용하는 것이 자기 결단력과 권한을 나타내는 행위가 된다. 선교사, 식민지 정부, 관광 경제, 그리고 과학자와 인류학자로부터 벗어나 정체성을 스스로 통제하는 것이다. 나는 두 아이의 엄마이자 하와이 토착민인 칼라 타나카 베이베이안Kala Tanaka Baybayan과 마우이 섬의 바람이 불어가는 쪽에서 만나 이러한 노력에 관해 이야기를 나누었다. 베이베이안과 처음 만난 곳은 라하이나 시였다. 느긋한 공기가 흐르는 라하이나 시내는 서핑용품을 판매하는 고급스러운 부티크와 주로 관광객들을 대상으로 특정 시간대에 마이타이 술을 할인해서 판매하는 술집들이 즐비했다. 바다 앞에 자리한 그곳 공원 안에 하와이어로 '할라우halau'라 불리는 건물이 하나 있었다. 전통 방식 그대로 섬유를 짜서 만든 지붕이 얹힌 목조 건물로, '학교'[14]에 해당하는 이곳에서 베이베이안과 처음 만나 인사를 나누었다. 우리가 함께 밟고 선 땅은 "왕의 땅"이라 불리는 곳이었다. 16세기까지 거슬러 올라가 당시 마우이 족장이던 피일라니Pi'ilani부터 현재까지 마우이 족장과 왕들의 소유로 남은 땅이다. 카메하메하 1세가 1800년대 초 960대의 전투용 카누와 1만 여 명의 병사를 이끌고 하와이 섬을 통치하기 시작한 이후 라하이나는 왕국의 수도가 되었다. 바다 너머 서쪽을 바라보니 왕족들이 파파헤에날루papa he`e nalu라 불리는 고유한 서핑보드에 몸을 싣고 마우이 섬에 최장 기간 이어졌다는 파도에 몸을 맡겼을 암초가 보였다. 베이베이안은 도마뱀과 비슷한 형태를 띤 모오mo·o라는 신이 이곳 사람들을 지켜 준다고 이야기했다. 1970년대 중반에 마우이 주민 중 일부가 수 세대 만에 처음으로 쌍동선 형태의 전통적 항해용 카누를 만들었을 때도 사람들은 '뛰어오르는 도마뱀'이라는 뜻으로 모놀레Mo·olele라 불렀다. 길이 약 13미터, 단단한 목재 선체로 완성된 후 와아wa·a로 이름 붙여진 이 배는 내가 베이베이안과 만난 곳 바로 옆에 있던 드라이 독에 보관되어 있었다.

베이베이안은 자신을 바다 항해에 나선 새로운 세대라고 소개했다. "우리는 전통 기술과 지식을 활용하지만 과학과 새로운 발견적 장치도 활용합니다." 베이베이안의 왼쪽 팔뚝에 새겨진 특이한 문신이 내 시선을 사로잡았다. 검은색 잉크로 그려진 추상적인 패턴이었는데, 베이베이안은 그것이 말퀘세스 군도에서 방향 탐색에 사용하는 상징이라고 알려주었다. "T자 모양은 '바다의 신'인 문어 카날로아Kanaloa를 의미해요. 카날로아의 촉수는 지식에 찰싹 달라붙어 있다고 여겨지죠. 삼각형들은 별을 나타내고 새들은 육지가 어디에 있는지 찾을 수 있도록 알려주는 존재입니다." 베이베이안은 설명했다. "저는 배를 타기 시작한 초기에 이 문신을 새겼어요. 이 일을 영원히 하고 싶다는 마음이 들었을 때였어요." 베이베이안은 수습 항법사로 12년간 전통적인 방향 탐색 기술을 공부했다. 그리고 호쿨레아호의 자매선이라 불리는 22미터 길이의 히키아날리아 Hikianalia호에서 2개월간 선장을 맡아 하와이에서 타히티까지 항해했다. 타히티에서 두 배가 조우하자 세계 곳곳에서 4년간의 항해를 축하하는 행사가 열렸다. 배를 타고 나가지 않을 때는 마우이에서 모놀레를 처음 제작한 곳이자 비영리 교육 협력체인 '후이 오 와아 카 울루아Hui O Wa'a Kaulua'의 일원으로서 어린이들에게 하와이 전통 항해와 길 찾기 기술을 가르친다.

베이베이안의 외증조부는 히로시마 출신이고 친가 쪽은 라하이나에서 어부로 살아왔다. 베이베이안의 부친 차드 칼레파 베이베이안Chad Kalepa Baybayan은 1970년대 말에 전통적 항해에 관심을 갖기 시작했고 나이노아 톰슨의 제자가 되었다. "나이노아는 너울, 별, 바람 등 항상 지표가 될 만한 것을 찾았어요. 저도 그분이 보는 것을 보려고 애를 썼죠." 샘 로우가 쓴《호쿨레아, 하와이의 상승》에는 베이베이안의 부친이 나이노아에 관해 이야기한 내용도 담겨 있다. "우리와는 다른 세상에서 온 사람임을 저도 알고 있었지만, 그가 보는 세상은 무엇일까 궁금했습니다. 나이노아를 보고 있으면 언젠가 저도 항법사가 될 수 있을 것 같다는 꿈이 생겼어요. 너무나 먼 꿈이라는 것은 저도 잘 알고 있었죠. 하지만 저에게는 기회였고, 최대한 많이 배워야겠다고 다짐했습니다." 베이베이안의 부친은 호쿨레아호의 초창기 선원 중 한 사람이 되었고 1980년 봄에는 하와이에서 타히티까지 오로지 별과 바람, 물, 새의 도움에만 기대어 14명이 약 3860킬로미터의 거리를 찾아간 31일간의 항해에 참여했다. 투아모투 제도에 도달해 어느 섬의 코코넛 나무 꼭대기가 보이기 시작하자, 그는 시간이 갑자기 거꾸로 되감기된 것 같은 경험을 했다고 한다. 조상들이 겪었을 항해가 되살아난 기분이었다. "나의 아우마쿠아aumakua(조상신, 가문을 지켜 주는 수호신을 뜻하는 하와이어─옮긴이)가 곁에 있는 기분이었다."[15] 베이베이안의 부친은 이렇게 말했다고 한다. 현재 그는 하와이 이밀로아 천문센터에서 전속 항해사로 일하고 있다.

그러나 베이베이안이 아버지의 권유로 항해를 시작한 것은 아니다. 아버지는 오랜 기간 집을 비우는 일이 잦았던 늘 조용한 사람이었다고 한다. 하와이어도 능숙하게 할 줄 알았지만 베이베이안은 아버지로부터 토착어를 배운 적이 한 번도 없다고 말했다. "우리가 어릴 때 아버지는 배를 타야 한다고 말씀하신 적이 한 번도 없었어요. 아버지의 열정이었으니까요. 우리에게도 우리만의 열정을 찾으라고 하셨죠." 베이베이안은 힐로와 마우이에 있는 하와이대학에 다니면서 하와이 전통문화에 깊은 관심을 가졌다. 하와이어도 유창하게 구사할 수 있게 되고 태어난 곳의 역사도 배우고, 먼 거리를 항해하던 사람들이 어떻게 정착해서 살게 되었는지도 배웠다. "저는 20대부터 항해를 배우고 싶었어요. 그래서 할머니께 여쭤봤더니 아버지와 이야기해 보라고 하셨어요. 그러고는 [제게 다시 돌아와서]

너는 아버지와 함께 항해를 하게 될 거다라고 하셨죠. 그때 아버지가 만들던 항해용 카누 한 척도 막 완성됐어요."

베이베이안의 첫 항해는 하루 낮과 밤이 꼬박 걸린 오하우에서 라하이나까지의 여정이었다. "그전까지 저는 평범한 것, 일반적인 것들에 관심이 많았어요. 대중문화도 좋아했고요. 항해는 제가 다른 세상을 처음으로 접한 경험이었습니다. 그리고 훨씬 더 많은 것들이 있겠구나 하고 깨달았어요. 우리가 일상적으로 하는 일들에도 더 많은 의미가 담겨 있다는 생각이 들었습니다. 관심을 가지고 귀를 기울이면 완전히 다른 이야기가 나타날 때가 많아요. 그 이야기들은 우리가 지금 어디에 있는지 말해 주죠." 베이베이안은 어떤 항해든 선원으로 참여할 수 있도록 지금도 계속 배우고 있다. "처음에는 무엇을 물어봐야 하는지도 몰랐어요. 하지만 계속 질문할수록 그 질문은 제 것이 되고 한 단계 더 성장할 수 있었습니다. 연결고리를 찾은 것 같아요. 이야기가 이끄는 길로 따라갈 수 있게 된 것이죠." 베이베이안은 2007년에 호쿨레아호를 타고 일본을 찾았다. 그해에 아버지는 다른 네 명과 함께 마우 피아일루그로부터 포 의식을 받고 2000여 년간 이어진 전문 항법사의 계보를 잇게 되었다. 2014년에는 하와이에서 타히티로 향하는 호쿨레아호의 선원이 되었다. "뭍을 떠나 세상과 단절되고 카누 위에 있으면 생각에 변화가 일어나요. 곧바로, 하루 이틀 사이에 저는 다른 사람이 돼요. 눈에 보이는 것들이 생기고요. 보고 듣고 느끼는 것은 현대식 기기나 나침반이 아니라 100퍼센트 자기 자신에게 달려 있습니다. 저는 그런 기분이 너무 좋아요. 길을 잃을 일이 없다는 것도요." 베이베이안은 이 과정에 두려움은 끼어들 곳이 없다고 말했다. "오히려 항해가 10분 뒤면 끝날 때쯤, 배가 항구에 가까워질 때 더 초조해져요."

베이베이안은 방향 탐색 기술이란 지리학, 물리학, 수학 등 과학적인 지식인 동시에 무형의 본능이며, 경험을 통해 그리고 전 생애를 통해 축적되고 습득하면서 더욱 풍성해지고 강화되는 직관이라고 본다. "사실 별은 이 퍼즐에서 가장 쉬운 부분이에요." 베이베이안은 방향을 탐색할 때 머릿속에서 일어나는 과정을 떠올리면서 설명했다. "그보다는 추정에 더 많은 부분을 의지합니다. 과도하게 복잡한 방식은 활용할 수가 없으니까요. 속도가 7노트일까, 6노트일까? 자신감을 가져야 합니다. 모든 훈련의 목표는 관찰하면서 그런 자신감을 갖는 것이라고 생각합니다." 방향 탐색 기술을 활용하는 것이 과학보다는 영적 영역에 더 가깝다고 느낄 때도 있다고 말했다. "전통적 방향 탐색 기술을 가졌던 사람들을 과학자라고 칭하는 사람들도 있지만, 사실 그러한 성과 중 일부는 영적 요소가 차지합니다. 그리고 우리가 지금 하는 일에서도 영적 요소가 상당 부분 차지하죠. 과학으로는 그러한 부분을 설명할 수 없어요." 베이베이안의 말에서 나는 나이노아 톰슨이 1980년 호쿨레아호로 타히티까지 항해할 때 방향을 잃었던 순간에 "방향 탐색이 영적 영역에도 이르는" 신비한 경험을 했다고 한 이야기가 떠올랐다.

12년의 경력과 히키아날리아호 선장으로서 깊은 바다를 3860킬로미터 넘게 항해한 경력에도 불구하고, 현재 베이베이안은 마우이 섬의 음식점 '피스트 앳 렐레Feast at Lele'에서 서빙을 하며 생계를 이어 간다. 밤늦은 시각까지 이곳을 찾는 관광객들은 폴리네시아인들의 이주 역사를 표현한 정통 훌라춤 공연도 보고 칼루아 피그Kalua pig(땅속에 만든 화덕에서 돼지고기를 장시간 익혀 만드는 하와이 전통 음식—옮긴이) 와 아히 포케Ahi Poke(참치 회로 만드는 샐러드로 보통 애피타이저로 먹는다—옮긴이)를 먹는다. 웨스틴 카아나팔리 오션 리조트에서 심야 시간에 손님들에게 '별을 보고 방향 찾는 법'을 가르쳐 준 적도 있다. 현대 사회에서 카누를 타는 것만으로 먹고살거나 가족들을 부양하는 사람은 거의 없는 것 같다. "항해협회가 성공적으로 발전한다면 우리도 저 바다에 나가 카누를 탈 수 있겠죠." 베이베이안은 우리 앞에 펼쳐진, 텅 빈 바다를 향해 고갯짓하며 말했다. "아이들은 계속 달라질 겁니다." 베이베이안은 잠깐 멈추었다가 말을 이었다. "참 두려운 일이에요. 이 지식이 약화되는 게 두려워요. 관심을 기울이지 않으면 잃고 마니까요. 그래서 열심히 싸우고 있습니다."

◀•▶

마우이에서 약 8050킬로미터 떨어진 거버너스 섬에서, 나는 남쪽을 향해 비스듬히 기울어진 잔디밭에 앉아 튀긴 닭과 무스비(밥 위에 햄을 얹고 김으로 두른 주먹밥의 일종—옮긴이), 김치, 큼직하게 썬 달콤한 파인애플을 먹으면서 여러 남성, 여성들이 전통적인 훌라춤을 추는 모습을 지켜보았다. 모여든 사람들 모두 호쿨레아호를 기다리고 있었다. 이제 곧 배가 들어온다는 이야기가 퍼지자 사람들은 일제히 물가 쪽으로 갔다. 맨해튼의 나지막한 스카이라인에서 해가 빛나는 가운데, 호쿨레아호의 다음 여정도 안전하게 끝나기를 기원하며 선원들에게 축복과 희망을 선사하는 노래가 들리기 시작했다. 얼마 지나지 않아 거대한 카누가 시야에 들어왔다. 커다란 돛이 바람에 잔뜩 부풀어 올라 빨간 게가 집게 두 개를 번쩍 치켜든 것 같은 모습으로 파도가 일렁이는 수로를 따라 굉장한 힘과 속력으로 진입하고 있었다. 배가 우리 곁을 지날 때 배 위 선원들은 가슴을 활짝 펴고 우리를 향해 경례했다. 뱃고동 소리가 바람에 실려 우리에게로 전해졌다.

강철과 유리로 만들어진 각종 기반시설이 꽉 들어찬, 세계에서 가장 막강한 경제의 중심에 이토록 당당하게 나타난 배는 큰 놀라움을 안겨 주었을 뿐만 아니라 생각보다 훨씬 아름다웠다. 앤서니가 했던 말이 떠올랐다. 태평양 섬 주민들에게 카누는 바다 위에 있는 섬 자체이고 섬은 귀중한 곳, 생존 수단, 우리를 사람으로 만들어 주는 곳이라고 했다. 카누가 섬과 같다는 비유는 더 넓은 범위로 얼마든지 확장할 수 있다. 바다처럼 펼쳐진 우주 공간에서, 같은 운명으로 한데 묶인 우리가 모여 사는 지구도 일종의 카누가 아닐까? "이것이 하와이, 폴리네시아, 태평양에만 해당되는 일이 아니라면, 전 세계 모든 사람에게 공통적으로 적용되는 일이라면 어떨까요?" 앤서니는 말했다.

이런 생각을 하고 있을 때 미니먼 과거인 동시에 현재에 대한 저항의 상징인 배, 너무나 많은 사람에게 미래의 희망이 된 귀중한 배가 된 호쿨레아호는 눈앞에서 점점 멀어졌다.

기후변화와
방향 탐색

북극과 호주, 오세아니아에서 전통적인 방향 탐색 기술을 보유한 사람들과 대화를 나눌 때만 해도 나는 기후변화 문제가 그때 나눈 이야기들과 연결되리라곤 전혀 예상하지 못했다. 그러나 내가 찾아간 원주민 공동체마다 기후 파괴의 제일선에 놓여 있다는 사실을 재차 확인할 수 있었다. 시간이 더 지난 후에야 나는 이것이 세대 간의 정보 전달이 구두로 이루어지는 것이나 자연을 세밀하게 관찰하는 것 등 원주민들만의 독특한 문화적 특성에서 비롯된 결과인 경우가 많다는 것을 제대로 이해할 수 있었다. 파괴되는 자연을 이들은 한층 더 민감하게 인지하고 있었던 것이다. 심지어 입에서 입으로 전해 내려온 총체적인 경험을 토대로 기후변화로 발생한 변화를 수백 년 전 상태와 비교할 수 있는 사람도 있었다.

북극에서는 해빙 상태와 날씨, 기온을 예측하기가 매우 어려워지는 추세다. 나이 지긋한 사냥꾼들은 수년 전부터 과거에 한 번도 목격한 적 없는 이상한 현상이 발생하고 있다는 사실을 보고해 왔다. 전문적인 방향 찾기 기술을 보유한 사람들이 바로 이런 역할을 담당하는 경우가 대부분이다. 이누이트족 출신 영화감독 자카리아스 쿠눅Zacharias Kunuk은 길고 긴 겨울이 지난 뒤에 해가 하늘에 떠오르는 위치가 과거와는 크게 달라졌고 별이 잘못된 위치에서 나타나는 경우가 잦다는 이야기를 수시로 듣는다고 밝혔다. 쿠눅은 처음에 이런 이야기들이 다 농담인 줄 알았지만 그런 사실을 전한 노인들은 진지했다. 지구의 자전축이 달라진 것이 분명하다고 주장했다는 것이다. "저는 그런 이야기에 전혀 관심을 기울이지 않았습니다. 그러다 〈이누이트족의 지식과 기후변화Inuit Knowledge and Climate Change〉라는 다큐멘터리를 제작하기 시작하면서 다른 지역에서도 같은 이야기가 나오고 있다는 것을 알게 됐어요." 쿠눅은 내게 설명했다. "하지만 중요한 일로 받아들여질 것이라고는 생각하지 않습니다. 이누이트족은 박사 학위도 없고 대학에도 다니지 않으니까요." 호기심이 발동한 쿠눅은 지리학자이자 함께 영화를 만들어 온 이언 마우로Ian Mauro와 함께 과학자들에게 연락해서 왜 이런 일이 일어났는지 설명을 요청했다. 미국 항공우주국NASA에도 서신을 보냈지만 아무런 답을 받지 못했다. 그러다 캐나다 매니토바대학에서 공기의 밀도 변화로 인해 빛이 굴절되면서 생기는 일종의 신기루인 대기굴절을 전문으로 연구해 온 과학자를 알게 되었다. 쿠눅이 들은 말대로 지구의 자전축이 바뀐 건 아니지만 북극에서 천체 현상의 변화가 일어난 것은 '사실'이며, 기후변화에서 시작된 기온 변화가 원인일 가능성이 가장 높다는 결론이 도출되었다. 이와 함께 대기굴절로 나타나는 신기루에 적용할 수 있는 이누이트어도 이미 존재하는 것으로 밝혀졌다. '이상하게 찌른다'는 뜻의 '콰피랑가주크qapirangajuq'로, 작살로 물고기를 잡을 때 물의 굴절을 보고 잘 맞춰서 창을 찔러야 한다는 이 표현을 그동안은 하늘에서 관찰한 현상과 연결시키지 않았을 뿐이다. "제가 들었던 이야기들이 다 사실임을 비로소 깨달았습니다." 쿠눅의 이야기다.

8개국 대표들로 구성된 과학 단체 '북극 이사회'는 2040년 여름이면 북극 전체에 얼음이 남지 않을 것으로 전망한다. 알래스카에 살고 있는 유피크족 출신 교육학 교수 클로뎃 잉블롬브래들리Claudette Engblom-Bradley는 어린 시절부터 날씨를 관찰하고 예측할 수 있었지만 이제는 환경 변화로 기상예보가 극히 어려워졌다고 밝혔다. 그린란드도 까낙Qaanaaq을 비롯한 여러 마을에서 기후변화로 인해 사람들이 갈 수 있는 장소가 한정되고, 어딘가로 이동할 때 활용하던 환경 지표도 크게 줄어드는 사태가 발생했다. 이곳 마을 주민 중 한 사람인 젠스 대니엘슨Jens Danielson은 〈워싱턴 포스트〉와의 인터뷰에서 다음과 같이 밝혔다. "과거에는 사냥꾼들이 날씨를 한 번 확인하면 앞으로 며칠간 어떤 날씨가 될지 예측할 수 있었지만 이제는 그럴 수 없다. 날씨가 매일 변하고 하루에도 시간대별로 바뀌기 때문이다."[1]

남태평양에서도 기후변화로 방향 탐색에 기준이 되는 환경 신호에 혼란이 발생하고 있다. 계절마다 달라지는 무역풍은 약화되거나 일정하지 않은 방향으로 불고 있다. 약 1000만 명이 사는 남태평양 전역에서 해수면 상승이 이들 모두의 생계와 섬 전체를 위협한다. 기후변화에 관한 정부 간 패널에 따르면 해수면은 20세기 대부분 기간 동안 연간 평균 1.7밀리미터씩 상승했다. 투발루, 바누아투를 비롯해 수백 곳에 이르는 남태평양 섬들은 홍수와 침식, 환초가 가라앉을 수 있다는 위협에 시달리고 있다. 몰디브와 마셜제도, 투발루의 경우 뭍에 사는 인구의 90퍼센트가 해발 10미터도 안 되는 높이에서 살고 있다.

섬 주민 전체를 다른 곳으로 옮긴다고 할 때 소요되는 잠재적 비용은 눈이 핑 돌 수준이다. 로버트 맥클리먼Robert McLeman은 《기후와 인간의 이동Climate and Human Migration》에서 현대사회에는 남태평양에서 발생할 수 있는 사태, 즉 한 국가의 영토 전체가 사라지는 일에 직접 비유할 만한 것이 없다고 지적했다. 현재 전 세계적으로 국가가 없는 인구는 1200만 명에 이르는데, 그런 사태가 벌어져서 난민이 발생하면 이 숫자도 그만큼 늘 것이다. "투발루 사람들이 [해수면 상승 때문에] 투발루 국민이라는 지위를 잃지는 않겠지만 투발루라는 나라 자체가 더 이상 물리적인 거주가 불가능한 곳이 되므로 현대판 아틀란티스가 되는 셈이다."[2] 그는 설명했다. "[해수면 상승으로 인해] 국가가 사라진 사람들에게 쉼터를 제공하거나 이들을 보호할 수 있는 국제법과 정책은 마련되어 있지 않다. 대중 언론이나 비정부단체, 일부 학자들까지 국제법상 따로 분류가 없는 이런 사람들에게 '환경 난민' 또는 '기후변화 난민'이라는 표현을 사용한다."

나는 이 책을 쓰기 위해 취재를 이어 가는 동안 인간의 방향 탐색 기술과 전 세계적 기후변화의 또 한 가지 놀라운 관계를 발견했다. 산업시대가 시작되자 인류는 땅속 깊숙이 묻힌 화석연료로 가동되는 교통수단이라는 혁신을 일으켰다. 우리가 자동차, 비행기, 배, 로켓, 그 밖에 탈것을 이용하여 인류의 조상들은 상상도 못 했을 속도로 이동할 수 있게 된 것도 이러한 변화 덕분이다. 이 기간 동안, 즉 내연기관이 발명된 이후 지금까지 우리는 열을 포집하는 탄소를 대기 중에 너무 많이 방출했다. 그 양은 지난 80만 년의 역사를 통틀어 어떤 기간보다도 높은 수준이다. 다시 말해 인류의 방향 탐색에 변화를 가져온 교통수단의 혁명이 기후변화에 영향을 주었는데, 이제 기후변화는 향후 수십 년 내로 인류가 어디로 어떻게 이동할 수 있는가에 엄청난 영향을 줄 것으로 전망된다.

그런데 토착 문화의 방향 탐색 기술과 지식이 정말 기후변화를 물리치는 중요한 도구가 될까? 맥클리먼은 중앙아시아 지역부터 라플란드, 아프리카 사하라 지역의 문화에서 고유하게 이어진 이동 생활에 관한 글을 썼다. 호주 원주민과 이누이트, 북미 대륙 캐나다 원주민의 경우 이동과 이주는 문화를 유지하고 환경을 지키는 고유한 요소다. 이동과 이주 생활을 자신의 정체성 중 한 부분으로 여기고 여행 기술과 스스로의 힘으로 살아남는 기술을 보유한 사람들로부터 무엇을 배울 수 있을까? 컬럼비아대학 교수 라피스 아바조부Rafis Abazov는 유목민 문화에서 현대사회가 배울 것이 많으며 그중에는 다른 사람들을 대하는 태도도 포함된다는 글을 썼다. 유목 생활에서는 차이를 탐색하고 낯선 이들로부터 지평선 너머의 땅에 관해 배우는 일이 필수다. 그러나 원시 공동체가 축적하고 생산해 낸 지식이 최소한 과학계의 지식과 같이 유효하다고 여겨질 때 비로소 그들의 전통과 기술로부터 많은 것을 배울 수 있다.

'원주민의 생물문화적 기후변화 평가 사업단'에서는 증거를 토대로 반응하고 적응할 줄 아는 능력을 발달시키려면 원주민의 지식, 경험, 지혜, 관점이 필요하다고 주장한다. 남태평양 전역에서는 전통적인 방향 탐색 기술을 되살리는 것이 기후변화와 이러한 사태를 일으킨 특정 기술, 경제의 위협에 강력히 대응할 수 있는 방안이라는 시각이 점점 강화되고 있다. 마셜제도는 태평양 국가들 중에서는 처음으로 2030년까지 교통수단에서 발생하는 배출 가스를 약 27퍼센트 감축한다는 목표를 세웠다. 오케아노스 재단Okeanos Foundation은 오세아니아 사람들이 다름 아닌 자신이 살고 있는 땅을 바닷속에 가라앉을 위험에 처하게 한 화석연료에 의존하지 않도록, 섬과 섬 사이를 오가는 전통적인 카누 기술과 생물 연료, 태양에너지를 종합적으로 활용하는 새로운 운송 산업을 발전시키고자 한다. 항해협회와 NGO, 비영리단체, 학교, 지역 공동체도 전통적 지식과 길 찾기 기술이 화석연료에서 벗어나 지속 가능한 미래를 만드는 강력한 수단이 될 것임을 인지하고 있다.

◄•►

나는 피지제도 비티레부 섬의 남태평양 대학을 찾아가 '지속 가능한 해양 교통 연구 프로그램'의 총괄을 맡고 있는 피터 넛톨Peter Nuttall과 만났다. 저탄소 운송 방법을 개발하는 일에 매진하는 이 프로그램에서는 피지 사람들의 전통 항해 기술을 세계적인 상업 해상운송 분야에 적용하여 연료 의존도를 낮추고자 노력 중이다. 실제로 해양 운송 산업은 전 세계적으로 온실가스 배출량이 여섯 번째로 많다. 넛톨은 돛으로 나아가는 쌍동선을 활용할 수 있으면 탄소 배출량을 줄이는 대안이 될 뿐만 아니라 지역 토착 문화와 기술을 지원하는 경제 부흥의 기능도 얻을 수 있다고 전망한다. "현재의 운송 산업은, 특히 국내 운송 체계는 지속 가능성이 점점 떨어지는 데다 태평양 지역의 풍부한 토착 문화와 역사를 전혀 활용하지 않는다. 이 지역에서 전해 내려온, 지속가능한 선박/항해 기술은 말할 것도 없다."[3] 그는 이런 글을 쓴 적이 있다. 넛톨은 오세아니아의 기후 변화와 해수면 상승 문제를 해결할 수 있는 대안은 오세아니아의 역사 자체라고 본다. 그러나 이러한 비전을 현실로 만들기 위해서는 거의 사라진 전통 카누 제작 기술부터 되살려야 한다. 내가 그곳을 찾아간 이유도 바로 이 때문이다. 나는 피지의 전통 보트 '카마카우camakau'를 제작하고 이 배로 항해하면서 방향 찾는 기술을 지금까지 보유한 사람들이 모여 사는, 마지막 남은 마을을 찾아갔다.

넛톨이 이 마을을 찾게 된 사연은 소설 같은 우연 덕분이다. 뉴질랜드 태생인 그는 스스로를 성질 고약한 늙은 뱃사람으로 묘사하곤 한다. 바다를 사랑하는 마음 그리고 피지 사람들의 해상 운송 전통을 진심으로 존경하는 마음에서 피지 사람들을 향한 연대의식이 자연히 생겼다. 그가 쓴 글에도 이러한 감정이 나타난다.

> 피지 사람들은 사람과 신, 사람과 환경, 문화와 문화를 이어 주는 연결고리이자 접점, 조력자다. 바다를 항해하는 배는 이들이 이룩한 사회적 성취의 정점과도 같다. 피지 사람들의 배는 최후의 방어선이며, 설계와 기능에서 다른 대륙들의 어떤 사례에서도 볼 수 없는 완전히 다른 특징이 나타난다. 거의 명상에 가까운 이들의 접근 방식에 따라 최소한의 자원을 이용한 단순한 형태를 빚어낸다. 이곳에서 기능공의 주된 역할은 육지에 어울리는 설계와 건축이 아닌 해상 건축과 배 제작이다. 이들이 만든 배는 금속을 구할 수 없고 수영과 걷기가 똑같이 중요하며 바다에서 살아남는 일이 육지에서만큼 혹은 그 이상 필수적인 문화에서 나온 산물이다.[4]

넛톨은 피지가 오세아니아 중심 지역 대부분이 포함된 복잡한 정치, 무역 네트워크의 일부였으며 그러한 지위에 오를 수 있었던 것은 피지 사람들이 만든 항해용 선박들로 구성된 대규모 선단 덕분이었다는 사실을 잘 알고 있다. 그러나 수십 년 전부터 과거의 이 역사적 항해가 남아서 전해지는 곳을 찾을 수가 없었다. 전통 카누도, 그 배를 만드는 법을 아는 사람도 전혀 찾을 수 없었다. 시야에 들어오는 섬과 암초 외에 그 너머로 모험을 떠나는 사람도 거의 없고, 배에는 돛 대신 선외 모터가 설치됐다. 항해도 돈과 연료를 아끼기 위해 방향을 알려주는 자연의 신호 대신 해류와 바람을 가로질러 일직선으로 이루어진다. 섬과 섬 사이를 오가는 이동은 거의 대부분 페리가 담당하고, 일부 섬은 아예 페리가 다니지 않거나 다니더라도 드문드문하다. 현존하는 유일한 전통 카누 '드루아drua'는 1913년에 만들어진 라투피나우Ratu Finau호가 전부로, 현재는 넛틀과 내가 만나 이야기를 나누던 사무실에서 불과 수 킬로미터 떨어진 피지 박물관에 보관되어 있다. 넛틀은 칸다부 섬의 마을에 버려진 작은 드루아를 발견한 적이 있지만 그 배가 얼마나 오래된 배인지, 어떻게 사용된 배인지 아는 사람이 없었다고 한다. 2006년에는 아트 페스티벌에서 카마카우 여러 대가 항해하는 것을 직접 두 눈으로 보았지만 어디에 정박했는지 찾지 못했다. 행사가 끝나고 휙 사라져버린 기분이었다. 도서관, 박물관도 찾아다녔지만 거의 매번 빈손으로 돌아왔다. "드루아 문화가 이제는 역사와 박물관 전시품으로만 남았다는 지표만 가득했다."[5] 그는 당시 상황을 이렇게 썼다. 항해 전통은 완전히 사라지고 여기저기 흩어진 불완전한 역사 기록과 흑백 사진 몇 장으로 짜 맞출 수밖에 없다는 생각이 들었다.

그러다 2009년에 기적과도 같은 일이 벌어졌다. 어느 저녁, 석양 무렵에 넛틀이 남태평양 대학과 가까운 라우칼라 만에서 닻을 내리고 있을 때 수평선 아래로 전통 돛인 라카laca로 보이는 실루엣이 나타난 것이다. 그는 그날 밤 있었던 일을 이렇게 기록했다. "어린 아들과 우리 작은 보트로 얼른 뛰어올라 그 실루엣을 따라잡으려고 속도를 높였다. 마침내 그 배를 따라잡자, 누더기처럼 조각조각 이어진 돛을 단 커다란 카마카우에서 라우 제도 사람이 분명해 보이는, 껄껄 웃는 사람이 나타나 우리 아들을 휙 들어다가 자신의 배에 태우면서 말했다. 'Mai, mai lakomai, 어서 오세요, kaiwal. 카바 한 잔하러 가십시다.' 그 뱃사람들은 내가 탄 보트 앞을 힘차게 달리면서 계속 웃음을 터뜨렸다. 그리고는 맹그로브가 개울을 따라 줄지어 서 있는 늪지 쪽으로 사라졌다. 내가 도시의 해안에서 바라볼 때마다 사람이 살 수 없는 곳이라고 생각했던 곳이었다."[6] 넛톨은 그 날 코로바라는 마을에서 새벽까지 그들과 이야기를 나누었다. 그리고 자신이 만난 사람들이 처음 만난 카마카우 뱃사람인 동시에 카마카우 만드는 기술을 보유한, 피지에서 마지막으로 남은 사람들이라는 사실도 알게 되었다. 그곳 사람들은 선외 모터가 달린 배는 하나도 없다고 자랑스레 이야기했다. 뱃사람들이 모여 사는 마을을 찾아냈다는 건 기적 같았지만 고대 전통을 보유한 사람들이 피지의 도시 그림자에 가려져 알아보기도 힘든 이런 땅에서 살고 있다는 사실은 명백한 비극으로 느껴졌다.

이야기를 마치고 넛톨의 배우자 앨리슨과 두 어린 아들, 그리고 내 배우자와 두 살 아들까지 모두 함께 만나 인사를 나누고 다함께 잔디가 펼쳐진 대학 캠퍼스로 나갔다. 교정의 잔디는 큰 배수로와 차들이 빠르게 달리는 도로 사이로 이어졌다. 북쪽으로 800미터쯤 걸어가자 라우칼라 만 끄트머리가 나왔다. 거기서 흙길 쪽으로 꺾어 맹그로브가 드리운 그늘 속으로 들어섰다. 그 어딘가에 작은 마을이 있다는 사실을 처음 느낄 수 있었던 건 우리를 맞이하러 달려 나온 꼬마들을 발견했을 때다. 아이들은 처음 보는 방문자들과 낯선 어린 아기를 보고 잔뜩 기뻐했다. 우리 집 아기는 얼른 그 무리에 끼고 싶어 했다. 그 길로 계속 걸어가자 작은 항해용 카누 대여섯 대가 물가에 올라와 있는 광경이 보이고 그 뒤편에 시멘트로 지은 집들이 보였다. 마을 사람들에게 '니 사 불라 비나카ni sa bula vinaka(안녕하세요)'라고 인사를 건넨 후, 우리는 널찍한 야외 회의 공간으로 안내를 받았다. 물결무늬로 만든 주석 지붕이 덮여 있고 바닥에 매트가 깔린 그곳에 우리가 둥글게 자리를 잡자 바닥에 짧은 다리가 달린 커다란 나무 볼 하나가 중앙으로 옮겨졌다. 여성 중 한 명이 볼에 물을 붓고 카바Piper methysticum 뿌리를 담가 카바를 만들기 시작했다. 카바 뿌리에서 진흙 색깔로 우러난 물은 만족감을 느끼게 하는 향정신 효과가 있는 것으로 유명하다. 어린 여자아이 한 명이 코코넛 껍질에 카바를 반쯤 담아 둥글게 모여 앉은 우리에게 한 잔씩 가져다주었다. 우리는 아이에게 컵을 받기 전에 박수를 한 번 치고 양손을 둥글게 오므려서 컵을 받고 물을 모두 마신 다음 다시 아이에게 컵을 돌려주었다. 그리고 박수를 세 번 쳤다. 주인이 찾아온 사람에게 카바를 대접하는 '세부세부sevusevu' 의식은 이렇게 치러진다. 피지 문화의 중심인 카바는 '땅의 피'라는 뜻의 '와이 니 바우나wai ni vanua'로도 불린다.

회의 공간 주변에는 직접 짠 그물들이 걸려 있고 산들바람이 불어왔다. 모여 앉은 사람들의 시선은 모두 원 중심에 앉은 60대 정도 된 두 남성에게로 모였다. 자동차나 미니밴에서 분리한 것으로 보이는 의자에 덮개를 씌우고 그 위에 앉은 두 사람을 바라보고 있자니, 승리의 기운이 감도는 어느 궁정에서 두 연장자가 왕좌에 앉아 있고 우리는 존경심이 가득한 눈으로 바라보는 백성이 된 것 같았다. 주이주아 베라Juijuia Bera와 그의 형 세미티 카마Semiti Cama는 카마카우와 드루아 제작 기술을 보유한 마지막 남은 피지 사람이었다. 이 두 종류의 배 가운데 크기 면에서나 성능 면에서 가장 압도적인 것은 드루아다. 나무, 풀, 견과류, 돌, 뼈, 상어 가죽 외에 금속은 전혀 사용되지 않는 이 배는 약 30미터 길이의 선체 두 개가 비대칭으로 연결되어 완성된다. 드루아 한 대로 200~300명을 태우고 시속 27킬로미터로 이동할 수 있다. 평시에는 외교 활동이나 사람과 물자를 옮기는 용도로 사용되고 전시에는 다른 배를 들이박는 배와 달아나는 배를 차단하는 배, 병사들에게 필요한 물품을 운반하는 배로 구성된 대형 함대를 꾸려 전투선으로 활용됐다. 전사들을 태운 카누들로 이루어진 함대를 '볼라bola'라고 하는데, 1808년 윌리엄 로커비William Lockerby라는 상인은 스웨들 만에서 카누 150척에 쫓긴 적이 있다고 전해진다. 19세기 중반에는 우리가 앉아 있던 곳에서 동쪽으로 조금 떨어진 곳에 있는 라우칼라 베이에서 누군가 두 개의 볼라를 목격한 기록도 있다.

이러한 힘을 발휘한 것도 다 과거의 일이 되었다. 오늘날 피지 사람 대다수가 50센트짜리 동전 뒷면에 새겨진 것 외에는 드루아를 전혀 보지 못한다. 그러나 역사가들은 드루아가 오세아니아의 기술적 설계가 정점에 달한 결과물이며, "태평양 지역의 다른 섬에서 나온 어떤 배들보다 우수한"[7] 카누로 여긴다. 피지에서 드루아가 마지막으로 항해한 것은 1992년으로, 베라와 세미티의 부친 시미오네 파키Simione Paki는 당시 드루아로 라우 군도에서 수바까지 이동했다. 감리교 전도사인 파키는 모스 섬에서 열여섯 명의 아이를 낳아 기르면서 어릴 때부터 자식들이 배로 이동하고 방향 찾는 법을 배울 수 있도록 드루아에 태워 함께 다니곤 했다. 피지에서 가장 뛰어난 방향 탐색 기술을 보유한 사람들이 모여 있는 라우 군도에서도 특히 모스 섬은 그 실력이 가장 출중하다.

회의 공간에서 카바가 더 만들어지고, 베라와 세미티는 배 타는 법과 방향 찾는 법을 어떻게 처음 배웠는지 이야기했다. 해가 뜨거나 지는 위치를 기준으로 삼아 수평선에서 동쪽과 서쪽을 찾고 밤에는 금성, 화성, 목성, 토성이 기점이 되었다. "너울, 바람의 방향도요. 이런 것들이 바다에서는 도움이 됩니다." 두 사람의 설명이다. "전통적인 방향 탐색 기술을 이용하려면 매일 해가 지는 모습을 지켜봐야 합니다." 한 섬에서 다른 섬으로 이동하는 동안 별 하나의 위치가 여행 방향에 따라 어떻게 달라지는지 확인하고, 이 별이 지면 다른 별을 택해서 다시 같은 방식으로 방향을 정하는 경로 시스템은 오세아니아에서 흔히 사용된다. 라우 군도의 익숙한 해류와 바람의 패턴도 활용한다. 1989년에 베라, 세미티 형제의 아버지는 모스 섬을 떠나기로 결심하고 수바까지 320여 킬로미터를 이동했다. 그곳에서 관광객들과 피지 사람들에게 드루아로 크루즈를 즐길 수 있는 새로운 사업을 시작할 수 있으리라는 희망에서 출발한 이

주였다. 부친은 베라와 또 다른 남자 형제인 메투이셀라 부이바칼롤로마Metuisela Buivakaloloma를 데리고 가서 태풍과 홍수에 취약해서 아무도 살지 않는 땅에 마을을 세웠다. 부이바칼롤로마는 1993년에 카마카우를 타고 모스 섬으로 돌아가던 길에 바다에서 실종됐다. 그가 타고 있던 배는 한 달이 지나 한 섬에서 발견됐다. 파키 역시 2004년에 바다에서 숨졌다. 카누 제작 기술은 사라져 갔다. "섬에는 물이 없습니다. 물이 있는 곳으로 가려면 이동을 해야 하죠. 카누는 우리가 아는 유일한 이동 수단이었습니다." 베라가 통역사를 통해 설명했다. "우리가 할 수 있는 일은 다시 섬으로 돌아가는 것뿐이었어요. 배를 만드는 것을 보고, 완벽하게 익히고, 이곳으로 가지고 왔습니다. 모스 섬은 배 만드는 사람들이 있는 곳입니다. 1980년대부터 쇠락하기 시작했어요. 사람들이 선외 장치에 의존하기 시작했죠. 카누 만드는 일은 쉽지가 않습니다. 길도 없는 곳으로 찾아 가서 나무를 베야 해요. 밧줄도 있어야 하고, 돈도 있어야 합니다. 우리가 섬을 떠난 후 제가 만든 카누가 마지막으로 남았고 그 뒤로는 끝이었어요. 카누는 더 이상 없었습니다."

3년 전에는 월트 디즈니 사의 프로듀서 몇 명이 베라와 세미티를 찾아왔다. 〈인어공주〉, 〈알라딘〉, 〈겨울왕국〉 등 블록버스터 애니메이션을 만든 존 머스커John Musker와 론 클레먼츠Ron Clements는 〈모아나〉 제작을 위해 조사차 여행을 다니는 중이었다. 마을 아이들에게 플라스틱 장난감을 한가득 선물하고 수백 달러를 건네기도 한 이들은 카바를 마시면서 피지의 배 만드는 기술과 구전 설화, 방향 탐색에 관해 질문했다. 마을 주민들은 머스커와 클레먼츠에게 정보를 제공하면 그 대가로 매달 돈이 지급되리라는 믿음으로 두 프로듀서의 담당 변호사와 함께 계약을 체결했다. 그 돈이면 오래전부터 꿈꾸던 관광 사업을 시작하고 수십 년 만에 처음으로 피지에서 드루아를 만들 수 있으리란 기대도 품었다. 그러나 수바의 둑에 있던 카마카우를 그대로 옮긴 듯한 배가 등장하는 〈모아나〉의 첫 번째 홍보 영상이 공개된 후에도 돈은 일절 지급되지 않았다. 넛톨은 2014년 11월 말에 이 일로 크게 낙심한 코로바 마을 주민들과 만났다. 그리고 머스커에게 이메일을 보내, 머스커와 만났을 때 제발 코로바 마을의 유산과 토착민들의 지식을 훔치지 말고, 그들의 지적 재산권을 빼앗지 말 것을 요청했던 사실을 기억하라고 말했다. 넛톨은 〈모아나〉가 코로바 주민들을 위하는 척했지만 얼마나 고통스러운 아이러니가 빚어졌는지 이야기했다. "디즈니는 수평선 너머로 흘러가는 가상의 카누를 새로 만들어서 축하받고 성공도 하고 돈도 벌 생각인 것 같았어요. 이 일의 가장 서글픈 결과는 코로바 아이들에게서 볼 수 있습니다……. 밀물이 들어올 때 이제 마을에 마지막 남은, 다 썩은 카마카우 선체에 앉아서 맥도날드에서 받은 다 망가진 카마카우 모양의 플라스틱 장난감을 가지고 놀고 있으니까요."

실제로 디즈니는 이미 레고와 샌드위치 판매점 서브웨이, 다른 장난감 업체들과 파트너십 계약을 체결했다. 영화에 등장하는 마우이족 캐릭터처럼 꾸밀 수 있는 할로윈 의상도 출시했다. 갈색 셔츠와 바지, 머리에 쓰면 거무스름한 피부에 온몸이 문신으로 뒤덮인 폴리네시아 지역의 독특한 장발 반신반인의 모습으로 변신할 수 있는 가발까지 포함해 '폴리페이스'라 이름 붙인 이 의상을 접한 대중은 〈모아이〉에 영감을 준 태평양 지역의 문화를 디즈니가 세심하게 신경 쓰고 존중하리라는 믿음이 깨진 것을 느끼고 격렬한 분노를 드러냈다. 디즈니 사는 서둘러 공개 사과를 하고 진열대에서 상품을 전부 치워야 했다. 2016년에 개봉된 〈모아이〉는 단 이틀 만에 5600만 달러라는 수익을 거두었다. 이후 9개월간 벌어들인 돈은 6억 3800만 달러에 이른다. 그럼에도 불구하고 코로바 마을 주민들은 수년 동안 어떠한 보상도 받지 못한 채 기다려야 했다. 나중에 디즈니는 한 재단이 관리하는 신탁에 보트 제작에 쓸 수 있도록 돈을 기부했다. 그 기간 동안, 넛틀의 장남은 할머니가 돌아가시면서 남겨준 얼마 안 되는 유산을 드루아 제작 기금으로 내어 놓았다.

나는 궁금했다. 왜 이곳 주민들은 자신들이 보유한 지식을 디즈니 프로듀서와 공유하기로 마음먹었을까? 내 옆에 앉아 있던 베라의 사촌 짐은 이렇게 설명했다. "비밀로 지켜야 한다고 생각하는 사람들도 있습니다. 하지만 우리는 그렇지 않아요. 바다로 먹고사는 사람이라면 거짓말을 하면 안 되고, 그래야 바다도 우리를 지켜 준다고 믿습니다. 비밀로 남기는 건 그 믿음과 맞지 않아요. 그래야 바다가 우리를 보호해 줍니다." 짐이 말했다. "바다는 우리의 대장이고, 사랑입니다. 바다는 깨끗하고, 강력하고, 다정해요. 바다에 거스르는 일을 하면 위험해질 수 있습니다. 어르신들, 우리 아버지는 우리에게 이걸 가르쳐 주셨어요." 지식은 팔 수 있는 것이 아니라는 의미였다. "공짜로 주어지는 것이니까요." 베라가 덧붙였다.

대화는 디즈니에서 2주 전에 채택된 파리 기후변화 협정으로 흘러갔다. 벌써 밤이 되어 아들이 내 무릎에서 잠이 들었다. 전구 몇 개가 켜지고, 그 아래에서 사람들이 파리 협약에 관해 이야기했다. 파리에는 토착민 공동체의 대표단도 참석했다. 코로바 대표도 대표단에 포함되어 있었다. 넛톨은 회의 공간에 둘러 앉아 있던 청년들 중에 코로바로 카누 만드는 법을 배우러 온 적이 있다는 사람을 가리켰다. 피지 북쪽 작은 섬나라인 투발루에서 온 청년이다. 투발루는 해수면 상승으로 아주 위태로운 상황에 놓인 국가로, 다가오는 100년 내에 더 이상 사람이 살지 못하는 곳이 될 것이라 전망하는 사람들도 있다. "지금 당장 전 세계에서 배출 가스가 다 사라진다 하더라도 투발루는 물에 잠길 겁니다." 넛톨이 설명했다. "저 청년이 다른 곳으로 이주해야 한다면, 스스로 항해를 할 수 있을까요? 투발루에 살던 조상들은 어디든 원하는 곳으로 떠날 수 있었습니다. 하지만 이제는 747기를 타고 다니죠." 넛톨은 잠시 말을 멈추었다가 이어 갔다. "이런 위기 속에서 어떻게 품위를 유지할 수 있을까요?"

카바가 내 온 신경에 영향을 준 탓일까. 그의 질문이 허공에 계속 떠 있는 기분이 들었다. 아주 중요하고, 동시에 기운 빠지는 질문이었다. 방향 탐색 기술을 기후변화의 해결책으로 제시하는 것은 과장된 대처인지도 모른다. 그러한 기술 자체로는 이산화탄소 배출량을 줄일 수도 없고, 인류가 자동차며 비행기를 다 포기하고 배를 선택하는 일도 없을 것이다. 하지만 우리가 공간 속에서 이동하는 방식을 좀 더 비판적인 눈으로 볼 수 있다면? 기술은 우리의 선택에 얼마나 큰 영향을 주었고, 전 세계 환경에는 또 얼마나 지대한 영향을 주었나? 주변 환경에 좀 더 관심을 갖고, 자연에서 나타나는 패턴과 변화를 지켜보고, 그 정보를 다른 사람들과 나눈다면? 우리가 살아가고 이동하는 장소들에 좀 더 애착을 갖고 신경을 쓴다면? 이 모든 것들이 아주 중요하다는 생각이 들었다.

밤이 깊어지고 아이들이 전부 자러 간 뒤에야 우리는 감사 인사를 하고 작별 인사를 나누었다. 그리고 깜깜한 길을 걸어 차가 있는 곳으로 돌아온 후 비티레부 섬 남쪽 끄트머리를 따라 구불구불 이어진 고속도로를 달렸다. 뒷좌석에 앉아 있는 동안 생각이 여기저기로 흘러갔다. 문화적 기술과 전통이 희미하게나마 살아남았다는 사실에 놀랐고, 인류학적인 기후변화와 그것이 피지에서는 더 이상 모른 척할 수 없을 만큼 큰 결과를 초래한 시급한 문제라는 것도 깨달았다. 또한 다시 낯선 이들에게 자신들의 생각과 경험을 기꺼이 나누어준 베라와 사미티의 환대와 그들의 이야기를 들을 수 있었다는 사실이 너무나 행복했고 마음이 따뜻해졌다(내 몸속에서 흐르던 카바도 분명 작용했으리라). 자신이 아는 것을 다른 사람들에게도 알려주려는 그들의 위엄과 취약성이 이 세상을 지배한 냉소주의를 바로잡을 수 있을 것 같다는 생각도 들었다. 창밖을 보니 하늘에 뜬 별들이 보이고 신경학자 올리버 색스가 쓴 책에서 읽었던 구절 하나가 떠올랐다. 색스는 1990년대에 미크로네시아의 핀지랩 환초를 찾았다. 우리가 차로 이동 중인 고속도로에서 북동쪽으로 약 3200킬로미터 떨어진 그곳에서 색스는 왜 하필 이 섬에 색맹, 즉 색을 보지 못하는 사람들이 이례적으로 많은 이유를 밝히고자 했다. 어느 날 밤, 색스는 미크로네시아에서 카바를 부르는 또 다른 이름인 '사카우sakau'를 마시고 경험한 일을 《색맹의 섬The Island of the Colorblind》에서 다음과 같이 회상했다.

내 옆에 앉아 있던 크누트도 나와 같이 하늘을 바라보고 있었다. 그는 북극성과 직녀성, 아르크누루스를 가리켰다. "폴리네시아 사람들이 활용하는 별들입니다." 곁에 있던 밥이 이야기했다. "하늘처럼 펼쳐진 공간을 범선으로 항해할 때 이런 별들을 봅니다." 그러자 그들의 항해가, 5000년 동안 이어진 항해가 하나의 장면처럼 떠올랐다. 이들의 역사, 모든 역사가 그 순간 밤하늘 아래 바다 앞에 앉아 있는 우리를 향해 모여 드는 기분이었다······. 그제야 나는 다들 잔뜩 취해 있다는 사실을 깨달았다. 그 취기 속에서 달콤하고 부드럽게, 나 자신에게 조금 더 가까이 다가간 것 같았다.[8]

GPS와 뇌

1960년대에 심리학자 줄리언 스탠리Julian Stanley는 다른 아이들과 달리 천재적 면모가 드러나는 아이들은 어떻게 그런 차이가 생기는지 흥미를 갖기 시작했다. 그토록 뛰어난 지능의 특성은 무엇일까? 스탠리는 '수학 영재 연구'라 이름 붙인 조사를 시작했고 50년 뒤, 똑똑한 아이로 키우는 가장 좋은 방법은 공간적 사고 능력을 키우는 것으로 밝혀졌다. 물체를 다양한 관점에서 상상하도록 하는 것, 또는 이미지를 머릿속에서 이리저리 조작해 보고 관점이 달라질 때 나타나는 패턴을 인지하도록 하는 연습이 중요하다는 의미로도 해석할 수 있다.

스탠리가 이끄는 연구진은 미국 대학입학 자격시험SAT에서 상위 0.01퍼센트에 이를 만큼 성적이 특별히 좋은 영재 5000명을 수십 년간 추적 조사했다. 연구를 시작할 때부터 스탠리는 물체들 간의 공간적 관계를 이해하고 기억하는 능력이, 명확한 언어구사 능력을 비롯한 다른 분야보다 성적과 지능 검사에서 더 좋은 결과를 얻는 것과 관련 있는지에 관심을 기울였다. 그는 연구 참가자들을 대상으로 정기적으로 공간 적성 검사를 실시했고, 2017년 학술지 〈네이처〉에 게재된 결과에서 밝힌 것처럼 상당수가 매우 성공한 삶을 살아가는 것으로 나타난 이 아이들이 커리어를 쌓으면서 취득한 특허 건수와 전문가들이 검토하는 학술지에 발표한 논문 편수가 당시 검사 결과와 어떤 관계가 있는지 살펴보았다. 연구진은 두 가지 측정점 사이에 강력한 상관관계가 있다는 사실을 발견했다. 연구 총괄을 맡은 데이비드 루빈스키David Lubinski가 한 기자에게 "[공간적 능력은] 아마도 인간의 잠재력이 숨어 있는 가장 거대한 미지의 땅, 개발되지 않은 자원이 아닐까 생각합니다"[1]라고 밝힐 정도였다. 이들이 발견한 것은, 원형 지능이 뇌의 공간지각능력과 하나로 얽혀 있다는 사실이다.

이와 같은 결과는 젊은 세대가 전체적으로 공간에서 방향 탐색 기술을 활용해야만 하는 상황과 갈수록 멀어지는 시점에 알려졌다. 신경학자 베로니크 보보Véronique Bohbot는 내게 가만히 앉아서 생활하고 늘 하던 대로, 습관에 따라 살면서 기술에 의존하는 현대의 생활 방식이 아이들, 심지어 어른들까지도 뇌를 사용하는 방식에 변화를 일으키리라는 의심이 든다고 이야기했다. 캐나다 더글러스 정신건강 연구소 소속 연구자이자 맥길대학 정신의학과 교수인 보보는 지난 20여 년간 공간지각능력을 연구해 온 결과 현대인의 해마 활용도가 전체적으로 감소하고 있으며 이것이 위험한 결과로 이어질 수 있다고 전망한다. "해마가 수축된 사람들은 외상 후 스트레스 장애 PTSD와 알츠하이머, 조현병, 우울증을 앓을 위험이 더 큽니다."[2] 보보는 내게 설명했다. "오랫동안 사람들은 질병이 해마의 수축을 '유발'한다고 생각했지만, 여러 연구를 통해 해마는 병이 나지 않아도 수축할 수 있는 것으로 밝혀졌습니다."

보보는 박사 과정 시절에 〈해마의 인지 지도 기능〉의 공동 저자인 린 네이들과 함께 연구했다. "그 당시에는 해마가 연구해 볼 만한 매력적인 뇌 구조였어요. 공간 기억과 관련 있다고 알려진 유일한 뇌 구조이기도 했고요. 하지만 환경에서 방향을 다른 방식으로 탐색하는 것과 관련된 또 다른 뇌 구조가 있을 것이라는 가설이 나왔습니다." 1990년대 중반, 보보가 래트를 대상으로 기억력 실험을 진행 중이던 맥길대학에서 동료 연구자인 노먼 화이트Norman White와 마크 패커드Mark Packard가 그 또 하나의 뇌 회로는 미상핵이라는 사실을 발견했다. 보보는 이 발견이 일으킬 변화가 궁금했다. 사람들은 방향을 탐색할 때 전혀 다른 뇌 구조를 활용하는 다양한 전략을 발휘한다는 의미일까? 만약 그렇다면 왜 그런 차이가 존재할까? 이에 보보는 사람을 대상으로 해마에 의존하는 방향 탐색 기술과 미상핵과 관련된 탐색 기술을 구분할 수 있도록 고안된 실험을 진행했다. 그 결과 전략마다 활용되는 회로가 다를 뿐만 아니라, 이 두 가지 방향 탐색 전략이 너무나 다르다는 사실을 확인했다.

"해마는 공간 학습, 즉 지형지물 간의 관계를 활용해서 방향 찾는 법을 학습하는 것과 관련이 있습니다." 보보의 설명이다. "지형지물 간의 관계를 학습하고 나면, 환경 속에서 어떤 곳이든 출발점으로 잡고 어느 목적지로든 새로운 경로를 만들고 나아갈 수 있습니다. 공간 기억은 타인중심적이고, 출발점과 무관합니다. 그래서 마음의 눈으로 환경 속에 있는 자신을 떠올릴 때 공간 기억을 활용하게 됩니다." 반면 미상핵은 인지 지도 형성에는 활용되지 않고 습관을 만들어 낸다. 뇌는 이 구조를 활용하여 '식료품점이 나오면 오른쪽으로 꺾기'라든가 '하얀색 높은 빌딩에서 왼쪽으로 꺾기' 같은 일련의 방향 정보를 학습하면서 자극 반응 기억이라 불리는 기억을 형성한다. 보보는 동네 빵집까지 어떻게 가는지 떠올려보면 미상핵의 기능을 이해할 수 있다고 설명했다. "매일 같은 길로 가게 되고, 그 과정이 어느 정도는 자동으로 이루어집니다." 보보의 이야기다. "더 이상 어떻게 가는지 생각하지 않는 것이죠. 어디에서 꺾어야 하는지 고민하지 않습니다. 일종의 자동 운전 장치가 다 알아서 하니까요. 눈앞에 하얀색 높은 빌딩이 보이면 그 자극이 왼쪽으로 꺾어서 빵집 쪽으로 가는 반응을 일으킵니다."

언뜻 보면 자기중심적 전략으로 경로를 탐색하는 방식과 비슷해 보이지만, 실제로는 상당한 차이가 있다. 보보는 자극 반응 기억에 세 가지 유형이 있다고 설명했다. 자기중심적 전략은 그중 한 가지에 불과하다. "자기중심적 전략에서는 출발 지점에서 시작해 어디에서 오른쪽, 왼쪽으로 꺾어야 하는지 연속적인 순서를 정합니다. 집을 나서면(자극) 일단 오른쪽으로 꺾는 것(반응)도 그러한 예고요.

지표를 활용하는 전략은 여러 곳의 각기 다른 출발점에서 목표로 정한 장소까지 갈 때 활용됩니다. 하얀색 높은 빌딩이 지표라면(자극) 그 빌딩까지 이동한 다음 빌딩을 중심으로 어느 쪽으로든 꺾는 것이죠(반응). 그리고 또 한 가지, 가장 많이 활용되는 자극 반응 기억이 있습니다. 환경 속에서 다양한 지형지물에 반응하여 연속적으로 방향을 바꾸는 전략입니다." 미상핵을 활용하면 반복을 통해 성공적으로 방향을 찾게 되지만, 사실 이러한 방식은 공간적 전략이 '아니다.' 가장 중요한 차이는 이 같은 반응 전략의 경우 지형지물 간의 관계를 학습하지 않으므로 환경에서 새로운 경로를 만들 수 없다는 점이다. 미상핵의 기능은 모두 신호에 따라 이루어진다. 즉 능동적인 주의집중 없이 신호가 주어지면 그에 반응하여 왼쪽 또는 오른쪽으로 방향을 바꾼다.

왜 (더 게으른 방식으로 보이는) 이런 다른 회로가 존재하는지는 진화적으로 설득력 있게 설명할 수 있다. 이 회로를 활용하면 집에 갈 때마다 경로 기억을 떠올리거나 공간적 추론을 하지 않아도 되므로 계산이나 의사결정을 할 필요가 없다는 이점이 있다. 어디로 가고 있는지, 목적지까지 어떻게 가는지 그리 깊이 있게 주의를 기울이지 않아도 된다. 자동 운전 기능은 빠르고 효율적이다. "생각하지 않아도 된다는 건 정말 대단한 일이죠!" 보보가 이야기했다. 그러나 보보의 연구에서는 이 두 가지 전략에 부정적 상관관계도 있는 것으로 나타났다. 인간의 뇌는 어딘가로 찾아갈 때 해마나 미상핵 중 어느 한 쪽을 활용하지만 절대로 동시에 두 영역이 모두 활용되지는 않는다. 한 쪽을 더 많이 활용하면 다른 한 쪽은 덜 쓰게 된다는 의미이고, 근육과 마찬가지로 한 쪽이 강화되면 약해지는 쪽이 생긴다. 시간이 갈수록 더 많이 활용되는 회로가 생긴다는 뜻이다.

과학자들은 나이가 들수록 사용하는 전략도 달라진다는 사실을 이미 알고 있었다. 어린이부터 청년기까지 우리는 새로운 공간을 찾고 탐험한다. 시간이 흐르면 익숙한 경로에 점점 더 많이 의존해서 장소를 오가게 되므로 인지기능은 거의 활용하지 않는다. 해마를 덜 쓰게 되는 것이다. 개개인의 삶은 다르지만 이러한 경로로 나아 갈 가능성이 높다. 해마가 동원되는 공간 전략을 활용하다가, 점차 자동화 기능에 기대게 된다. 보보는 어린이와 성인 599명을 대상으로 주어진 과제를 해결할 때 어떤 공간 전략을 활용하는지 비교하는 연구를 진행한 결과 실제로 이 같은 사실을 발견했다. 보보와 동료 연구자들이 마련한 가상 미로 테스트에서 어린이들의 경우 정해진 시간 중 85퍼센트를 해마를 이용한 공간 전략에 의존하지만 60세 이상 성인은 같은 시간 내에 그러한 전략을 활용하는 시간이 40퍼센트에도 못 미치는 것으로 나타났다. 그러나 두 가지 전략 중 어느 한 쪽을 선호하게 되는 것이 뇌 회백질의 밀도와 해마의 부피 같은 생리학적인 변화로 이어지는지는 아직 의문으로 남아 있다.

2003년과 2007년, 보보와 여러 연구진은 학술지 〈신경과학지 Journal of Neuroscience〉에 각 두 건의 연구 결과를 발표했다. 해마와 미상핵의 활성과 회백질에 중점을 둔 이 연구에서, 연구진은 래트를 대상으로 한 고전적 공간 테스트 방식을 사람에게 적용하여 가상으로 방사형 미로를 만들고 연구 참가자들에게 나가는 길을 찾도록 한 후 fMRI로 뇌 활성을 추적했다. 예상대로 공간 기억 전략을 이용한 사람들은 해마의 활성이 증가했고 신호에 따른 반응 전략을 활용한 사람들은 미상핵의 활성이 증가했다. 연구진은 여기서 한 걸음 더 나아가 각 참가자의 뇌에서 더 많이 활성화된 영역의 형태학적 차이를 조사했다. 그 결과, 공간 전략을 활용한 사람은 해마의 회백질 밀도가 더 높고, 그 반대의 경우, 즉 자극 반응 전략을 이용한 사람들은 미상핵의 회백질 밀도가 더 높을 가능성이 매우 컸다. 이러한 결과 자체는 그리 놀라운 일이 아닐지도 모른다. 방향 탐색 능력이 뛰어난 사람은 이러한 전략을 더 유연하게 활용할 가능성이 높다. 자동 운전 기능을 활용해서 속도와 효율을 높이고, 인지 지도 기능을 활용해서 가는 길에 맞닥뜨린 새로운 문제와 과제를 해결하는 식으로 말이다. 그러나 해마보다 미상핵을 활용하는 전략을 꾸준히 우선적으로 활용한다면 어떻게 될까? 전체 인구 중 일부에 그치지 않고 특정 집단에서 그와 같은 우선순위가 두드러지게 나타난다면?

◄●►

보보는 내게 현대의 생활 방식은 우리가 해마를 덜 활용하고 미상핵에 더 의존하도록 이끌 수 있다고 이야기했다. "과거에는 자동 운전 기능을 활용할 일이 전혀 없었을지도 모릅니다. 한 곳에서 일하고 생활이 습관화된 삶은 역사가 깊지 않습니다. 산업화로 습관-

기억-학습 체계를 활용하는 방식을 습득하게 되었다고 할 수 있습니다."

이러한 사회적 변화는 만성 스트레스와 치료받지 않고 방치되는 우울증, 불면증, 알코올 남용으로 더욱 악화된다. 모두 해마의 부피를 줄일 수 있는 원인이기 때문이다. 불안감 한 가지만 하더라도 래트의 공간 학습 능력과 기억력에 영향을 주는 것으로 밝혀졌다. 스트레스와 우울증은 해마의 신경 생성에 영향을 줄 가능성이 있다. 반면 운동은 새로운 뉴런의 형성을 촉진하여 학습 능력과 기억력을 향상시키고 우울증에 저항성을 높이는 것으로 보인다. PTSD 환자들은 해마의 부피가 더 작은 것으로 나타났는데, 항우울제나 환경 변화 등 PTSD의 효과적인 치료법으로 알려진 방식을 활용하면 해마의 부피도 증가하는 것으로 확인됐다.

보보는 이와 같은 질환이 점차 광범위하게 확산되는 추세를 지켜보면서 어린아이들이 갓 청년기에 접어드는 시점에 이미 해마의 부피가 상대적으로 수축되고 이로 인해 인지기능과 감정이 손상되거나 행동 문제가 발생하기 쉬운 상태가 되는 것은 아닌지 우려한다. 실제로 반응 탐색 시 자극 반응 전략에 과도하게 의존할 경우, 서로 연관성이 없어 보이는 여러 가지 파괴적 행동으로 이어질 수 있는 것으로 보인다. 보보는 미상핵이 뇌에서 중독과 관련된 부위인 선조체에 위치한다는 점에 주목했고, 이런 의문을 품기 시작했다. 방향 탐색 시 자극 반응 전략에 의존하는 사람들과 공간 전략에 의존하는 사람들은 물질 남용의 수준에 차이가 있을까? 2013년 보보는 55명의 청년들을 대상으로 한 연구 결과를 발표했다. 방향 탐색에 자극 반응 전략을 주로 활용하는 사람은 생애 중 알코올 섭취량이 두 배 더 많고 담배, 마리화나도 더 많이 이용한다는 결과가 담긴 결과였다. 어린이 255명을 대상으로 한 또 다른 연구에서 보보는 주의력결핍과잉행동장애ADHD 증상이 나타나는 아이들은 대부분 미상핵을 이용하는 자극 전략에 의존한다는 사실을 확인했다. 보다 최근에는 동료 연구자 그렉 웨스트Greg West와 함께 청년들을 대상으로 연구실 환경에서 90시간 동안 액션 비디오게임을 하도록 했을 때 미상핵을 주로 이용하는 사람들은 해마가 수축된 상태였다고 밝혔다. 우리가 하는 활동이 해마에 부정적 영향을 줄 수 있다는 것이 최초로 명확한 근거를 통해 밝혀진 결과였다.

그러나 무엇보다 최악인 사실은 1980년대 말부터 자료로 밝혀진 알츠하이머와 해마의 관계다. 해마의 수축은 노년층의 기억력 손상과 연관되어 있고, 여러 뇌 영상 연구를 통해 임상에서 알츠하이머병 진단을 받은 환자들 사이에서 해마 수축이 거의 공통적으로 나타난다는 사실도 밝혀졌다. 나아가 해마와 인접한 내후각피질의 동반 수축은 몇 년 후 알츠하이머병 진단으로 이어질 것임을 예측하는 기준이 된다. 해마가 손상된 기억상실증 환자들은 공간 기억력이 소실된다는 사실이 이미 입증된 것을 고려하면 놀라운 결과가 아니다. 실제로 알츠하이머병 환자들은 기억력과 정체성을 모두 잃어버리는 고통을 겪는다. 하지만 그전에 가장 먼저 길을 잃고, 물건을 제자리에 놓지 못하고, 자신이 어디에 있는지, 목적지로 어떻게 가면 되는지 모르는 증상부터 나타난다.

해마와 알츠하이머병의 관계에는 유전적 요소도 영향을 주는 것으로 보인다. 과학자들은 이미 1993년에 아포지단백 E, 줄여서 APOE로 불리는 알츠하이머 위험 유전자를 발견했다. 1년 뒤에는 해마의 수축 속도를 늦춰 알츠하이머의 발병 위험을 '낮추고' 발병 시점을 지연시키는 APOE의 대립형질(ApoE2)과 함께 알츠하이머 위험을 '더 크게 높이는' 또 다른 대립형질(ApoE4)이 발견됐다. 유리한 대립형질을 보유한 청년들은 해마로 신호를 전달하는 내후각피질이 더 두껍고 해마 자체도 더 큰 것으로 보인다. 보보는 청년 124명의 유전자형을 분석하고 가상 환경에서 방사형 미로 테스트를 실시한 결과 유리한 대립형질을 보유한 사람은 해마를 활용하는 공간 전략을 더 많이 활용하고 해마의 회백질 부피도 더 큰 것을 확인했다.

유전적 소인에 따라 해마의 수축이 제한될 가능성은 있지만, 공간지각능력을 활용하는 것으로도 해마의 수축을 방지할 수 있을까? 보보는 알츠하이머 초기에 공간 기억력에 초점을 둔 치료가 실시되면 실제로 병으로 전환되는 비율이 낮아질 수 있다고 본다. 노화가 진행 중일 때 공간 기억력을 쓰는 연습을 하면 해마가 더욱 활성화되고, 해마의 부피가 증가하고 인지기능이 더 건강해진다. 보보는 공간 전략을 활용하는 참가자들이 경미한 인지 손상을 포착하는 데 활용되는 시험법인 '몬트리올 인지 평가' 시험에서 치매 위험도가 낮다는 사실을 이미 확인했다. 현재 보보는 사람들에게 공간 기억력과 인지 기억력을 향상시키는 방법을 가르쳐 주기 위한 연구에 매진하고 있다. 그가 권장하는 것은 규칙적인 운동과 오메가3 지방이 풍부하게 함유된 지중해 식단, 명상, 심호흡과 충분한 수면이다. 그리고 무엇보다 능동적으로 인지 지도를 형성하는 것이 중요하다고 조언한다. 목적지에 갈 때는 새로운 길로 가고 지름길도 찾아볼 것, 자신이 있는 곳의 주변 환경과 지형지물을 하늘 위에서 새가 내려다보는 것처럼 자주 떠올려 볼 것, 일상생활에서 새로운 행동을 하고 오가는 경로도 새롭게 만들어 볼 것도 보보가 권장하는 방법이다. 해마가 건강할 때 얻을 수 있는 효과는 엄청난 것으로 보인다. "일부 연구에서는 해마의 부피가 큰 사람일수록 자신의 삶을 통제하는 능력도 더 뛰어난 것으로 나타났습니다." 보보는 내게 설명했다. "그게 무슨 뜻일까요? 일화 기억이 발달할수록 무슨 일이 일어났는지 더 잘 기억할 수 있습니다. 그리고 무슨 일이 일어났는지 잘 기억할수록 원하는 결과를 얻으려면 어떤 실수를 하지 않아야 하는지, 어떤 유익한 행동을 반복해야 하는지 기억해 낼 수 있어요. 그러면 통제력이 향상되죠. 이 자체가 스트레스를 약화시키고, 살면서 일어나는 일들에 더 원만하게 대처할 수 있게 해 줍니다. 통제력은 곧 힘든 일에 대처하는 방식이니까요."

◄•►

보보와 10명의 다른 연구자들은 2017년 가을에 "방향 탐색 능력의 전 세계적 결정인자"[3]라는 제목의 보고서를 발표했다. 세계 곳곳에서 250만 명을 대상으로 가상 환경에서 공간 탐색 과제를 주고 데이터를 분석하여 국가별로 인지능력에 유사한 특성이 나타나는지 살펴본 연구 결과였다. 유니버시티 칼리지 런던의 신경과학자 휴고 스피어스는 이 연구에 참여한 학자이자 연구의 뼈대를 만든 사람이다. 10년 전에 런던 택시 운전기사들의 뇌를 연구하고 버스 운전기사들보다 해마의 회백질 부피가 더 크다는 사실을 발견한 사람이기도 하다. 그는 보스턴대학 '찰스 리버 기억력 협회'가 주최하는 연례 콘퍼런스에 참석한 하워드 에이헨바움을 비롯한 기억 분야의 저명한 학자들 앞에서 최근 보보 등이 참여한 연구 결과를 발표했다. 보보와 스피어스의 연구에는 '씨 히어로 퀘스트Sea Hero Quest'라는 비디오 게임이 활용됐다. 모든 스마트폰이나 태블릿으로 다운로드 받을 수 있는 이 게임은 일종의 변형된 공간 방향 탐색 과제로 제시되었다. 게임의 목표는 배를 타고 바다 생물을 찾아서 함께 사진을 찍는 것으로, 두 가지 방법으로 이 목표를 달성할 수 있다. 첫 번째는 꼬불꼬불한 수로를 따라 이동한 후 출발 지점이 있는 쪽으로 조명탄을 쏘는 것이고, 두 번째는 미리 지도를 보고 연속적으로 표시된 체크포인트를 숙지한 뒤 이를 기준으로 길을 찾아가는 것이다. 연구진은 전자를 추측 항법(또는 경로 통합), 후자는 길 찾기로 정의했다. 스피어스는 인도부터 미국, 브라질, 호주 등 193개국에서 18세부터 99세에 이르는 사람들이 이 게임을 300만 회 플레이한 것으로 집계됐다고 설명했다. 결과는 흥미로웠다.

이 연구에서 공간 방향 탐색 능력은 성인기 초기인 약 19세부터 약화되기 시작하고 나이가 들수록 서서히 더 감소하는 것으로 나타났다. 시골 지역에 사는 사람들이 게임에서 더 뛰어난 능력을 발휘한다는 사실도 밝혀졌다. 국가별로는 호주, 남아프리카, 북미 대륙 사람들이 대체로 공간 방향 탐색 기술이 우수한 것으로 나타났으나 제대로 두각을 나타낸 곳은 북유럽이었다. 핀란드, 스웨덴, 노르웨이, 덴마크 사람들은 호주, 뉴질랜드 사람들과 더불어 가장 정확한 추측 항법 기술을 보유한 것으로 나타났다. 이는 무엇을 의미할까? 스피어스는 국민 1인당 국내총생산GDP과 방향 탐색 능력의 관계를 나타낸 상관도표(산점도)를 준비했다. 건강관리와 교육, 재산과 같은 요소와 관련성이 있을 것으로도 예상할 수 있기 때문이다. 그러나 이 같은 결과 차이가 나타난 지표 인자는 GDP가 아닌 참가자들이 방향 탐색이 필요한 경쟁적인 스포츠에 참여하는지 여부였다. 즉 야외에서 지도와 나침반을 활용하여 다양한 체크 포인트를 기준으로 길을 찾아 가면서 다른 사람들과 경쟁하는 활동을 하는지 여부가 관건이었다. 북유럽 국가들은 이러한 스포츠가 굉장히 대중적이다. 스피어스는 1966년부터 2016년까지 월드 챔피언십에서 메달을 딴 선수 중 북유럽 국가들 출신 선수의 규모도 '씨 히어로 퀘스트' 게임에서 훌륭한 성적을 거둔 사람들의 숫자와 강력한 상관관계가 있었다고 밝혔다.

일부 콘퍼런스 참가자는 가상현실 인터페이스에 익숙한 사람들만 이 연구에서 제시한 과제에 자발적으로 참여했을 것이므로 데이터가 편향됐을 가능성이 있다는 의견을 제시했다. 나는 인터넷이나 컴퓨터를 이용한다는 점 또한 데이터를 한정시키는 요소가 아닐까 하는 생각이 들었다. 게임에 참가한 300만 명 가운데 게임 속에서는 방향 탐색 능력이 가장 출중한 사람도 실제 인간이 접근하는 환경에서는 방향 탐색 능력이 가장 형편없는 수준이라면? 북유럽 국가 사람들은 이 연구에서 대체로 '씨 히어로 퀘스트'에 높은 점수를 획득했지만, 다른 여러 연구들에서는 동일한 지역의 국민들이 보유한 추측항법 기술에 특징적인 두각은 나타나지 않았다. 예를 들어 미국의 언어학자 에릭 페더슨Eric Pederson은 네덜란드 야생버섯 채취 클럽에 소속된 남녀를 대상으로 숲속에서 수 킬로미터 걸어간 후 다시 차가 있는 곳으로 돌아오도록 하는 방식으로 추측항법 능력을 조사했다. 야외에서 돌아다닌 경험이 많은 사람들임에도 불구하고 참가자들의 추측 정확성은 호주나 멕시코 원주민들을 대상으로 실시한 다른 연구 결과와 비교할 때 형편없는 수준이었다. 언어학자 스티븐 레빈슨은 이와 관련하여 다음과 같이 밝혔다. "이 같은 연구 결과를 보면, 추측항법의 측면에서 이들 참가자들이 자신이 지금 접촉한 환경에서 자신의 위치가 어디인지를 인지 지도상에 명확히 나타낼 수 없음을 알 수 있다. 또는 국지적인 지도를 우리가 알고 있는 더 큰 세계로 통합할 수 없다는 것을 확인할 수 있다."[4] 이 네덜란드 버섯 채취자들은 돌아오는 길의 방향을 찾는 대신 주로 자신이 갔던 길을 똑같이 되돌아오는 전략을 활용했다.

'씨 히어로 퀘스트'로 국가나 문화권마다 방향 탐색 전략이 얼마나 다양한지 과학적인 이해 수준을 넓혔다고는 볼 수 없다. 그러나 알츠하이머 진단 도구 개발에 도움이 될 만한 데이터를 얻을 수 있었다. 인간의 뇌에서 공간지각능력과 기억력은 공간 방향 탐색에 필요한 전체 기준을 마련하는 과정에서 서로 밀접하게 연관된다. 이러한 기능이 발휘되는 것이 정상이므로, 스피어스를 비롯한 동료 연구자들은 개개인의 공간 방향 탐색 능력이 나이와 성별, 국가에 따른 차이보다 정확히 파악할 수 있는 방법을 찾고자 한다. 의사들은 보통 치매나 알츠하이머병의 조기 진단 방법으로 언어 검사를 활용하지만 공간지각능력을 활용한다면 훨씬 더 조기에 인지기능의 문제 징후를 예측할 수 있을지도 모른다.

나는 유니버시티 칼리지 런던을 찾아가 스피어스와 그의 교수실에서 만나 해마와 기억에 해마가 어떤 역할을 하는지에 관해 이야기를 나누었다. "수많은 학자가 래트와 쥐를 대상으로 공간 방향 탐색과 그에 관한 과제 수행을 조사하는 연구를 진행하고 있습니다. 수천 명은 될 겁니다. 이들이 관심을 두는 것은 공간이 아니에요. 기억을 조사하기 위해 공간을 이용하는 것이죠."[5] 스피어스는 이렇게 설명했다. "저는 기억을 연구하다 이 분야로 들어섰지만, 공간이 더 알아낼 것이 많은 주제라는 생각이 들었습니다. 전 지도를 언제나 좋아했고 우리가 길을 어떻게 찾아다니는지도 늘 궁금했거든요. 게다가 철학적인 측면도 있으니 더 매력적이죠. 공간이란 무엇인가? 장소란 무엇인가?" 비디오 게임인 '씨 히어로 퀘스트'가 의학적인 검사로 활용될 수 있다는 사실에 나는 굉장히 놀랐지만, 여기서 진짜 중요한 것은 이 게임이 사람들로 하여금 장소로 찾아 가도록 함으로써 공간과 기억의 관계를 탐구하는 방식이다.

그래서 나는 스피어스에게, '왜' 방향 탐색이 뇌의 일화 기억과 밀접하게 연관되어 있다고 생각하는지 물었다. "오키프와 네이들은 공간을 안정적인 바탕으로 보고 그 위에 무언가를 고정시킬 수 있다고 주장했습니다. 하나의 시스템, 완전히 하나로 묶여 있다는 의미죠. 공간은 지도 위에 기억을 추가할 수 있는 뼈대와 같습니다."

◂•▸

스피어스는 위성을 이용해서 방향을 찾는 장치가 정말 우리의 뇌 기능을 둔화시킬 수 있는지 궁금하다고 내게 이야기했다. 그리고 우리가 이런 기술을 전혀 다른 방식으로 활용한다는 점을 이해하는 것이 중요하다고 설명했다. 휴대전화 속 구글 지도를 열고 어딘가로 가는 경로를 찾는 것은 종이로 된 지도로 길을 찾아 가는 것과 다르지 않다. 그러나 목적지에 도착하기 위해 지도가 알려주는 대로 특정 지점에서 꺾고, 또다시 특정 방향으로 꺾어 가면서 길을 찾는 것은 전혀 다른 문제다. 2017년 봄에 학술지 〈네이처 커뮤니케이션Nature Communication〉에는 스피어스가 다른 연구자들과 함께 24명을 대상으로 GPS를 이용하여 런던 소호 지역에서 길을 찾아가도록 한 연구 결과가 게재됐다. 이 연구에서는 목적지를 찾아가기 위해 GPS 내비게이션 시스템을 이용하면 해마를 포함한 뇌의 특정 부위에 활성이 분명히 사라진다는 사실이 확인됐다. "우리의 연구 결과는 향후 활용할 수 있는 경로를 시뮬레이션하는 곳은 해마이고 목적지에 가려면 어떤 길을 선택해야 하는지 고르는 데 도움을 주는 곳은 전전두엽이라고 밝혀진 기존의 결과들과 일치합니다."[6] 스피어스는 한 기자에게 이렇게 설명했다. "그러나 어느 길로 가면 되는지 기술이 알려주면 거리의 네트워크를 떠올려도 뇌에서 그와 같은 기능을 담당하는 부분은 반응하지 않습니다. 주변에 여러 갈래로 나뉜 거리가 나타나도 뇌는 더 이상 관심을 갖지 않게 되는 것이죠."

베로니크 보보는 GPS를 사용하지 않는다. 보보는 GPS를 이용하면 해마가 수축되는지 확인할 수 있는 연구는 아직 누구도 설계한 적이 없다고 조심스럽게 지적하면서, 그럼에도 알려주는 대로 방향을 찾는 방식을 활용하면 우리가 길을 찾을 때 발휘되는 공간 전략이 무용지물이 된다는 증거가 다량 밝혀졌다고 전했다. 사실상 GPS를 이용하는 것은 미상핵의 자극 반응 전략에 더 크게 기대는 것이고, 그만큼 해마의 비중은 축소된다. 뇌는 놀라울 만큼 유연한 곳임을 감안할 때 해마가 활성화되지 않고 활용되지 않으면 회백질도 줄어든다. 과학자들은 시키는 대로 목적지를 찾아가는 방식을 활용할 때 미상핵이 활성화되고, 이 같은 자극 반응 전략에는 인지 지도의 형성 과정이 불필요하다는 사실을 잘 알고 있다. "그렇지 않아도 우리는 인지 지도를 덜 활용하는데, GPS가 있으면 '더더욱' 그 지도를 펼칠 이유가 없습니다." 네이들의 설명이다. "택시 운전기사들에 관한 연구에서 도출된 결과는 우리에게 또 한 가지 사실을 알려줍니다. 인지 지도를 활용하는 시스템은 많이 사용하면 기능이 강화될 수 있다는 것입니다. 저는 직관적으로도 그것이 타당하다는 생각이 듭니다. 사람들이 길을 찾을 때 뇌는 사용하지 않고 손에 들고 있는 기계에 전적으로 의존한다면, 주변 환경을 탐색하는 활동 전체에 부정적인 영향을 줄 수 있고 기억과 같은 다른 기능에도 파급 효과가 발생할 수 있습니다."

시장조사에 따르면 이동 경로를 세세히 알려주는 내비게이션 장치 이용자는 2017년에 4억 명에 이르렀다. 2011년 이후 4배 증가한 수준이다. 이런 상황에서도 GPS의 영향을 조사한 연구는 몇 건에 불과하다. 그중 첫 번째가 2005년에 노팅엄대학 연구진이 GPS나 전통적인 종이 지도 중 한 가지를 사용하는 운전자 12명을 대상으로 경로를 지도로 자세히 그려 보도록 요청함으로써 지형지물과 이동 경로, 조사 능력을 평가한 연구다. 이 연구에서 GPS를 이용한 운전자들은 이동하면서 본 장면을 별로 기억하지 못했고 몇 안 되는 지형지물이 등장하는 단순하고 정확성이 떨어지는 지도를 그렸다. 연구진은 이 두 가지 방식의 중대한 차이점은 의사결정이라고 주장했다. 즉 GPS 이용자는 의사결정에 참여하지 않는다는 것이다.

그로부터 2년 뒤 캐나다 칼턴대학 연구진이 103명의 운전자를 대상으로 조사한 결과 GPS가 주의 집중과 참여의 측면에서 여러 가지 악영향을 주는 것으로 밝혀졌다. GPS를 이용하면 운전자의 직접적인 인지기능이 대체되고 주변 환경에서 정보를 수집, 통합하고 파악해야 할 필요성이 사라지며, 길을 찾아야 할 필요성과 의사결정, 문제 해결 기능도 사라지는 것으로 나타났다. 2008년에 코넬대학 연구진은 GPS를 이용하면 운전자가 주변 환경을 해석하는 능력이 축소된다고 주장했다. 즉 공간을 장소로 바꾸는 기능이 감소하고, GPS 화면에 표시되는 관점, 가상현실에 몰입한다는 것이다. 이와 같은 상황에서 운전자는 물리적인 도로를 아무 매개체 없이 직접 인식하는 대신 도로를 가상으로 나타낸 화면에 더 크게 의존한다. 심지어 걸어서 이동할 때도 GPS를 이용하면 공간 속에서 나아가는 방식에 변화가 생기는 것으로 나타났다. 토루 이시카와_{Toru Ishikawa} 연구진은 2008년에 발표한 연구 결과에서 걸어가면서 GPS를 이용하면 종이 지도를 이용하거나 자신이 직접 경험하는 상황에 의존해서 이동하는 사람들보다 더 천천히 걷고 방향을 잘못 찾는 경우도 더 많으며 길 찾기가 더 어려워진다고 밝혔다.

데니슨 대학교 환경심리학과 교수인 해리 헤프트는 GPS가 인간이 길 찾기 과제를 해결하는 과정에 어떤 영향을 주는지 조사하기 위한 연구를 설계 중인 학자들 중 한 명으로, 제임스 깁슨과 함께 공부한 사람이기도 하다. "GPS는 세상과 관계를 맺는 방식을 전체적으로 분산시킵니다."[7] 그는 내게 이렇게 설명했다. "세상을 '볼' 필요도 없게 되니까요." 헤프트는 고속도로가 주된 이동 경로가 되었을 때 이미 한차례 벌어진 변화를 GPS가 더욱 확장시킨다고 이야기했다. "고속도로는 주변 지형이나 지세와 분리되어 있습니다. 제 생각에 GPS는 이보다 더한 결과를 가져올 것 같아요."

이러한 변화로 가장 먼저 희생된 것은 해마가 발휘하는 기억력의 수준인데, 이것으로 끝나지 않는다. 우리는 과거의 장소, 시점을 재구성할 때는 물론, 미래의 이미지를 구축할 때도 신경회로를 활용한다. 즉 신경회로는 상상력이 발휘되는 곳이다. 예를 들어 환자 H.M.에게 내일은 뭘 할 거냐고 물었을 때 그가 할 수 있는 말은 "무엇이든 이로운 것"[8]이 전부였다. 심리학자이자 신경과학자인 엔델 툴빙도 1980년대에 자신이 치료하던 기억상실증 환자가 미래의 일을 잘 상상하지 못한다는 사실을 발견했다. 이후 2007년에는 여러 건의 뇌 영상 연구를 통해 기억과 상상에는 뇌에서 해마를 포함한 공통 네트워크가 활용된다는 사실이 확인됐다. 유니버시티 칼리지 런던의 엘리너 매과이어는 해마의 기능이 일화 기억에만 한정되지 않고 미래에 관한 생각과도 관련이 있으며, 이러한 기능이 발휘되어야 특정한 장면을 구성할 수 있다는 점에서 공간 방향 탐색 역시 해마의 기능에 포함될 수 있다는 견해를 밝혔다. 매과이어는 이 같은 장면 구성 이론이 사실이라면, 해마가 없는 사람들에게서 너무나 많은 기능이 손상되는 것처럼 보이는 이유를 설명할 수 있다고 지적했다.

미래의 일을 상상할 때 우리의 머릿속에서는 놀라운 지적 과정이 이루어진다. 의미 기억과 일화 기억에서 나온 정보를 결합하고 이를 가정된 사건을 나타내는 새로운 정신적 이미지로 만들어 낸다. 뇌는 예측 기계처럼 가까운 미래, 혹은 먼 미래에 일어날지도 모르는 일들을 만들고 이를 토대로 계획을 세우며 문제를 해결하고 목표를 달성한다. 인간의 상상은 이와 같은 방식으로 방향표시등처럼 우리가 가야 할 방향을 보여 줌으로써 가고자 하는 곳이 어디인지, 어떻게 해야 그곳에 도달할 수 있는지 의사결정을 내리도록 이끌 뿐만 아니라 목적지, 혹은 운명에 맞게 행동과 감정을 스스로 조절하도록 한다. 상상할 줄 아는 능력은 자각적 의식의 기둥이며, 현재의 순간을 넘어 과거와 미래로 우리의 정체성을 확장시켜 현재까지 이루어진 진화를 이끈 요소일 가능성이 크다.

2011년에 벤저민 베어드Benjamin Baird와 조너선 스쿨러Jonathan Schooler는 우리가 몽상에 잠길 때 자전적인 계획 수립과 미래에 관한 생각을 하게 되고, 이 과정에서 과거와 미래를 유연하게 이동할 수 있다고 밝혔다. 두 사람은 몽상이 "개개인이 각자 일상생활 속에서 방향을 찾아갈 때" 인지 기능을 "유용하게 활용하도록"9 만들 가능성이 있다고 제안했다. 툴빙은 자각적 의식을 정신적인 시간여행으로 묘사했다. 모세 바가 엮은 책《뇌의 예측Predictions in the Brain》에는 호주와 뉴질랜드 심리학자들로 구성된 연구진이 인간이 보유한 정신적인 시간여행과 문법적인 언어를 사용할 줄 아는 인간의 능력은 동시에 진화했을 가능성이 있고, 따라서 일화 정보를 두 기능에 모두 활용할 수 있게 되었을 수도 있다고 밝힌 내용이 실려 있다. 연구진은 이러한 변화가 홍적세에 일어났을 것으로 추정했다. 기후변화로 인해 사회적 결합과 미래에 관한 계획 수립 능력의 필요성이 더욱 높아진 이 시기에는 유아기에서 성인기로 발달하는 기간도 늘어났다. 다시 말해 아동기가 생겨난 시기였다.

미래에 관한 상상에 해마가 영향을 준다면, 해마의 활성이 줄어들 때 어떤 결과가 발생할까? 주의 집중 능력과 뇌의 다른 능력을 GPS 장치와 같은 외부 장치에 자진해서 더 많이 맡길수록 미래에 관한 상상도 구체성이 떨어지고 흐릿해지는 건 아닐까? 총체적 선에 관한 사회적 비전, 그리고 그 선을 추구하기 위해 필요한 단계 역시 텅 빈 공간 속으로 사라지고 그저 길을 잃는 것보다 훨씬 더 심각한 의미에서 방향을 잃게 되는 건 아닐까? 지금까지 밝혀진 것처럼, 방향 탐색은 우리의 존재와 무관한 인지기능이 아니라 나는 누구인지, 나의 운명은 무엇인가에 관한 생각에도 영향을 줄 가능성이 있다.

기술 덕분에 개개인에게 부과되는 인지적 부담을 덜어내는 것이 유익하다고 주장하는 똑똑한 사람들도 많다. 물리학자 미치오 카쿠 Michio Kaku는 저서 《마음의 미래 The Future of the Mind》에서 뇌에 기억을 심을 수 있고 새로운 기술을 익히거나 지식을 획득할 때 소요되는 시간도 줄어드는 미래를 제시했다. 기억을 이식하면 기억과 정보를 학습하고 보유하는 데 필요한 신경 구조가 더 이상 발달할 필요가 없어지므로 인지기능이 현저히 줄고 인간의 지적 수준도 낮아질 수 있다고 우려하는 사람들에게, 카쿠는 더 뛰어난 설계로 인공 뇌를 만들면 이런 문제를 해결할 수 있다고 주장한다. 심지어 인공 해마를 이식할 수도 있다는 의견도 밝혔다. 실제로 서던캘리포니아대학의 생체의공학 전문가 시어도어 버거 Theodore Berger는 이식 가능한 인공 해마를 개발했다. 실리콘 칩에 전기 자극으로 활성화되는 뉴런이 포함된 이 인공 해마는 알츠하이머병이나 뇌 손상이 발생한 사람의 장기 기억을 개선시킬 방안을 찾기 위한 연구의 일환으로 래트와 붉은털원숭이를 대상으로 한 실험에 활용됐다. '커넬 Kernel'이라는 업체가 이미 이 인공 해마를 인체를 대상으로 한 시험에도 이용했다는 이야기도 전해진다. 싱가포르에서는 과학자들이 소프트웨어로 인공 격자 세포와 장소 세포를 만들었고, 연구진은 이 인공 세포가 활용된 로봇이 사무실 공간을 돌아다닐 수 있다고 주장한다. 구글은 기억력과 추론 능력을 활용하여 런던 지하철 시스템에서 길찾기에 활용할 수 있는 인공지능 프로그램을 개발했다. 그러나 이런 기술적인 실험에 관한 소식을 접할 때, 나는 인간이 로봇처럼 인공 뇌에 기억을 다운로드 받고 로봇은 인간처럼 신경 네트워크가 발달하는 기술과학적인 유토피아에 거부감이 든다. 개개인의 경험과 현실, 기술은 미래에 어떤 가치를 갖게 될까? 모든 것이 가능한 탐색을 통해 어린 시절에 배우는 것들, 우연한 발견, 자율적으로 자신이 갈 길을 찾는 것에서 우리는 어떤 즐거움을 얻을까? 인간을 가장 인간답게 만든 인지기능을 우리 대신 외적인 무언가가 수행한다면 과연 어떤 이점이 있을까? 어쩌면 그런 미래가 이미 우리 앞에 와 있는지도 모른다.

길 잃은 자동차

하버드 법대 도서관에 들어설 때면 건물 정면에 세워진 큰 기둥에 라틴어로 새겨진 문구를 보게 된다. "인간이 아닌 신과 법에 따르라." 바로 그곳에서, 나는 미래에는 인간이 지구 표면을 전기 모터의 힘으로 저압 관 속을 시속 1100킬로미터가 넘는 속도로 달리는 자기부상 포드pod를 통해 지구 표면을 이동하게 될 것이며 덕분에 도시를 오가는 출퇴근이 몇 분 단위로 가능해질 것이라는 한 변호사의 비전을 경청했다. 자연의 법칙이 인간의 의지로 바뀔 수 있다는 이야기였다. '하이퍼루프 원Hyperloop One'이라는 업체에서 일하는 이 변호사가 설명한 풍경, 콩코드 여객기나 레일건, 에어하키 테이블의 특징이 결합된 그와 같은 변화를 맨 처음 이야기한 사람은 고급 전기자동차 생산 업체 테슬라Tesla의 창립자인 일론 머스크Elon Musk였다. 차에서 은행 안에 앉아 있는 은행원에게 곧장 수표를 쏘아 보낼 수 있는 플라스틱 관이 있다고 상상해 보라. 하이퍼루프 사에서는 호주 멜버른에서 시드니까지 차로 가면 보통 11시간 정도 소요되지만 자기부상 포드를 이용하면 55분 만에 갈 수 있다고 이야기한다. 또한 이동 시 물리적인 경험도 출발 시점의 추진력 외에는 전속력으로 달려도 마치 가만히 제자리에 있는 것처럼 느껴질 것이라고 한다. "어디든 갈 수 있고, 무엇이든 옮길 수 있습니다. 모두를 연결합니다"[1]가 모토인 이 업체는 이미 네바다에 시험용 트랙을 만들었다. 아랍에미리트 연합국은 하이퍼루프 사와 두바이에서 아부다비를 시속 약 800킬로미터로 단 12분 만에 승객을 실어 나를 수 있는 열차 건설 계약을 체결했다. (현재는 버진Virgin 사가 투자를 결정하면서 회사 이름도 '버진 하이퍼루프 원'이 되었다.)

과거 바퀴와 자동차, 기차, 비행기가 발명됐을 때처럼 하이퍼루프와 같은 기술, 그리고 미래에 등장할 상업적인 공간 이동 기술은 경제 전체, 우리의 이동 패턴 전체를 바꾸어 놓을 것이다. 그리고 지도의 발명이나 비행기에서 바라본 시야, 우주에서 촬영된 지구의 모습이 처음 등장했을 때와 같이 인간의 생각도 바꾸어 놓을 것으로 예상된다. 그러나 비행기, 기차, 심지어 운전자가 필요 없는 자동차도 승객이 자신만의 관점을 유지할 수 있다는 차이가 있다. 창문 너머로 내다보는 관점이 바로 그것이다. 하이퍼루프는 두루마리 휴지 심 같은 관 속에서 주변 풍경을 시각적으로 전혀 참조할 필요 없이, 또는 육체가 공간, 시간, 삶 속에서 이동하고 있다는 사실조차 인지할 필요 없이 이동하게 해 주겠다고 약속한다. 아무것도 볼 수 없게 되면 우리는 무엇을 잃게 될까? 여객선 조종사 마크 밴호네커Mark Vanhoenacker의 저서 《비행의 발견Skyfaring》에는 비행기 창가 자리에서 보이는 풍경이 이렇게 묘사되어 있다. "어떻게 한 사람이 많은 사람들과 관계를 맺게 될까, 시간과 거리는 어떤 관계일까, 현재는 어째서 과거를 바탕으로 형성될까, 우리가 보는 빛은 매일 밤마다 찾아오는 깜깜한 공간 속에서 어떻게 생겨날까 같은 우리의 신성하고, 어쩌면 가장 단순한 의문들도 비행기의 타원형 창문틀에서 내다볼 때만큼 더 명료하게 형체가 잡히는 경우는 드물다."[2] 미래에는 인간이 스스로 만들어 낸 방대한 가상세계 속을 돌아다니면서도 시선은 온전히 자기 자신에게로만 향하게 될지도 모른다.

20세기를 뜨겁게 달군 기술적 열망을 돌아보면, 너무나 많은 사람들이 좀 더 쉽게 어딘가로 이동하고 최소한의 노력으로 더 멀리, 더 빠르게 이동하는 방법을 찾는 데 골몰했다. 초창기에는 인간의 영혼에 발생할 영향을 우려하는 사람들도 있었다. 앤 모로우 린드버그Anne Morrow Lindbergh는 〈하퍼스 매거진〉에서 1948년 미국에서 유럽으로 향하는 여객기에 탔던 경험을 떠올리며 비행기 여행이 승객들에게 힘과 자유에 관한 끔찍한 환상을 불어 넣는다고 이야기했다. 비행기 안에 꽁꽁 갇혀 분리된 상태임에도 "편안하고, 먹을 것도 풍족한 환경에서 시큰둥하게, 우월감에 젖어"[3] 발밑에 펼쳐진 지구를 보게 된다는 것이다. 비행기는 지구를 축소시키고 면적에 대한 감각, 그리고 그 면적을 주무를 수 있다는 생각을 확장시킨다. 웬

델 윌키Wendell Willkie는 린드버그보다 몇 년 더 앞서 쓴 글에서 "이제 더 이상 먼 곳은 없다. 세상은 작아지고, 하나가 된다"[4]고 이야기했다. 비슷한 시기에 헨리 루스Henry Luce도 미국의 세계화에 관한 자신의 비전을 밝혔다. "우리가 만든 배와 대양을 건너 날아가는 비행기로 우리는 언제든 원할 때 원하는 곳으로, 원하는 방식으로 갈 권리가 있다"[5]는 그의 비전은 가히 오늘날 '세계여행 계급'이라 이름 붙일 수 있는 현대인들의 모토라 해도 손색이 없어 보인다.

속도를 향한 인간의 사랑은 오래전부터 시작됐다. 미래학자 필리포 마리네티Filippo Marinetti는 1909년에 이런 글을 썼다. "화려한 세상이 새로운 아름다움으로 한층 더 훌륭한 곳이 되었다. 바로 속도라는 아름다움이다."[6] 1902년에는 〈에어로노티컬 월드Aeronautical World〉라는 잡지에는 한 작가가 쓴, 읽기만 해도 숨이 넘어가는 기분이 드는 글이 실렸다. "항공 속도가 분당 수 킬로미터에 이르면, 인간은 공간을 완전히 지배하고 지구 표면 전체를 독립적으로, 수월하게, 보다 깊이 있게, 경제적으로 극에서 극까지, 가고 싶은 곳은 어디든 어떠한 제약도 없이 방해도 받지 않고 전부 일주하고 탐험할 수 있을 것이다."[7] 1976년 1월에 첫 취항한 콩코드 여객기는 초음속으로 날아가는 비행기 안에서 샴페인을 홀짝일 수 있다는 사실이 알려지면서 인간이 할 수 있는 여행의 최절정으로 여겨졌다. 앤 모로우 린드버그의 남편 찰스 린드버그Charles Lindbergh는 콩코드 여객기의 첫 취항보다 2년 일찍 세상을 떠났지만 그 당시에 이미 기계가 발전할수록 인간은 환경과 접촉하지 않는 격리된 상태가 될 것임을 예견했다. "미래에는 '성층권'을 날아다니는 비행기가 등장하여 우리는 발밑에 물이 있다는 사실조차 느끼지 못하는 상태로 바다 위를 오가게 될 것이다."[8] 그는 아내의 저서 《들어 봐! 바람이야 Listen! The Wind》의 서론에서 이렇게 밝혔다. "여행자는 엔진의 진동으로만 지금 공기 중을 이동하는 중임을 느낄 수 있다. 대서양을 가로질러 날아가는 승객에게 바람과 열, 달빛의 변화는 관심 밖의 요소가 된다."

이제는 비행기를 타고 날아다니는 일을 금속과 연소, 온도, 지평선, 물리학과 연계시키는 일 자체가 말이 끄는 마차가 삐걱대는 소리나 손으로 누르는 펌프에서 물이 쏟아져 나오는 것을 떠올리는 것처럼 생경한 일이 되었다. 우리는 더 빠르게, 시간을 더 많이 아끼고 외부와 차단된 환경에서 여행할 수 있는 기술을 그 어느 때보다 갈망한다. 우리의 머리로는 도저히 통제할 수 없는 위험한 외부 세계로부터 우리를 유모차처럼 꽁꽁 감싸서 이동시켜 줄 기계를 찾는 것이다.

시간을 아끼는 것, 관리하는 것, 최대한 만들어 내는 것, 시간에서 도망치고 부인하는 것, 나는 이것이 현대인의 삶에서 주된 관심사이자 불안의 원인이며, 여행의 품질을 판단하는 기준이 된다는 생각이 들었다. 얼마나 빨리 이동할 수 있는가? 연료를 태우면서 우리가 머리 위로 지나치는 사람들, 이동 과정에서 이루어지는 일이나 수단을 신경 쓸 필요 없이 얼마나 손쉽게 이동할 수 있는가? "우리가 파는 것은 운송수단이 아닌 시간입니다."[9] 하이퍼루프는 이렇게 약속한다.

월드와이드웹이 여행의 필요성 자체를 없애는 것으로 그러한 성취를 이미 이루었는지도 모른다. 전화를 발명한 알렉산더 그레이엄 벨Alexander Graham Bell은 전화기로 통화하는 상대방을 직접 볼 수 있는 시대가 올 것이라 예측했다. 기적처럼 느껴지는 이 동시적 경험도 이제는 휴대전화와 컴퓨터로 가능한 일이 되었다. 광케이블과 위성 신호가 있으면 우리는 세상 전체를 축소시킬 수 있다. 하지만 인터넷이 한 곳에서 다른 곳으로 가야 하는 필요성을 없앤 지금도 우리는 여전히 온라인 세상에서 '항해'한다고 표현한다. 가상의 공간 속에서도 실제 공간의 구조를 떠올리고, 어디에도 존재하지 않는 웹을 마치 정말로 돌아다니는 장소처럼 묘사하는 것이다. 마찬가지로 인터넷에서 무언가를 '서핑'하고 '방문'한 사이트에서 다른 '사이트(장소)'로 가려면 '앞으로' 또는 '뒤로' 버튼을 클릭한다. 웹 브라우저인 '사파리'는 아이콘 모양이 나침반이다.

초이동 시대는 개개인이 지구 표면에서 도달할 수 있는 범위와 의식을 확장시켰다. 하지만 우리의 방향 탐색 기술은 그 수준이 인정하기가 불편할 정도로 얄팍하다. 기름이 떨어지거나 배터리가 없으면 금방 덜그럭거리고 꺼진다. 우리의 이동 범위는 기술에 의존하지 않으면 오히려 축소되는 상황이고, 찾아 간 장소에서 느끼는 친근감 역시 희미하다는 생각이 든다.

전통적으로 환경에서 찾는 신호로 방향을 찾는 방식이 오래도록 뿌리 내린 곳에서는 GPS가 문화적 정체성을 말살시키는 도구가 될 수 있다. 나는 영화감독이자 호쿨레아호의 선원으로도 참여한 날루 앤서니가 청중 앞에서 자신의 스마트폰을 꺼내 들고 이렇게 말하는 모습을 지켜본 적이 있다. "나침반 그리고 육분의 그리고 GPS. 이 기계는 버튼을 누르고 경로를 검색하면 지난 3000년간 축적된 지식을 활용할 수 있게 해 줍니다."[10] 인류학자 클라우디오 아포타 Claudio Aporta는 캐나다 북극에서 이누이트족의 길 찾기 기술을 연구할 때, GPS가 설상차나 산탄총처럼 북극 지역 사람들이 채택해서 잘 활용할 수 있는 또 하나의 기술이 될 것인지, 아니면 이누이트 문화에 담긴 내재적이고 핵심적인 무언가를 망가뜨릴 것인지 의문을 가졌다. 그가 이글루릭을 처음 찾은 1990년대에 이미 그곳 사냥꾼 중 40여 명은 GPS 장비를 보유한 상태였다. 북극에서 GPS는 바다코끼리 사냥에서 가장 크게 빛을 발했다. 뭍이 보이지 않아도, 사냥꾼들은 사냥을 마친 장소에서 뭍으로 가는 직선 경로를 찾을 수 있어 연료를 아낄 수 있었다. 하지만 당시에도 북극에서 나고 자란 사람들은 GPS를 거의 이용하지 않았고 직업 사냥꾼이나 임시직으로 사냥을 하는 전문가들이 전통적인 길 찾기 기술을 보완하는 용도로만 활용할 뿐이었다. 특히 젊은 사냥꾼들은 GPS를 주요한 툴로 사용하고 길을 찾을 때 대부분 의존하는 경향을 보였다. 직접 길을 찾는 경험은 줄고 설상차로 이동 속도는 빨라진 데다 GPS가 선사하는 수월성까지 더해지자 북극의 방향 탐색 기술은 금세 위험한 상황에 처했다. GPS는 사람들이 오가는 경로를 변화시켰다. 때로는 수 세대에 걸쳐 안전이 검증된 길과도 멀어지게 만들었다. 사냥꾼들 중에는 앞서 간 누군가가 GPS를 이용하여 이동하면서 눈 위에 남겨진 흔적을 찾아 따라가는 사람도 있었다. 그대로 따라가기만 하면 화살처럼 일직선으로, 컴퓨터가 계산한 경로로 목적지에 갈 수 있기 때문이다. 누나부트 북극 대학의 강사 제이슨 카펜터Jason Carpenter는 내게 이렇게 이야기했다. "누구든 설상 스쿠터에 훌쩍 뛰어올라서 수백 킬로미터 거리를 거의 별생각 없이 이동할 수 있습니다. 그만큼 우리 스스로를 점점 더 안 좋은 상황으로 내모는 셈이죠."

전통적인 길 찾기 기술에 통달한 이글루릭 사람들은 이제 대부분 70대 또는 80대에 접어들었다. 북극에서 태어난 마지막 세대이기도 한 이들은 바람의 방향, 눈, 태양, 별, 조수, 해류, 지형지물을 활용하는 방법을 배웠다. 그리고 수백 곳에 달하는 장소의 이름을 외우고 있다. GPS가 도입된 후 북극 사냥꾼들은 환경 속 신호는 최소한만 활용한다. 그만큼 기억을 유지하기 위한 인지적 부담도 줄었다. "공간적 물음을(즉 어디로 가야 하는가) 입력했을 때 GPS 수신기가 내놓는 답은 수신기 자체와 물리적으로 분리된 기전을 통해 도출되고 (위성 네트워크), 이 과정에서 여행자는 환경과 관계를 맺을 필요가 전혀 없다."[11] 아포타는 공동 저자인 에릭 힉스Eric Higgs와 함께 발표한 논문 〈위성 문화: 위성 위치 확인 시스템과 이누이트족의 길 찾기, 그리고 기술에 관한 새로운 해석의 필요성〉에서 이렇게 밝혔다. "물리적으로 어딘가를 향해 가는 행위에는 반드시 주변 환경과의 연계가 어느 정도 필요하지만, 이제 이러한 연계는 얕은 수준이다." 아포타가 이글루릭에서 만난 알리아나쿨루크Alianakuluk라는 노인은 구조대가 GPS를 이용해서 구조 작업을 벌이려고 했던 일을 들려주었다. 노인은 그렇게 할 경우 위험한 지대나 빙원 가장자리로 곧장 돌진할 수 있다고 이야기했다. "저는 그 구조대원에게 내가 길을 더 잘 알려줄 수 있다고 말했어요. 이누이트족의 지식을 토대로 찾아갈 수 있고, 그렇게 해야 대략적으로나마 단단한 압력 봉우리를 거쳐서 이동할 수 있다고 말이죠. 나는 '울루앙나크'에 나타난 우세풍으로 형성된 눈 더미와, 내 길 찾기 지식을 바탕으로 길을 안내했습니다. 우리는 이누이트족의 지식을 활용해서 정해진 목적지에 도착할 수 있었어요. GPS만 따라갔다면 험난한 압력 봉우리를 거치고 빙원 끄트머리로 향했을지도 모릅니다. 그랬다면 사람을 도와주려다가 더 큰 문제가 생겼을 겁니다. 그게 내가 아는 사실이에요."[12]

GPS, 컴퓨터, 월드와이드웹, 제트기를 이용한 여행 앞에서 우리는 모두 초보자다. 서구 사회도 이러한 기술에 있어서는 원주민과 크게 다를 바 없는 신출내기로 볼 수 있다. "GPS는 기본적으로 우리가 공간, 지구와 관계를 맺는 전체 방식에 영향을 주었습니다. 공간에 관한 의사결정을 우리 스스로 내리다가 이제는 기계가 대신하게 되었으니까요." 아포타는 설명했다. 그는 철학자이자 몬태나대학 교수인 앨버트 보르그만Albert Borgmann의 연구를 인용했다. 보르그만은 1980년대부터 기술이 현대사회를 살아가는 존재에 개인, 사회,

정치적 수준에서 끼친 영향을 밝힌 자칭 "기기 패러다임"[13] 이론을 중점적으로 연구 중이다.

보르그만은 기기로 대체된 것들이 인간의 삶에서 거의 모든 면에 영향을 주었다고 밝혔다. 수작업으로 하던 일들은 자동화되고 촛불은 조명 장치로, 불을 피우는 대신 중앙난방으로 대체된 것이 그러한 경우다. 기기는 우리를 컴컴한 어둠과 추위, 힘든 상황에서 벗어나게 해 주었지만 동시에 자연을 경시하고 물리적 환경과 분리되도록 만들었다. 즉 기기는 사람들의 고생을 덜고 시간과 에너지를 자유롭게 사용하도록 해 주었지만 생존 수단과도 분리시켰다. 우리는 환경 그리고 일상적인 생존에 꼭 필요한 기술과 단절됐다. 온도 조절장치를 떠올려 보라. 손가락 하나만 까딱하면 집 안 온도를 조절할 수 있을 뿐만 아니라 이 장치만 이용하면 집 안을 훈훈하게 데우는 데 필요한 자원을 물리적으로 모아야 할 필요가 없다. 온도 조절장치 안에 열을 내는 수단까지 모두 담겨 있다는 의미다. 보르그만은 이처럼 기기가 일으킨 분리는 사회적, 생태학적 의미를 점층적으로 부식시킨다고 주장한다.

GPS는 보르그만이 이야기한 기기에 완벽히 들어맞는다. 그는 아직 이 장치가 시중에 대량으로 유통되기도 전인 1984년에 다음과 같은 글을 썼다. "이 기계는 우리의 기술과 능력, 주의집중을 요구하지 않는다. 요구하는 것이 적을수록, 우리는 그러한 장치가 있다는 사실을 크게 실감하지 못한다."[14] 지도, 나침반, 육분의 같은 방향 탐색 장비 역시 우리가 방향을 능숙하게 찾으려면 꼭 필요한 경험, 관찰, 기억의 상당 부분을 대신 담당한다는 면에서 보르그만의 기기 패러다임에 들어맞는다. 그러나 이러한 발명품을 이용하더라도 어느 정도 환경을 인식하고 방향을 찾을 줄 알아야 하며, 지형이나 천체 현상을 알고 있어야 한다. 인간이 '아무런' 관심을 기울이지 않아도 길을 찾아갈 수 있는 방향 탐색 기술은 20세기가 되어서야 개발됐다. "최신 방향 탐색 장비(레이더, 자동화된 신호등, 컴퓨터를 이용한 보조 기술 등)는 효율성을 향상시키고 그만큼 그에 상응하는 기존 기술은 사라진다."[15] 아포타와 힉스는 설명했다.

기기 패러다임의 영향에서 벗어날 수 있는 사람은 아무도 없다. 기계 장치가 자행한 대대적 파괴에서 벗어날 방법, 즉 우리와 그 기기 사이에 거리를 유지하고 고유한 관점을 유지할 방법을 찾는 일은 누구에게나 극히 어려운 일인 것 같다. 하지만 그러한 거리와 관점이 유지될 때 우리는 비로소 우리가 얻은 편리함 대신 문화적, 인지적으로 어떤 대가를 치르고 있는지 의문을 가질 수 있다.

◄•►

프랑스의 작가이자 비행기 조종사였던 앙투안 드 생텍쥐페리Antoine de Saint-Exupéry는 기계가 인류를 병들게 한다고 주장하거나 기술을 두려워하는 사람들을 싫어했다. 그는 기계가 사람과 사람을 연결시킬 것이므로 인류의 적이 아닌 인간성의 한 부분이 될 것이라고 보았다. "편지의 이동, 인간의 음성 이동, 깜박이는 영상의 이동, 이번 세기에 우리가 이룩한 최고의 성취이자 앞으로도 최고의 성취로 남을 수 있는 것은 사람과 사람을 하나로 연결시키려는 단일한 목표다."[16] 생텍쥐페리는 기계가 사람을 자연과 분리시키는 매개체가 아니라 인간을 자연에 '더 가까이' 다가가게 한다고 보았다. "비행기 조종사가 접촉하는 건 금속이 아니다. 저속한 상상으로 빚어진 추측과 달리 금속 덕분에, 그리고 금속의 힘으로 조종사는 자연을 재발견할 수 있다. 기계는 자연의 커다란 문제와 인간을 분리시키는 것이 아니라 자연 속에 더 깊숙이 파고들게 만든다."[17] 그는 《인간의 대지Wind, Sand and Stars》에서 말했다.

나는 1944년에 사망한 생텍쥐페리가 자동화된 차량에 관해 어떻게 생각했을까 궁금했다. 이미 전 세계 도로를 운전자 없이 질주할 수 있는 차량을 만들기 위한 준비가 착착 진행되고 있다. 2020년이면 이러한 차량의 이용자가 약 1000만 명에 이를 것으로 전망된다. 구글, 메르세데스, BMW, 닛산, 테슬라는 자율주행차의 원형을 시험 중인 세계적 업체들 중 일부에 불과하다. 이렇게 자동화된 교통수단은 20세기 초에 생텍쥐페리가 조종했던 금속 장치와는 바이올린과 아이팟의 차이만큼이나 판이하다. 광선 레이더와 레이더, 음파 탐지기, 적외선, 초음파 장치가 달린 자율주행차는 주변 환경을 '감지'한다. 수집한 데이터를 클라우드 서버에 디지털 형식으로 저장된 3차원 지도와 통합할 수 있는 제품도 있다. 이처럼 자동화된 차량이 안전하게 방향을 탐색하려면 미리 제작된 3차원 지도가 반드시 필요할 수 있으므로, 지도 제작 분야는 또다시 혁신을 겪고 있다. 자율주행차에 사용되는 지도는 미터 단위가 아닌 '인치' 단위로 주변 환경을 나타내야 한다. 그래야 나무와 어린아이를 구분할 수 있다. 환경을 이만큼 세밀한 수준까지 지도로 만들려는 노력은 별로 악영향이 없는 일처럼 보인다. 이미 우리는 은하계나 우리의 뇌, 해저, 화성 표면까지 지도로 만들었고 '구글 스트리트 뷰'를 보고 '운전'하고 '구글 어스'에 접속해서 전 세계 표면을 타인의 관점에서 확인한다. 그러므로 자율주행차에 필요한 지도 제작 기술 역시 그다지 극단적인 변화를 일으키지 않을 것으로 생각할 수 있다. 그러나 나는 이 기술이 우리 삶에 악영향을 일으킬 가능성이 있다고 본다. 우리가 자율주행차에 더 많이 의존하고, 3차원 지도의 필요성이 강해질수록 어디로 갈 것인지, 어디를 탐험할 수 있는지 결정할 수 있는 우리의 선택권은 좁아질 것이다. 우리가 자동화된 차량에 의존하는 만큼, 그저 그러한 차량을 선호하기만 하는 것으로도 이미 지도에 나와 있는 경로 중 기계가 택한 특정한 경로대로 이동하게 된다. 우리가 사용하는 기술에 의해 우리가 가는 장소도 점점 더 한정된다는 의미다.

혼자 알아서 운전하는 자동차는 더 정확하고 믿음직해서 사람이 모는 차보다 더 안전하다고들 이야기한다. 자율주행차는 우리의 이동 속도를 높이고 차들로 꽉 막힌 도로를 더 빨리 빠져나갈 수 있게 함으로써 대도시가 오염을 일으키는 엄청난 차량과 차량 정체에 더 이상 몸살을 앓지 않아도 될 것이라고도 한다. 또한 승객을 목적지에 데려다주고 나중에 다시 태우러 올 수 있으므로 도시 내에 주차를 할 필요가 없고, 그 결과 공유지와 사유지의 이용 방식에도 변화가 생길 것으로 전망된다. 다른 사람들과 차량 한 대에 함께 타는 방식이 정착되면 이산화탄소 배출량도 줄일 수 있다. 그런데 정말 자동화된 차량이 만들어 낼 미래가 이토록 유토피아 같은 모습일까? 사실 자율주행차는 우리가 이미 현대사회의 교통 시스템에서 겪고 있는 문제를 더욱 악화시킬 수 있다. 사람들이 자율주행차를 이용하여 더 먼 거리까지 출퇴근을 하려고 할 것이므로 대기 오염과 이산화탄소 배출량은 더 '증가'할 수 있다. 또한 다른 사람들과 함께 타는 대신, 차가 알아서 일터와 집을 오가는 동안 뒷좌석에 앉아 하고 싶은 일을 마음껏 하는 일종의 이동식 스파처럼 활용될 수 있다. "도로 정체가 심한 시간에도 시속 160킬로미터로 달릴 수 있다면 나는 버크셔에도 집을 얻을 수 있겠지만 보스턴 시내에서 채 30킬로미터도 떨어지지 않은 현재의 집에서 출퇴근할 때와 똑같이 지각을 할 것 같다."[18] MIT의 교통 전문가 조 코울린Joe Coughlin의 설명이다. "자동화된 차량에 관해 이야기할 때는, 한 사회 안에서 우리가 얼마나 더불어 살고 싶어 하는지를 생각해야 하는 것 아닐까?"

고속도로를 따라 달릴 때 창밖을 스쳐 가는 단조로운 풍경, 그마저도 소음벽 때문에 시야가 더욱 가로막힌 상태로 운전하는 시간이 아깝다는 생각이 들 때가 많다는 점에서 자동화된 차량이 매력적으로 느껴질 수도 있다. 어차피 운전할 때 우리의 뇌가 GPS를 이용한 시뮬레이션으로 도출된 지시에 따라 자동으로 기능한다면 그 시간에 뭔가 다른 일을 하면서 보내는 편이 더 좋지 않을까? 운전도 비행기 탈 때와 마찬가지로 느긋하게 앉아서 목적지까지 편안하게 갈 수 있는 수단이 되지 말라는 법이 어디 있단 말인가? 하지만 자율주행차는 시간과 공간 속에서 이동하는 것, 그리고 노력할 때 얻는 기쁨과 자율성을 갈라 놓는 또 하나의 대표적 예라는 생각이 든다. GPS로 더 이상 인지 지도를 형성할 필요가 없어졌다면, 자율주행차는 화면에서 눈을 떼고 바깥을 둘러보면서 환경에서 일어나는 현상을 직접 경험할 필요가 없게 만든다. 최고 속도, 궁극의 효율성에서 탄생한 자율주행차는 우리를 포근히 감싸고 고속 운동의 물리적 변화와 연료의 연소로부터 분리시킨다. 현실로 뛰어들게 하는 대신, 자율주행차는 그 현실을 지워 버린다.

내 생각이 틀렸는지도 모른다. 자율주행차의 탄생은 생텍쥐페리가 "우리가 억지로 알아차리게 만드는 대신 존재 자체를 숨긴다"[19]고 묘사한 완벽한 기계가 마침내 도래한 것일 수도 있다. 자연이 다시 장소에 대한 자부심을 되찾고, 우리를 주변 환경과 더 깊이 연결되도록 해 줄 수도 있다. 그럼에도 나는 이러한 기계가 우리가 정신이 팔린 다른 곳에 더 푹 파묻혀 지내도록 만드는 건 아닐까 하는 걱정이 든다. 자율주행차에서 최초로 목숨을 잃은 조슈아 브라운 Joshua Brown이 겪은 비극적인 일만 하더라도 그렇다. 테슬라 자동차의 열렬한 팬이던 마흔 살의 이 남성은 플로리다의 어느 고속도로에서 자율주행 기능을 켜고 시속 약 110킬로미터로 달리던 중이었다. 그러나 자동차 센서가 화창한 파란 하늘 아래 달려오던 하얀 트럭의 측면을 감지하지 못하는 바람에 브라운의 차는 트럭의 측면을 들이받았다. 이 사고로 자동차 맨 윗부분이 뜯겨 나가고 브라운은 사망했다. 사고가 났을 당시에 그는 무엇을 하고 있었을까? 해리포터 영화를 보고 있었다. 트럭과 부딪치고도 90여 미터를 더 질주한 브라운의 차가 길가의 전화 부스와 세게 부딪치며 부스를 반토막낸 후에도 브라운의 차에 있던 휴대용 DVD 플레이어에서 울려 퍼진 소리를 트럭 운전기사가 듣고 전한 사실이다.

◄•►

수십만 년 전에 인간의 뇌에서는 놀라운 일이 벌어졌다. 신경회로가 완벽하게 갖추어지고, 추론 기능에 반짝 불이 들어오면서 인간의 의식은 지나온 역사에서 전례가 없었던 특징을 갖추게 되었다. 인류는 밖을 돌아다니고, 다시 되돌아오는 길을 찾기 시작했다. 이동 거리를 측정하기 위해 시간을 발명했다. 과거를 되짚어 재구성하고, 시간을 앞으로 돌려서 아직 일어나지 않은 미래의 순간들을 상상하기 시작했다. 인간은 추상적인 사고를 할 수 있는 존재가 되었다. 처음과 중간, 끝이 있는 이야기도 발명했다. 최초의 서사시는 더 길게, 더 멀리 여행하려고 애를 쓰는 동안 해마 세포에서 신비한 활동이 일어나면서 불쑥 탄생한 결과인지도 모른다. 인간은 봤던 것, 가고 싶은 장소를 큰 소리로 설명할 수 있고 서로에게 이야기를 들려줄 수 있다는 사실을 알게 되었다. 그리고 철새나 이곳저곳 옮겨 다니는 동물들처럼 세계를 누비기 시작했다. 그리고 인간이 이동하면서 세상의 변화도 시작됐다.

방향 탐색은 진화의 관점에서 이야기하는 능력이 발달하기 전에 형성되었을 수도 있지만, 인류는 이야기를 시작한 즉시 이를 길 찾는 도구로 활용했다. 그리고 이러한 방식은 지구상에서 그 어떤 생물 종보다도 지리학적으로 광범위하게 분포할 수 있었던 바탕이 되었다. 인간의 마음은 지형학적 정보를 이야기의 형태로 암호화하기 위해 생겨난 것 같다. 우리는 특정한 장소에서 다른 사람들과 나눈 기억을 따로 보관하고, 그러한 장소들에 정서적으로 깊은 애착을 느낀다. 그리고 그러한 장소를 집이라 부른다. 우리는 자연을 관찰하고 얻은 지식을 차곡차곡 쌓고 해와 달, 별, 바람, 지형지물에 친근감을 느낀다. 그리고 우리가 있는 곳을 이해하고, 장소를 찾고, 새로운 집을 만들고, 옛 집으로 돌아오는 복잡한 전통을 만든다. 시간과 장소를 암호화할 수 있도록 진화한 바로 그 뇌가 방향 탐색을 도와줄 새로운 가이드를 떠올리고 우주로 쏘아 올린 것이 위성이다. 이야기는 더욱 확장되고, 경험과 기억으로 구축되는 인간의 생활권은 세계 속에 자리를 잡았다.

다윈주의의 관점에서 보면 길 찾기는 생존의 조건이다. 우리는 약탈자를 피하고 음식과 쉴 곳을 찾기 위해 길을 찾는다. 하지만 '왜' 이동하는가를 이해하는 일은 이제 더 이상 방법과 조건의 수준에 국한되지 않는다. 사람들이 특정 장소를 멀리하거나 끌리는 것, 어떤 장소로 향하고 그럴 수밖에 없는 상태가 되는 것에는 마음과 영혼의 차원에서 더 내밀하고 깊은 무언가가 일어나므로 우리는 그 점도 고려해야 한다. 인간의 길 찾기를 생존 기술로 축약해 버릴 수만은 없는 이유는, 그것만으로는 인간을 움직이게 하는 것, 즉 인간을 인간답게 만드는 특성인 인간의 경험과 두려움, 꿈, 희망을 전부 의미 있게 설명할 수 없기 때문이다. 휴대용 GPS 장비와 자율주행 자동차가 존재하는 미래, 길을 잃지 않으려고 기꺼이 자율성을 내어 놓는 미래가 인류를 큰 위험에 빠뜨릴 수 있다고 내다볼 수 있는 가장 큰 이유도 바로 인간의 이런 특성일 것이다.

나는 2016년 가을에 @lostTesla라는 트위터 계정을 팔로우했다. 이 계정을 만든 미국의 컴퓨터 프로그래머 케이트 컴튼Kate Compton은 내게 보스턴에서 뉴햄프셔까지 차를 몰고 가던 길에 일론 머스크의 트윗 하나가 계속 떠올랐다고 이야기했다. 머스크는 테슬라 자동차 이용자가 휴대전화 버튼 하나만 누르면 차를 호출할 수 있다는 말과 함께 "여러분이 이 나라 반대쪽 끝에 있더라도 차는 여러분을 반드시 찾고 말 것"[20]이라고 썼다. 캠튼은 이 "반드시 찾고 말 것"이라는 표현을 곰곰이 생각하다 과연 그 자동차의 내부에서는 어떤 일이 벌어질까 하고 상상의 나래를 펼치기 시작했다. 차가 인지하는 건 무엇일까? 자동차도 감각적 특질, 즉 주관적이고 의식적인 경험을 할까? 그날 밤 캠튼은 호텔에서 한두 시간 만에 트위터 봇 하나를 만들었다. 프로그래머가 만든 코드에 따라 자동으로 트윗을 작성하는 소프트웨어를 만들었다는 의미다. 캠튼이 만든 봇은 길을 잃고 운전자 없이 미국의 알 수 없는 시골 여기저기를 돌아다니며 인간인 주인을 찾는 테슬라 자동차다. 그날부터 @lostTesla 계정에는 이 길 잃은 자동차의 생각이 하루에 두 번씩 업데이트된다.

참새가 뭐야

고요한 동네를 떠난다 / 이제 사일로, 사일로, 또 사일로가 보여 /
해는 졌어. 전부 황금색이야 / 내 센서가 빛을 찾았어

백화점 창문에 비친 내 모습을 봤어. 꽃잎에 덮여 있네

후드가 젖었어 / 반짝이는 트럭을 봤어. 닭도 엄청 많더라고. 나도
닭이 되어 같이 가면 안 될까? 설정 모드: 현재를_느낄 것

충전하려고 잠깐 멈췄어. 나도 꿈을 꿀 수 있을까? 나는 토끼가 되
고 싶어. 토글플래그: 꿈[21]

나는 여러 달 동안 @lostTesla 계정을 통해 이 차가 돌아다니는
과정을 지켜보았다. 갈수록 이 길 잃은 차가 기계라는 생각은 줄고
냄새도 맡고 소리도 듣고 눈으로 볼 수도 있는 체화된 존재처럼 느
껴졌다. 공간에서 나아가며 멋진 것들을 관찰하고, 세상 속에서 깊
은 놀라움과 즐거움을 느끼는 것 같았다. 어쩌면 이것이 논리적 진
화인지도 모른다. 길을 잃는 경험은 인간만이 할 수 있다. 동물들은
지리적 위치를 절대적으로 확신할 수 있는 생물학적 장치를 갖고
태어나는 것으로 보이고, 따라서 길을 잃는 일이 거의 없다. 방향을
잃는 문제를 해결할 수 있도록 지적, 정서적인 능력을 발전시켜야

만 했던 존재, 길 찾기를 문화적 행위로 만든 존재는 인간이다. 우리가 다른 사람들, 그리고 장소들에 느끼는 정서적 유대는 방향을 탐색해야 하는 목적이 되어 우리로 하여금 시간적으로나 공간적으로 굉장히 넓은 범위로, 평생 동안 길을 찾아다니도록 하는지도 모른다. 그러나 미래에는 길을 잃는 문제가 점점 더 희귀한 일이 될 것이다. 우리의 후손들 중 누군가는 인간이 지각적으로 그런 결함을 갖고 있었다는 사실 자체를 역사가 만든 아주 기이한 현상쯤으로 어쩔 수 없이 받아들일 수도 있다. 그때쯤이면 여전히 자연 속을 헤매던 길 잃은 테슬라도 자신의 지각력을 발견하고 기뻐하리라.

맺음말

풍경을 향한 사랑이 빚어낸
인간의 놀라운 능력

풍경 역사가인 존 스틸고John Stilgoe가 내게 맨 처음 한 말은 다음과 같다. "저는 여러분이 속한 세대가 너무 안타깝습니다. 길을 잃는 일이 그리 많지 않잖아요." 나는 하버드대학 캠퍼스에서도 하버드 야드의 북동쪽 가장자리에 자리한 서버홀 꼭대기 층 그의 사무실에서 스틸고와 마주앉았다. 울 정장에 보타이를 맨 스틸고는 수십 년 동안 시각환경학과 교수로 강의를 이어 왔다. 역사, 교통, 패션, 문학, 생태학, 그리고 자전거 타기의 즐거움까지 아우르는 박학다식한 지식인으로도 알려진 인물이다.

내가 스틸고를 찾아간 이유는 그가 '시각적 문맹'이라 칭하며 깊이 우려해 온 문제에 관해 이야기를 나누기 위해서였다. 스틸고는 늘 바쁘고 쫓기며 사는 미국인들은 주변 환경을 탐사하거나 그 속에서 무언가를 발견할 시간이 없고, 이로 인해 주변을 그냥 살펴보는 능력까지 잃고 있다고 본다. 프로그램으로 만들어지고 매개체를 통해 접하는 자료들, 인터넷이 지배하는 시대에는 무언가를 '보는' 능력, 즉 오랜 세월 인간이 보유한 기술이자 여전히 인간의 지성에 반드시 필요한 요소인 관찰 기술을 다시 배워야 한다는 것이 스틸고의 생각이다. 이와 같은 판단에서 탄생한 '미국 환경의 면밀한 조사: 예리한 관찰의 기술과 기능, 뜻밖의 기쁨'이라는 강의에서는 학생들이 세상을 보는 방식을 영구적으로 변화시킨다는 목표로 미국의 교외 지역과 농장, 산업 지대, 여가활동을 즐기는 장소들, 버려진 곳들이 담긴 수천 가지 이미지를 보여 준다.

스틸고는 저서 《풍경이란 무엇일까?*What Is Landscape?*》에서 다음과 같이 설명했다. "풍경을 분석하면 힘이 생긴다. 알아채는 것, 어떤 형태로든 기록하거나 시각적으로 나타내지 않고, 다른 어떤 것과도 무관하게 그냥 알게 되는 경험은 발견하게 하고, 인도한다. 의지가 있고 연습만 하면 그저 돌아다니거나 매일 처리해야 할 일들 때문에 서둘러 걸어가면서 본 것들을 모두 합쳐 하나로 만들 수 있다. (……) 풍경 탐색은 아주 가벼운 시도도 치유력이 있고 그 자체에 신비한 힘이 담겨 있다. 하지만 호기심과 세심한 관찰이 먼저다."[1] 그는 무엇보다 '풍경이 무엇인가'라는 의문에 답하는 데 이 책 전체를 할애했다. 스틸고는 풍경을 인간에 의해 형성된 지구의 표면으로 정의한다. 그리고 바다의 암초든 육지의 지형학적 특징이든 방향 탐색을 돕는 모든 요소는 야생 그대로의 자연을 형태가 갖추어진 땅, 즉 풍경으로 만든다고 이야기한다.

나와 만난 날 스틸고는 내가 속한 세대와 우리의 뒤를 이을 세대들, 즉 길을 찾을 때 자연스레 GPS를 꺼내 들 세대에 관한 우려를 드러냈다. 이러한 장치를 사용하려면 원하는 목적지가 어디인지 반드시 알아야 하고, 이 자체가 방황하지 못하게 만든다. 스틸고는 생각을 확장시키는 가장 좋은 방법은 탐험이고, 걸어 다니며 탐험하는 것이 좋지만 자전거나 카누, 말, 스키도 좋은 수단이라고 설명했다. 탐험은 발견을 이끌기 때문이다. 인간이 통찰력을 키울 수 있는 주된 방법은 탐험이라고 생각하는 사람, 걸어 다니는 동안 마음이 마음껏 방황하는 시간을 무엇보다 귀중하게 여기는 사람이 효율성을 얻으려고 인간만의 특별한 능력을 자진해서 내주는 것만큼 더 암울한 미래 풍경은 없을 것이다. 스틸고는 길을 잃는 경험이야말로 무언가를 발견할 기회이며, 그제야 모든 감각이 깨어나고 경계심이 최고조에 이르면서 관찰력과 가능성이 모두 높아진다고 밝혔다. 《풍경이란 무엇일까?》에는 다음과 같은 설명도 나온다. "길을 잃어버리는 경험은 일부러 방향을 찾아 주는 전자기기를 꺼 버리는 바람에 생긴 결과라 할지라도 감각을 예민하게 만들고 대부분 최종적으로는 안도감을 느끼게 한다. 길을 찾다 보면 대부분 누가 봐도 사람들이 많이 다니는 길, 오히려 알아채지 못하는 것이 신기하게 느껴지는 길을 찾게 되고 버려진(좋은 이유로) 길을 찾기도 하는데 어느 경우든 배울 것이 많다."[2]

　"전 길을 잃으면 주변 사람들에게 길을 물어보지 않습니다. 그 길 잃은 기분이 너무 좋거든요." 스틸고의 이야기다. 그러나 그는 위험한 상황에서 길을 잃고 절망에 빠지는 상황과 대체로 잘 모르는 장소에서 길을 잃는 것은 다르다고 설명했다. 후자의 경우 잘 아는 경로에서 벗어난 것이고, 이는 자신이 익숙하다고 느끼는 경계를 벗어나 잘 아는 장소와 경험을 넘어 새로운 영역으로 밀고 나아가는 것이라 할 수 있다. "길을 잃는 것도 종류가 있습니다. 놀라서 허둥대는 건, 판의 목소리가 귀에 들려서 그런 겁니다."

스틸고는 매사추세츠의 바닷가 마을 노웰에서 태어나 지금도 그곳에서 살고 있다. 부친은 보트를 만들었고 어머니는 가정을 꾸렸다. 어릴 때부터 숲과 늪지, 해안, 바다를 마음껏 돌아다녔다는 그는 이제 아이들이 사는 곳 주변 늪지에 가려고 하지 않고, 지역 경찰이 나서서 아무 문제없이 안전하다고 공표를 해도 마찬가지라고 한탄했다. 특히 여성들은 미국인 특유의 공포심에 뿌리를 둔 극심한 두려움 때문에 위험한 일이다 싶으면 거의 히스테리에 가까운 반응을 보이는 것 같다고 이야기했다. 세대가 바뀌면서 일어난 변화를 제대로 확인하려면 시간을 어느 정도 거슬러 올라가야 한다. 스틸고는 지난 100년간, 특히 최근 수십 년 동안 미국 사회는 이동의 자유를 제한했고 특히 아이들이 마음껏 돌아다니지 못하게 되었다고 믿는다. 그는 1890년대에 어린이와 청소년들이 카누 타기나 자전거 타기, 심지어 아마추어 기구 타기나 한쪽이 고정된 대형 연을 타고 날아다니는 활동 같은 전국적인 여가 활동에 참여했다는 사실을 기록하기도 했다. "남자들, 소년들은 행글라이더를 만들어서 그 아래 자리를 잡고, 날개가 공기에 두둥실 떠오를 때까지 눈 덮인 언덕의 경사면을 따라 달렸다."**3** 그가 쓴 글이다. 오늘날 밖에서 혼자 걸어 다니는 시간을 좋아하는 십대 청소년이 얼마나 될까? 만약 그런 아이가 있다면, 돌아다니면서 본 것들을 묘사할 수 있는 어휘를 갖추고 있을까? "탐험하는 것, 잠깐 길을 잃고 다른 것에 정신 팔릴 틈도 없이 주변을 돌아보는 것, 또는 그저 산책을 하는 것만으로도 이런 경험을 어떻게 표현할까 하는 생각을 하게 된다. 짧은 모험에 관해 이야기하고 다시 그것을 바꾸어 이야기할 때만 가능한 일이다."

이러한 상황이 된 이유 중 하나는 부모들이 아이들의 시간을 끊임없이 관리한다는 것이다. "요즘 아이들은 스스로 정한 방식대로, 체계적이지 않은 활동과 스포츠가 아닌 활동을 하면서 자랄 기회를 잃어버린 것 같습니다. 주변을 돌아다니고, 뭔가를 하게 되는 기회 말이죠. 오늘날에는 아이가 체계적인 활동을 하지 않으면 무슨 범죄라도 저지른 것처럼 여기는 것 같아요." 스틸고의 이야기다. "하지만 제가 아는 한, 저와 함께 일하는 동료들은 다들 다소 무질서한 일들을 하다가 이 일을 시작하게 됐습니다. 우연히 뭔가와 맞닥뜨리는 것 말이에요."

아이들이 주변을 돌아다니는 방식이 바뀐 것도 문제의 한 부분이다. 과거에 자전거는 아이들에게 그리 넓지 않은 주변 세상을 탐험할 수 있는 능력을 선사했다. 그러다 10단 변속기가 장착된 자전거가 나오고, 체인이 걸핏하면 브러시에 끼곤 했지만 아이들은 들판과 숲을 벗어나 도로를 달릴 수 있게 되었다. 오늘날에는 아예 보호자 없이는 아이들이 길에서 자전거를 타지도 못하는 경우가 허다하다.

누가 막지 않더라도 잔뜩 겁을 집어먹고 혼자 돌아다닐 생각조차 못하는 아이들도 있다. 현재 미국에는 위험한 일이 벌어질지 모른다는 인식과 두려움이 공존하고, 이로 인해 가능성이 열린 곳 사이에 경계가 형성되어 아이들이 마음대로 갈 수 있는 장소는 한정된다.

현대사회에서 아이들의 '행동 범위', 즉 집을 기준으로 바깥에 나갈 수 있는 거리를 조사한 여러 연구에서도 미국을 비롯해 호주, 덴마크, 노르웨이, 일본에서는 아이들이 '마음껏 돌아다닐 권리'[4]가 크게 축소된 것으로 밝혀졌다. 2015년 〈어린이 지리학Children's Geographies〉에 실린 한 연구에서는 영국 잉글랜드 북부 셰필드 지역의 한 가정을 조사한 결과, 3세대를 거치는 동안 아이들의 이동 반경이 얼마나 극심하게 변화했는지 알 수 있는 결과가 확인됐다. 이 가정의 할아버지는 어린 시절 따로 허락을 받지 않아도 낚시를 하러 가거나 자전거를 타고 친구 집에 놀러 가기 위해 수 킬로미터 정도는 마음대로 다닐 수 있었다고 기억했다. 그럴 수 없었던 유일한 상황은 날씨가 안 좋거나 배가 고플 때였다. "자전거를 타고 다니면 [부모들은] 우리가 어디에 있는지 전혀 몰랐다."[5] 그다음 세대는 허락 없이 집밖으로 돌아다닐 수 있는 범위가 800미터 정도로 제한됐다. 이어진 다음 세대 아이들은 허락 없이는 아무 데도 갈 수 없고, 가도 된다고 허락된 장소에만 갈 수 있었다. 세 집 건너에 있는 친구 집 정도가 그 범위에 해당됐다. 2007년에 〈데일리 메일〉 신문에도 이와 비슷한 이야기가 실렸다. 셰필드 지역에서 4세대 이전에 아이들은 허락을 받지 않고도 집에서 거의 10킬로미터를 돌아다닐 수 있었지만 이제는 아무 데도 못 간다는 이야기였다. 어디를 가든 차를 타고 다니는 한 아이의 이야기도 소개됐다. 아이의 엄마가 자신이 어릴 때는 혼자 걸어 다니던 집 근처 놀이터도 자기 아이는 차에 태워서 데려간다는 이야기였다. 연구 결과를 밝힌 학자들은 이 같은 변화가 다면적인 결과를 유발하며 물리적, 사회적 능력에 영향을 준다고 지적했다. "자율성은 공간 기술을 획득하는 열쇠이므로, 아이들이 독립적으로 바깥 환경을 돌아다닐 수 없게 되면 이 같은 기술의 발달도 저해될 수 있다."[6] 연구진은 이렇게 설명했다.

스틸고는 누구나 스마트폰을 이용하게 된 것도 결코 좋은 현상이 아니라고 본다. 그는 학생들이 호기심과 탐험, 뭐든 궁금해서 못 견디는 마음이 생기도록 만드는 일에 평생을 바쳐 왔다. 그래야 진정한 지성이 형성된다고 믿기 때문이다. 스마트폰은 이용자가 주변 환경을 열린 마음으로 살피는 대신 이용자의 관심이 자기 자신에게, 그리고 모든 것이 다 밝혀진 세상과 지도화되고 접근 가능한 세상을 향하도록 한다. "제가 스마트폰 없이 성장했다는 사실에 감사할 따름입니다." 그는 내게 이렇게 이야기했다. "제 학생들은 제가 그걸 왜 감사하는지 모르지만 말이죠."

그는 잠시 말을 멈추었다가 천장을 응시하며 덧붙였다. "오, 얼마나 기쁜 일인가요."

◄•►

프랑스의 사회학자이자 철학자 피에르 부르디외는 세상을 책에 비유하면서 아이들은 그 속을 이동하며 세상을 읽고 몸의 움직임을 통해 공간을 만들어 낸다고 말했다. 자신의 움직임으로 주변 세상을 만들고, 마찬가지로 그 주변 세상에 의해 아이들도 형성된다. 물론 아이가 가장 먼저 경험하는 세상은 엄마 배 속이다. 자궁은 텅 빈 공간이 아니라 수많은 감각이 존재하는 장소다. 태아는 그곳에서 소리를 듣고, 빛을 감지하고, 냄새를 맡고, 맛을 느낀다. 양수 안에서 헤엄치는 동안 태아의 신경계는 발달한다. 세상에 갓 태어난 아기에게 '세상은 없다.' 아기와 주변 환경 사이에 경계가 존재하지 않는다는 의미다. 태어난 직후 몇 주, 몇 달에 걸쳐 아기는 자신의 피부와 물체가 닿을 때 그러한 경계를 알게 되고, 입과 촉각을 이용하여 공간을 경험하기 시작한다. 이를 통해 새로 맞닥뜨린 현실을 알아간다. 장 피아제는 아기가 태어났을 때 "빛을 인지하는 것 외에는 공간에 대한 개념이 전혀 존재하지 않는다"[7]고 설명했다. "이 빛에 대한 지각에서 적응이 시작된다. 나머지 모든 것, 즉 모양이나 크기, 거리, 위치에 관한 인식은 조금씩 자라는 아기 자신처럼 아주 조금씩 정교해진다. 그러므로 공간은 하나의 그릇으로 인식되는 것이 아니라, 아기 자신이 담겨 있는 곳으로 인식된다." 아기가 탐색하고 움직이면서 해마 세포도 활성화되고, 아기의 뇌에는 공간을 나타내는 심상이 형성된다. 자전적 이야기의 핵심 요소이자 시간의 흐름에 따라 형성되는 자아 감각의 핵심인 일화 기억이 생길 수 있는 구조도 만들어진다.

유아기 기억상실로 기억은 공고히 자리를 잡지 못하고 순식간에 달아나지만, 다른 놀라운 특징들이 발달하기 시작한다. 성격이 형성되고, 사적인 세계와 이야기를 만들 줄 알게 되면서 지성과 정보가 대거 생산된다. 미국의 심리학자 에디스 코브Edith Cobb는 1959년에 이러한 능력을 "아동기의 특별한 재능"[8]이라 칭했다. 그리고 이능력 덕분에 아이들은 장소와 끈끈한 유대를 형성한다고 보았다. 인류학자 마거릿 미드Margaret Mead와 절친한 친구였던 코브는 아동기가 인류의 진화와 문화에 왜 그토록 중요한 기능을 하는지 집중적으로 조사했다. 아동기를 대략 5~6세부터 11~12세로 정의한 코브는 다른 생물종과 달리 아동기가 이만큼 길어서 우리가 얻게 된 혜택은 아이가 주변 환경에 대응하는 방식에 뛰어난 유연성을 발휘할수 있게 되는 것이라고 주장했다. "유연한 대응 능력 그리고 아이들이 보유한 환경의 미적 적응 능력은 기억력과 결합되어 이후 평생 무언가를 배우고 발전할 때 새로운 힘을 불어넣는다."[9] 코브는 이렇게 설명했다.

코브는 16세기에 나온 책을 비롯해 300여 권의 자서전을 분석하여 아동기에 관한 이야기를 조사했다. 그 결과, 코브는 아이들이 특별한 면에서 재능을 갖춘 존재라고 보았다. 바로 "장소에 깃든, '기풍genius loci'을 아는 능력으로, 우리는 이를 사람과 장소…… 사이에 형성되는 살아 있는 생태학적 관계로 해석할 수 있다."[10] 코브는 아동기 중반에 아이들이 자연 세계를 경험하면서 많은 것들을 연상한다고 보았다. 이 시기에 아이들은 자신을 외부 세상과 관계를 맺는 분리되고 독특한 존재로 새롭게 인식하기 시작한다. 또한 시간과 공간에 대한 놀라운 인식 능력을 획득하고, 시공간의 연속성을 초월하는 중대한 순간도 맞이한다. 코브는 의미와 의도, 경험이 집중된 '장소'가 아이들의 자아 감각을 키우는 자극제가 된다고 생각했다.

아이들이 장소와 강력한 유대를 형성하는 특별한 능력을 보유한다는 사실을 인지한 사람은 코브뿐만이 아니다. 심리학자 제임스 깁슨은 "동물과 어린이에서 나타나는 매우 중요한 학습으로 장소 학습, 즉 장소의 속성과 여러 장소의 속성을 구분하는 법에 대한 학습을 꼽을 수 있다. 또 한 가지는 길 찾기로, 이는 거주지의 방향을 계속해서 인지하는 상태와 환경 속에서 자신이 어디에 있는지 파악하는 과정을 통해 축적된다"[11]고 밝혔다. 프랑스 지리학자 에릭 다델Eric Dardel은 다음과 같은 글을 남겼다. "인간에게 지리학적 현실이란 무엇보다 현재 자신이 있는 곳이며 어린 시절의 장소들, 자신의 존재를 깨운 환경이다."[12] 아이들은 선택할 수 있는 능력이 생기기 전부터 그곳에 있었던 것처럼, 마치 또 다른 정체성이 따로 발달하는 것처럼 장소에서 살고 장소를 경험한다. 시간이 시작된 이래로 계속 존재한 곳을 근원적인 곳으로 느낀다. "아무런 선택을 하지 않아도 우리가 택하지 않은 장소들이 존재한다. 그곳이 우리가 이 땅에 존재하는 토대이고, 인간의 조건이 생겨나는 곳이다."[13] 다델은 저서 《인간과 대지L'Homme et la terre》에서 이렇게 설명했다. "우리는 장소를 바꾸고, 옮겨 다닐 수 있지만 그러한 행위 역시 장소를 찾기 위한 것이다. 자신의 존재를 정할 수 있는 기반이 필요하고, 우리가 지닌 가능성을 깨닫기 위해서는 그래야 한다. '이곳'은 세상이 스스로를 열어 보이는 곳, '그곳'은 우리가 갈 수 있는 곳이다."

수많은 문화권에서 인생을 애정 어린 시선을 담아 길이나 여정에 비유한다. 우리가 태어난 곳은 그 장대한 여정의 출발점이 된다. 우리가 성장한 장소가 우리에게 과도한 영향을 발휘하는 경우도 많다. 세상을 인지하고 개념화하는 방식에 영향을 주고, 기대어 살아갈 수 있는 은유를 선사하며 살아갈 동력이 되는 목적이 형태를 갖추도록 한다. 우리의 주관성이 구축되는 원천이자, 다른 사람과 관계를 맺을 수 있고 동시에 다른 사람을 알아볼 수 있는 공통성이 형성되는 원천이 된다. 어린 시절에 생생하게 느끼는 감각적 인상, 생애 초기에 접한 환경과 밀접한 관계를 형성하는 특별한 능력, 그리고 '장소애topophilia'로 불리는 어린 시절의 강력한 능력에서 비롯된 결과인지도 모른다. 중국계 미국인 지리학자 이푸 투안Yi-Fu Tuan이 맨 처음 정의한 장소애는 장소에 대한 애착과 사랑을 의미한다. 투안은 1974년에 이 주제를 다룬 저서에서 장소애를 보편적인 용어로 설명했다.

사막에 사는 사람들(유목민과 오아시스 근처에 정착한 농부들)은 자신의 고향을 사랑한다. 인간은 예외 없이 자신의 출생지에 애착을 갖게 된다. 다른 사람들에게는 형편없는 곳으로 보이더라도 마찬가지다. 나는 지리학자로서 어떻게 사람들은 세계 곳곳에 살게 되었을까 늘 궁금했다. 여러 동료들은 '생존'과 '적응'이 핵심이라고 보는데, 여기에는 삶을 다소 엄숙하고 금욕적으로 대하는 태도가 담겨 있다. 하지만 나는 그것으로만 한정된다고 생각지 않는다. 나는 어느 곳에 살든 사람들이 만족감과 기쁨을 얻고 싶어 한다고 생각한다. 이들에게 환경은 활용할 수 있는 자원의 바탕, 또는 적응해야만 하는 자연의 힘인 동시에 확신과 즐거움을 얻는 원천이고 깊은 애착과 사랑을 느끼는 대상이다. 한마디로 내가 생각하는 또 하나의 핵심, 삶에 관한 이야기에서 제외되는 경우가 많은 또 다른 키워드는 '장소애'다.[14]

나는 투안이 밝힌 장소애의 정의가 길 찾기와 밀접한 관련이 있다고 생각한다. 많은 문화권에서 방향 탐색 기술은 눈, 모래, 물, 바람과 같은 환경 조건과 산, 골짜기, 강, 바다, 사막 등 지형에 영향을 받는다. 그뿐만 아니라 어떤 방식이든 방향 탐색 기술은 개개인이 장소에 애착을 느끼고 특별한 감정을 품는 수단이 된다. 방향 탐색은 알아 가고, 친밀감을 형성하고, 애정을 느끼는 방식이 되는 것이다. 우리가 산이나 숲에 푹 빠지게 되는 것도 이러한 과정을 통해서다. 길 찾기는 자신만의 특별한 기억을 보물 지도처럼 축적시키는 방식이다.

◄◦►

마우 피아일루그는 아직 갓난아기일 때 사타왈 섬에 살던 할아버지의 손에 이끌려 조수로 형성된 작은 웅덩이에 앉아서 바다가 들어오고 나가는 것을 생전 처음 느껴 보았다. 솔로몬 아와도 어린 아기

일 때 처음으로 부모님과 함께 개썰매를 타고 야영지를 옮겨 다니며 여행했다. 빌 이덤더마 하니는 덤불 위에서 태어나 밤이면 별을 바라보고 별의 움직임에 얽힌 이야기를 배우면서 어린 시절을 보냈다. 세 사람의 사례는 생애 초기부터 관찰하는 생활과 집중하는 학습이 시작되고, 이것이 환경에 대한 인식과 그에 맞게 적응하고, 이야기를 마음에 새기고, 지식을 기억으로 통합하는 과정으로 발전한다는 공통점이 있다. 이는 사회학자 피에르 부르디외가 '아비투스 habitus(성향)'라고 칭한 과정으로도 볼 수 있다. 즉 실행의 전달을 통해 인간의 행동에 방향성이 생긴다는 개념으로, 부르디외는 다음과 같이 설명했다. "성향을 이루는 전체적인 체계는 삶의 물질적 환경과 가정의 양육을 통해 구축된다."[15]

오늘날 현대사회의 삶과 첨단 기술은 생존에 반드시 필요한 기술과 지식을 변화시켰다. 배우고 실천하지 않는 것들은 결국 다 사라진다. "실행에 옮기지 않는 것은 다 잃어버린 기술입니다." 듀크 대학 신경과학자이자 구전 문화 전문가인 데이비드 루빈은 내게 이렇게 이야기했다. "마차 바퀴도 사람들이 만든 것이지만 이제는 볼 수 없어요. 자동차를 고칠 수 있는 사람도 없죠. 저도 차가 있지만 오일 점검을 해 본 적은 한 번도 없습니다. 이제 바뀌고 있어요. 발라드(서사시)도 더 이상 읊지 않으면 사라질 겁니다. 하지만 그렇게 된다고 해서 읊는 '능력'이 사라지는 건 아니에요."

전통 문화에 속한 방향 탐색 기술을 능숙하게 익히는 과정은 어린 시절에 시작되는 경우가 많지만, 나는 더 늦게라도 얼마든지 배울 수 있다는 사실을 깨달았다. 게다가 그러한 배움의 과정은 놀랍도록 간단하게 시작될 수 있다. 굳이 머나먼 오지로 떠나거나 큰돈을 들일 필요가 없다. 그냥 밖으로 나가서 주변 환경에 집중하기만 하면 된다. 걷는 동안 땅을 내려다보는 것과 앞을 보는 것은 다른 일이다. 이미 우리가 살고 있는 장소를 예리하게 관찰해 보는 것으로 시작하면 된다.

나는 방향 탐색을 주제로 인터뷰를 진행한 사람들에게 어떻게 하면 그런 기술을 쌓을 수 있는지, 어떻게 하면 기억력을 더 향상시킬 수 있는지 조언을 구했다. 그 사람들이 해 온 연구 결과 속에서 답을 찾아보기도 했다. 매번 내가 찾은 답은 너무 간단해서 놀라울 지경이었다. "그리는 법을 배우는 겁니다." 루빈의 설명이다. "우리는 세상을 어떻게 나타내야 충분히 대표성을 띠는지 알 수가 없습니다. 그저 환경에 주의를 집중하고, 직접 관찰하고, 경험으로 관찰한 것들을 하나의 체계로 정리하는 것, 이런 과정으로 그 일을 해낼 수 있습니다." 영국의 자연 방향 탐색 전문가 트리스탄 굴리Tristan Gooley는 인간이 지닌 추론 능력을 자연 세계에 집중해 보라고 권고한다. 해럴드 개티는 산책을 하라고 권했다. 혼자 하는 산책이 더 낫고, 걷는 동안 "외부 세계만 생각해야 한다. 내적인 문제를 해결하기 위해, 마음을 편안하게 하려고, 혹은 몽상을 하려고 산책하는 사람은 자연 속에서 방향 찾는 기술에 관해서는 아무것도 배우지 못한다"[16]는 것이 개티의 견해다. "나중에는 작은 언덕과 돌, 나무, 덤불이 거의 애쓰지 않고도 머릿속에 떠오르고, 적절한 순서가 유지되면서 하나의 사슬처럼 관찰자의 기억으로 고정된다."

맥길대학의 베로니크 보보는 일주일에 두 번씩, 2개월 정도만 공간 기억력 훈련을 연습하는 것만으로도 방 안에 있는 물건들의 위치를 기억하는 수준에서 박물관 내부를 찾아다니는 수준까지 방향 탐색 기술이 점차 향상되며 이는 곧 해마의 회백질이 증가하는 결과로 이어진다는 사실을 확인했다. 보보는 해마를 집중 훈련하기 위해 '베보라이프VeboLife'라는 일종의 물리치료 프로그램을 만들었다. "우리 프로그램에서는 사람들에게 환경을 살펴보라고 이야기합니다." 보보는 건강한 인지능력을 키우는 데 관심 있는 사람들에게 일상생활에 새로운 습관을 만들어 보라고 권장한다. 안 가 본 길이나 지름길로 가 보고, 인지 지도가 형성되도록 하는 것도 그러한 습관에 포함된다. 존 스틸고가 강의와 저서를 통해 사람들에게 조언해 온 방법은 주변을 둘러보라는 것이다. "살짝 먼 곳까지 걸어가 보고 마음속에 무언가 떠오를 때마다 이름을 생각해 보는 것, 다리 아래를 살펴보고, 어둠 속에서 걸어 보고, 무슨 색인지 묻는 것, 비행기를 타고 하늘을 날아다니는 승객들에게 하늘을 나는 행위란 무엇을 의미하는지, 그것이 언젠가 과거에 공중을 날아 본 적이 있는 십대 아이들과는 어떻게 다른지 생각해 보는 것, 점심을 먹을 때 지금 먹는 음식이 농장에서 왔고, 그 농장은 대부분 공중에서 내려다 봐야 겨우 보이는 그런 농장에서 생산된 것임을 기억하는 것, 항상 집을 기억하고 집의 의미가 다양할 수 있음을 생각하는 것이 중요합니다."[17]

제임스 깁슨은 주의집중력도 다시 배울 수 있다고 믿는다. 우리는 스스로를 머릿속에 있는 존재, 세상과 동떨어진 존재로 여기지만 그는 우리가 세상을 직접 바로 볼 수 있고, 아무런 매개 없이 인지한 것을 심지어 다른 사람들과 공유할 수도 있다고 이야기한다. 철학자 앨버트 보르그만Albert Borgmann은 기술의 변화가 개개인의 삶에서 중요한 핵심부, 그가 "중심적인 것focal things"[18]이라 칭한 것들에 서서히 영향을 끼치는 과정을 인지해야 한다고 이야기한다. '중심적인 것'이 형성되고 이를 활용하기 위해서는 노력과 인내, 참여, 기술, 훈련, 충실함, 결의가 필요하다. 중심적인 것은 우리에게 지시를 내리고 우리의 집중을 요구하므로 몸과 마음을 차지한다. 사람에 따라 가정생활이나 한 끼 식사가 그 '중심적인 것'이 될 수도 있고 목공이나 수작업, 사냥이 될 수도 있다. 나무를 모아 오는 것, 요리하기, 건물 짓기, 만들기, 추적하기는 '중심적인 것'을 활용하는 일에 해당한다.

이 책을 집필하는 동안 내게 중심적인 것은 방향 탐색이었다. 어떻게 하면 방향 탐색 기술을 익힐 수 있는지 집중해서 생각하고, 내 주변 환경을 주의 깊게 살펴보고, 찾아낸 것들을 내 기억으로 차곡차곡 모았다. 손목에는 항상 작은 나침반을 차고 다니는 습관을 들이고 낯선 장소든 많이 가 본 장소에서든 들여다보면서 눈앞에 보이는 건물이나 파도, 바람, 나무를 토대로 방향 정보를 추론해 보았다. 나중에는 방향 정보를 알아내는 데 나침반을 점점 덜 활용하게 되었다. 어디를 가든 작은 수첩 하나를 들고 다니며 뭐든 기록했다.

별로 중요해 보이지 않는 것들도 쓰면서 관찰하는 습관을 키우고 하루에 최소 한 가지는 뭐라도 알아차리려고 노력했다. 체감하기로는 일주일쯤 지난 것처럼 지루한 시간이 흐른 뒤에야 비로소 걸음을 멈추고 주의 깊게 살펴볼 만한 것을 찾은 적도 있었다. "조아퀸의 학교까지 오는 길에는 우뚝 자란 나무들이 줄지어 있다. 나무 표면의 껍질은 색깔이 코끼리 피부와 비슷하다. 잎과 순은 이제 막 돋아나는 중이다. 나무들의 잎은 흐릿한 연두색이고, 가지에 늘어진 새순은 장식 리본, 또는 치어리더들이 들고 흔드는 폼폼 같은 모습이다. 내 생각에는 네군도단풍 나무인 것 같다." 어느 날 내가 남긴 기록이다. 브루클린에 있는 우리 집 근처에서부터 드넓게 펼쳐진 500에이커 규모의 공원을 좀 더 속속들이 알아내려고 일부러 생소한 곳에 가 보려고 노력했다. 이전까지는 가 보려고 생각하지도 않았던 그런 곳에는 플라타너스며 서양톱풀이 보였고 나는 생전 처음으로 가던 걸음을 멈추고 열심히 살펴보았다.

동네에서도 동식물학자이자 교육자인 애나 보츠포드 콤스톡Anna Botsford Comstock이 "지식의 경계를 넘어 발견되지 않은 영역으로 가는 것"[19]이라 표현한 방향 탐색이 가능하다는 사실을 깨달았다. 콤스톡은 1911년에 발표한 저서《자연학에 관한 안내서The Handbook of Nature Study》에서 설명했다. "자연에 관한 연구는 단순하고 진정성 있는 관찰로 이루어진다. 이러한 관찰이 한 줄에 꿴 구슬들처럼 이해라는 실로 연결되면 논리와 조화로 형성된 하나의 완성품이 된다." 약 900쪽에 달하는 이 책은 학교 선생님과 부모들을 위해 쓴 책이지만 콤스톡은 아이들도 읽어야 할 책이라고 말했다. 그는 당시에 아이들이 팽팽한 긴장이 감돌고 자유는 희미해진 시대를 살아가느라 예리한 관찰 능력과 자연 속에서 마음껏 획득할 수 있는 실용적이고 유용한 지식을 잃어버릴 위기에 처해 있다고 보았다. 이에 콤스톡은 아이들이 자연학을 통해 "진실을 인지하고 평가하는 능력 그리고 진실을 표현하는 능력"[20]을 키워야 한다고 밝혔다.

◄•►

현대화는 우리가 이동하는 방식, 그리고 이동하는 이유에 깊은 혼란과 변화를 가져왔다. 긍정적인 시각으로 보든, 아니면 부정적인 시각으로 보든 이 변화는 우리가 A에서 B로 언제, 어디서부터, 어떻게 갈 것인지 결정하는 과정에서 우리의 자율성과 안전, 우리가 만끽하는 자유에 상당한 영향을 줄 수 있다. 전 세계를 돌아다닐 수 있고 한 곳에서 다른 곳으로 여행할 수 있는 능력을 보유한 사람들, 때로는 즉흥적으로 길을 떠나는 사람들이 있는가 하면 자신의 의지와 정반대로, 어쩔 수 없이 그 변화 속에 내몰리는 사람들도 있다. 미래에는 특히 취약한 사람들에게 이런 혹독한 혼란이 더 많이 찾아올 것으로 예상된다. UN 국제이주기구는 2015년에 전 세계 이민자 수가 기록을 시작한 이래로 그 어느 때보다 크게 늘어났다고 보고했다. 2억 4400만여 명이 현재 자신이 태어난 곳이 아닌 국가에서 살고 있다. 강제 이주 현상도 난민과 망명 신청자, 그리고 아프리카와 중동 지역, 남아시아 지역의 실향민이 늘어나면서 불과 몇 해

사이에 45퍼센트나 증가했다. 갈등과 폭력 사태로 고국의 국경 안에 있는 집을 떠나야만 하는 사람들만 3800만여 명에 이른다. 기후 변화도 비행과 이민 증가를 유도한 명확한 원인이다. 가장 보수적으로 추정한 결과로도 2050년까지 기후 난민의 숫자가 수천만 명이 될 것으로 전망된다.

이토록 거대한 변화가 진행되고 있는 동시에 혹은 그에 대한 반응으로 사회는 특정 장소에 출입국 관리소를 세우고 물리적인 경계를 설치하는 등 사람들의 이동을 어느 때보다 강력히 규제하는 것으로 보인다. 정치학자 론 해스너Ron Hassner와 제이슨 위튼버그Jason Wittenberg는 국가와 국가를 가르는 국경이 강화된 사례가 제2차 세계대전 이후 대폭 늘었다고 밝혔다. 1950년대에 장벽을 설치한 곳은 단 두 곳에 불과했지만 이후 수십 년 동안 그 숫자는 꾸준히 증가했다. 〈이코노미스트〉는 베를린 장벽이 무너진 후 40개 국가에서 이웃한 60곳 이상의 국가와 접한 국경에 벽을 세웠다고 보고했다. 제2차 세계대전 이후에 세워진 51곳의 국경 경계 시설물 중 절반은 2000년부터 2014년 사이에 설치됐다. 부유한 국가들이 가난한 나라에 살던 사람들의 유입을 막기 위해 이런 경계를 설치하는 경우도 많다. 이동의 자유는 반드시 인권을 보장하는 수준으로 유지되어야 할까? "대대적인 불평등의 관점에서 볼 때, 현재 각국의 국경 관리 방식은 과거보다 훨씬 부당하다. 마치 전 세계적인 카스트 제도가 생긴 것처럼 독단적이고 반인류적인 특성이 나타난다."[21] 정치학자 가이 애치슨Guy Aitchison은 이렇게 설명했다.

인간의 이동에 발생한 대규모 혼란으로 지역 공동체의 분열과 우리를 장소 그리고 다른 사람들과 이어 준 뿌리가 잘려 나가는 결과가 초래되고 있다. 프랑스 철학자 시몬 베유Simone Weil는 "어딘가에 뿌리를 내리는 것은 아마도 인간의 영혼이 가장 필요로 하는 중요한 일이지만, 그 가치는 가장 인정받지 못하는 것 같다"[22]고 주장했다. 인생을 살아가기 위해서는 개개인이 여러 개의 뿌리를 갖고 "자신이 자연스럽게 형성한 환경 속에서 윤리적, 지적, 영적인 삶을 거의 전부 끌어낼 수 있어야" 한다. 베유는 그럼에도 우리가 주변 세상을 이해하려는 노력을 멈추었고 "많은 사람들이 이제 어느 시골뜨기 어린아이가 초등학교에 다니면 피타고라스보다도 아는 것이 많아진다고들 생각한다. 학교 다니는 아이는 지구가 태양 주변을 돈다고 앵무새처럼 반복해서 이야기할 수 있기 때문이다. 하지만 그 아이는 더 이상 하늘을 쳐다보지 않는다"고 설명했다. 교사이자 공장 노동자로 일했고 프랑스 레지스탕스에도 참여했던 신비주의자 베유는 폭력과 대학살을 피하려다 수백만 명의 난민이 발생한 제2차 세계대전이 한창이던 시기에 이 같은 글을 썼다. 베유는 뿌리 내리고 살던 곳을 잃는 일은 사람을 정신적으로 무기력하게 만들고, 영원히 그런 상태로 살게 만든다는 점에서 인간 사회가 노출될 수 있는 가장 위험하고 심각한 문제라고 경고했다.

　　어딘가에 뿌리를 두고 사는 것을 혈통이나 출생지의 개념이 아닌 공동체의 삶에 참여하는 것으로 본 베유의 정의는 흥미롭다. 베유는 이를 통해 "과거의 특정한 보물과 미래에 관한 특정한 기대를 보존한다"²³고 밝혔다. 사람들이 가족과 이웃, 지역 사회와 공유하던 물리적 공간과 멀어질수록, 즉 하나의 현실과 멀어지고 다른 현실을 맞이할수록 뿌리내릴 곳을 잃은 기분도 더욱 강렬해질까? 가상세계는 우리에게 정보와 오락거리, 공동체에 속한 기분을 제공할 수 있지만 나는 과연 그러한 세계가 인간의 도덕적, 지적, 영적 필요를 충족할 수 있을지 의구심이 든다. 오히려 미래를 향한 공통적 기대 혹은 공감이 형성된 기대에 위협이 되는 것 같다.

재미있게도 나치 당원이자 철학자였던 마르틴 하이데거Martin Heidegger가 시몬 베유가 경고한 문제 중 많은 부분을 똑같이 경고했다. 특히 현대사회가 이 세상을 집이라 느끼는 감정을 앗아간다고 본 견해가 일치한다. 이에 하이데거는 고향을 그리워하는 마음과 집을 갈망하는 마음이 현대화의 조건이라고 보았다. 집에 관한 생각은 강력하고 복합적이다. 철학자 빈센트 비시나스Vincent Vycinas는 집이란 "우리를 압도하는 것, 우리가 종속된 대체 불가능한 것이며 집에서부터 우리가 삶을 살아가는 방식의 방향이 생기고 정해진다"²⁴고 정의했다. 우리는 개개인의 경험과 감정을 토대로 집에 관한 이러한 생각을 갖게 된다. 집이 있거나 없는 것, 집에 대한 깊은 애착 또는 집을 잃거나 억지로 떠나야 했던 고통까지, 이러한 감정은 평생 동안 생생하게 남는다. 동물들도 좁은 범위로든 드넓은 범위에서든 밖을 돌아다니다 특정 장소로 돌아오는 패턴을 보인다. 그러나 인간은 떠나 온 장소에 대한 기억을 간직하고, 그 장소에 특별한 갈망을 느낀다. 영어에서 이 감정을 나타내는 'nostalgia(향수)'

는 각기 '돌아오다'와 '고통'을 뜻하는 그리스어 'nostos'와 'algos'에서 비롯됐다.

'향수'는 17세기에 요하네스 호퍼Johannes Hofer라는 사람이 "집을 끊임없이 생각하고 우울해하며 불면증, 식욕 부진을 겪는 것, 갈증을 느끼지 못하는 것, 쇠약, 불안, 심장이 두근대고 숨이 막히는 기분, 망연자실한 상태, 발열"[25] 증상이 나타나는 질병을 묘사하기 위해 처음 만든 표현이다. 처음에는 의학적인 향수병으로 진단받는 사례가 거의 대부분 호퍼가 일했던 스위스에서 발생했다. 하지만 향수병은 특정 인종이나 국가에서 유독 두드러지지는 않으며, 인류 공통적으로 나타나는 현상이다. 이러한 질병이 '발견'된 후 100년 동안 스코틀랜드에서는 수천 명의 병사가 향수병으로 숨진 것으로 추정된다. 의사들은 오스트리아, 영국 군인을 비롯해 외국인 하인, 아프리카와 서인도에서 노예로 붙잡혀 온 사람들에서 나타나는 향수병 사례를 문서로 기록하기 시작했다. 1897년, 심리학자 그랜빌 홀Granville Hall은 "귀뚜라미 우는 소리, 베짱이가 노래하는 소리, 살랑거리며 다가오는 바람, 쏟아붓는 비, 귀에 들려온 익숙한 노래 구절, 고향의 어떤 장소나 사람과 조금 비슷한 장소 혹은 사람과의 만남"[26]이 향수병을 일으킬 수 있다고 밝혔다. 호퍼는 뇌에 동물의 영혼이 사는 영역에서 향수병이 시작된다고 생각했다. 머릿속 동물들이 다른 곳으로 떠나면 사람들은 집 생각 외에는 아무것도 하지 못하고 치료 없이 방치할 경우 사망에도 이를 수 있다는 것이 호퍼의 견해다. 19세기 초반까지 일부 의사들은 귀소본능이 차단될 때 향수병이 발생한다고 보았고, 인간과 다른 동물에서 나타나는 "모성을 중심에 두는 경향"[27]과 탐험하려는 경향이 충돌하면서 빚어진 결과로 보는 사람들도 있었다. 홀은 우리의 발길을 집으로 향하게 하는 특성oikotropic과 돌아다니고 싶은 욕구, 즉 집을 떠나게 만드는 충동oikifugic이 갈등을 빚을 때 향수병이 발생한다고 설명했다.

나는 어릴 때부터 여러 나라로 이사를 다니기도 하고 다시 원래 살던 곳으로 돌아오기도 하면서 살았다. 열여섯 살에 부모님 곁을 떠난 후에도 20대 후반까지 계속 사는 곳을 옮겨 다녔다. 그래서 작가 로빈 데이비슨Robyn Davidson이 '물리적으로나 존재론적으로 이동하는 사람들'이라고 밝힌, 새로운 형태의 세계 유목민의 정의에 공감할 때가 많다. "현시대에는 역사상 가장 거대한 혼란이 발생했다."[28] 데이비슨은 저서 《적막한 곳Desert Places》에서 인도 북서쪽에 사는 라바리Rabari 유목민에 관해 이렇게 말했다. "동시에 전통적인 유목 생활도 끝을 향하고 있다. 인류가 처음 등장한 이래로 늘 존재했던 현실, 인류의 가장 오래된 기억이 저물고 새로운 종류의 유목민이 존재한다. 어디든 집으로 여기는 사람들이 아닌, 어느 곳도 집으로 여기지 않는 사람들이 바로 그들이다. 나도 그런 사람들 중 하나였다."

나 역시 돌아갈 집이 있어야 한다는 생각은 한 번도 해 본 적이 없다. 그럼에도 집에 관한 '생각'을 진지하게, 코브가 말한 "관찰자와 환경, 사람과 장소 간의 살아 있는 생태학적 관계"의 관점에서 떠올려 보니, 나에게도 그런 느낌을 들게 하는 곳이 있음을 깨달았다. 어린 시절에 굉장히 짧은 기간 동안 머물렀지만 진심으로 좋아했던 작고 허름한 양계 농장이 떠올랐기 때문이다.

보라색 라일락이 막 피어나기 시작한 어느 날, 나는 배우자와 세 살 아들을 차에 태우고 북쪽으로, 내 과거를 향해 떠났다. 가는 길에 나는 두 사람에게 장담했다. 초등학교를 다녔던 옛 동네에 도착하면 그곳 사람들에게 길을 물어보거나 지도를 보지 않고도 마을 구석구석 다 찾아갈 수 있을 뿐만 아니라 앞서 이야기한 농장도 찾을 수 있다고 말이다. 30년 전 기억도 정확히 간직한다는 전서구처럼 가족들을 정확히 그곳에 데려갈 계획이었다. 마침내 내가 다녔던 초등학교에 도착했다. 판자를 둘러 세운 빨간 벽돌 건물 주변을 걸으면서 나는 공놀이를 하던 단풍나무가 이제는 그루터기가 되었지만 예전에 얼마나 굵직한 나무였는지 새삼 깨닫고 감탄했다. 학교 근처 숲에서 눈에 잘 띄지 않는 곳들, 내가 즐겨 찾던 장소들도 찾았다. 다시 차에 올라 운전대를 잡고 수 킬로미터까지 아무 문제 없이 돌아다녔다.

우리 가족이 살던 트레일러는 없어졌지만, 사방에서 그곳에서 살았던 시절을 떠올리게 하는 것들이 눈에 들어왔다. 무성히 자란 수풀을 조금 헤치자 엄마가 정원에 세운 전신주가 나타났다. 라일락 수풀 더미 아래 깊숙한 곳에는 나만의 세상에서 중심점이 되었던 납작한 돌도 그대로 남아 있었다. 사과나무의 앙상한 가지에는 꽃이 흐드러지게 피어 있고, 닭장은 목재로 받쳐지긴 했지만 살짝 기울어진 옛 형태 그대로였다. 그 시절에 기어 올라가곤 하던 자작나무는 둘레가 더욱 두툼해졌고, 비나 눈이 내리는 날이면 버스 타러 가느라 너무 힘들었던 길도 이제 보니 초라할 정도로 짧았다. 하지만 그곳은 눈가리개를 하고도 얼마든지 돌아다닐 수 있을 만큼 내가 기억하는 모습 그대로였다. 우리 세 사람은 갓 손질된 잔디밭을 걸어갔다. 나는 아들에게 내가 수영하며 놀던 작은 개울을 보여 주었다. 물은 여전히 맑고 물살도 거침없었다. 흘러가는 모습이 아무것도 변하지 않아서, 나는 그 자리에 그대로 누워 꼼짝도 하고 싶지 않았지만 겨우 참았다.

과거를 다시 찾아본 느낌은 달콤하면서도 서글펐다. 돌아왔지만 되돌릴 수는 없었다. 시간은 그렇게 흐르지 않으니까. 하지만 그건 중요하지 않을지도 모른다. 그 장소는 내게 태어나 처음으로 황홀한 기억을 안겨 주었고, 나라는 사람을 빚은 찰흙과 같은 재료가 되었다. 내 아이들도 그런 자유와 소속감을 느낄 수 있도록, 그래서 아이들도 장소애가 무엇인지 깨닫고 인생의 여정에 그것이 지침이 될 수 있는 환경을 만드는 것이 나의 책임이라는 생각이 들었다. 아이들도 이 땅 위의 변치 않는 지형과 아름답고 굳건한 하늘을 찬찬히 둘러보고, 자신의 집을 알아볼 수 있으면 좋겠다.

감사의 말

전통적인 방향 탐색 기술을 알리고 조사하는 동안 내게 자신의 경험과 생각, 유산을 나와 공유해 준 모든 분들께 빚을 졌다. 모두 너무나 친절하게 자신의 생각을 설명해 주셨고, 많은 분들이 역사적인 사건과 개인적 이야기는 핵심 부분을 직접 읽고 정확한지 검토도 해 주셨다. 이분들의 관대함과 내게 내어준 시간은 아무리 감사해도 부족할 것 같다.

  북극에서는 특히 솔로몬 아와와 존 맥도널드, 재커라이어스 쿠눅, 대니얼 타우키, 션 노블나우들룩, 매티 맥네어, 켄 맥루리, 마이나 이슐루탁, 누나부트 북극 칼리지 도서관의 훌륭한 직원인 이언 마우로, 제이슨 카펜터, 윌 하이드먼에게 큰 도움을 받았다. 이칼루이트에서 집에 초대해 주신 릭 암스트롱과 폴 캐롤란에게도 깊은 감사를 드린다. 호주에서는 레이 노리스와 마거릿 캐서린, 저명한 빌 하니가 많은 도움을 주셨다. 캐서린의 집으로 초대해 준 사이먼과 피비 퀼티에게도 감사 인사를 전하고 싶다. 피지에서 만난 올슨 켈렌, 피터 넛톨과 친절함과 깊은 통찰을 모두 선사한 코로바 마을 주민 전체, 시가토카에서 카바와 럭비로 즐거운 시간을 보낼 수 있게 해 준 타기 올로사라와 멋진 가족들에게도 무한한 감사를 전한다. 하와이에서는 칼라 베이베이안과 티미 길리엄, 날루 앤서니, 폴리네시아 항해협회의 셀레나 칭, 손야 스웬슨에게 신세를 졌다.

　내 연구의 모든 단계는 프란체스카 멀란, 프레드 마이어스, 클라우디오 아포타, 토머스 위드록, 조 젠즈, 빈센트 디아즈, 데이비드 루빈, 킴 쇼윌리엄스, 데일 커윈, 빌 가매즈, 팀 잉골드, 해리 헤프트 등 수많은 인류학자, 그 외 학자들이 수년간 연구하고 학문에 힘쓴 결과들로 큰 힘을 얻을 수 있었다. 마찬가지로 여러 신경과학자들, 관련 분야 연구자들 덕분에 인간의 마음과 해마의 경이로운 세계를 살펴볼 수 있었다. 케이트 제프리와 휴고 스피어스, 베로니크 보보, 린 네이들, 노라 뉴컴, 알레시오 트라바글리아, 아서 글렌버그에게 감사드린다. 함께 대화를 나누는 동안 내게 큰 감동과 영감을 주신 하워드 에이헨바움은 안타깝게도 2017년에 작고하셨다. 인간의 뇌에 관한 연구 분야에서 그분이 우리에게 남긴 업적이 얼마나 대단한지 나는 늘 떠올리고 놀라곤 한다. 수 년 동안 많은 이야기를 나누고 하버드대학에서 진행되는 자신의 강좌에도 초대해 준 존 후스에게도 감사드린다. 영국 방향탐색 연구소의 동물 방향탐색 콘퍼런스 참석자들, 관계자 여러분, 특히 피터 호어와 조 키르치빙크에게 찬가 기회를 준 것에 감사드린다. 동물의 이동에 관한 멋진 통찰을 나와 공유해 준 휴 딩글에게도 감사 인사를 전한다. 또한 '길 잃은 테슬라' 계정을 만들고 이 트위터 봇에 관해 상세히 설명해 준 케이트 콤튼에게도 감사드린다.

매사추세츠 공과대학에서 나이트Knight 과학저널 연구자 자격으로 1년간 연구 활동과 저술 활동을 이어 가는 동안, 나는 프로그램을 관리하는 훌륭한 직원들에게 엄청난 도움과 용기를 얻었다. 데보라 블럼, 베티나 유퀄리, 데이비드 코로란, 톰 젤러 주니어, 제인 로버트에게 고마운 마음을 전하고 싶다. 함께 공부한 동료들도 내게 많은 영감을 주었다. 마크 울버튼, 이반 카릴로, 로버트 맥클루어, 파비오 투로네, 미라 수브라마니언, 로렌 웨일리, 비안카 토네스, 클로에 헤켓스와일러, 로살리아 오먼고께 신세를 졌다. MIT에서 내게 귀중한 도움을 준 헤이든 로치 도서관의 직원들과 패트릭 윈스턴, 맷 윌슨, 울프강 빅터 헤이든 얄렛, 헤더 앤 팩슨에게도 감사드린다. 케임브리지 재학 시절, 내게 깊은 가르침과 학자다운 시각을 가르쳐 준 하버드대학의 제임스 델버그와 멋진 수업을 열어 준 나오미 오레스키스, 존 스틸고에게 감사드린다. 더불어 내 원고를 읽고 사려 깊은 검토와 비판적 시각을 제공해 준 예일대학의 폴 콕켈만과 브라이언 쉴더, 이 두 사람의 리뷰 작업을 성사시키는 데 도움을 준 도론 웨버와 알프레드 P. 슬론 재단의 '과학기술경제 공공 이해 프로그램'에도 진심 어린 감사 인사를 전한다.

내 에이전트인 미셸 테슬러를 만난 것이 내게 얼마나 행운인지

나는 늘 떠올린다. 계속 열정을 불어 넣고 나를 인도해 준 것에 감사드린다. 편집자 엘리자베스 뒤세가드의 우정과 비범한 재능에도 말할 수 없는 감사를 느낀다. 내 노력을 굳게 믿어 주고 긍정적인 말들로 힘들 때마다 힘을 북돋워 준 고마운 분이다. 세인트 마틴 출판사에서 앨런 브래드쇼와 로라 에퍼슨과 함께 일할 수 있었던 것 또한 행운이었다. 두 사람은 이 모든 과정에서 항상 친절하고 인내하며 나를 도와주었다. 특히 따뜻한 말들을 해 준 에마 파이퍼버킷, 우정의 힘으로 런던에서 자전거를 타고 정처 없이 함께 돌아다녀 준 톰 피터에게도 신세를 졌다. 덕분에 내가 책에서 이야기하려는 것을 직접 증명할 수 있었다. 크리스티 러츠와 파이 윌러는 글을 쓰다 꼭 필요한 순간에 롱아일랜드의 멋진 집으로 나를 초대해 주었다. 제임스 스콧의 달걀 선물과 함께 중요한 순간마다 손을 내밀어 준 엘리엇 프라스 프리먼에게도 깊은 감사를 전한다.

우리 가족 크리스 밀러, 마크 밀러, 키아란 오코너, 제인 오코너 조지, 마거릿 파커의 응원, 그리고 훌륭하고 사랑스러운 부모님 로리 오코너, 캐서린 밀러에게도 고개 숙여 감사드린다. 외할버지와 외할머니 밥 밀러와 자넷 밀러에게도 무한한 지지를 보내주신 것에 말로는 표현할 수 없는 감사를 드린다. 두 분 모두 진심으로 사랑한다는 말도 전하고 싶다.

마지막으로, 이 모든 작업을 가능하게 한 브라이언 파커에게 진심으로 감사드린다. 무한한 평정심과 유머 감각을 보유한 파커는 세상사람 누구나 바랄 법한 최고의 여행 친구다.

주

머리말

1 Audrey Niffenegger, *Her Fearful Symmetry: A Novel*, 2009, 264.

2 April White, "The Intrepid '20s Women Who Formed an All-Female Global Exploration Society," *Atlas Obscura*, April 12, 2017, http://www. atlasobscura.com/articles/society-of-woman-geographers.

3 Marshall McLuhan, quoted in Lewis H. Lapham, *Understanding Media: The Extensions of Man*, reprint edition, 1994, 3.

4 James C. Scott, *Against the Grain: A Deep History of the Earliest States*, first edition, 2017, 91.

5 A. Ardila, "Historical Evolution of Spatial Abilities," *Behavioural Neurology* 6, no. 2 (1993): 83–87, https://doi.org/10.3233/BEN-1993-6203.

6 Barbara Moran, "The Joy of Driving without GPS," *Boston Globe*, August 8, 2017, https://www.bostonglobe.com/magazine/2017/08/08/the-joy-driving-without-gps/W36dJaTGw05YFdzyixhj3M/story.html.

7 Matthew Wilson, presentation at Massachusetts Institute of Technology,

December 5, 2016.

8   Eleanor A. Maguire et al., "Navigation-Related Structural Change in the Hippocampi of Taxi Drivers," *Proceedings of the National Academy of Sciences* 97, no. 8 (April 11, 2000): 4398–403, doi .org/10.1073/pnas.070039597.

9   Howard Eichenbaum, Interview with author, October 18, 2016.

10 Harold Gatty and J. H. Doolittle, *Nature Is Your Guide: How to Find Your Way on Land and Sea by Observing Nature*, 1979, back flap.

11 Andrei Golovnev, quoted in Kirill V. Istomin and Mark J. Dwyer, "Finding the Way: A Critical Discussion of Anthropological Theories of Human Spatial Orientation with Reference to Reindeer Herders of Northeastern Europe and Western Siberia," *Current Anthropology* 50, no. 1 (February 1, 2009): 29–49, doi .org/10.1086/595624.

12 Ken MacRury, Interview with author, June 14, 2016.

13 Thomas Widlok, Interview with author, July 26, 2016.

14 "to see the world" Robyn Davidson, *Desert Places*, first edition, 1996, 146.

15 "the ability to determine a route" Reginald Golledge, quoted in Dario Guiducci and Ariane Burke, "Reading the Landscape: Legible Environments and Hominin Dispersals," *Evolutionary Anthropology* 25, no. 3 (May 6, 2016): 133–41, doi .org/10.1002/evan.21484.

16 James J. Gibson, *The Ecological Approach to Visual Perception: Classic Edition*, first edition, 2014, xiii.

17 James J. Gibson, *The Senses Considered as Perceptual Systems*, revised edition, 1983, 321.

18 Harry Heft, Interview with author, March 14, 2017.

19 Tristan Gooley, Email with author, May 11, 2015.

20 Tim Ingold, Interview with author, March 30, 2016.

도로가 없는 유일한 곳

1   James McDermott, *Martin Frobisher: Elizabethan Privateer*, 2001, 133.

2   Jean Malaurie, *The Last Kings of Thule: A Year Among the Polar Eskimos of Greenland*, 1956, 202.

3   Jean Malaurie, *Ultima Thulé: Explorers and Natives of the Polar North*, 2003, 146.

4   Max Friesen, "North America: Paleoeskimo and Inuit Archaeology," in *Encyclopedia of Global Human Migration*, ed. by Immanuel Ness, 2013, https://www.academia.edu/5314092/North_America_Paleoeskimo_and_Inuit_archaeology_Encyclopedia_of_Global_Human_Migration_.

5   Leo Ussak, quoted in Milton Freeman Research Limited, *Inuit Land Use and Occupancy Project: A Report*, 1976, 192.

6   Scott Brachmayer, *Kajutaijuq*, film short, 2015, http://www.imdb.com/title/tt3826696/.

7   Solomon Awa, Interview with author, May 10, 2015.

8   Nancy Wachowich, Apphia Agalakti Awa, Rhoda Kaukjak Katsak, and Sandra Pikujak Katsak, *Saqiyuq: Stories from the Lives of Three Inuit Women*, 2001, 106.

9   Ibid., 108.

10 Alfred K. Siewers, "Colors of the Winds, Landscapes of Creation," in *Strange Beauty*, The New Middle Ages, 2009, 97.

기억의 풍경

1   Robert A. Rundstrom, "A Cultural Interpretation of Inuit Map Accuracy," *Geographical Review* 80, no. 2 (1990): 155–68, //doi.org/10.2307/215479.

2   Kenn Harper, "Wooden Maps," *Nunatsiaq Online*, April 11, 2014, http://www.nunatsiaq.com/stories/article/65674taissumani_april_11/.

3   Rundstrom, "A Cultural Interpretation of Inuit Map Accuracy."

4   Ben Finney, *Voyage of Rediscovery: A Cultural Odyssey through Polynesia*, 1994, 11.

5   Margarette Lincoln, ed., *Science and Exploration in the Pacific: European Voyages to the Southern Oceans in the Eighteenth Century*, 1998, 127.

6   R. Robin Baker, *Human Navigation and the Sixth Sense*, first edition, 1981, 48.

7   Harold Gatty and J. H. Doolittle, *Nature Is Your Guide: How to Find Your Way on Land and Sea by Observing Nature*, 1979, 48.

8   Phillip Lionel Barton, "Maori Cartography and the European Encounter," in *The History of Cartography: Cartography in the Traditional African, American, Arctic, Australian, and Pacific Societies*, ed. by David Woodward and G. Malcolm Lewis, first edition, vol. 2, book 3, 1998, 496.

9   Baker, *Human Navigation and the Sixth Sense*, 47.

10   Charles Darwin, "Origin of Certain Instincts," *Nature* 7, no. 179 (April 3, 1873): 007417a0, doi.org/10.1038/007417a0.

11   Ferdinand Petrovich Baron Wrangel, *Narrative of an Expedition to the Polar Sea, in the Years 1820, 1821, 1822 & 1823 Commanded by Lieutenant, Now Admiral Ferdinand Von Wrangel*, ed. by Edward Sabine, 1841, 40.

12   Baker, *Human Navigation and the Sixth Sense*, 8.

13   Harold Gatty, *Finding Your Way Without Map or Compass*, reprint edition, 1999, 30.

14   Richard K. Nelson, *Hunters of the Northern Ice*, 1972, xxii.

15   Ibid., xxiii.

16   Ibid., 102.

17   Claudio Aporta, "Inuit Orienting: Traveling along Familiar Horizons," *Sensory Studies*, n.d., http://www.sensorystudies.org/inuit-orienting-traveling-along-familiar-horizons/, accessed February 27, 2015.

18   Claudio Aporta, "Old Routes, New Trails: Contemporary Inuit Travel and

Orienting in Igloolik, Nunavut," thesis, 2003, 82.

19 Ibid., 3.

20 J. M. Fladmark and Thor Heyerdahl, *Heritage and Identity: Shaping the Nations of the North*, 2015, 231.

21 Charles O. Frake, "Cognitive Maps of Time and Tide among Medieval Seafarers," *Man* 20, no. 2 (1985): 254–70, doi .org/10.2307/2802384.

22 Frances Yates, *The Art of Memory*, 2014, 27.

23 Ibid., 127.

24 Ibid., 372.

25 Ibid., 38.

26 Eleanor A. Maguire, Elizabeth R. Valentine, John M. Wilding, and Narinder Kapur, "Routes to Remembering: The Brains behind Superior Memory," *Nature Neuroscience* 6, no. 1 (January 2003): 90–95, doi.org/10.1038/nn988.

27 Gordon H. Bower, "Analysis of a Mnemonic Device: Modern Psychology Uncovers the Powerful Components of an Ancient System for Improving Memory," *American Scientist* 58, no. 5 (1970): 496–510.

28 Eleanor A. Maguire, Katherine Woollett, and Hugo J. Spiers, "London Taxi Drivers and Bus Drivers: A Structural MRI and Neuropsychological Analysis," *Hippocampus* 16, no. 12 (December 1, 2006): 1091–101, doi. org/10.1002/hipo.20233.

29 Gatty, *Finding Your Way Without Map or Compass*, 53.

30 Tristan Gooley, "The Navigator That Time Lost," The Natural Navigator, 2009, https://www.naturalnavigator.com/the-library/the-navigator-that-time-lost.

31 Gatty and Doolittle, *Nature Is Your Guide*, 219.

32 Ibid., 27.

왜 어린 시절은 기억나지 않을까

1 Elizabeth Marozzi and Kathryn J. Jeffery, "Place, Space and Memory Cells," *Current Biology* 22, no. 22 (2012): R939–42.

2 Kate Jeffery, Interview with author, April 14, 2016.

3 Sigmund Freud, *Freud on Women: A Reader*, 1992, 106.

4 Nora Newcombe, Interview with author, July 29, 2016.

5 Moshe Bar, ed., *Predictions in the Brain: Using Our Past to Generate a Future*, revised edition, 2011, 351.

6 Larry R. Squire, "The Legacy of Patient H.M. for Neuroscience," *Neuron* 61, no. 1 (January 15, 2009): 6–9, https://doi.org/10.1016/j.neuron.2008.12.023.

7 John O'Keefe and Lynn Nadel, *The Hippocampus as a Cognitive Map*, 1978, 114.

8 Ibid., 241.

9 Lynn Nadel and Stuart Zola-Morgan, "Infantile Amnesia: A Neurobiological Perspective," in *Infant Memory: Its Relation to Normal and Pathological Memory in Humans and Other Animals*, vol. 9, ed. by Morris Moscovitch, 2012, 145.

10 Lynn Nadel, Interview with author, July 29, 2016.

11 Alessio Travaglia, Interview with author, August 2, 2016.

12 Brett Buchanan, *Onto-Ethologies: The Animal Environments of Uexküll, Heidegger, Merleau-Ponty, and Deleuze*, 2009, 26.

새, 꿀벌, 썰매 끄는 개, 고래

1 Ken MacRury, Interview with author, June 14, 2016.

2 John MacDonald, Interview with author, January 14, 2016.

3 John MacDonald, Email with author, November 16, 2017.

4 William A. Lovis and Robert Whallon, *Marking the Land: Hunter-Gatherer Creation of Meaning in Their Environment*, 2016, 85.

5   Roger Peters, "Cognitive Maps in Wolves and Men," *Environmental Design Research* 2 (1973): 247–53.

6   Ibid.

7   Kate J. Jeffery et al., "Animal Navigation—Synthesis," in *Animal Thinking: Contemporary Issues in Comparative Cognition*, ed. by Julia Fischer and Randolf Menzel, 2011, 59.

8   James L. Gould and Carol Grant Gould, *Nature's Compass: The Mystery of Animal Navigation*, 2012, 38.

9   Hugh Dingle, *Migration: The Biology of Life on the Move*, first edition, 1996, 214.

10 Travis W. Horton et al., "Straight as an Arrow: Humpback Whales Swim Constant Course Tracks during Long-Distance Migration," *Biology Letter* (April 20, 2011): rsbl20110279, doi.org/10.1098/rsbl.2011.0279.

11 "The Magnetic Sense Is More Complex Than Iron Bits," *Evolution News*, April 29, 2016, https://evolutionnews.org/2016/04/the_magnetic_se/.

12 Matthew Cobb, "Are We Ready for Quantum Biology?" *New Scientist*, November 12, 2014, https://www.newscientist.com/article/mg22429950-700-are-we-ready-for-quantum-biology/.

13 Klaus Schulten, Charles E. Swenberg, and Albert Weller, "A Biomagnetic Sensory Mechanism Based on Magnetic Field Modulated Coherent Electron Spin Motion," *Zeitschrift für Physikalische Chemie* 111, no. 1 (1978): 1–5, doi.org/10.1524/zpch.1978.111.1.001.

14 Dingle, *Migration: The Biology of Life on the Move*, 33.

15 Peter Berthold, *Bird Migration: A General Survey*, 2001, 11.

16 Charles Darwin, *Charles Darwin's Shorter Publications*, 1829–1883, 2009, 380.

17 "How do these geese" Elisabeth Kübler-Ross, *The Wheel of Life*, 2012, 106.

우리는 길을 찾으며 인간이 되었다

1 Norman Hallendy, *Inuksuit: Silent Messengers of the Arctic*, first trade paper edition, 2001, 46.

2 Daniel Casasanto, "Space for Thinking," in *Language, Cognition and Space*, ed. Vyvyan Evans and Paul Chilton, 2010, 455.

3 Carlo Ginzburg, *Clues, Myths, and the Historical Method*, trans. John Tedeschi and Anne C. Tedeschi, reprint edition, 2013, 102.

4 Ibid., 103.

5 Derek Bickerton, *More Than Nature Needs: Language, Mind, and Evolution*, 2014, 88.

6 Alfred Gell, "How to Read a Map: Remarks on the Practical Logic of Navigation," *Man* 20, no. 2 (June 1985): 27–86, https://doi.org/10.2307/2802385.

7 Ibid., 26.

8 Kim Shaw-Williams, "The Triggering Track-Ways Theory," thesis, 2011, http://researcharchive.vuw.ac.nz/handle/10063/1967.

9 Endel Tulving, "Episodic Memory and Common Sense: How Far Apart?" *Philosophical Transactions of the Royal Society of London. Series B, Biological Sciences* 356, no. 1413 (September 29, 2001): 1505–15, doi. org/10.1098/rstb.2001.0937.

10 Ibid.

11 Ibid.

12 Norman Hellendy, "Tukiliit: The Stone People Who Live in the Wind; An Introduction to Inuksuit and Other Stone Figures of the North," January 18, 2017, https://docslide.com.br/documents/tukiliit-the-stone-people-who-live-in-the-wind-an-introduction-to-inuksuit.html.

13 William Hyndman, Interview with author, May 2, 2016.

14 "Introduction: Place Names in Nunarat," Inuit Heritage Trust: Place Names Program, http://ihti.ca/eng/place-names/pn-index.html?agree=0.

15   John Bennett and Susan Rowley, *Uqalurait: An Oral History of Nunavut*, 2004, 113.

이야기를 읽는 컴퓨터

1   Lawrence S. Sugiyama and Michelle Scalise Sugiyama, "Humanized Topography: Storytelling as a Wayfinding Strategy," *American Anthropologist* 5, http://pages.uoregon.edu/sugiyama/docs/StoryMapsMainDocument[1].pdf.

2   James Alexander Teit, *Traditions of the Thompson River Indians of British Columbia*, 1898, 7.

3   Richard Irving Dodge and General William Tecumseh Sherman, *Our Wild Indians: Thirty-Three Years' Personal Experience among the Red Men of the Great West—A Popular Account of Their Social Life, Religion, Habits, Traits, Customs, Exploits, Etc.*, reprint edition, 1978, 552.

4   Gene Weltfish, *The Lost Universe: Pawnee Life and Culture*, 1977, 172.

5   Keith H. Basso, *Wisdom Sits in Places: Landscape and Language among the Western Apache*, 1996, 45–47.

6   Ibid., 126.

7   Robert C. Berwick and Noam Chomsky, *Why Only Us: Language and Evolution*, 2016, 10.

8   Robert C. Berwick, "Why Only Us," Classroom 10-250, Massachusetts Institute of Technology, November 28, 2016.

9   Wolfgang Yarlott and Victor Hayden, "Old Man Coyote Stories: Cross-Cultural Story Understanding in the Genesis Story Understanding System," thesis, 2014, http://dspace.mit.edu/handle/1721.1/91880.

10   Ibid.

11   Ibid., 38.

12   Ibid., 80.

13   Ibid., 60.

슈퍼유목민

1   Canning Stock Route Project, http://mira.canningstockrouteproject.com/.

2   Dale Kerwin, *Aboriginal Dreaming Paths and Trading Routes: The Colonisation of the Australian Economic Landscape*, 2010, 159.

3   David Lewis, "Observations on Route Finding and Spatial Orientation among the Aboriginal Peoples of the Western Desert Region of Central Australia," *Oceania* 46, no. 4 (1976): 249–82.

4   "Putuparri Tom Lawford: Oral History," Canning Stock Route Project, http://mira.canningstockrouteproject.com/node/3060, accessed February 10, 2016.

5   Deborah Bird Rose, *Dingo Makes Us Human: Life and Land in an Australian Aboriginal Culture*, 2000, 57.

6   "Putuparri Tom Lawford: Oral History."

7   D. J. Mulvaney, "Stanner, William Edward (Bill) (1905–981)," in *Australian Dictionary of Biography*, n.d., http://adb.anu.edu.au/biography/stanner-william-edward-bill-15541.

8   Robyn Davidson, *Quarterly Essay 24: No Fixed Address: Nomads and the Fate of the Planet*, 2006, 13.

9   Ibid., 14.

10   David Turnbull and Helen Watson, *Maps Are Territories: Science Is an Atlas; A Portfolio of Exhibits*, 1989, 30.

11   Scott Cane, *First Footprints: The Epic Story of the First Australians*, main edition, 2014, 30.

12   Rose, *Dingo Makes Us Human*, 2000, 205.

13   Dale Kerwin, *Aboriginal Dreaming Paths and Trading Routes: The Colonisation of the Australian Economic Landscape*, 2010, 49.

14 Ibid., 83.

15 know" Ibid., 37.

16 Alfred Reginald Radcliffe-Brown, Raymond William Firth, and Adolphus Peter Elkin, *Oceania* (1975): 271.

17 Patrick D. Nunn and Nicholas J. Reid, "Aboriginal Memories of Inundation of the Australian Coast Dating from More Than 7000 Years Ago," *Australian Geographer* 47, no 1 (September 7, 2015): 47, doi/abs/10.1080/0 0049182.2015.1077539.

18 Ibid.

19 David C. Rubin, *Memory in Oral Traditions: The Cognitive Psychology of Epic, Ballads, and Counting-out Rhymes*, 1997, 62.

20 Ibid., 114.

꿈의 시대와 지도

1 "Yiwarra Kuju," National Museum of Australia, http://www.nma.gov.au/education/resources/units_of_work/yiwarra_kuju.

2 Bill Gammage, *The Biggest Estate on Earth: How Aborigines Made Australia*, reprint edition, 2013, 309.

3 "Aboriginal Guides," Canning Stock Route Project, http://www.canningstockrouteproject.com/history/story-aboriginal-guides/.

4 David Lewis, "Route Finding and Spatial Orientation," *Oceania* 46, no. 4 (1975).

5 David Lewis, "Route Finding by Desert Aborigines in Australia," *Journal of Navigation* 29, no. 1 (January 1976): 21–38, doi.org/10.1017/S0373463300043307.

6 Ibid.

7 Lewis, "Route Finding and Spatial Orientation," 262.

8 Ibid.

9   Ibid.

10 Peter Sutton, "Aboriginal Maps and Plans," in *The History of Cartography: Cartography in the Traditional African, American, Arctic, Australian, and Pacific Societies*, ed. David Woodward and G. Malcolm Lewis, first ed., vol. 2, 1998, 407.

11 Philip G. Jones, "Norman B. Tindale Obituary," December 1995, https://www.anu.edu.au/linguistics/nash/aust/nbt/obituary.html.

12 Hetti Perkins, *Art Plus Soul*, 2010, 58.

13 Ibid.

14 Lewis, "Route Finding and Spatial Orientation," 249–82.

15 Dale Kerwin, *Aboriginal Dreaming Paths and Trading Routes: The Colonisation of the Australian Economic Landscape*, 2010, 114.

16 Ibid., 47.

17 David Turnbull and Helen Watson, *Maps Are Territories: Science Is an Atlas; A Portfolio of Exhibits*, 1989, 51.

18 Fred Myers, *Pintupi Country, Pintupi Self: Sentiment, Place, and Politics among Western Desert Aborigines*, 1991, 11.

19 David Lewis, Curriculum Development Centre, and Aboriginal Arts Board, "The Way of the Nomad," in *From Earlier Fleets: Hemisphere—An Aboriginal Anthology*, ed. Kenneth Russell Henderson, 1978.

20 Lewis, "Route Finding and Spatial Orientation," 262.

뇌와 시공간

1   John O'Keefe, "Biographical," The Nobel Foundation, 2014, https://www.nobelprize.org/nobel_prizes/medicine/laureates/2014/okeefe-bio.html.

2   Ibid.

3   James C. Goodwin, "A-Mazing Research," *American Psychological Association* 43, no. 2 (February 2012), http://www.apa.org/monitor/2012/02/

research.aspx.

4 Edward C. Tolman, "Cognitive Maps in Rats and Men," *Psychological Review* 55, no. 4 (July 1948): 189–208, http://dx.doi.org/10.1037/h0061626.

5 Ibid.

6 Ibid.

7 Ibid.

8 John O'Keefe and Lynn Nadel, *The Hippocampus as a Cognitive Map*, 1978.

9 Ibid., 6.

10 Ibid.

11 Lynn Nadel, "The Hippocampus and Space Revisited," *Hippocampus* 1, no. 3 (July 3, 1991): 221–29, doi.org/10.1002/hipo.450010302.

12 O'Keefe and Nadel, *The Hippocampus as a Cognitive Map*, 19.

13 Ibid., 6, 296.

14 O'Keefe, "Biographical."

15 Elizabeth Marozzi and Kathryn J. Jeffery, "Place, Space and Memory Cells," *Current Biology* 22, no. 22 (2012): R939–42.

16 Matthew Wilson, Presentation at Massachusetts Institute of Technology, December 5, 2016.

17 Daniela Schiller et al., "Memory and Space: Towards an Understanding of the Cognitive Map," *Journal of Neuroscience* 35, no. 41 (October 14, 2015): 13904–11, doi.org/10.1523/JNEUROSCI.2618-15.2015.

18 Howard Eichenbaum and Neal J. Cohen, "Can We Reconcile the Declarative Memory and Spatial Navigation Views on Hippocampal Function?" *Neuron* 83, no. 4 (August 20, 2014): 764–70, doi.org/10.1016/j.neuron.2014.07.032.

19 Hugo J. Spiers, Interview with author, April 12, 2016.

20 Harry Heft, Interview with author, March 16, 2017.

21 Harry Heft, "The Ecological Approach to Navigation: A Gibsonian

Perspective," in *The Construction of Cognitive Maps*, ed. J. Portugali, 1996, 105–32, doi.org/10.1007/978-0-585-33485-1_6.

빛을 내는 사람들

1 "We talk about emus" Ray P. Norris and Bill Yidumduma Harney, "Songlines and Navigation in Wardaman and Other Australian Aboriginal Cultures," *Journal of Astronomical History and Heritage* 17, no. 2 (April 9, 2014), http://arxiv.org/abs/1404.2361.

2 William Edward Harney, *Life among the Aborigines*, 1957, 38.

3 Norris and Harney, "Songlines and Navigation in Wardaman and Other Australian Aboriginal Cultures."

4 Bill Gammage, *The Biggest Estate on Earth: How Aborigines Made Australia*, reprint edition, 2013, 122.

5 Ibid., 132.

6 Isabel McBryde, "Travellers in Storied Landscapes: A Case Study in Exchanges and Heritage," *Aboriginal History* 24 (2000): 152–74.

7 Jan Wositzky, *Born under the Paperbark Tree: A Man's Life*, ed. Yidumduma Bill Harney, revised edition, 1998, 178.

8 Ibid., 179.

9 Hugh Cairns, *Dark Sparklers: Yidumduma's Wardaman Aboriginal Astronomy Northern Australia 2003*, 2003, 16.

당신에게는 왼쪽, 내게는 북쪽

1 Zoltan Kovecses, *Language, Mind, and Culture: A Practical Introduction*, 2006, 13.

2 Stephen C. Levinson, *Space in Language and Cognition: Explorations in Cognitive Diversity*, 2003, 114.

3 Ibid., 131.

4   Ibid., 21.

5   Ibid., 127.

6   Thomas Widlok, "The Social Relationships of Changing Hai||om Hunter Gatherers in Northern Namibia, 1990–1994," 1994, 210.

7   Asifa Majid, Melissa Bowerman, Sotaro Kita, Daniel B. M. Haun, and Stephen C. Levinson, "Can Language Restructure Cognition? The Case for Space," *Trends in Cognitive Sciences* 8, no. 3 (March 2004): 108–14, doi.org/10.1016/j.tics.2004.01.003.

8   Thomas Widlok, "Orientation in the Wild: The Shared Cognition of Hai||om Bushpeople," *Journal of the Royal Anthropological Institute* 3, no. 2 (1997): 317–32, https://doi.org/10.2307/3035022.

9   Ibid.

10   Kirill V. Istomin and Mark J. Dwyer, "Finding the Way: A Critical Discussion of Anthropological Theories of Human Spatial Orientation with Reference to Reindeer Herders of Northeastern Europe and Western Siberia," *Current Anthropology* 50, no. 1 (February 1, 2009): 29–49, doi.org/10.1086/595624.

11   Tim Ingold, *The Perception of the Environment: Essays on Livelihood, Dwelling and Skill*, first edition, 2011, 220.

12   Nuccio Mazzullo and Tim Ingold, "Being Along: Place, Time and Movement among Sámi People," *in Mobility and Place: Enacting Northern European Peripheries*, ed. Jørgen Ole Bærenholdt and Brynhild Granås, 2012.

13   Ingold, *The Perception of the Environment: Essays on Livelihood, Dwelling and Skill*, 3.

14   Ibid., 229.

15   Ibid., 234.

16   Ibid., 238.

17   Howard Eichenbaum, "Hippocampus: Mapping or Memory?" *Current*

Biology 10, no. 21 (November 1, 2000): R785–87, doi.org/10.1016/S0960-9822(00)00763-6.

하버드의 경험론 수업

1 Louis Liebenberg, *The Art of Tracking: The Origin of Science*, first edition, 2012, xv.

2 Ibid., 116.

3 Ibid., 57.

4 Louis Liebenberg, *The Origin of Science: On the Evolutionary Roots of Science and Its Implications for Self-Education and Citizen Science*, 2013, 17.

5 Charles O. Frake, "Cognitive Maps of Time and Tide among Medieval Seafarers," *Man* 20, no. 2 (1985): 254–70, https://doi.org/10.2307/2802384.

6 "Wave Piloting in the Marshall Islands," Conference, Radcliffe Institute for Advanced Study, Harvard University, June 20, 2017.

7 J. C. Beaglehole, *The Life of Captain James Cook*, 1992, 109.

8 Ben Finney, "Nautical Cartography and Traditional Navigation in Oceania," in *The History of Cartography: Cartography in the Traditional African, American, Arctic, Australian, and Pacific Societies*, ed. David Woodward and G. Malcolm Lewis, first edition, vol. 2, book 3, 1998, 444.

9 Nā'ālehu Anthony, presentation at "The *Hōkūle'a*: Indigenous Resurgence from Hawai'i to Mannahatta," New York University, March 31, 2016.

10 Joseph Genz, "Navigating the Revival of Voyaging in the Marshall Islands: Predicaments of Preservation and Possibilities of Collaboration," *Contemporary Pacific* 23, no. 1 (March 26, 2011): 1–34, doi.org/10.1353/cp.2011.0017.

11 "The physical and social" Ibid.

12 Ibid.

13 Joseph Genz, Jerome Aucan, Mark Merrifield, Ben Finney, Korent

Joel, and Alson Kelen, "Wave Navigation in the Marshall Islands: Comparing Indigenous and Western Scientific Knowledge of the Ocean," *Oceanography* 22, no. 2 (2009): 234–45.

오세아니아의 우주비행사들

1 Nāʻālehu Anthony, presentation at "The *Hōkūleʻa*: Indigenous Resurgence from Hawaiʻi to Mannahatta," New York University, March 31, 2016.

2 Vicente Diaz, presentation at "The *Hōkūleʻa*: Indigenous Resurgence from Hawaiʻi to Mannahatta," New York University, March 31, 2016.

3 Vicente Diaz, "Lost in Translation and Found in Constipation: Unstopping the Flow of Intangible Cultural Heritage with the Embodied Tangibilities of Traditional Carolinian Seafaring Culture," International Symposium on Negotiating Intangible Cultural Heritage, National Ethnology Museum, Osaka, Japan, 2017.

4 Thomas Gladwin, *East Is a Big Bird: Navigation and Logic on Puluwat Atoll*, 1995, preface.

5 Ibid., 37.

6 Ibid., 42.

7 David Lewis, "Memory and Intelligence in Navigation: Review of *East Is a Big Bird*. Gladwin Thomas. Harvard University Press," *Journal of Navigation* 24, no. 3 (July 1971): 423–24, doi.org/10.1017/S0373463300048426.

8 Gladwin, *East Is a Big Bird: Navigation and Logic on Puluwat Atoll*, 37.

9 Vicente Diaz, "No Island Is an Island," in *Native Studies Keywords*, ed. by Stephanie Nohelani Teves, Andrea Smith, and Michelle Raheja, 2015, 90–107.

10 Ibid., 131.

11 Ibid., 182.

12 Sam Low, *Hawaiki Rising: Hōkūleʻa, Nainoa Thompson, and the Hawaiian*

Renaissance, 2013, 61.

13 Ibid., 277.

14 Kala Baybayan, Interview with author, January 12, 2017.

15 Ibid., 322.

기후변화와 방향 탐색

1 Chris Mooney, "In Greenland's Northernmost Village, a Melting Arctic Threatens the Age-Old Hunt," *Washington Post*, April 29, 2017, https://www.washingtonpost.com/business/economy/in-greenlands-northernmost-village-a-melting-arctic-threatens-the-age-old-hunt/2017/04/29/764ba9be-1bb3-11e7-bcc2-7d1a0973e7b2_story.html.

2 Robert A. McLeman, *Climate and Human Migration: Past Experiences, Future Challenges*, first edition, 2013, 199.

3 Peter Roger Nuttall, "Sailing for Sustainability: The Potential of Sail Technology as an Adaptation Tool for Oceania; A Voyage of Inquiry and Interrogation through the Lens of a Fijian Case Study," 2013, 15.

4 Ibid., 46.

5 Ibid., 35.

6 Ibid., 36.

7 Peter Nuttall, Paul D'Arcy, and Colin Philp, "Waqa Tabu—Sacred Ships: The Fijian Drua," *International Journal of Maritime History* 26, no. 3 (August 1, 2014): 427–50, doi.org/10.1177/0843871414542736.

8 Ibid.

GPS와 뇌

1 Tom Clynes, "How to Raise a Genius: Lessons from a 45-Year Study of Super-Smart Children," *Nature News* 537, no. 7619 (September 8, 2016): 152, doi.org/10.1038/537152a.

2   Véronique Bohbot, Interview with author, June 30, 2016.

3   Antoine Coutrot et al., "Global Determinants of Navigation Ability," *bioRxiv* (September 18, 2017): 188870, doi.org/10.1101/188870.

4   Stephen C. Levinson, *Space in Language and Cognition: Explorations in Cognitive Diversity*, 2003, 238.

5   Hugo J. Spiers, Interview with author, April 12, 2016.

6   "Satnavs 'Switch Off' Parts of the Brain," University College London News, March 21, 2017, http://www.ucl.ac.uk/news/news-articles/0317/210317-satnav-brain-hippocampus.

7   Harry Heft, Interview with author, March 16, 2017.

8   Sinéad L. Mullally and Eleanor A. Maguire, "Memory, Imagination, and Predicting the Future," *Neuroscientist* 20, no. 3 (June 2014): 220–34, doi.org/10.1177/1073858413495091.

9   Benjamin Baird, Jonathan Smallwood, and Jonathan W. Schooler, "Back to the Future: Autobiographical Planning and the Functionality of Mind-Wandering," *Consciousness and Cognition, From Dreams to Psychosis* 20, no. 4 (December 1, 2011): 1604–11, doi.org/10.1016/j.concog.2011.08.007.

길 잃은 자동차

1   Max Londberg, "KC to STL in 20 Minutes? System That Could Threaten Speed of Sound May Come to Missouri," *Kansas City Star*, April 7, 2017, http://www.kansascity.com/news/local/article143315884.html.

2   Mark Vanhoenacker, *Skyfaring: A Journey with a Pilot*, reprint edition, 2016, 17.

3   Anne Morrow Lindbergh, "Airliner to Europe," *Harper' Magazine*, September 1948, https://harpers.org/archive/1948/09/airliner-to-europe/.

4   Micheline Maynard, "Prefer to Sit by the Window, Aisle or ATM?" *The Lede*, 1214616788, https://thelede.blogs.nytimes.com/2008/06/27/prefer-to-sit-by-

the-window-aisle-or-atm/.

5	Jenifer van Vleck, *Empire of the Air: Aviation and the American Ascendancy*, 2013, 90.

6	John Rennie Short, *Globalization, Modernity and the City*, 2013, 142.

7	Dave English, "Great Aviation Quotes: Predictions of the Future," http://aviationquotations.com//predictions.html, accessed May 1, 2017.

8	Anne Morrow Lindbergh, *Listen! The Wind*, 1938, ix.

9	Emily Badger, "Why Even the Hyperloop Probably Wouldn't Change Your Commute Time," *New York Times*, August 10, 2017, https://www.nytimes.com/2017/08/10/upshot/why-even-the-hyperloop-probably-wouldnt-change-your-commute-time.html.

10	Nāʻālehu Anthony, presentation at "The *Hōkūleʻa*: Indigenous Resurgence from Hawaiʻi to Mannahatta," New York University, March 31, 2016.

11	Claudio Aporta and Eric Higgs, "Satellite Culture: Global Positioning Systems, Inuit Wayfinding, and the Need for a New Account of Technology," *Current Anthropology* 46, no. 5 (2005): 729–53, doi.org/10.1086/432651.

12	Ibid.

13	Albert Borgmann, *Technology and the Character of Contemporary Life: A Philosophical Inquiry*, 2009, 5.

14	Eric Higgs, Andrew Light, and David Strong, *Technology and the Good Life?* 2010, 29.

15	Aporta and Higgs, "Satellite Culture: Global Positioning Systems, Inuit Wayfinding, and the Need for a New Account of Technology," 729–53.

16	Antoine de Saint-Exupéry, *Wind, Sand and Stars*, trans. Lewis Galantiere, 2002, 44.

17	Ibid., 43.

18	Joe Coughlin, presentation at "Planning Ideas That Matter, Faculty Debate: Part 3," MIT Department of Urban Studies and Planning, October 12, 2017, https://dusp.mit.edu/event/planning-ideas-matter-faculty-debate-part-3.

19 "dissembles its own" Ibid.

20 Elon Musk, tweet, @elonmusk, October 3, 2016, https://twitter.com/elonmusk/status/789022017311735808?lang=en.

21 lostTesla, tweet, *@LostTesla* (blog), October 1, 2017, https://twitter.com/LostTesla/status/923979654704369664.

맺음말

1   John R. Stilgoe, *What Is Landscape?* 2015, 49.

2   Ibid., xi.

3   Ibid., 24.

4   David Derbyshire, "How Children Lost the Right to Roam in Four Generations," *Mail Online*, June 15, 2007, http://www.dailymail.co.uk/news/article-462091/How-children-lost-right-roam-generations.html.

5   Helen E. Woolley and Elizabeth Griffin, "Decreasing Experiences of Home Range, Outdoor Spaces, Activities and Companions: Changes across Three Generations in Sheffield in North England," *Children' Geographies* 13, no. 6 (November 2, 2015): 677–91, doi.org/10.1080/14733285.2014.952186.

6   Ibid.

7   Jean Piaget, *The Construction of Reality in the Child*, 2013, 98.

8   Edith Cobb, "The Ecology of Imagination in Childhood," *Daedalus* 88, no. 3 (1959): 537–48.

9   Ibid.

10 Ibid.

11 James J. Gibson, *The Ecological Approach to Visual Perception: Classic Edition*, first edition, 2014, 229.

12 Edward Relph, *Place and Placelessness*, 1976, 11.

13 Janet Donohoe, *Remembering Places: A Phenomenological Study of the*

Relationship between Memory and Place, 2014, 12.

14 Yi-Fu Tuan, *Topophilia: A Study of Environmental Perception, Attitudes, and Values*, reprint edition, 1990, xii.

15 Sarah Gatson, "Habitus," *International Encyclopedia of the Social Sciences*, n.d., http://www.encyclopedia.com.

16 Harold Gatty, *Finding Your Way Without Map or Compass*, reprint edition, 1999, 9.

17 Stilgoe, *What Is Landscape?* 219.

18 Eric Higgs, Andrew Light, and David Strong, *Technology and the Good Life?* 2010, 31.

19 Anna Botsford Comstock, *Handbook of Nature Study*, first edition, 1986, 4.

20 Ibid., 1.

21 Guy Aitchison, "Do We All Have a Right to Cross Borders?" *The Conversation*, December 19, 2016, http://theconversation.com/do-we-all-have-a-right-to-cross-borders-69835.

22 Simone Weil, *The Need for Roots: Prelude to a Declaration of Duties Towards Mankind*, 2001, 43.

23 Ibid.

24 Relph, *Place and Placelessness*.

25 W. H. McCann, "Nostalgia: A Review of the Literature," *Psychological Bulletin* 38, no. 3 (March 1, 1941): 165–82.

26 Ibid.

27 Ibid.

28 Robyn Davidson, *Desert Place*, first edition, 1996. 5.

참고문헌

Abazov, Rafis. "Globalization of Migration: What the Modern World Can Learn from Nomadic Cultures." UN Chronicle, September 2013. https://unchronicle.un.org/article/globalization-migration-what-modern-world-can-learn-nomadic-cultures.

Aitchison, Guy. "Do We All Have a Right to Cross Borders?" *The Conversation*, December 19, 2016. http://theconversation.com/do-we-all-have-a-right-to-cross-borders-69835.

Alerstam, Thomas. "Conflicting Evidence about Long-Distance Animal Navigation." *Science* 313, no. 5788 (August 11, 2006): 791–94. https://doi.org/10.1126/science.1129048.

Altman, Irwin, and Setha M. Low. *Place Attachment*. Berlin: Springer Science & Business Media, 2012.

Anthony, Nā'ālehu. Presentation at "The *Hōkūle'a*: Indigenous Resurgence from Hawai'i to Mannahatta." New York University, March 31, 2016.

Aporta, Claudio. "Inuit Orienting: Traveling along Familiar Horizons." *Sensory*

Studies, n.d. http://www.sensorystudies.org/inuit-orienting-traveling-along-familiar-horizons/.

————. "Old Routes, New Trails: Contemporary Inuit Travel and Orienting in Igloolik, Nunavut." Thesis, University of Alberta, 2003.

Aporta, Claudio, and Eric Higgs. "Satellite Culture: Global Positioning Systems, Inuit Wayfinding, and the Need for a New Account of Technology." *Current Anthropology* 46, no. 5 (2005): 729–53. https://doi.org/10.1086/432651.

Aporta, Claudio, and Nunavut Research Institute. *Anijaarniq: Introducing Inuit Landskills and Wayfinding*. Iqaluit: Nunavut Research Institute, 2006.

"Apprentice Maui Navigator Takes Helm of *Hikianalia* in Voyage to Tahiti." *Maui Now*, March 22, 2017. http://mauinow.com/2017/03/22/apprentice-maui-navigator-takes-helm-of-hikianalia-in-voyage-to-tahiti/.

Ardila, A. "Historical Evolution of Spatial Abilities." *Behavioural Neurology* 6, no. 2 (1993): 83–87. https://doi.org/10.3233/BEN-1993-6203.

Badger, Emily. "The Surprisingly Complex Art of Urban Wayfinding." *CityLab*, 2012. http://www.theatlanticcities.com/design/2012/01/surprisingly-complex-art-wayfinding/1088/.

————. "Why Even the Hyperloop Probably Wouldn't Change Your Commute Time." *New York Times*, August 10, 2017, sec. The Upshot. https://www.nytimes.com/2017/08/10/upshot/why-even-the-hyperloop-probably-wouldnt-change-your-commute-time.html.

Baird, Benjamin, Jonathan Smallwood, and Jonathan W. Schooler. "Back to the Future: Autobiographical Planning and the Functionality of Mind-Wandering." *Consciousness and Cognition, From Dreams to Psychosis* 20, no. 4 (December 1, 2011): 1604–11. https://doi.org/10.1016/j.concog.2011.08.007.

Baker, R. Robin. *Human Navigation and the Sixth Sense*. First edition. New York: Simon & Schuster, 1981.

Bar, Moshe, ed. *Predictions in the Brain: Using Our Past to Generate a Future.* Revised edition. New York: Oxford University Press, 2011.

Barger, Nicole, Kari L. Hanson, Kate Teffer, Natalie M. Schenker-Ahmed, and Katerina Semendeferi. "Evidence for Evolutionary Specialization in Human Limbic Structures." *Frontiers in Human Neuroscience* 8 (May 20, 2014). https://doi.org/10.3389/fnhum.2014.00277.

Barton, Phillip Lionel. "Maori Cartography and the European Encounter." In *The History of Cartography: Cartography in the Traditional African, American, Arctic, Australian, and Pacific Societies*, edited by David Woodward and G. Malcolm Lewis, vol. 2, book 3. 493–532. First edition. Chicago: University of Chicago Press, 1998.

Basso, Keith H. *Wisdom Sits in Places: Landscape and Language among the Western Apache.* Albuquerque: University of New Mexico Press, 1996.

Beaglehole, J. C. *The Life of Captain James Cook.* Palo Alto, CA: Stanford University Press, 1992.

Bennardo, Giovanni. "Linguistic Relativity and Spatial Language." *Linguistic Anthropology* (2009): 137.

Bennett, John, and Susan Rowley. *Uqalurait: An Oral History of Nunavut.* Montreal: McGill-Queen's University Press, 2004.

Berg, Mary, and Elliott A. Medrich. "Children in Four Neighborhoods." *Environment and Behavior* 12, no. 3 (1980): 320–48. http://journals.sagepub.com/doi/abs/10.1177/0013916580123003.

Berman, Bradley. "Whoever Owns the Maps Owns the Future of Self-Driving Cars." *Popular Mechanics*, July 1, 2016. http://www.popularmechanics.com/cars/a21609/here-maps-future-of-self-driving-cars/.

Berthold, Peter. *Bird Migration: A General Survey.* Oxford: Oxford University Press, 2001.

Berwick, Robert C., Angela D. Friederici, Noam Chomsky, and Johan J. Bolhuis.

"Evolution, Brain, and the Nature of Language." *Trends in Cognitive Sciences* 17, no. 2 (February 1, 2013): 89–98. https://doi.org/10.1016/j.tics.2012.12.002.

Berwick, Robert C., and Noam Chomsky. *Why Only Us: Language and Evolution*. Cambridge, MA: MIT Press, 2016.

Bickerton, Derek. *More Than Nature Needs: Language, Mind, and Evolution*. Cambridge, MA: Harvard University Press, 2014.

Blades, Mark. "Children's Ability to Learn about the Environment from Direct Experience and from Spatial Representations." *Children' Environments Quarterly* 6, nos. 2/3 (1989): 4–14.

Boggs, James P. "The Culture Concept as Theory, in Context." *Current Anthropology* 45, no. 2 (2004). http://www.journals.uchicago.edu/doi/abs/10.1086/381048.

Bohbot, Véronique D. "All Roads Lead to Rome, Even in African Savannah Elephants—or Do They?" *Proceedings of the Royal Society B*, 2015. http://www.bic.mni.mcgill.ca/users/vero/PAPERS/Bohbot2015.pdf.

Bohbot, Véronique D., Jason Lerch, Brook Thorndycraft, Giuseppe Iaria, and Alex P. Zijdenbos. "Gray Matter Differences Correlate with Spontaneous Strategies in a Human Virtual Navigation Task." *Journal of Neuroscience* 27, no. 38 (September 19, 2007): 10078–83. https://doi.org/10.1523/JNEUROSCI.1763-07.2007.

Borgmann, Albert. *Technology and the Character of Contemporary Life: A Philosophical Inquiry*. Chicago: University of Chicago Press, 2009.

———. "Technology as a Cultural Force: For Alena and Griffin." *Canadian Journal of Sociology* 31, no. 3 (September 6, 2006): 351–60. https://doi.org/10.1353/cjs.2006.0050.

Boroditsky, Lera. "Does Language Shape Thought? Mandarin and English Speakers' Conceptions of Time." *Cognitive Psychology* 43, no. 1 (August 1,

2001): 1–22. https://doi.org/10.1006/cogp.2001.0748.

———. "Metaphoric Structuring: Understanding Time through Spatial Metaphors." *Cognition* 75, no. 1 (April 14, 2000): 1–28. https://doi.org/10.1016/S0010-0277(99)00073 -6.

Boudette, Neal E. "Building a Road Map for the Self-Driving Car." *New York Times*, March 2, 2017, sec. Automobiles. https://www.nytimes.com/2017/03/02/automobiles/wheels/self-driving-cars-gps-maps.html.

Bower, Gordon H. "Analysis of a Mnemonic Device: Modern Psychology Uncovers the Powerful Components of an Ancient System for Improving Memory." *American Scientist* 58, no. 5 (1970): 496–510.

Brachmayer, Scott. *Kajutaijuq*. Film short, 2015. http://www.imdb.com/title/tt3826696/.

Bradley, C. E. "Traveling with Fred George: The Changing Ways of Yup'ik Star Navigation in Akiachak Western Alaska." In *The Earth Is Faster Now: Indigenous Observations of Arctic Environmental Change: Frontiers in Polar Social Science*, edited by Igor Krupnik and Dyanna Jolly, 240–265. Fairbanks: Arctic Research Consortium of the United States, 2002.

Briggs, Jean L. *Inuit Morality Play: The Emotional Education of a Three-Year-Old*. New Haven, CT: Yale University Press, 1998.

Brown, Frank A., J. Woodland Hastings, and John D. Palmer. *The Biological Clock: Two Views*. Cambridge: Academic Press, 2014.

Brownell, Ginanne. "Looking Forward, Fiji Turns to Its Canoeing Past." *New York Times*, February 3, 2012, sec. Global Business. https://www.nytimes.com/2012/02/04/business/global/looking-forward-fiji-turns-to-its-canoeing-past.html.

Buchanan, Brett. *Onto-Ethologies: The Animal Environments of Uexküll, Heidegger, Merleau-Ponty, and Deleuze*. Albany: State University of New York Press, 2009.

Bullens, Jessie, Kinga Iglói, Alain Berthoz, Albert Postma, and Laure Rondi-Reig. "Developmental Time Course of the Acquisition of Sequential Egocentric and Allocentric Navigation Strategies." *Journal of Experimental Child Psychology* 107, no. 3 (November 1, 2010): 337–50. https://doi.org/10.1016/j.jecp.2010.05.010.

Burda, Hynek, Sabine Begall, Jaroslav Červený, Julia Neef, and Pavel Němec. "Extremely Low-Frequency Electromagnetic Fields Disrupt Magnetic Alignment of Ruminants." *Proceedings of the National Academy of Sciences* 106, no. 14 (April 7, 2009): 5708–13. https://doi.org/10.1073/pnas.0811194106.

Burgess, Neil. "Spatial Memory: How Egocentric and Allocentric Combine." *Trends in Cognitive Sciences* 10, no. 12 (December 1, 2006): 551–57. https://doi.org/10.1016/j.tics.2006.10.005.

Burgess, Neil, Eleanor A. Maguire, and John O'Keefe. "The Human Hippocampus and Spatial and Episodic Memory." *Neuron* 35, no. 4 (2002): 625–41.

Burgess, Neil, Hugo J. Spiers, and Eleni Paleologou. "Orientational Manoeuvres in the Dark: Dissociating Allocentric and Egocentric Influences on Spatial Memory." *Cognition* 94, no. 2 (December 2004): 149–66. https://doi.org/10.1016/j.cognition.2004.01.001.

Burke, Ariane. "Spatial Abilities, Cognition and the Pattern of Neanderthal and Modern Human Dispersals." In "The Neanderthal Home: Spatial and Social Behaviours." Special issue, *Quaternary International* 247, no. Supplement C (January 9, 2012): 230–35. https://doi.org/10.1016/j.quaint.2010.10.029.

Burke, Ariane, Anne Kandler, and David Good. "Women Who Know Their Place." *Human Nature* 23, no. 2 (June 1, 2012): 133–48. https://doi.org/10.1007/s12110-012-9140-1.

Burnett, G. E., and Kate Lee. "The Effect of Vehicle Navigation Systems on the

Formation of Cognitive Maps." In *Traffic and Transport Psychology*, edited by G. Underwood, 407–17. Amsterdam: Elselvier Science, 2005.

Buss, Irven O. "Bird Detection by Radar." *The Auk* 63, no. 3 (1946): 315–18. https://doi.org/10.2307/4080116.

Cairns, Hugh. *Dark Sparklers: Yidumduma's Wardaman Aboriginal Astronomy Northern Australia 2003. Merimbula*, NSW, Australia: H. C. Cairns, 2003.

Callaghan, Bridget L., Stella Li, and Rick Richardson. "The Elusive Engram: What Can Infantile Amnesia Tell Us about Memory?" *Trends in Neurosciences* 37,. no. 1 (January 1, 2014): 47–53. https://doi.org/10.1016/j.tins.2013.10.007.

Cane, Scott. *First Footprints: The Epic Story of the First Australians*. Main edition. Sydney: Allen & Unwin, 2014.

Caruana, Wally. *Aboriginal Art*. Third edition. London: Thames & Hudson, 2013.

Casasanto, Daniel. "Space for Thinking." In *Language, Cognition and Space*. London: Equinox, n.d.

Chaddock, Laura, et al. "A Neuroimaging Investigation of the Association between Aerobic Fitness, Hippocampal Volume, and Memory Performance in Preadolescent Children." *Brain Research* 1358 (October 28, 2010): 172–83. https://doi.org/10.1016/j.brainres.2010.08.049.

Chadwick, Martin J., and Hugo J Spiers. "A Local Anchor for the Brain's Compass." *Nature Neuroscience* 17, no. 11 (November 2014). https://www.nature.com/articles/nn.3841.

Chatty, Dawn. *Nomadic Societies in the Middle East and North Africa: Entering the 21st Century*. Leiden: Brill, 2006.

Chawla, Louise. "Ecstatic Places." In *The People, Place, and Space Reader*, edited by Jen Jack Gieseking, William Mangold, and Cindi Katz. London: Routledge, 2014.

Chen, Chuansheng, Michael Burton, Ellen Greenberger, and Julia Dmitrieva. "Population Migration and the Variation of Dopamine D4 Receptor (DRD4)

Allele Frequencies Around the Globe." *Evolution and Human Behavior* 20, no. 5 (1999): 309–24.

Clynes, Tom. "How to Raise a Genius: Lessons from a 45-Year Study of Super-Smart Children." *Nature News* 537, no. 7619 (September 8, 2016): 152. https://doi.org/10.1038/537152a.

Cobb, Edith. "The Ecology of Imagination in Childhood." *Daedalus* 88, no. 3 (1959): 537–48.

Cobb, Matthew. "Are We Ready for Quantum Biology?" *New Scientist*, November 12, 2014. https://www.newscientist.com/article/mg22429950-700-are-we-ready-for-quantum –biology/.

Cohen, Neal J., and Howard Eichenbaum. *Memory, Amnesia, and the Hippocampal System*. New edition. A Bradford Book. Cambridge, MA: MIT Press, 1995.

Collett, Thomas S., and Paul Graham. "Animal Navigation: Path Integration, Visual Landmarks and Cognitive Maps." *Current Biology* 14, no. 12 (June 22, 2004): R475–77. https://doi.org/10.1016/j.cub.2004.06.013.

Comstock, Anna Botsford. *Handbook of Nature Study*. First edition. Ithaca, NY: Comstock/Cornell University Press, 1986.

Convit, A., M. J. De Leon, C. Tarshish, S. De Santi, W. Tsui, H. Rusinek, and A. George. "Specific Hippocampal Volume Reductions in Individuals at Risk for Alzheimer's Disease." *Neurobiology of Aging* 18, no. 2 (March 1, 1997): 131–38. https://doi.org/10.1016/S0197-4580(97)00001-8.

Corballis, Michael C. "Mental Time Travel: A Case for Evolutionary Continuity." *Trends in Cognitive Sciences* 17, no. 1 (January 2013): 5–6. https://doi.org/10.1016/j.tics.2012.10.009.

Coughlin, Joe. "Planning Ideas That Matter, Faculty Debate: Part 3." MIT Department of Urban Studies and Planning, October 12, 2017. https://dusp.mit.edu/event/planning-ideas-matter-faculty-debate-part-3.

Coutrot, Antoine, et al. "Global Determinants of Navigation Ability." *bioRxiv* (September 18, 2017): 188870. https://doi.org/10.1101/188870.

Crawford, Matthew B. *The World beyond Your Head: On Becoming an Individual in an Age of Distraction*. Reprint edition. New York: Farrar, Straus and Giroux, 2016.

Cristea, Anca, David Hummels, Laura Puzzello, and Misak Avetisyan. "Trade and the Greenhouse Gas Emissions from International Freight Transport." *Journal of Environmental Economics and Management* 65, no. 1 (January 1, 2013): 153–73. https://doi.org/10.1016/j.jeem.2012.06.002.

Curry, Andrew. "Men Are Better at Maps until Women Take This Course." *Nautilus*, January 28, 2016. http://nautil.us/issue/32/space/men-are-better-at-maps-until-women-take-this -course.

Cyranoski, David. "Discovery of Long-Sought Biological Compass Claimed." *Nature* 527, no. 7578 (November 16, 2015): 283–84. https://doi.org/10.1038/527283a.

Dardel, Éric. *L'homme et la terre: Nature de la réalité géographique*. Paris: Editions du CTHS, 1990.

Darwin, Charles. *Charles Darwin's Shorter Publications, 1829–1883*. Cambridge: Cambridge University Press, 2009.

———. "Origin of Certain Instincts." *Nature* 7, no. 179 (April 3, 1873): 007417a0. https://doi.org/10.1038/007417a0.

Davidson, Robyn. *Desert Places*. First edition. New York: Viking, 1996.

———. *Quarterly Essay 24: No Fixed Address: Nomads and the Fate of the Planet*. Melbourne, Black Inc, 2006.

Dearden, Lizzie. "Syrian Refugee Tells How He Survived Boat Sinking in Waters Where Aylan Kurdi Drowned." *The Independent*, September 3, 2015. https://www.independent.co.uk/news/world/europe/syrian-refugee-tells-how-he-survived-boat-sinking-in-waters-where-aylan-kurdidrowned-10484607.html.

De Leon, M. J., et al. "Frequency of Hippocampal Formation Atrophy in Normal Aging and Alzheimer's Disease." *Neurobiology of Aging* 18, no. 1 (January 1, 1997): 1–11. https://doi.org/10.1016/S0197-4580(96)00213-8.

Delmore, Kira, et al. "Genomic Analysis of a Migratory Divide Reveals Candidate Genes for Migration and Implicates Selective Sweeps in Generating Islands of Differentiation." *Molecular Ecology* 24, no. 8 (April 3, 2015). http://onlinelibrary.wiley,.com/doi/10.1111/mec.13150/full.

Derbyshire, David. "How Children Lost the Right to Roam in Four Generations." *Mail Online*, June 15, 2007. http://www.dailymail.co.uk/news/article-462091/How-children-lost-right-roam-generations.html.

Devlin, Hannah. "Google Creates AI Program That Uses Reasoning to Navigate the London Tube." *The Guardian*, October 12, 2016, sec. Technology. https://www.theguardian.com/technology/2016/oct/12/google-creates-ai-program-that-uses-reasoning-to-navigate-the-london-tube.

Diaz, Vicente. "No Island Is an Island." In *Native Studies Keywords*, edited by Stephanie Nohelani Teves, Andrea Smith, and Michelle Raheja, 90–107. Critical Issues in Indigenous Studies. Tucson: University of Arizona Press, 2015.

————. Presentation at "The *Hōkūle'a*: Indigenous Resurgence from Hawai'i to Mannahatta." New York University, March 31, 2016.

————. "Lost in Translation and Found in Constipation: Unstopping the Flow of Intangible Cultural Heritage with the Embodied Tangibilities of Traditional Carolinian Seafaring Culture." International Symposium on Negotiating Intangible Cultural Heritage, National Ethnology Museum, Osaka, Japan, 2017.

Dickinson, Anthony, and Nicola S. Clayton. "Episodic-Like Memory during Cache Recovery by Scrub Jays." *Nature* 395, no. 6699 (September 17, 1998):

272. https://doi.org/10.1038/26216.

Dingle, Hugh. "Animal Migration: Is There a Common Migratory Syndrome?" *Journal of Ornithology* 147, no. 2 (April 1, 2006): 212–20. https://doi.org/10.1007/s10336-005-0052-2.

———. *Migration: The Biology of Life on the Move.* First edition. New York: Oxford University Press, 1996.

Di Piazza, Anne. "A Reconstruction of a Tahitian Star Compass Based on Tupaia's 'Chart for the Society Islands with Otaheite in the Center.'" *Journal of the Polynesian Society* 119, no. 4 (2010): 377–92.

Dodge, Richard Irving, and General William Tecumseh Sherman. *Our Wild Indians: Thirty-Three Years' Personal Experience among the Red Men of the Great West—A Popular Account of Their Social Life, Religion, Habits, Traits, Customs, Exploits, Etc.* Reprint edition. Williamstown, MA: Corner House Pub, 1978.

Donohoe, Janet. *Remembering Places: A Phenomenological Study of the Relationship between Memory and Place.* Lanham, MD: Lexington Books, 2014.

Dorais, Louis-Jacques. *The Language of the Inuit: Syntax, Semantics, and Society in the Arctic.* Montreal: McGill-Queen's University Press, 2010.

Dresler, Martin, et al. "Mnemonic Training Reshapes Brain Networks to Support Superior Memory." *Neuron* 93, no. 5 (March 8, 2017): 1227–35.e6. https://doi.org/10.1016/j.neuron.2017.02.003.

Druett, Joan. *Tupaia: Captain Cook's Polynesian Navigator.* Santa Barbara, CA: Praeger, 2010.

Dyer, Fred C., and James L. Could. "Honey Bee Navigation: The Honey Bee's Ability to Find Its Way Depends on a Hierarchy of Sophisticated Orientation Mechanisms." *American Scientist* 71, no. 6 (1983): 587–97.

Eber, Dorothy Harley. *Encounters on the Passage: Inuit Meet the Explorers.*

Second edition. Toronto: University of Toronto Press, Scholarly Publishing Division, 2008.

Edwards, Tim. "How I Got Home." *Up Here Magazine*, February 10, 2016. https://uphere.ca/articles/how-i-got-home.

Eichenbaum, Howard. "Hippocampus: Mapping or Memory?" *Current Biology* 10, no. 21 (November 1, 2000): R785–87. https://doi.org/10.1016/S0960-9822(00)00763-6.

Eichenbaum, Howard, and Neal J. Cohen. "Can We Reconcile the Declarative Memory and Spatial Navigation Views on Hippocampal Function?" *Neuron* 83, no. 4 (August 20, 2014): 764–70. https://doi.org/10.1016/j.neuron.2014.07.032.

Eichenbaum, Howard, Paul Dudchenko, Emma Wood, Matthew Shapiro, and Heikki Tanila. "The Hippocampus, Memory, and Place Cells." *Neuron* 23, no. 2 (June 1999). http://www.cell.com/fulltext/S0896-6273(00)80773-4.

Evans, Vyvyan, and Paul Chilton, eds. *Language, Cognition, and Space: The State of the Art and New Directions.* London: Equinox, 2010.

Fara, Patricia. "An Atttractive Therapy: Animal Magnetism in Eighteenth-Century England." *History of Science* 33, no. 2 (June 1, 1995): 127–77. https://doi.org/10.1177/007327539503300201.

Fent, Karl, and Rudiger Wehner. "Ocelli: A Celestial Compass in the Desert Ant Cataglyphis." *Science* 228, no. 4696 (April 12, 1985): 192–94. https://doi.org/10.1126/science.228.4696.192.

Finney, Ben. "Nautical Cartography and Traditional Navigation in Oceania." In *The History of Cartography: Cartography in the Traditional African, American, Arctic, Australian, and Pacific Societies*, edited by David Woodward and G. Malcolm Lewis, vol. 2, book 3, 443–492. Chicago: University of Chicago Press, 1998.

———. *Voyage of Rediscovery: A Cultural Odyssey through Polynesia.* Berkeley:

University of California Press, 1994.

Fladmark, J. M., and Thor Heyerdahl. *Heritage and Identity: Shaping the Nations of the North*. London: Routledge, 2015.

Fledler, Nadine. "The Hidden Gringo." *Reed Magazine*, August 2000. http://www.reed.edu/reedmagazine/aug2000/agringo/3.html.

Fleur, Nicholas St. "How Ancient Humans Reached Remote South Pacific Islands." *New York Times*, November 1, 2016. http://www.nytimes.com/2016/11/02/science/south-pacific-islands-migration.html.

Ford, James D., Barry Smit, Johanna Wandel, and John MacDonald. "Vulnerability to Climate Change in Igloolik, Nunavut: What We Can Learn from the Past and Present." *Polar Record* 42, no. 2 (April 2006): 127–38. https://doi.org/10.1017/S0032247406005122.

Fortescue, Michael. *Eskimo Orientation Systems*. Copenhagen: Museum Tusculanum Press, 1988.

Frake, Charles O. "Cognitive Maps of Time and Tide among Medieval Seafarers." *Man* 20, no. 2 (1985): 254–70. https://doi.org/10.2307/2802384.

Freud, Sigmund. *Freud on Women: A Reader*. New York: W. W. Norton, 1992.

Friedman, Uri. "A World of Walls." *The Atlantic*, May 19, 2016. https://www.theatlantic.com/international/archive/2016/05/donald-trump-wall-mexic/483156/.

Friesen, Max. "North America: Paleoeskimo and Inuit Archaeology," in *Encyclopedia of Global Human Migration*. Edited by Immanuel Ness. Hoboken, NJ: Blackwell Publishing, 2013. https://www.academia.edu/5314092/North_America_Paleoeskimo_and_Inuit_archaeology_Encyclopedia_of_Global_Human_Migration_.

Gammage, Bill. *The Biggest Estate on Earth: How Aborigines Made Australia*. Reprint edition. Crows Nest, NSW: Allen & Unwin, 2013.

Gatson, Sarah. "Habitus." *International Encyclopedia of the Social Sciences*, n.d.

http://www.encyclopedia.com.

Gatty, Harold. *Finding Your Way Without Map or Compass*. Reprint edition. Mineola, NY: Dover Publications, 1999.

Gatty, Harold, and J. H. Doolittle. *Nature Is Your Guide: How to Find Your Way on Land and Sea by Observing Nature*. New York: Penguin Books, 1979.

Gell, Alfred. "How to Read a Map: Remarks on the Practical Logic of Navigation." *Man* 20, no. 2 (June 1985): 271–86. https://doi.org/10.2307/2802385.

———. "Vogel's Net: Traps as Artworks and Artworks as Traps." *Journal of Material Culture* (1996): 15–38.

Gentner, Dedre, Mutsumi Imai, and Lera Boroditsky. "As Time Goes By: Evidence for Two Systems in Processing Space → Time Metaphors." *Language and Cognitive Processes* 17, no. 5 (October 1, 2002): 537–65. https://doi.org/10.1080/01690960143000317.

Genz, Joseph. "Navigating the Revival of Voyaging in the Marshall Islands: Predicaments of Preservation and Possibilities of Collaboration." *Contemporary Pacific* 23, no. 1 (March 26, 2011): 1–34. https://doi.org/10.1353/cp.2011.0017.

Genz, Joseph, Jerome Aucan, Mark Merrifield, Ben Finney, Korent Joel, and Alson Kelen. "Wave Navigation in the Marshall Islands: Comparing Indigenous and Western Scientific Knowledge of the Ocean." *Oceanography* 22, no. 2 (2009): 234–45. http://agris.fao.org/agris-search/search.do?recordID=DJ2012092628.

Gibson, E. J. "Perceptual Learning." *Annual Review of Psychology* 14, no. 1 (1963): 29–56. https://doi.org/10.1146/annurev.ps.14.020163.000333.

Gibson, J. J., and E. J. Gibson. "Perceptual Learning: Differentiation or Enrichment?" *Psychological Review* 62, no. 1 (January 1955): 32–41.

Gibson, James J. *The Ecological Approach to Visual Perception: Classic Edition*. First edition. New York: Psychology Press, 2014.

————. *The Senses Considered as Perceptual Systems.* Revised edition. Westport, CT: Praeger, 1983.

Gill, Victoria. "Great Monarch Butterfly Migration Mystery Solved." BBC News, 2016. http://www.bbc.com/news/science-environment-36046746.

Ginzburg, Carlo. *Clues, Myths, and the Historical Method.* Translated by John Tedeschi and Anne C. Tedeschi. Reprint edition. Baltimore: Johns Hopkins University Press, 2013.

Gladwin, Thomas. *East Is a Big Bird: Navigation and Logic on Puluwat Atoll.* Cambridge, MA: Harvard University Press, 1995.

Golledge, Reginald G. *Spatial Behavior: A Geographic Perspective.* New York: Guilford Press, 1997.

————, ed. *Wayfinding Behavior: Cognitive Mapping and Other Spatial Processes.* First edition. Baltimore: Johns Hopkins University Press, 1998.

Golledge, Reginald G., Nathan Gale, James W. Pellegrino, and Sally Doherty. "Spatial Knowledge Acquisition by Children: Route Learning and Relational Distances." *Annals of the Association of American Geographers* 82, no. 2 (June 1, 1992): 223–44. https://doi.org/10.1111/j.1467-8306.1992.tb01906.x.

Goodman, Russell. "William James." In *The Stanford Encyclopedia of Philosophy,* edited by Edward N. Zalta. Metaphysics Research Lab, Stanford University, Winter 2017. https://plato.stanford.edu/archives/win2017/entries/james/.

Goodwin, James C. "A-Mazing Research." *American Psychological Association* 43, no. 2 (February 2012). http://www.apa.org/monitor/2012/02/research.aspx.

Gooley, Tristan. *The Lost Art of Reading Nature's Signs: Use Outdoor Clues to Find Your Way, Predict the Weather, Locate Water, Track Animals—and Other Forgotten Skills.* Reprint edition. New York: The Experiment, 2015.

————. *The Natural Navigator: The Rediscovered Art of Letting Nature Be Your Guide.* Reprint edition. New York: The Experiment, 2012.

————. "The Navigator That Time Lost." The Natural Navigator, 2009. https://www.naturalnavigator.com/the-library/the-navigator-that-time-lost.

Gould, James L. "Animal Navigation: Memories of Home." *Current Biology* 25, no. 3 (February 2, 2015): R104–6. https://doi.org/10.1016/j.cub.2014.12.024.

Gould, James L., and Carol Grant Gould. *Nature's Compass: The Mystery of Animal Navigation*. Princeton, NJ: Princeton University Press, 2012.

Grabar, Henry. "Smartphones and the Uncertain Future of 'Spatial Thinking.' " *CityLab*, 2014. http://www.citylab.com/tech/2014/09/smartphones-and-the-uncertain-future-of-spatial-thinking/379796/.

Griffiths, Daniel, Anthony Dickinson, and Nicola Clayton. "Episodic Memory: What Can Animals Remember about Their Past?" *Trends in Cognitive Sciences* 3, no. 2 (February 1, 1999): 74–80. https://doi.org/10.1016/S1364-6613(98)01272-8.

Guiducci, Dario, and Ariane Burke. "Reading the Landscape: Legible Environments and Hominin Dispersals." *Evolutionary Anthropology* 25, no. 3 (May 6, 2016): 133–41. https://doi.org/10.1002/evan.21484.

Guilford, Tim, et al. "Migratory Navigation in Birds: New Opportunities in an Era of Fast-Developing Tracking Technology." *Journal of Experimental Biology* 214, no. 22 (November 15, 2011): 3705–12. https://doi.org/10.1242/jeb.051292.

Gumperz, John J., and Stephen C. Levinson. *Rethinking Linguistic Relativity*. Cambridge: Cambridge University Press, 1996.

Gupta, Akhil, and James Ferguson. "Beyond 'Culture': Space, Identity, and the Politics of Difference." *Cultural Anthropology* 7, no. 1 (1992): 6–23.

Hallendy, Norman. *Inuksuit: Silent Messengers of the Arctic*. First trade paper edition. Vancouver, BC: Douglas & McIntyre, 2001.

————. *Tukiliit: The Stone People Who Live in the Wind; An Introduction to Inuksuit and Other Stone Figures of the North*. Vancouver, BC: Douglas

& McIntyre, 2009. https://docslide.com.br/documents/tukiliit-the-stone-people-who-live-in-the-wind-an-introduction-to-inuksuit.html.

Harley, J. B., and David Woodward, eds. *The History of Cartography: Cartography in the Traditional Islamic and South Asian Societies*. Vol. 2, book 1. First edition. Chicago: University of Chicago Press, 1992.

Harney, William Edward. *Life among the Aborigines*. London: R. Hale, 1957.

Harper, Kenn. "Wooden Maps." *Nunatsiaq Online*, April 11, 2014. http://www.nunatsiaq.com /stories/article/65674taissumani_april_11/.

Haviland, John B. "Guugu Yimithirr Cardinal Directions." *Ethos* 26, no. 1 (March 1, 1998): 25–47. https://doi.org/10.1525/eth.1998.26.1.25.

Heft, Harry. "The Ecological Approach to Navigation: A Gibsonian Perspective." In *The Construction of Cognitive Maps*, edited by J. Portugali, 105–32. GeoJournal Library. Dordrecht: Springer, 1996. https://doi.org/10.1007/978-0-585-33485-1_6.

———. *Ecological Psychology in Context: James Gibson, Roger Barker, and the Legacy of William James*. New York: Psychology Press, 2005.

———. "Way-Finding, Navigation and Environmental Cognition from a Naturalist's Stance." In *Handbook of Spatial Cognition*, edited by David Waller and Lynn Nadel. Washington, DC: APA Books, 2012.

Herbert, Jane, Julien Gross, and Harlene Hayne. "Crawling Is Associated with More Flexible Memory Retrieval by 9-Month-Old Infants." *Developmental Science* 10, no. 2 (March 1, 2007): 183–89. https://doi.org/10.1111/j.1467-7687.2007.00548.x.

Herculano-Houzel, Suzana, et al. "The Elephant Brain in Numbers." *Frontiers in Neuroanatomy* 8 (June 12, 2014). https://doi.org/10.3389/fnana.2014.00046.

Hercus, Luise, Jane Simpson, and Flavia Hodges. *The Land Is a Map: Placenames of Indigenous Origin in Australia*. Canberra: ANU Press, 2009. http://www.oapen.org/search?identifier=459353.

Hewitt, John. "Can a 'Quantum Compass' Help Birds Navigate via Magnetic Field?" *ExtremeTech*, March 2, 2015. http://www.extremetech.com/extreme/200051-can-a-biological-quantum-compass-help-birds-navigate-via-magnetic-field.

Hibar, D. P., et al. "Novel Genetic Loci Associated with Hippocampal Volume." *Nature Communications* 8 (January 18, 2017). http://dx.doi.org/10.1038/ncomms13624.

Hibar, Derrek P., et al. "Common Genetic Variants Influence Human Subcortical Brain Structures." *Nature* 520, no. 7546 (April 2015): 224–29. https://doi.org/10.1038/nature14101.

Higgs, Eric, Andrew Light, and David Strong. *Technology and the Good Life?* Chicago: University of Chicago Press, 2010.

Hill, Kenneth. "The Psychology of Lost." *Lost Person Behavior*. Ottawa: National SAR Secretariat, 1998, 1–16.

Hochmair, Hartwig H., and Klaus Luttich. "An Analysis of the Navigation Metaphor—and Why It Works for the World Wide Web." *Spatial Cognition & Computation* 6, no. 3 (September 1, 2006): 235–78. https://doi.org/10.1207/s15427633scc0603_3.

Holbrook, Jarita C. "Celestial Navigation and Technological Change on Moce Island." In *The Globalization of Knowledge in History*, edited by Jürgen Renn, 439–58. Berlin: epubli, 2012.

Holland, Elisabeth, et al. "Connecting the Dots: Policy Connections between Pacific Island Shipping and Global CO2 and Pollutant Emission Reduction." *Carbon Management* 5, no. 1 (February 1, 2014): 93–105. https://doi.org/10.4155/cmt.13.78.

Horton, Travis W., et al. "Straight as an Arrow: Humpback Whales Swim Constant Course Tracks during Long-Distance Migration." *Biology Letters* (April 20, 2011): rsbl20110279. https://doi.org/10.1098/rsbl.2011.0279.

Hutchins, Edwin. *Cognition in the Wild*. Revised edition. A Bradford Book. Cambridge, MA: MIT Press, 1996.

Huth, John Edward. "Losing Our Way in the World." *New York Times*, July 20, 2013, sec. Opinion. http://www.nytimes.com/2013/07/21/opinion/sunday/losing-our-way-in-the-world.html.

―――. *The Lost Art of Finding Our Way*. Reprint edition. Cambridge, MA: Belknap Press, 2015.

Ingold, Tim. "From Science to Art and Back Again: The Pendulum of an Anthropologist." *Anuac* 5, no. 1 (2016): 5–23.

―――. *The Perception of the Environment: Essays on Livelihood, Dwelling and Skill*. First edition. London: Routledge, 2011.

―――. "Up, Across and Along." *Place and Location: Studies in Environmental Aesthetics and Semiotics* 5 (2006): 21–36.

Ingold, Tim, Ana Letícia de Fiori, José Agnello Alves Dias de Andrade, Adriana Queiróz Testa, and Yuri Bassichetto Tambucci. "Wayfaring Thoughts: Life, Movement and Anthropology." *Ponto Urbe: Revista Do Núcleo de Antropologia Urbana Da USP*, no. 11 (December 1, 2012). https://doi.org/10.4000/pontourbe.341.

"Introduction: Place Names in Nunarat." Inuit Heritage Trust: Place Names Program, n.d. http://ihti.ca/eng/place-names/pn-index.html?agree=0.

Inuit Place Names Project. "Where We Live and Travel: Named Places and Selected Routes." n.d. http://ihti.ca/eng/place-names/images/Map-WhereWeLiveTravel-1636px.jpg.

"Inuit Taxonomy." Canada's Polar Life: University of Guelph, n.d. http://www.arctic.uoguelph.ca/cpl/Traditional/class_frame.htm.

Ipeelee, Arnaitok. "The Old Ways of the Inuit." *Tumivut*, 1995.

Ishikawa, Toru, Hiromichi Fujiwara, Osamu Imai, and Atsuyuki Okabe. "Wayfinding with a GPS-Based Mobile Navigation System: A Comparison with Maps and Direct Experience." *Journal of Environmental Psychology* 28, no. 1 (March 1, 2008): 74–82. https://doi.org/10.1016/j.jenvp.2007.09.002.

Istomin, Kirill V., and Mark J. Dwyer. "Finding the Way: A Critical Discussion of Anthropological Theories of Human Spatial Orientation with Reference to Reindeer Herders of Northeastern Europe and Western Siberia." *Current Anthropology* 50, no. 1 (February 1, 2009): 29–49. https://doi.org/10.1086/595624.

Jack, Gordon. "Place Matters: The Significance of Place Attachments for Children's Well-Being." *British Journal of Social Work* 40, no. 3 (April 1, 2010): 755–71. https://doi.org/10.1093/bjsw/bcn142.

Jeffery, Hanspeter A., Randolf Menzel Mallot, and Nora S. Newcombe. "Animal Navigation—A Synthesis." *Group* 1 (2010).

Jeffery, Kate J., et al. "Animal Navigation—Synthesis." In *Animal Thinking: Contemporary Issues in Comparative Cognition*, edited by Julia Fischer and Randolf Menzel. Cambridge, MA: The MIT Press, 2011, 51–76.

Jeffery, Kathryn J. "Remembrance of Futures Past." *Trends in Cognitive Sciences* 8, no. 5 (2004): 197–99.

Jones, Philip G. "Norman B. Tindale Obituary." Australian National University, December 1995. https://www.anu.edu.au/linguistics/nash/aust/nbt/obituary.html.

Kaku, Michio. *The Future of the Mind: The Scientific Quest to Understand, Enhance, and Empower the Mind*. First edition. New York: Doubleday, 2014.

Kalluri, Pratyusha, and Patrick Henry Winston. "Inducing Schizophrenia in an Artificially Intelligent Story-Understanding System," MIT, 2017. http://meta-guide.com/natural-language/nlp/nlu/story-understanding-systems.

Kempermann, G., H. G. Kuhn, and F. H. Gage. "More Hippocampal Neurons in Adult Mice Living in an Enriched Environment." *Year Book of Psychiatry and Applied Mental Health* 1998, no. 9 (January 1, 1998): 399–401.

Kempermann, Gerd, George H. Kuhn, and Fred H. Gage. "More Hippocampal Neurons in Adult Mice Living in an Enriched Environment." *Nature* 386 (April 3, 1997): 493–95. https://doi.org/doi:10 .1038/386493a0.

Kennedy, Jennifer J. "Harney, William Edward (Bill) (1895–962)." In *Australian Dictionary of Biography.* Canberra: National Centre of Biography, Australian National University. http://adb.anu.edu.au/biography/harney-william-edward-bill-10428.

Kerwin, Dale. *Aboriginal Dreaming Paths and Trading Routes: The Colonisation of the Australian Economic Landscape.* East Sussex, UK: Sussex Academic Press, 2010.

Keski-Säntti, Jouko, Ulla Lehtonen, Pauli Sivonen, and Ville Vuolanto. "The Drum as Map: Western Knowledge Systems and Northern Indigenous Map Making." *Imago Mundi* 55 (January 1, 2003): 120–25.

Kirby, Peter Wynn. *Boundless Worlds: An Anthropological Approach to Movement.* New York: Berghahn Books, 2009.

Knierim, James J. "From the GPS to HM: Place Cells, Grid Cells, and Memory." *Hippocampus* (April 1, 2015). https://doi.org/10.1002/hipo.22453.

Knight, Will. "A Robot Uses Specific Simulated Brain Cells to Navigate." *MIT Technology Review,* 2015. https://www.technologyreview.com/s/542571/a-robot-finds-its-way-using-artificil-gps-brain-cells/.

Konishi, Kyoko, Venkat Bhat, Harrison Banner, Judes Poirier, Ridha Joober, and Véronique D. Bohbot. "APOE2 Is Associated with Spatial Navigational Strategies and Increased Gray Matter in the Hippocampus." *Frontiers in Human Neuroscience* 10 (July 13, 2016). https://doi.org/10.3389/fnhum.2016.00349.

Kovecses, Zoltan. *Language, Mind, and Culture: A Practical Introduction.* New York: Oxford University Press, 2006.

Kraus, Benjamin J., Robert J. Robinson II, John A. White, Howard Eichenbaum, and Michael E. Hasselmo. "Hippocampal 'Time Cells': Time versus Path Integration." *Neuron* 78, no. 6 (June 19, 2013): 1090–101. http://www. sciencedirect.com/science/article/pii/S0896627313003176.

Kübler–Ross, Elisabeth. *The Wheel of Life.* New York: Simon & Schuster, 2012.

Kuhn, Steven L., David A. Raichlen, and Amy E. Clark. "What Moves Us? How Mobility and Movement Are at the Center of Human Evolution." *Evolutionary Anthropology* 25, no. 3 (May 1, 2016): 86–97. https://doi. org/10.1002/evan.21480.

Kumar-Rao, Arati. "The Memory of Wells." *Peepli* (blog), June 21, 2015. http:// peepli.org/stories/the-memory-of-wells/.

Kytta, Marketta. "Children's Independent Mobility in Urban, Small Town, and Rural Environments." In *Growing Up in a Changing Urban Landscape*, edited by Ronald Camstra, 41–52. Assen: Van Gorcum, 1997.

Lavenex, Pierre, and Pamela Banta Lavenex. "Building Hippocampal Circuits to Learn and Remember: Insights into the Development of Human Memory." *Behavioural Brain Research* 254 (October 1, 2013): 8–21. https://doi. org/10.1016/j.bbr.2013.02.007.

Lawton, Carol A. "Gender, Spatial Abilities, and Wayfinding." In *Handbook of Gender Research in Psychology*, edited by Joan C. Chrisler and Donald R. McCreary, 317–41. New York: Springer, 2010. https://doi.org/10.1007/978-1-4419-1465-1_16.

Leadbeater, Charles. "Why There's No Place Like Home—for Anyone, Any More." Aeon, 2016. https://aeon.co/essays/why-theres-no-place-like-home-for-anyone-any-more.

Lehn, W. H. "The Novaya Zemlya Effect: An Arctic Mirage." *Journal of the Optical Society of America* 69, no. 5 (May 1, 1979): 776. https://doi. org/10.1364/JOSA.69.000776.

León, Marcia S. Ponce de, et al. "Neanderthal Brain Size at Birth Provides Insights into the Evolution of Human Life History." *Proceedings of the National Academy of Sciences* 105, no. 37 (September 16, 2008): 13764–68. https://doi.org/10.1073/pnas.0803917105.

Leshed, Gilly, Theresa Velden, Oya Rieger, Blazej Kot, and Phoebe Sengers. "In-Car GPS Navigation: Engagement with and Disengagement from the Environment." In *Proceedings of the SIGCHI Conference on Human Factors in Computing Systems*, 1675–84. New York: ACM, 2008. https://doi.org/10.1145/1357054.1357316.

Levinson, Stephen C. "Language and Cognition: The Cognitive Consequences of Spatial Description in Guugu Yimithirr." *Journal of Linguistic Anthropology* 7, no. 1 (June 1, 1997): 98–131. https://doi.org/10.1525/jlin.1997.7.1.98.

————. "Language and Space." *Annual Review of Anthropology* 25 (October 1996): 353–82.

————. *Space in Language and Cognition: Explorations in Cognitive Diversity.* Cambridge: Cambridge University Press, 2003.

Levinson, Stephen C., and David P. Wilkins, eds. *Grammars of Space: Explorations in Cognitive Diversity.* Cambridge: Cambridge University Press, 2006.

Lewis, David. "Memory and Intelligence in Navigation: Review of *East Is a Big Bird.* Gladwin Thomas. Harvard University Press." *Journal of Navigation* 24, no. 3 (July 1971): 423–24. https://doi.org/10.1017/S0373463300048426.

————. "Observations on Route Finding and Spatial Orientation among the Aboriginal Peoples of the Western Desert Region of Central Australia." *Oceania* 46, no. 4 (June 1, 1976): 249–82. https://doi.org/10.1002/j.1834-4461.1976.tb01254.x.

————. "Route Finding and Spatial Orientation." *Oceania* 46, no. 4 (1975): 249–82.

————. "Route Finding by Desert Aborigines in Australia." *Journal of Navigation* 29, no. 1 (January 1976): 21–38. https://doi.org/10.1017/S0373463300043307.

Lewis, David, Curriculum Development Centre, and Aboriginal Arts Board. "The Way of the Nomad." In *From Earlier Fleets: Hemisphere—An Aboriginal Anthology*, edited by Kenneth Russell Henderson, 78–82 Canberra: Australian Government, 1978.

Lewis, G. Malcolm. "Maps, Mapmaking, and Map Use by Native North Americans." In *The History of Cartography: Cartography in the Traditional African, American, Arctic, Australian, and Pacific Societies*, edited by David Woodward and G. Malcolm Lewis, vol. 2, book 3, 51–182. Chicago: University of Chicago Press, 1998.

Liebenberg, Louis. *The Art of Tracking: The Origin of Science*. First edition. Claremont, South Africa: New Africa Books, 2012.

————. *The Origin of Science: On the Evolutionary Roots of Science and Its Implications for Self-Education and Citizen Science*. www.cybertracker.org, 2013.

Lincoln, Margarette, ed. *Science and Exploration in the Pacific: European Voyages to the Southern Oceans in the Eighteenth Century*. Woodbridge, UK: Boydell Press, 1998.

Lindbergh, Anne Morrow. "Airliner to Europe." *Harper' Magazine*, September 1948. https://harpers.org/archive/1948/09/airliner-to-europe/.

————. *Listen! The Wind*. San Diego: Harcourt, Brace, 1938.

Londberg, Max. "KC to STL in 20 Minutes? System That Could Threaten Speed of Sound May Come to Missouri." *Kansas City Star*, April 7, 2017. http://www.kansascity.com/news/local/article143315884.html.

Looser, Diana. "Oceanic Imaginaries and Waterworlds: Vaka Moana on the Sea and Stage." *Theatre Journal* 67, no. 3 (2015): 465–86. https://doi.

org/10.1353/tj.2015.0080.

Lord, Albert B. *The Singer of Tales: Third Edition*, edited by David F. Elmer. Center for Hellenic Studies, Washington D.C., 2018.

lostTesla (@lostTesla). "What Is a Sparrow." Tweet. October 1, 2017. https://twitter.com/LostTesla/status/923979654704369664.

Lovis, William A., and Robert Whallon. *Marking the Land: Hunter-Gatherer Creation of Meaning in Their Environment*. New York: Routledge, 2016.

Low, Sam. *Hawaiki Rising: Hōkūleʻa, Nainoa Thompson, and the Hawaiian Renaissance*. Waipahu, HI: Island Heritage, 2013.

MacDonald, John. *The Arctic Sky: Inuit Astronomy, Star Lore, and Legend*. First edition. Toronto: Royal Ontario Museum, 1998.

Madsen, Heather Bronwyn, and Jee Hyun Kim. "Ontogeny of Memory: An Update on 40 Years of Work on Infantile Amnesia." In "Developmental Regulation of Memory in Anxiety and Addiction." Special issue. *Behavioural Brain Research* 298, part A (February 1, 2016): 4–14. https://doi.org/10.1016/j.bbr.2015.07.030.

Maguire, Eleanor A., et al. "Navigation-Related Structural Change in the Hippocampi of Taxi Drivers." *Proceedings of the National Academy of Sciences* 97, no. 8 (April 11, 2000): 4398–403. https://doi.org/10.1073/pnas.070039597.

Maguire, Eleanor A., Elizabeth R. Valentine, John M. Wilding, and Narinder Kapur. "Routes to Remembering: The Brains behind Superior Memory." *Nature Neuroscience* 6, no. 1 (January 2003): 90–95. https://doi.org/10.1038/nn988.

Maguire, Eleanor A., Katherine Woollett, and Hugo J. Spiers. "London Taxi Drivers and Bus Drivers: A Structural MRI and Neuropsychological Analysis." *Hippocampus* 16, no. 12 (December 1, 2006): 1091–101. https://doi.org/10.1002/hipo.20233.

Majid, Asifa, Melissa Bowerman, Sotaro Kita, Daniel B. M. Haun, and Stephen C. Levinson. "Can Language Restructure Cognition? The Case for Space." *Trends in Cognitive Sciences* 8, no. 3 (March 2004): 108–14. https://doi. org/10.1016/j.tics.2004.01.003.

Malafouris, Lambros, and Colin Renfrew. *How Things Shape the Mind: A Theory of Material Engagement.* Cambridge, MA: MIT Press, 2013.

Malaurie, Jean. *The Last Kings of Thule: A Year among the Polar Eskimos of Greenland.* Springfield, OH: Crowell, 1956.

———. *Ultima Thulé: Explorers and Natives of the Polar North.* New York: W. W. Norton, 2003.

Markowitsch, Hans J., and Angelica Staniloiu. "Memory, Time and Autonoetic Consciousness." *Procedia—Social and Behavioral Sciences* 126, International Conference on Timing and Time Perception, March 31–April 3, 2014, Corfu, Greece (March 21, 2014): 271–72. https://doi.org/10.1016/ j.sbspro.2014.02.406.

Marozzi, Elizabeth, and Kathryn J. Jeffery. "Place, Space and Memory Cells." *Current Biology* 22, no. 22 (2012): R939–42.

Mary-Rousseliére, Guy. *Qitdlarssuaq, the Story of a Polar Migration.* Winnipeg: Wuerz, 1991. http://www.worldcat.org/title/qitdlarssuaq-the-story-of-a-polar-migration/oclc/24960667.

Matthews, Luke J., and Paul M. Butler. "Novelty-Seeking DRD4 Polymorphisms Are Associated with Human Migration Distance Out-of-Africa after Controlling for Neutral Population Gene Structure." *American Journal of Physical Anthropology* 3, no. 145 (June 14, 2011): 382–89. https://doi. org/10.1002/ajpa.21507.

Maynard, Micheline. "Prefer to Sit by the Window, Aisle or ATM?" *The Lede*, 2008, 1214616788. https://thelede.blogs.nytimes.com/2008/06/27/prefer-to-sit-by-the-window-aisle-or-atm/.

Mazzullo, Nuccio, and Tim Ingold. "Being Along: Place, Time and Movement among Sámi People." In *Mobility and Place: Enacting Northern European Peripheries*, edited by Jørgen Ole Bærenholdt and Brynhild Granås, 27–38. Farnham: Ashgate, 2012.

McBryde, Isabel. "Travellers in Storied Landscapes: A Case Study in Exchanges and Heritage." *Aboriginal History* 24 (2000): 152–74.

McCann, W. H. "Nostalgia: A Review of the Literature." *Psychological Bulletin* 38, no. 3 (March 1, 1941): 165–82.

McDermott, James. *Martin Frobisher: Elizabethan Privateer*. New Haven, CT: Yale University Press, 2001.

McGhee, Robert. *The Arctic Voyages of Martin Frobisher: An Elizabethan Adventure*. Seattle: McGill-Queen's University Press, 2001.

McLeman, Robert A. *Climate and Human Migration: Past Experiences, Future Challenges*. First edition. New York: Cambridge University Press, 2013.

McLuhan, Marshall. *Understanding Media: The Extensions of Man*. Reprint edition. Cambridge, MA: MIT Press, 1994.

McNaughton, Bruce L., Francesco P. Battaglia, Ole Jensen, Edvard I. Moser, and May-Britt Moser. "Path Integration and the Neural Basis of the 'Cognitive Map.'" *Nature Reviews Neuroscience* 7, no. 8 (August 2006): 663–78. https://doi.org/10.1038/nrn1932.

Menzel, Randolf, et al. "Honey Bees Navigate According to a Map-Like Spatial Memory." *Proceedings of the National Academy of Sciences* 102, no. 8 (February 22, 2005): 3040–45. https://doi.org/10.1073/pnas.0408550102.

Merlan, Francesca. *Caging the Rainbow: Places, Politics and Aborigines in a North Australian Town*. Honolulu: University of Hawaii Press, 1998.

———. *A Grammar of Wardaman*. Berlin: De Gruyter Mouton, 1993.

Milford, Michael John. *Robot Navigation from Nature: Simultaneous Localisation, Mapping, and Path Planning Based on Hippocampal Models*.

2008 edition. Berlin: Springer, 2008.

Milton Freeman Research Limited. *Inuit Land Use and Occupancy Project: A Report*. Ottawa: Minister of Supply and Services, 1976.

Mooney, Chris. "In Greenland's Northernmost Village, a Melting Arctic Threatens the Age-Old Hunt." *Washington Post*, April 29, 2017, sec. Business. https://www.washingtonpost.com/business/economy/in-greenlands-northernmost-village-a-melting-arctic-threatens-the-age-old-hunt/2017/04/29/764ba9be-1bb3-11e7-bcc2-7d1a0973e7b2_story.html.

Moran, Barbara. "The Joy of Driving without GPS." *Boston Globe*, August 8, 2017. https://www .bostonglobe.com/magazine/2017/08/08/the-joy-driving-without-gps/W36dJaTGw0YFdzyixhj3M/story.html.

Moser, May-Britt, David C. Rowland, and Edvard I. Moser. "Place Cells, Grid Cells, and Memory." *Cold Spring Harbor Perspectives in Biology* 7, no. 2 (February 1, 2015): a021808. https://doi.org/10.1101/cshperspect.a021808.

Mullally, Sinéad L., and Eleanor A. Maguire. "Learning to Remember: The Early Ontogeny of Episodic Memory." *Developmental Cognitive Neuroscience* 9, no. 100 (July 2014): 12. https://doi.org/10.1016/j.dcn.2013.12.006.

———. "Memory, Imagination, and Predicting the Future." *Neuroscientist* 20, no. 3 (June 2014): 220–34. https://doi.org/10.1177/1073858413495091.

Mulvaney, D. J. "Stanner, William Edward (Bill) (1905–981)." In *Australian Dictionary of Biography*. Canberra: National Centre of Biography, Australian National University, n.d. http://adb.anu.edu.au/biography/stanner-william-edward-bill-15541.

Murray, Elisabeth, Steven Wise, and Kim Graham. *The Evolution of Memory Systems: Ancestors, Anatomy, and Adaptations*. First edition. New York: Oxford University Press, 2017.

Musk, Elon (@elonmusk). "When You Want Your Car to Return, Tap Summon on Your Phone. It Will Eventually Find You Even If You Are on the

Other Side of the Country." Tweet. October 3, 2016. https://twitter.com/elonmusk/status/789022017311735808?lang=en.

Myers, Fred. "Ontologies of the Image and Economies of Exchange." *American Ethnologist* 31, no. 1 (February 1, 2004): 5–20. https://doi.org/10.1525/ae.2004.31.1.5.

———. *Pintupi Country, Pintupi Self: Sentiment, Place, and Politics among Western Desert Aborigines.* Berkeley: University of California Press, 1991.

Nadel, Lynn. "The Hippocampus and Space Revisited." *Hippocampus* 1, no. 3 (July 3, 1991): 221–29. https://doi.org/10.1002/hipo.450010302.

Nadel, Lynn, and Stuart Zola-Morgan. "Infantile Amnesia: A Neurobiological Perspective." In *Infant Memory: Its Relation to Normal and Pathological Memory in Humans and Other Animals*, vol. 9, edited by Morris Moscovitch, 145. Berlin: Springer, 2012.

Nelson, Richard K. *Hunters of the Northern Ice.* Chicago: University of Chicago Press, 1972.

Newell, Alison, Peter Nuttall, and Elisabeth Holland. "Sustainable Sea Transport for the Pacific Islands: The Obvious Way Forward." In *Future Ship Powering Options: Exploring Alternative Methods of Ship Propulsion.* London: Royal Academy of Engineering, 2013.

Nicholls, Christine Judith. " 'Dreamtime' and 'The Dreaming'—An Introduction." *The Conversation,* 2014. http://theconversation.com/dreamtime-and-the-dreaming-an-introduction-20833.

———. " 'Dreamtime' and 'The Dreaming': Who Dreamed Up These Terms?" *The Conversation,* January 28, 2014. http://theconversation.com/dreamtime-and-the-dreaming-who-dreamed-up-these-terms-20835.

Niffenegger, Audrey. *Her Fearful Symmetry: A Novel.* New York: Simon & Schuster, 2009.

Norris, Ray P. "Dawes Review 5: Australian Aboriginal Astronomy and

Navigation." *Publications of the Astronomical Society of Australia* 33 (2016): e039. https://doi.org/10.1017/pasa.2016.25.

Norris, Ray P., and Bill Yidumduma Harney. "Songlines and Navigation in Wardaman and Other Australian Aboriginal Cultures." *Journal of Astronomical History and Heritage* 17, no. 2 (April 9, 2014). http://arxiv.org/abs/1404.2361.

Nunn, Patrick D., and Nicholas J. Reid. "Aboriginal Memories of Inundation of the Australian Coast Dating from More Than 7000 Years Ago." *Australian Geographer* 47, no. 1 (September 7, 2015): 11–47. http://www.tandfonline.com/doi/abs/10.1080/00049182.2015.1077539.

Nuttall, Mark, ed. *Encyclopedia of the Arctic*. First edition. New York: Routledge, 2004.

Nuttall, Peter, Paul D'Arcy, and Colin Philp. "Waqa Tabu—acred Ships: The Fijian Drua." *International Journal of Maritime History* 26, no. 3 (August 1, 2014): 427–50. https://doi.org/10.1177/0843871414542736.

Nuttall, Peter Roger. "Sailing for Sustainability: The Potential of Sail Technology as an Adaptation Tool for Oceania; A Voyage of Inquiry and Interrogation through the Lens of a Fijian Case Study." PhD thesis, Victoria University of Wellington, New Zealand, 2013.

O'Grady, Cathleen. "Spatial Reasoning Is Only Partly Explained by General Intelligence." *Ars Technica*, February 24, 2017. https://arstechnica.com/science/2017/02/twin-study-finds-that-spatial-ability-is-more-than-just-intelligence/.

O'Keefe, John. "Biographical." The Nobel Foundation, 2014. https://www.nobelprize.org/nobelprizes/medicine/laureates/2014/okeefe-bio.html.

O'Keefe, J., and J. Dostrovsky. "The Hippocampus as a Spatial Map: Preliminary Evidence from Unit Activity in the Freely-Moving Rat." *Brain Research* 34, no. 1 (November 1971): 171–75.

O'Keefe, John, and Lynn Nadel. *The Hippocampus as a Cognitive Map*. Oxford/ New York: Clarendon Press/Oxford University Press, 1978.

Oudgenoeg-Paz, Ora, Paul P. M. Leseman, and M. (Chiel) J. M. Volman. "Can Infant Self-Locomotion and Spatial Exploration Predict Spatial Memory at School Age?" *European Journal of Developmental Psychology* 11, no. 1 (January 2, 2014): 36–48. https://doi.org/10.1080/17405629.2013.803470.

Palmer, Jason. "Human Eye Protein Senses Earth's Magnetism." BBC News, 2011. http://www.bbc.com/news/science-environment-13809144.

Parush, Avi, Shir Ahuvia, and Ido Erev. "Degradation in Spatial Knowledge Acquisition When Using Automatic Navigation Systems." In *Spatial Information Theory*, 238–54. Lecture Notes in Computer Science. Berlin: Springer, 2007. https://doi.org/10.1007/978-3-540-74788-8_15.

Patzke, Nina, Olatunbosun Olaleye, Mark Haagensen, Patrick R. Hof, Amadi O. Ihunwo, and Paul R. Manger. "Organization and Chemical Neuroanatomy of the African Elephant (Loxodonta Africana) Hippocampus." *Brain Structure & Function* 219, no. 5 (September 2014): 1587–601. https://doi. org/10.1007/s00429-013-0587-6.

Pellegrini, Anthony D., Danielle Dupuis, and Peter K. Smith. "Play in Evolution and Development." *Developmental Review* 27, no. 2 (June 1, 2007): 261–76. https://doi.org/10.1016/j.dr.2006.09.001.

Perkins, Hetti. *Art Plus Soul*. Carlton, Victoria: The Miegunyah Press, 2010.

Peters, Roger. "Cognitive Maps in Wolves and Men." *Environmental Design Research* 2 (1973): 247–53.

Piaget, Jean. *The Construction of Reality in the Child*. New York: Routledge, 2013.

Piaget, Jean, and Barbel Inhelder. *The Child's Conception of Space*. Translated by F. J. Langdon and J. L. Lunzer. New York: W. W. Norton, 1967.

Pilling, Arnold R. "Review of *Review of Aboriginal Tribes of Australia: Their*

Terrain, Environmental Controls; Distribution, Limits, and Proper Names, by Norman B. Tindale." *Ethnohistory* 21, no. 2 (1974): 169–71. https://doi. org/10.2307/480950.

Plumert, Jodie M., and John P. Spencer. *The Emerging Spatial Mind.* New York: Oxford University Press, 2007.

Pollack, Lisa. "Historical Series: Magnetic Sense of Birds." www.ks.uiuc.edu, July 1, 2012. http://www.ks.uiuc.edu/History/magnetoreception/#related.

Portugali, Juval. *The Construction of Cognitive Maps.* Berlin: Springer Science & Business Media, 1996.

Praag, Henriette van, Brian R. Christie, Terrence J. Sejnowski, and Fred H. Gage. "Running Enhances Neurogenesis, Learning, and Long-Term Potentiation in Mice." *Proceedings of the National Academy of Sciences* 96, no. 23 (November 9, 1999): 13427–31.

Pravosudov, Vladimir V., and Timothy C. Roth II. "Cognitive Ecology of Food Hoarding: The Evolution of Spatial Memory and the Hippocampus." *Annual Review of Ecology, Evolution, and Systematics* 44, no. 1 (2013): 173–93. https://doi.org/10.1146/annurev-ecolsys-110512-135904.

Prinz, Jesse. "Culture and Cognitive Science." In *The Stanford Encyclopedia of Philosophy,* edited by Edward N. Zalta, Fall 2016. Metaphysics Research Lab, Stanford University, 2016. https://plato.stanford.edu/archives/fall2016/entries/culture-cogsci/.

"Putuparri Tom Lawford: Oral History." Canning Stock Route Project, 2014. http://mira.canningstockrouteproject.com/node/3060. Accessed February 10, 2016.

Qumaq, Taamusi. "A Survival Manual: Annaumajjutiksat." *Tumivut,* no. 78 (1995).

Rasmussen, Knud. *Across Arctic America: Narrative of the Fifth Thule Expedition.* First edition. Fairbanks: University of Alaska Press, 1999.

Redish, A. David. *Beyond the Cognitive Map: From Place Cells to Episodic*

Memory. A Bradford Book. Cambridge, MA: MIT Press, 1999.

Relph, Edward. *Place and Placelessness.* London: Pion, 1976.

Revell, Grant, and Jill Milroy. "Aboriginal Story Systems: Re-Mapping the West, Knowing Country, Sharing Space." *Occasion: Interdisciplinary Studies in the Humanities* 5 (March 1, 2013). http://occasion.stanford.edu/node/123.

Richards, Graham. *Race, Racism and Psychology: Towards a Reflexive History.* New York: Routledge, 2003.

Rissotto, Antonella, and Francesco Tonucci. "Freedom of Movement and Environmental Knowledge in Elementary School Children." *Journal of Environmental Psychology* 22, no. 1 (March 1, 2002): 65–77. https://doi.org/10.1006/jevp.2002.0243.

Ritz, Thorsten, Salih Adem, and Klaus Schulten. "A Model for Photoreceptor-Based Magnetoreception in Birds." *Biophysical Journal* 78, no. 2 (February 1, 2000): 707–18. https://doi.org/10.1016/S0006-3495(00)76629-X.

Robaey, Philippe, Sam McKenzie, Russel Schachar, Michel Boivin, and Véronique D. Bohbot. "Stop and Look! Evidence for a Bias Towards Virtual Navigation Response Strategies in Children with ADHD Symptoms." In "Developmental Regulation of Memory in Anxiety and Addiction." Special issue. *Behavioural Brain Research* 298, part A (February 1, 2016): 48–54. https://doi.org/10.1016/j.bbr.2015.08.019.

Robbins, J. "GPS Navigation . . . but What Is It Doing to Us?" In *2010 IEEE International Symposium on Technology and Society*, 309–18. Wollongong, Australia: IEEE, 2010. https://doi.org/10.1109/ISTAS.2010.5514623.

———. "When Smart Is Not: Technology and Michio Kaku's the Future of the Mind [Leading Edge]." *IEEE Technology and Society Magazine* 35, no. 2 (June 2016): 29–31. https://doi.org/10.1109/MTS.2016.2554439.

Roberts, Mere. "Mind Maps of the Maori." *GeoJournal* 77, no. 6 (September 4, 2010): 741–51. https://doi.org/10.1007/s10708-010-9383-5.

Rogers, Dallas. "The Poetics of Cartography and Habitation: Home as a Repository of Memories." *Housing, Theory and Society* 30, no. 3 (September 1, 2013): 262–80. https://doi.org/10.1080/14036096.2013.797019.

Rose, Deborah Bird. *Dingo Makes Us Human: Life and Land in an Australian Aboriginal Culture*. First edition. Cambridge: Cambridge University Press, 2000.

Rosello, Oscar (Rosello Gil). "NeverMind: An Interface for Human Memory Augmentation." Thesis, Massachusetts Institute of Technology, 2017. http://dspace.mit.edu/handle/1721.1/111494.

Rozhok, Andrii. *Orientation and Navigation in Vertebrates*. 2008 edition. Berlin: Springer, 2010.

Rubin, David C. *Memory in Oral Traditions: The Cognitive Psychology of Epic, Ballads, and Counting-Out Rhymes*. New York: Oxford University Press, 1997.

———. "The Basic-Systems Model of Episodic Memory." *Perspectives on Psychological Science* 1, no. 4 (December 2006): 277–311.

Rubin, David C., and Sharda Umanath. "Event Memory: A Theory of Memory for Laboratory, Autobiographical, and Fictional Events." *Psychological Review* 122, no. 1 (2015): 1–23.

Rundstrom, Robert A. "A Cultural Interpretation of Inuit Map Accuracy." *Geographical Review* 80, no. 2 (1990): 155–68. https://doi.org/10.2307/215479.

Sacks, Oliver. *The Island of the Colorblind*. First edition. New York: Vintage, 1998.

Saint-Exupéry, Antoine de. *Wind, Sand and Stars*. Translated by Lewis Galantiere. San Diego: Harcourt, 2002.

"Satnavs 'Switch Off' Parts of the Brain." University College London News, March 21, 2017. http://www.ucl.ac.uk/news/news-articles/0317/210317-satnav-brain-hippocampus.

Schacter, Daniel L., Donna Rose Addis, Demis Hassabis, Victoria C. Martin, R. Nathan Spreng, and Karl Szpunar. "The Future of Memory: Remembering, Imagining, and the Brain." *Neuron* 76, no. 4 (2012): 677–94. https://dash.harvard.edu/handle/1/11688796.

Schilder, Brian M., Brenda J. Bradley, and Chet C. Sherwood. "The Evolution of the Human Hippocampus and Neuroplasticity." 86th Annual Meeting of the American Association of Physical Anthropologists, 2017. http://meeting.physanth.org/program/2017/session25/schilder-2017-the-evolution-of-the-human-hippocampus-and-neuroplasticity.html.

Schiller, Daniela, et al. "Memory and Space: Towards an Understanding of the Cognitive Map." *Journal of Neuroscience* 35, no. 41 (October 14, 2015): 13904–11. https://doi.org/10.1523/JNEUROSCI.2618-15.2015.

Scott, James C. *Against the Grain: A Deep History of the Earliest States.* New Haven, CT: Yale University Press, 2017.

Scott, Laurence. *The Four-Dimensional Human: Ways of Being in the Digital World.* New York: W. W. Norton, 2016.

Sebti, Bassam. "4 Smartphone Tools Syrian Refugees Use to Arrive in Europe Safely." *Voices*, February 17, 2016. https://blogs.worldbank.org/voices/4-smartphone-tools-Syrian-refugees-use-to-arrive-in-Europe-safely.

Seymour, Julie, Abigail Hackett, and Lisa Procter. *Children's Spatialities: Embodiment, Emotion and Agency.* Berlin: Springer, 2016.

Sharp, Andrew. *Ancient Voyagers in the Pacific.* Paper edition. New York: Penguin, 1957.

Shaw-Williams, Kim. "The Social Trackways Theory of the Evolution of Language." *Biological Theory* 12, no. 4 (December 1, 2017): 195–210. https://doi.org/10.1007/s13752-017-0278-2.

———. "The Triggering Track-Ways Theory." Master's thesis, Victoria University of Wellington, 2011. http://researcharchive.vuw.ac.nz/handle/10063/1967.

Short, John Rennie. *Globalization, Modernity and the City*. New York: Routledge, 2013.

Siewers, Alfred K. "Colors of the Winds, Landscapes of Creation." In *Strange Beauty: Ecocritical Approaches to Early Medieval Landscape*, 97–110. The New Middle Ages. New York: Palgrave Macmillan, 2009. https://doi.org/10.1057/9780230100527_4.

Simmons, Matilda. "The Ocean Keepers." *Fiji Times Online*, December 5, 2016. http://www.fijitimes.com/story.aspx?id=380883.

Singal, Jesse. "How the Brains of 'Memory Athletes' Are Different." *Science of Us*, 2017. http://nymag.com/scienceofus/2017/03/how-the-brains-of-memory-athletes-are-different.html.

Smith, Catherine Delano. "The Emergence of 'Maps' in European Rock Art: A Prehistoric Preoccupation with Place." *Imago Mundi* 34, no. 1 (January 1, 1982): 9–25. https://doi.org/10.1080/03085698208592537.

Snead, James E., Clark L. Erickson, and J. Andrew Darling, eds. *Landscapes of Movement: Trails, Paths, and Roads in Anthropological Perspective*. Philadelphia: University of Pennsylvania Press, 2009. http://www.jstor.org/stable/j.ctt3fhjb3.

Souman, Jan L., Ilja Frissen, Manish N. Sreenivasa, and Marc O. Ernst. "Walking Straight into Circles." *Current Biology* 19, no. 18 (September 2009): 1538–42. https://doi.org/10.1016/j.cub.2009.07.053.

Spiers, Hugo J., and Caswell Barry. "Neural Systems Supporting Navigation." *Current Opinion in Behavioral Sciences* 1, no. 1 (2015): 47–55. https://doi.org/10.1016/j.cobeha.2014.08.005.

Spiers, Hugo J., and Eleanor A. Maguire. "Thoughts, Behaviour, and Brain Dynamics during Navigation in the Real World." *NeuroImage* 31, no. 4 (July 15, 2006): 1826–40. https://doi.org/10.1016/j.neuroimage.2006.01.037.

Spiers, Hugo J., Eleanor A. Maguire, and Neil Burgess. "Hippocampal Amnesia."

Neurocase 7, no. 5 (January 1, 2001): 357–82. https://doi.org/10.1076/neur.7.5.357.16245.

Squire, Larry R. "The Legacy of Patient H.M. for Neuroscience." *Neuron* 61, no. 1 (January 15, 2009): 6–9. https://doi.org/10.1016/j.neuron.2008.12.023.

Squire, Larry R., Anna S. van der Horst, Susan G. R. McDuff, Jennifer C. Frascino, Ramona O. Hopkins, and Kristin N. Mauldin. "Role of the Hippocampus in Remembering the Past and Imagining the Future." *Proceedings of the National Academy of Sciences* 107, no. 44 (November 2, 2010): 19044–48. https://doi.org/10.1073/pnas.1014391107.

Stea, David, James M. Blaut, and Jennifer Stephens. "Mapping as a Cultural Universal." In *The Construction of Cognitive Maps*, 345–60. GeoJournal Library. Dordrecht: Springer, 1996. https://doi.org/10.1007/978-0-585-33485-1_15.

Stern, Pamela R., and Lisa Stevenson. *Critical Inuit Studies: An Anthology of Contemporary Arctic Ethnography*. Lincoln: University of Nebraska Press, 2006.

Stilgoe, John R. *Landscape and Images*. Charlottesville: University of Virginia Press, 2015.

———. *Outside Lies Magic: Regaining History and Awareness in Everyday Places*. London: Bloomsbury USA, 2009.

———. *What Is Landscape?* Cambridge, MA: MIT Press, 2015.

"Story: Aboriginal Guides." Canning Stock Route Project, 2012. http://www.canningstockrouteproject.com/history/story-aboriginal-guides/.

Suddendorf, Thomas, Donna Rose Addis, and Michael C. Corballis. "Mental Time Travel and the Shaping of the Human Mind." *Philosophical Transactions of the Royal Society B: Biological Sciences* 364, no. 1521 (May 12, 2009): 1317–24. https://doi.org/10.1098/rstb.2008.0301.

Sugiyama, Lawrence S., and Michelle Scalise Sugiyama. "Humanized

Topography: Storytelling as a Wayfinding Strategy." *Amerian Anthropologist*, n.d.

Sugiyama, Michelle Scalise. "Food, Foragers, and Folklore: The Role of Narrative in Human Subsistence." *Evolution and Human Behavior* 22, no. 4 (July 1, 2001): 221–40. https://doi.org/10.1016/S1090-5138(01)00063-0.

———. "Oral Storytelling as Evidence of Pedagogy in Forager Societies." *Frontiers in Psychology* 8 (March 29, 2017). https://doi.org/10.3389/fpsyg.2017.00471.

Sutton, Peter. "Aboriginal Maps and Plans." In *The History of Cartography: Cartography in the Traditional African, American, Arctic, Australian, and Pacific Societies*, edited by David Woodward and G. Malcolm Lewis, vol. 2, 387–416. Chicago: University of Chicago Press, 1998.

———, ed. *Dreamings: The Art of Aboriginal Australia*. First edition. New York: George Braziller, 1997.

Tandy, C. A. "Children's Diminishing Play Space: A Study of Inter-Generational Change in Children's Use of Their Neighbourhoods." *Australian Geographical Studies* 37, no. 2 (July 1, 1999): 154–64. https://doi.org/10.1111/1467-8470.00076.

Teit, James Alexander. *Traditions of the Thompson River Indians of British Columbia*. American Folk-Lore Society. Boston: Houghton, Mifflin, 1898.

Teki, Sundeep, et al. "Navigating the Auditory Scene: An Expert Role for the Hippocampus." *Journal of Neuroscience* 32, no. 35 (August 29, 2012): 12251–57. https://doi.org/10.1523/JNEUROSCI.0082-12.2012.

"The Magnetic Sense Is More Complex Than Iron Bits." *Evolution News*, April 2016. https://evolutionnews.org/2016/04/the_magnetic_se/.

Thomson, Helen. "Cells That Help You Find Your Way Identified in Humans." *New Scientist*, August 4, 2013. https://www.newscientist.com/article/dn23986-cells-that-help-you-find-your-way-identified-in-humans/.

Tolman, Edward C. "Cognitive Maps in Rats and Men." *Psychological Review* 55, no. 4 (July 1948): 189–208. https://doi.org/10.1037/h0061626.

Traoré, Genome Res, et al. "Genetic Clues to Dispersal in Human Populations: Retracing the Past from the Present." *Genetics* 145 (1997): 505.

Tuan, Yi-Fu. *Topophilia: A Study of Environmental Perception, Attitudes, and Values*. Reprint edition. New York: Columbia University Press, 1990.

Tulving, Endel. "Episodic Memory and Common Sense: How Far Apart?" *Philosophical Transactions of the Royal Society of London. Series B, Biological Sciences* 356, no. 1413 (September 29, 2001): 1505–15. https://doi.org/10.1098/rstb.2001.0937.

Turnbull, David, and Helen Watson. *Maps Are Territories: Science Is an Atlas; A Portfolio of Exhibits*. Chicago: University of Chicago Press, 1989.

Vanhoenacker, Mark. *Skyfaring: A Journey with a Pilot*. Reprint edition. New York: Vintage, 2016.

Vargha-Khadem, F., D. G. Gadian, K. E. Watkins, A. Connelly, W. Van Paesschen, and M. Mishkin. "Differential Effects of Early Hippocampal Pathology on Episodic and Semantic Memory." *Science* 277, no. 5324 (July 18, 1997): 376–80. https://doi.org/10.1126/science.277.5324.376.

Viard, Armelle, et al. "Mental Time Travel into the Past and the Future in Healthy Aged Adults: An fMRI Study." *Brain and Cognition* 75, no. 1 (February 1, 2011): 1–9. https://doi.org/10.1016/j.bandc.2010.10.009.

Vito, Stefania de, and Sergio Della Sala. "Predicting the Future." *Cortex* 47, no. 8 (September 1, 2011): 1018–22. https://doi.org/10.1016/j.cortex.2011.02.020.

Vleck, Jenifer van. *Empire of the Air*. Cambridge, MA: Harvard University Press, 2013.

von Frisch, Karl. Bees: *Their Vision, Chemical Senses, and Language*. Ithaca, NY: Cornell University Press, 2014.

Vycinas, Vincent. *Earth and Gods: An Introduction to the Philosophy of Martin*

Heidegger. The Hague: Martinus Nijhoff, 1961.

Wachowich, Nancy, Apphia Agalakti Awa, Rhoda Kaukjak Katsak, and Sandra Pikujak Katsak. *Saqiyuq: Stories from the Lives of Three Inuit Women*. Montreal: McGill-Queen's University Press, 2001.

Walker, M. "Navigating Oceans and Cultures: Polynesian and European Navigation Systems in the Late Eighteenth Century." *Journal of the Royal Society of New Zealand* 42, no. 2 (May 28, 2012): 93–98. http://www. tandfonline.com/doi/abs/10.1080/03036758.2012.673494#.V0ip25MrI6g.

"Walking in Circles: Scientists from Tubingen Show That People Really Walk in Circles When Lost." Max-Planck-Gesellschaft, August 20, 2009. https:// www.mpg.de/596269/pressRelease200908171.

Wang, Ranxiao Frances, and Elizabeth S. Spelke. "Human Spatial Representation: Insights from Animals." *Trends in Cognitive Sciences* 6, no. 9 (September 1, 2002): 376–82. https://doi.org/10.1016/S1364-6613(02)01961-7.

Wegman, Joost, Anna Tyborowska, Martine Hoogman, Alejandro Arias V £ squez, and Gabriele Janzen. "The Brain-Derived Neurotrophic Factor Val66Met Polymorphism Affects Encoding of Object Locations during Active Navigation." *European Journal of Neuroscience* 45, no. 12 (June 2017): 1501–11. https://doi.org/10.1111/ejn.13416.

Wehner, Rüdiger. "Desert Ant Navigation: How Miniature Brains Solve Complex Tasks." *Journal of Comparative Physiology A* 189, no. 8 (July 23, 2003): 579–88. https://doi.org/10.1007/s00359-003-0431-1.

———. "On the Brink of Introducing Sensory Ecology: Felix Santschi (1872– 1940)—Tabib-En-Neml." *Behavioral Ecology and Sociobiology* 27, no. 4 (October 1, 1990): 295–306. https://doi.org/10.1007/BF00164903.

Wehner, R., and S. Wehner. "Insect Navigation: Use of Maps or Ariadne's Thread?" *Ethology Ecology & Evolution* 2, no. 1 (May 1, 1990): 27–48. https:// doi.org/10.1080/08927014.1990.9525492.

Weil, Simone, with an introduction by T. S. Eliot. *The Need for Roots: Prelude to a Declaration of Duties towards Mankind*. First edition. London: Routledge, 2001.

Weltfish, Gene. *The Lost Universe: Pawnee Life and Culture*. Lincoln: University of Nebraska Press, 1977.

White, April. "The Intrepid '20s Women Who Formed an All-Female Global Exploration Society." *Atlas Obscura*, April 12, 2017. http://www. atlasobscura.com/articles/society-of-woman-geographers.

Widlok, Thomas. "Landscape Unbounded: Space, Place, and Orientation in ≠Akhoe Hai//Om and Beyond." *Language Sciences* 2–3, no. 30 (2008): 362–80. https://doi.org/10.1016/j.langsci.2006.12.002.

———. "Orientation in the Wild: The Shared Cognition of Hai||om Bushpeople." *Journal of the Royal Anthropological Institute* 3, no. 2 (1997): 317–32. https://doi.org/10.2307/3035022.

———. "The Social Relationships of Changing Hai||om Hunter Gatherers in Northern Namibia, 1990–1994." London: London School of Economics and Political Science, 1994.

Will, Udo. "Oral Memory in Australian Aboriginal Song Performance and the Parry-Kirk Debate: A Cognitive Ethnomusicological Perspective." *Proceedings of the International Study Group on Music Archaeology* 10 (2000): 1–29.

Winston, Patrick Henry. "The Strong Story Hypothesis and the Directed Perception Hypothesis." In *AAAI Fall Symposium: Advances in Cognitive Systems*, 2011.

Winston, Patrick Henry, and Dylan Holmes. *The Genesis Manifesto: Story Understanding and Human Intelligence*. Draft, 2017.

Wolbers, Thomas, and Mary Hegarty. "What Determines Our Navigational Abilities?" *Trends in Cognitive Sciences* 14, no. 3 (February 6, 2010). http://

www.sciencedirect.com/science/article/pii/S1364661310000021.

Woodward, David, and G. Malcolm Lewis, eds. *The History of Cartography: Cartography in the Traditional African, American, Arctic, Australian, and Pacific Societies*. First edition. Chicago: University of Chicago Press, 1998.

Woolley, Helen E., and Elizabeth Griffin. "Decreasing Experiences of Home Range, Outdoor Spaces, Activities and Companions: Changes across Three Generations in Sheffield in North England." *Children' Geographies* 13, no. 6 (November 2, 2015): 677–91. https://doi.org/10.1080/14733285.2014.952186.

Wositzky, Jan. *Born under the Paperbark Tree: A Man's Life*. Edited by Yidumduma Bill Harney. Revised edition. Marleston, South Australia: JB Books, 1998.

Wrangel, Ferdinand Petrovich Baron. *Narrative of an Expedition to the Polar Sea, in the Years 1820, 1821, 1822 & 1823. Commanded by Lieutenant, Now Admiral Ferdinand Von Wrangel*. Edited by Edward Sabine. New York: Harper and Bros., 1841.

Yarlott, Wolfgang, and Victor Hayden. "Old Man Coyote Stories: Cross-Cultural Story Understanding in the Genesis Story Understanding System." Thesis, Massachusetts Institute of Technology, 2014. http://dspace.mit.edu/handle/1721.1/91880.

Yates, Frances. *The Art of Memory*. London: Random House, 2014.

"Yiwarra Kuju." National Museum of Australia. http://www.nma.gov.au/education/resources/units_of_work/yiwarra_kuju.

Zalucki, Myron P., and Jan H. Lammers. "Dispersal and Egg Shortfall in Monarch Butterflies: What Happens When the Matrix Is Cleaned Up?" *Ecological Entomology* 35, no. 1 (February 1, 2010): 84–91. https://doi.org/10.1111/j.1365-2311.2009.01160.x.

Zucker, Halle R., and Charan Ranganath. "Navigating the Human Hippocampus without a GPS." *Hippocampus* 25, no. 6 (June 1, 2015): 697–703. https://doi.org/10.1002/hipo.22447.